普通高校本科计算机专业特色教材精选·算法与程序设计

# C++程序设计

朱金付 主编

柏 毅 郑雪清 何铁军 徐冬梅 编著

朱 敏 主审

清华大学出版社
北京

## 内 容 简 介

本书较为全面地介绍了程序设计语言 C++ 的基本概念、基本语法和基本程序思想。全书共分为 12 章和两个附录,内容包括计算机基础知识、C++ 基本概念、流程控制语句、函数和编译预处理、构造数据类型、指针、类和对象、继承与派生、多态、输入输出流类库、模板。

本书的写法遵循了计算机中"自顶向下"的思维方式,在整体上自上而下,由点到面,由一般到具体,由简单到复杂地展开。本书有大量精选的例题以及对例题的解析,还有大量反映 C++ 概念和语法的习题。

本书可以作为大专院校理工科学生学习 C++ 语言的教材,也可以作为计算机二级考试的参考书。

本书封面贴有清华大学出版社防伪标签,无标签者不得销售。
版权所有,侵权必究。举报: 010-62782989,beiqinquan@tup.tsinghua.edu.cn。

**图书在版编目(CIP)数据**

C++ 程序设计/朱金付主编. —北京: 清华大学出版社,2009.7(2023.1重印)
(普通高校本科计算机专业特色教材精选·算法与程序设计)
ISBN 978-7-302-19432-3

Ⅰ. C… Ⅱ. 朱… Ⅲ. C语言－程序设计－高等学校－教材 Ⅳ. TP312

中国版本图书馆 CIP 数据核字(2009)第 015566 号

责任编辑: 袁勤勇　王冰飞
责任校对: 时翠兰
责任印制: 宋　林

出版发行: 清华大学出版社
　　　网　　址: http://www.tup.com.cn,http://www.wqbook.com
　　　地　　址: 北京清华大学学研大厦 A 座　　　　邮　　编: 100084
　　　社 总 机: 010-83470000　　　　　　　　　　邮　　购: 010-62786544
　　　投稿与读者服务: 010-62776969,c-service@tup.tsinghua.edu.cn
　　　质量反馈: 010-62772015,zhiliang@tup.tsinghua.edu.cn
印 装 者: 天津鑫丰华印务有限公司
经　　销: 全国新华书店
开　　本: 185mm×260mm　　　印　张: 26.25　　　字　数: 642 千字
版　　次: 2009 年 7 月第 1 版　　　　　　　　　　印　次: 2023 年 1 月第 16 次印刷
定　　价: 68.00 元

产品编号: 031703-06

普通高校本科计算机专业 特色 教材精选

# 出版说明

在我国高等教育逐步实现大众化后,越来越多的高等学校将会面向国民经济发展的第一线,为行业、企业培养各级各类高级应用型专门人才。为此,教育部已经启动了"高等学校教学质量和教学改革工程",强调要以信息技术为手段,深化教学改革和人才培养模式改革。如何根据社会的实际需要,根据各行各业的具体人才需求,培养具有特色显著的人才,是我们共同面临的重大问题。具体地说,培养具有一定专业特色的和特定能力强的计算机专业应用型人才则是计算机教育要解决的问题。

为了适应21世纪人才培养的需要,培养具有特色的计算机人才,急需一批适合各种人才培养特点的计算机专业教材。目前,一些高校在计算机专业教学和教材改革方面已经做了大量工作,许多教师在计算机专业教学和科研方面已经积累了许多宝贵经验。将他们的教研成果转化为教材的形式,向全国其他学校推广,对于深化我国高等学校的教学改革是一件十分有意义的事情。

清华大学出版社在经过大量调查研究的基础上,决定组织出版一套"普通高校本科计算机专业特色教材精选"。本套教材是针对当前高等教育改革的新形势,以社会对人才的需求为导向,主要以培养应用型计算机人才为目标,立足课程改革和教材创新,广泛吸纳全国各地的高等院校计算机优秀教师参与编写,从中精选出版确实反映计算机专业教学方向的特色教材,供普通高等院校计算机专业学生使用。

本套教材具有以下特点。

1. 编写目的明确

本套教材是在深入研究各地各学校办学特色的基础上,面向普通高校的计算机专业学生编写的。学生通过本套教材,主要学习计算机科学与技术专业的基本理论和基本知识,接受利用计算机解决实际问题的基本训练,培养研究和开发计算机系统,特别是应用系统的基本能力。

2. 理论知识与实践训练相结合

根据计算学科的三个学科形态及其关系,本套教材力求突出学科的理论与实践紧密结合的特征,结合实例讲解理论,使理论来源于实践,又进一步指导实践。学生通过实践深化对理论的理解,更重要的是使学生学会理论方法的实际运用。在编写教材时突出实用性,并做到通俗易懂,易教易学,使学生不仅知其然,知其所以然,还要会其如何然。

3. 注意培养学生的动手能力

每种教材都增加了能力训练部分的内容,学生通过学习和练习,能比较熟练地应用计算机知识解决实际问题。既注重培养学生分析问题的能力,也注重培养学生解决问题的能力,以适应新经济时代对人才的需要,满足就业要求。

4. 注重教材的立体化配套

大多数教材都将陆续配套教师用课件、习题及其解答提示,学生上机实验指导等辅助教学资源,有些教材还提供能用于网上下载的文件,以方便教学。

由于各地区各学校的培养目标、教学要求和办学特色均有所不同,所以对特色教学的理解也不尽一致,我们恳切希望大家在使用教材的过程中,及时地给我们提出批评和改进意见,以便我们做好教材的修订改版工作,使其日趋完善。

我们相信经过大家的共同努力,这套教材一定能成为特色鲜明、质量上乘的优秀教材。同时,我们也希望通过本套教材的编写出版,为"高等学校教学质量和教学改革工程"做出贡献。

清华大学出版社

# 前言

普通高校本科计算机专业 **特色** 教材精选

计算机语言是现代大学生的必修课。各高校都开设了计算机语言课，从 Basic、Fortran、Pascal，到 C，再到现在的 C++。C++ 是一种重要的计算机语言，它特别适合开发大型系统程序，它的机制独特，功能强大，高效而实用，C++ 引导着程序设计的潮流。在计算机基础教学领域中，C++ 教学蓬勃发展，汹涌的势头大有迅速取代 C 语言的势头。

在大学中，初学 C++ 的人说 C++ 难学，初教 C++ 的人说 C++ 难教。C++ 的确难学难教，难点之一是计算机语言的思维模式。它是强逻辑化的，但又不同于数学的逻辑，它的逻辑是建立在冯·诺依曼原理之上的，也建立在离散演绎的特色之上。它以一组语法为基础，以逻辑为手段。难点之二是计算机语言也是语言，学习语言需要大量记忆，也需要灵感，这让学习理工科的学生不易适应。难点之三是 C++ 的个性。C++ 确实有很强的个性，数据类型丰富、语法现象繁多、严谨而又灵活。学习 C++ 需要大量的时间和精力。难点之四是学习 C++ 大多是刚入大学校门的一年级学生，缺乏学习经验，对于这门全新、枯燥、庞大的课程，心有余而力不足。

本书作者都是从事高校计算机语言教学的专家，有着大型软件设计经验。对高等教育熟悉，对 C++ 理解深刻，对大学生心理、思维习惯、学习的困惑有所了解，是编写这本书的基础。本书的读者群是初次学习计算机语言的大学生，本书也可作为自学 C++ 的参考书。

本书在结构上和现有 C++ 教科书都不相同，详尽而不啰嗦，专业而不枯燥，仔细阅读颇有味道。第 1 章简单介绍了计算机基础知识，为学习 C++ 打下基础。其内容包含计算机系统结构及工作原理、计算机中的数据表示和存储、计算机语言及其发展、Windows 操作系统、算法和数据结构基础。第 2 章～第 7 章介绍了 C++ 面向过程程序设计，其中在第 6 章中初步介绍了类。第 8 章～第 12 章介绍了 C++ 面向对象程序设计。本书不是用来介绍 Visual C++ 6.0 的，但书中 C++ 部分所有例题均在 Visual C++ 6.0 下调试通过，其例题在 BC 下也能正确编译运行。关于 Visual C++ 中的 MFC 等有关知识，将在配套出版的《C++ 课程设计》一书中介绍。

本书的写法遵循了计算机中"自顶向下"的思维方式，在整体上自上而下，由点到面，由一般到具体，由简单到复杂地展开。每章的第 1 节都是导读，导读部分简明介绍了本章的内容以及与前面知识的联系，从而帮助读者从整体上俯视该章的知识。在细节知识的介绍上则由具体到一般，引导读者从具体的案例中提炼出一般性，做到举一反三。

本书的例题都是经过精选的 C++ 经典题目，每个题目都能说明一个问题，介绍一个知识点或一种算法，程序中有大量的注释，有助于读者思考和分析问题。其中许多题目颇具趣味，可以提高读者学习 C++ 的兴趣。

本书的习题部分也是本书的一大特色，在题型上与现在流行的考试题型（包括等级考试题型）保持一致，有选择、填空、阅读程序、完善程序和编写程序等多个方面；在内容上，包括 C++ 的概念、语法、算法、技巧等所有 C++ 语言要素，且题量丰富。

本书共有 12 章，第 1 章由徐冬梅老师编写，第 2 章~第 4 章和附录由何铁军老师编写，第 5 章~第 7 章由朱金付老师编写，第 8 章、第 9 章由柏毅老师编写，第 10 章~第 12 章由郑雪清老师编写。最后由朱金付老师统稿。朱敏教授审阅了全书并做了大量的指导工作。

本书和同期出版的《C++ 程序设计实验指导书》、已经出版的《C++ 程序设计解析》（清华大学出版社，ISBN：978-7-302-16188-2）以及即将出版的《C++ 课程设计》构成一个基本的 C++ 学习教材集合。学生通过这些书的综合学习，可以在相当程度上掌握 C++ 的基本概念、体系结构和程序设计基本方法，为将来进一步学习计算机语言奠定深厚的基础。

在日常的教学活动中，学生提出的很多疑难问题，在作业和考试中暴露出的问题，都给了作者许多有益的启发，也是作者编写本书的动力。但是本书作者所接触的学生群有限，对 C++ 的教学理解尚有局限性，加上本书成书仓促，书中难免有许多不足甚至是错误之处，恳请广大读者不吝指正，以利于在再版时参考。

作者的电子邮件地址是：zhuphl@jlonline.com。

朱金付

2009 年 1 月

# 目 录

## 第 1 章　计算机基础知识 … 1
- 1.1　本章导读 … 1
- 1.2　计算机系统结构及工作原理 … 1
  - 1.2.1　计算机的体系结构——冯·诺依曼结构 … 2
  - 1.2.2　计算机中的数据存储体系 … 5
  - 1.2.3　计算机的工作原理 … 8
- 1.3　数制转换、字符编码 … 10
  - 1.3.1　进位计数制 … 10
  - 1.3.2　不同数制之间的转换 … 11
  - 1.3.3　计算机中的数据表示和存储 … 15
  - 1.3.4　非数值数据的编码 … 19
- 1.4　程序设计语言 … 23
- 1.5　操作系统 … 25
  - 1.5.1　操作系统的组成和功能 … 26
  - 1.5.2　人与计算机的交互 … 28
  - 1.5.3　Windows 的文件系统 … 30
- 1.6　算法与算法设计基础 … 34
  - 1.6.1　算法 … 34
  - 1.6.2　算法的表示 … 37
  - 1.6.3　算法设计基本方法 … 38
- 1.7　数据结构基础 … 41
  - 1.7.1　数据结构的基本概念 … 41
  - 1.7.2　数据结构的表示 … 43
  - 1.7.3　抽象数据类型 … 46
  - 1.7.4　栈和队列 … 47
  - 1.7.5　几个典型的基本算法 … 48
- 习题 … 49

## 第 2 章　C++ 基本概念 ································································ 53

### 2.1　本章导读 ········································································· 53
### 2.2　C 语言与 C++ 语言简介 ·················································· 54
#### 2.2.1　C 语言与 C++ 的起源 ··············································· 54
#### 2.2.2　第一个 C++ 源程序 ··················································· 55
#### 2.2.3　编译、调试、运行程序 ············································· 56
#### 2.2.4　Visual C++ 集成开发环境 ········································· 57
### 2.3　基本词法单位 ································································· 58
#### 2.3.1　关键字 ···································································· 58
#### 2.3.2　标识符 ···································································· 58
#### 2.3.3　标点符号 ································································ 59
#### 2.3.4　分隔符 ···································································· 59
### 2.4　数据类型 ········································································· 59
### 2.5　变量 ················································································ 61
#### 2.5.1　变量的定义和初始值 ··············································· 61
#### 2.5.2　变量与引用 ····························································· 61
### 2.6　常量 ················································································ 62
#### 2.6.1　整型常量 ································································ 63
#### 2.6.2　实型常量 ································································ 63
#### 2.6.3　字符常量 ································································ 63
#### 2.6.4　转义字符 ································································ 64
#### 2.6.5　字符串常量 ····························································· 65
#### 2.6.6　const 常变量 ··························································· 65
#### 2.6.7　宏定义常量 ····························································· 65
### 2.7　运算符和表达式 ······························································ 66
#### 2.7.1　运算符和运算符优先级 ··········································· 66
#### 2.7.2　算术运算符与算术表达式 ········································ 67
#### 2.7.3　赋值运算符和赋值表达式 ········································ 71
#### 2.7.4　关系运算符和关系表达式 ········································ 72
#### 2.7.5　逻辑运算符和逻辑表达式 ········································ 73
#### 2.7.6　字位运算符 ····························································· 74
#### 2.7.7　其他常用运算符 ······················································ 75
#### 2.7.8　类型转换 ································································ 76
### 2.8　C++ 语句 ········································································· 78
### 2.9　简单输入、输出 ······························································· 78
#### 2.9.1　cin ·········································································· 78
#### 2.9.2　cout ········································································ 81
### 习题 ·························································································· 83

## 第 3 章　流程控制语句 ······87
### 3.1　本章导读 ······87
### 3.2　选择结构语句 ······88
#### 3.2.1　if 语句 ······88
#### 3.2.2　switch 语句 ······95
#### 3.2.3　if 与 switch 之间的转换 ······98
### 3.3　循环结构 ······99
#### 3.3.1　while 循环 ······100
#### 3.3.2　do-while 循环 ······101
#### 3.3.3　for 循环 ······102
#### 3.3.4　三种循环的等价性和区别 ······104
#### 3.3.5　循环的嵌套 ······104
### 3.4　控制执行顺序的语句 ······107
#### 3.4.1　break 语句 ······107
#### 3.4.2　continue 语句 ······109
### 3.5　算法与算法设计方法 ······109
#### 3.5.1　枚举法(穷举法) ······110
#### 3.5.2　迭代与递推法 ······111
### 习题 ······113

## 第 4 章　函数和编译预处理 ······119
### 4.1　本章导读 ······119
### 4.2　函数的定义 ······120
#### 4.2.1　有参函数定义 ······120
#### 4.2.2　无参函数 ······121
#### 4.2.3　函数的返回和返回值 ······122
### 4.3　函数的调用 ······123
#### 4.3.1　形参与实参 ······123
#### 4.3.2　函数的原型说明 ······124
### 4.4　函数的参数传递方式 ······125
#### 4.4.1　值传递 ······125
#### 4.4.2　引用传递 ······126
### 4.5　函数的递归调用 ······128
### 4.6　存储类别和作用域 ······131
#### 4.6.1　作用域 ······131
#### 4.6.2　变量的存储类别 ······134
### 4.7　函数的重载、内联、缺省参数 ······137
#### 4.7.1　函数的重载 ······137
#### 4.7.2　函数的内联 ······138

4.7.3　缺省参数的函数 ················································································ 139
4.8　预处理指令与编译预处理 ················································································ 141
　　4.8.1　文件包含指令 ···················································································· 141
　　4.8.2　宏定义指令 ······················································································· 142
　　4.8.3　条件编译指令 ···················································································· 145
4.9　程序的多文件组织 ··························································································· 146
4.10　C++库函数 ·································································································· 148
4.11　函数调用与栈 ······························································································· 149
　　4.11.1　参数传递与栈 ·················································································· 149
　　4.11.2　自动变量与栈 ·················································································· 150
　　4.11.3　函数递归调用和栈 ··········································································· 151
习题 ·········································································································· 153

## 第5章　构造数据类型 ··············································································· 159
5.1　本章导读 ······································································································· 159
5.2　一维数组 ······································································································· 160
　　5.2.1　一维数组的定义 ················································································ 160
　　5.2.2　一维数组的初始化 ············································································· 162
　　5.2.3　数组元素的引用 ················································································ 163
　　5.2.4　一维数组的应用 ················································································ 163
5.3　二维数组 ······································································································· 168
　　5.3.1　二维数组的定义 ················································································ 168
　　5.3.2　二维数组的初始化 ············································································· 169
　　5.3.3　二维数组的应用 ················································································ 170
5.4　数组和函数 ···································································································· 174
　　5.4.1　数组元素用作函数参数 ······································································ 174
　　5.4.2　数组名用为函数参数 ········································································· 175
5.5　字符数组 ······································································································· 178
　　5.5.1　字符数组的定义和初始化 ··································································· 178
　　5.5.2　字符数组的赋值、输入和输出 ··························································· 179
　　5.5.3　字符串与字符数组 ············································································· 180
　　5.5.4　字符数组的应用 ················································································ 181
5.6　字符串函数 ···································································································· 183
　　5.6.1　常用字符串处理函数 ········································································· 183
　　*5.6.2　字符串类变量及其应用 ····································································· 186
5.7　数组应用 ······································································································· 187
　　5.7.1　选择法排序 ······················································································· 187
　　5.7.2　矩阵运算 ·························································································· 190
习题 ·········································································································· 191

## 第 6 章  其他构造数据类型——结构、联合、枚举和类 ··········· 197
- 6.1 本章导读 ··········· 197
- 6.2 结构体类型 ··········· 198
  - 6.2.1 结构体类型定义 ··········· 198
  - 6.2.2 结构体类型变量的定义及其初始化 ··········· 199
  - 6.2.3 结构体类型变量的引用 ··········· 201
  - 6.2.4 结构体与数组 ··········· 202
  - 6.2.5 结构体类型与函数 ··········· 203
- 6.3 共同体类型 ··········· 205
- 6.4 枚举类型 ··········· 206
  - 6.4.1 枚举类型数据的定义 ··········· 206
  - 6.4.2 枚举类型的应用 ··········· 208
- 6.5 类型定义语句 typedef ··········· 210
- 6.6 类 ··········· 211
  - 6.6.1 类类型的定义 ··········· 211
  - 6.6.2 类的成员函数 ··········· 213
  - 6.6.3 inline 成员函数 ··········· 214
  - 6.6.4 类与结构体的异同 ··········· 215
  - 6.6.5 类的对象及其定义 ··········· 216
  - 6.6.6 类和对象的简单应用 ··········· 218
- 习题 ··········· 221

## 第 7 章  指针 ··········· 227
- 7.1 本章导读 ··········· 227
- 7.2 指针 ··········· 228
  - 7.2.1 指针变量的定义 ··········· 229
  - 7.2.2 指针变量的引用 ··········· 230
  - 7.2.3 多级指针及其定义 ··········· 231
- 7.3 指针与数组 ··········· 232
  - 7.3.1 指针与一维数组 ··········· 232
  - 7.3.2 指针的运算 ··········· 233
  - 7.3.3 指针与二维数组 ··········· 236
  - 7.3.4 指针数组 ··········· 238
  - 7.3.5 指向数组的指针 ··········· 239
- 7.4 指针与函数 ··········· 240
  - 7.4.1 指针作为函数参数 ··········· 240
  - 7.4.2 返回值为指针的函数 ··········· 243
  - 7.4.3 指向函数的指针 ··········· 245

7.4.4 用函数指针调用函数 ………………………………………………………… 246
7.5 const 指针 ……………………………………………………………………………… 247
7.6 void 指针 ……………………………………………………………………………… 249
7.7 指针与字符串 …………………………………………………………………………… 250
　　7.7.1 字符串的表示形式 …………………………………………………………… 250
　　7.7.2 字符串指针与函数 …………………………………………………………… 252
　　7.7.3 字符串指针与数组 …………………………………………………………… 253
7.8 引用 ……………………………………………………………………………………… 254
　　7.8.1 引用的定义 …………………………………………………………………… 254
　　7.8.2 引用和函数 …………………………………………………………………… 255
7.9 内存的动态分配和撤销 ………………………………………………………………… 255
　　7.9.1 new 运算符 …………………………………………………………………… 256
　　7.9.2 delete 运算符 ………………………………………………………………… 257
7.10 指针应用 ……………………………………………………………………………… 258
　　7.10.1 链表 ………………………………………………………………………… 258
　　7.10.2 约瑟夫环(Josephus)问题 ………………………………………………… 265
习题 …………………………………………………………………………………………… 266

## 第 8 章 类和对象 ………………………………………………………………………… 273

8.1 本章导读 ………………………………………………………………………………… 273
8.2 面向对象的程序设计方法 ……………………………………………………………… 274
8.3 构造函数与析构函数 …………………………………………………………………… 276
　　8.3.1 构造函数的定义与使用 ……………………………………………………… 277
　　8.3.2 默认构造函数 ………………………………………………………………… 278
　　8.3.3 构造函数和 new 运算符 ……………………………………………………… 282
　　8.3.4 析构函数的定义与使用 ……………………………………………………… 283
　　8.3.5 构造函数与类型转化 ………………………………………………………… 286
8.4 复制构造函数 …………………………………………………………………………… 286
8.5 对象成员和类的嵌套定义 ……………………………………………………………… 289
　　8.5.1 对象成员 ……………………………………………………………………… 289
　　8.5.2 类的嵌套定义 ………………………………………………………………… 290
8.6 友元函数和友元类 ……………………………………………………………………… 291
　　8.6.1 友元函数 ……………………………………………………………………… 292
　　8.6.2 友元类 ………………………………………………………………………… 293
8.7 静态成员 ………………………………………………………………………………… 296
　　8.7.1 静态数据成员 ………………………………………………………………… 296
　　8.7.2 静态函数成员 ………………………………………………………………… 297
8.8 共用数据的保护 ………………………………………………………………………… 299
　　8.8.1 常对象 ………………………………………………………………………… 299

|     |       | 8.8.2 常成员 | 299 |
| --- | --- | --- | --- |
|     |       | 8.8.3 指向对象的常指针和对象的常引用 | 300 |
|     | 8.9   | this 指针 | 301 |
|     | 习题  |       | 302 |

## 第 9 章 继承与派生 ... 307

| 9.1 | 本章导读 | 307 |
| --- | --- | --- |
| 9.2 | 继承与派生的概念 | 307 |
|     | 9.2.1 类的继承与派生概念 | 307 |
|     | 9.2.2 派生类的定义 | 308 |
|     | 9.2.3 基类成员的访问控制 | 309 |
| 9.3 | 派生类的构造与析构函数 | 313 |
| 9.4 | 冲突、支配与赋值兼容规则 | 316 |
| 9.5 | 虚基类 | 320 |
| 习题 |  | 323 |

## 第 10 章 多态 ... 325

| 10.1 | 本章导读 | 325 |
| --- | --- | --- |
| 10.2 | 虚函数 | 326 |
|      | 10.2.1 虚函数的定义及实现过程 | 326 |
|      | 10.2.2 虚函数实现过程 | 327 |
|      | 10.2.3 纯虚函数和抽象类 | 330 |
| 10.3 | 运算符重载 | 332 |
|      | 10.3.1 成员函数实现运算符重载及方法 | 333 |
|      | 10.3.2 友元函数实现运算符重载及方法 | 336 |
|      | 10.3.3 类型转换函数 | 340 |
|      | 10.3.4 一些特殊运算符的重载 | 341 |
|      | 10.3.5 实现字符串类的运算符重载 | 346 |
| 习题 |  | 349 |

## 第 11 章 输入输出流类库 ... 353

| 11.1 | 本章导读 | 353 |
| --- | --- | --- |
| 11.2 | 流概述 | 354 |
| 11.3 | C++ 的基本流类体系 | 354 |
| 11.4 | 标准输入输出流 | 355 |
|      | 11.4.1 标准输入流 | 355 |
|      | 11.4.2 标准输出流 | 356 |
|      | 11.4.3 流的格式控制 | 357 |
|      | 11.4.4 输入输出的其他成员函数 | 361 |

　　　　11.4.5　提取和插入运算符重载 ……………………………………………… 364
　　　*11.4.6　重定向概念 ………………………………………………………… 365
　11.5　文件流 …………………………………………………………………………… 366
　　　　11.5.1　文件概述 …………………………………………………………… 366
　　　　11.5.2　文件流类体系 ……………………………………………………… 366
　　　　11.5.3　文件的使用方法 …………………………………………………… 366
　11.6　文本文件的使用 ………………………………………………………………… 370
　11.7　二进制文件的使用 ……………………………………………………………… 374
　　　　11.7.1　二进制文件的打开和关闭 ………………………………………… 374
　　　　11.7.2　二进制文件的读写 ………………………………………………… 374
　　　　11.7.3　文件的随机访问 …………………………………………………… 376
　习题 ……………………………………………………………………………………… 378

## 第 12 章　模板 …………………………………………………………………………… 381

　12.1　本章导读 ………………………………………………………………………… 381
　12.2　函数模板和类模板 ……………………………………………………………… 381
　　　　12.2.1　函数模板的定义和使用 …………………………………………… 381
　　　　12.2.2　类模板的定义和使用 ……………………………………………… 383
　12.3　标准模板库简介 ………………………………………………………………… 387
　12.4　模板简单应用实例 ……………………………………………………………… 388
　习题 ……………………………………………………………………………………… 393

## 附录 A　标准 ASCII 码表 ……………………………………………………………… 395

## 附录 B　常用系统函数 ………………………………………………………………… 397

## 参考文献 ………………………………………………………………………………… 403

# 第 1 章 计算机基础知识

## 1.1 本章导读

当今的社会是一个面向计算机和信息技术(Information Technology, IT)发展的社会,计算机应用技能是现代人所必须掌握的。自从 20 世纪 40 年代人类发明了电子计算机以来,计算机技术与计算机科学迅速发展,其中所包含的主题除了计算机本身的设计外,还有计算机程序设计、信息处理、问题的算法解、算法设计、算法实现以及算法分析等,这些主题的基础科学也称为计算科学。

计算机的通用性使得计算机应用遍及我们生活和工作的大多数领域,基本的计算机应用技术也多种多样,其中程序设计技术是一种具有多领域适用性的基本应用技术。为了能够有效地掌握并运用程序设计技术,需要了解一些基础的计算科学知识,包括了解计算机基本工作原理、算法设计和软件工程等基本知识。在具备了这些基本知识以及程序式使用计算机的技能后,就能够进一步学习和领会计算科学所涉及的各种主题的思想及其发展,进一步提高计算机应用的能力。

综上所述,本章所介绍的内容有:
- 计算机系统结构;
- 计算机工作原理;
- 计算机中数据的存储和表示;
- 程序设计语言、操作系统;
- 算法的概念及其描述方法;
- 数据结构基本概念。

## 1.2 计算机系统结构及工作原理

计算机的功能是以计算为基础的,因此,计算机的基本结构首先应支持计算能力的实现。为了实现机器计算,计算机又需要具备数据存储能力和逻辑推演能力,于是,相应的支持部件也成为基本结构的组成部分。此外,计算机与人交流信息所需的设备也是重要的组成部分。从计算工具的角度出发,先将算盘和计算机进行比较来考察计算工具和人的关系。有着2000年历史的算盘是一种简单的计算工具,它的基本结构是由矩形木框和嵌入其中的十几排珠子组成,珠子在轴棍上的位置代表它的数值大小。用"计算机"的标准来衡量,算盘这个器具只是一种数据存储系统,进行计算时必须由人来移动盘上的珠子而得出新的数值。因此,算盘不是一个完整的、可自动进行计算的机器,它必须与人结合起来并通过手工操作才能完成计算工作。

我们现在普遍使用的通用电子数字计算机(Generic Electronic Numerical Computer,简称计算机)是一种现代计算工具。电子计算机最基本的工作特点是人将其启动后能自动进行计算直至得出最终答案。为了具有自动计算能力,需要为这台机器设计一套完整的部件,使之除了具有存储数据功能外,还应能够允许人向机器输入预先编写的指令,然后使机器自动执行这套指令并对数据进行计算,最后将计算结果以人能够看到的形式输出。这是对计算机组成结构的基本要求。事实上,从20世纪40年代的第一台真正意义上的电子计算机ENIAC到现在21世纪最先进计算机的结构设计,都采用同一种计算机体系结构,这就是冯·诺依曼体系结构。

计算机体系结构的统一带来的另一个重要特点是使计算机具有通用性,即运行不同程序就能实现不同的功能,这正是计算机广泛应用所需的基础条件,也因此而称之为通用电子计算机。

### 1.2.1 计算机的体系结构——冯·诺依曼结构

当今的计算机体系结构称为冯·诺依曼机器模式。

在冯·诺依曼体系结构中,"程序"是指完成一系列操作的指令集合,指令是由代表一定操作含义的数字组成,因此能够以数据的方式存储在存储器中。为了区分指令和数据,将指令放置在指定的存储器地址中,而数据的存储地址在指令中给出了明确标示或计算方式。程序一旦启动,计算机就能够从指定位置取出指令并执行,在执行中根据数据地址取出数据并进行计算,从而不会混淆指令和数据。

根据冯·诺依曼体系结构设计的计算机,一般具有如下功能:
(1) 能够把解题所需要的程序和数据输入计算机中。
(2) 必须具有长时间记忆程序、数据、中间结果及最终运算结果的能力。
(3) 能够完成各种算术、逻辑运算和数据传送等数据加工处理的能力。
(4) 能够根据需要控制程序走向,并能根据指令控制机器的各部件协调操作。
(5) 能够按照要求将计算结果输出给用户。

为了完成上述功能,计算机的基本部件至少应包括用于输入数据和程序的输入设备,记忆程序和数据的存储器,完成数据计算的运算器,控制程序执行的控制器和输出计算结果的输出设备。冯·诺依曼结构如图1.1所示。

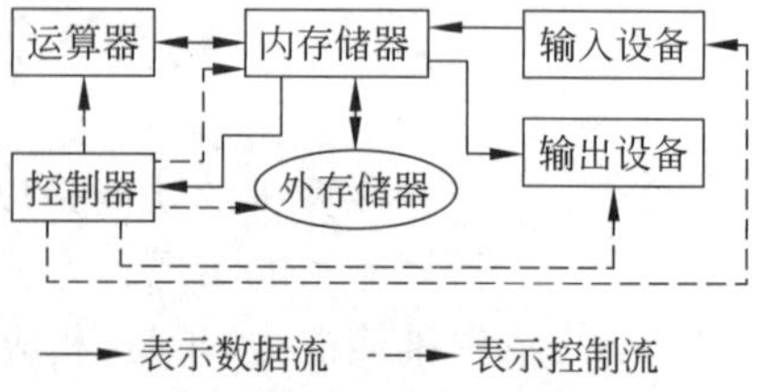

**1. 运算器**

运算器又称算术逻辑部件(Arithmetical Logic Unit,ALU),是进行算术运算和逻辑运算的部件。它在控制器的控制下,对取自内存储器的数据进行算术和逻辑运算。算术运算指按照算术规则进行的运算,例如加、减、乘、除、求绝对值等;逻辑运算泛指

图1.1 冯·诺依曼计算机结构示意图

非算术性质的运算,例如比较数的大小、数字移位、逻辑加等。在计算机中,各种复杂的运算被分解为一系列算术运算和逻辑运算,由 ALU 执行。运算器的工作内容是由当前指令的操作码来确定的。

**2. 控制器**

控制器(controller)是计算机的控制指挥中心,它是计算机的神经中枢。它的基本功能是从内存储器中取出指令并对指令进行分析、判断,然后根据指令发出相应的控制信号,使计算机的有关设备或电子器件有条不紊地协调工作,保证计算机能自动、连续地工作。

控制器和运算器合起来称为中央处理器(Central Processing Unit,CPU)。CPU 是计算机的核心部件,除了控制器和运算器外,还包括若干寄存器(register),它用来存放运算过程中的各种数据、地址或其他信息。如 Intel8086 有 14 个 16 位寄存器。这些寄存器分为两类:通用寄存器和专用寄存器。

通用寄存器用于临时保存 CPU 正在操作的数据,包括向 ALU 提供的数据和 ALU 的运算结果。一般 CPU 有多个通用寄存器(如 8086 有 4 个通用数据寄存器,分别以 AX、BX、CX 和 DX 命名),其中的累加器 AX 是一个使用相对频繁的、特殊的寄存器,有重复累加数据的功能。

专用寄存器主要有 2 个,一个是指令指针(Instruction Pointer,IP),另一个是指令寄存器(instruction register,IR)。指令指针(也称为程序计数器,Program Counter)用于存放将要执行的下一条指令的地址,当控制器从内存中取出一个指令字节后,IP 就自动加 1,指向下一个指令字节。指令寄存器 IR 用于存放正在执行的指令,或存放根据指令指针中的地址信息从内存储器中取出的指令。根据指令指针中的地址信息可以跟踪程序执行到了什么地方。

其他的还有标识寄存器和段寄存器等。自 80386 开始,微型计算机进入了 32 位时代,其寻址方式、寄存器大小以及功能等都发生了变化,寄存器长度均为 32bits。

**3. 存储器**

存储器(memory)是有记忆能力的部件,用来保存程序和数据。

存储器分为内存储器和外存储器两类。

内存储器(也称主存储器,简称内存或主存)可以和 CPU 直接相连,用来存放当前要执行的程序和数据,以便快速向 CPU 提供信息。内存储器一般采用半导体材料和集成电路制造。冯·诺依曼结构中的存储器仅指内存。

外存储器(也称辅助存储器,简称外存),一般需要通过特殊接口与 CPU 连接。外存储器用来存放需要长期保留的程序和数据。存放在外存的程序必须调入内存才能运行。软盘、硬盘和光盘都属于外存储器。

**4. 输入设备**

输入设备(input device)是将程序、命令或数据等信息输入到计算机的装置中。输入设备可以把它们转换成计算机能够识别的形式存放在内存中。常用的输入设备有鼠标、键盘、扫描仪、数字化仪等。

**5. 输出设备**

输出设备(output device)是将计算机处理后的结果(通常在内存)进行输出的设备。输出结果要转换成人们能够接受的形式,例如数据、文字、图形、表格等。常用的输出设备有显示器、打印机、绘图仪等。

在上述的5大部件中,运算器、控制器和主存储器是主机(main frame)内的主要组成部件,一般放在主机箱内。输入设备和输出设备是独立于主机之外的设备,统称为外部设备(external equipment)。能够使计算机工作起来,至少需要的外部设备有一只键盘和一台显示器,因此,许多操作系统都提供了各种键盘和显示器的驱动程序,使计算机接通电源后就能立即工作。一般称键盘和显示器是计算机的标准输入输出设备(Conventional Input/Output device)。基于标准I/O设备的输入输出操作简称为标准I/O。

在计算机的5大基本部件之外,还需要一个重要部件——总线。为了使计算机的各功能部件构成一个可协调工作的系统,必须把它们按某种方式有组织地连接在一起,连接线作为计算机各部件之间传送信息的公共通道,这些特殊的连接线就称为总线(BUS)。在布有总线的电路系统中,信号可以从多个信号源中的任一信号源发出,通过总线到达多个信号接收部件中的任一部件。若一条导线只连接一个源和一个负载,则不称为总线。计算机中有3种不同的总线,即数据总线、地址总线和控制总线,分别用于传送数据信号、地址信号和控制信号。图1.2示意了总线与各功能部件的连接。

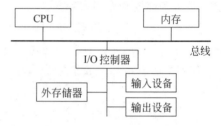

图1.2 总线与各功能部件连接的示意图

数据总线用于传递数据、指令代码、CPU状态信号等信息,数据总线是双向传输的,与CPU相连的内部总线位数与CPU的位数相对应。地址总线用于传输地址信息,由于地址主要是由CPU提供的,因此地址总线是单向传输的。控制总线用于在CPU、内存和外部设备接口之间传送读/写信息或I/O信息的控制信号。由于外部设备的数据表示有数字式的,也有模拟式的,发送/接收信息有并行的也有串行的,而且工作速度远远低于CPU,因此,外部设备不能直接挂在内部总线上,而是通过接口与主机内的总线相连接。

冯·诺依曼体系结构可以归纳为以下几点:

(1) 计算机硬件设备由存储器、运算器、控制器、输入设备和输出设备5大基本部件组成,并对其基本功能做了规定。

(2) 计算机内部采用二进制数码来表示指令和数据,每条指令由一个操作码和一个地址码组成,其中操作码表示计算机执行该指令时所做操作的性质,地址码则指出被操作数在存储器中的存放地址。

(3) 将程序和原始数据存入计算机的主存储器中,程序启动后计算机能够连续、自动、高速地从存储器中取出每一条指令,加以分析并执行规定的操作,这个方式称为"存储程序"工作原理。

虽然计算机设计与制造技术不断发展,但冯·诺依曼体系结构至今仍未改变。无论是大型计算机、小型计算机还是微型计算机,其主要区别在于电子器件、运算速度及存储容量的不同,其基本体系结构都可以看成是冯·诺依曼结构在每一台机器上的"映射"(mapping)。因此,冯·诺依曼体系结构代表了计算机硬件结构的逻辑抽象,是计算机的具有普遍性意义的特征。由于对现代计算机技术的突出贡献,因此冯·诺依曼被称为"计算机之父"。

计算机的运行是从打开电源开关开始,然后一条接一条地执行指令(执行程序),从而完成人交给的任务。但是如果要求每个用户都要为计算机的所有部件编制工作程序,则会给用户带来极大的甚至是无法完成的负担,同时又无法得到使用计算机所提高的工作效率。这个问题的解决思路是让计算机在打开电源开关后先自动执行一套由软件开发公司提供的商品化程序,这套软件称为"操作系统",将计算机运行至用户能操作使用的状态。为用户使用计算机提供基础平台的软件也称为系统软件(操作系统的详细介绍见1.5.1节)。用户编制的用于完成工作或解决问题的程序则称为应用软件。如果一台计算机没有安装任何软件,则称之为"裸机"。

综上所述,一个完整的计算机系统由硬件系统和软件系统组成。计算机系统的基本组成如图1.3所示。

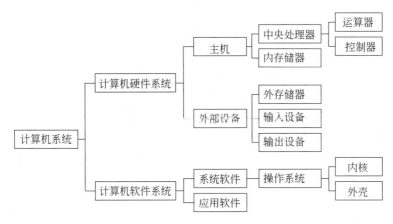

图 1.3 计算机系统的基本组成

## 1.2.2 计算机中的数据存储体系

### 1. 主存储器及存储容量的度量

冯·诺依曼体系结构的工作基础是存储程序,因而存储器是机器的主要部件。存储器的操作有写入操作和读出操作两种。将信息存入存储器称为"写入"(write);从存储器取出信息称为"读出"(read)。

计算机中的主存储器要求具有能够和CPU工作速度相适应的存取速度,目前主要采用微型电容和闪存作为存储器件。电容利用充电和放电这两个状态表示0和1,在一块集成电路芯片上可以构建数百万个微型电容及相关电路。由于电容中的电荷很不稳定,很快会消失,还需配备刷新电路来随时补充电荷,因此称为动态存储器(dynamic memory)。微电容做的存储器既能够读出数据又能够写入数据,当数据被读出时,原来存储的内容保持不变;而向其中写入数据时,则原来保存的内容会被新内容覆盖(代替)。微电容作为计算机的主存时,由机内电路驱动,当电源被关闭时,存储器中的内容也会消失,因此必须使用外存储器来长期保存所需的各种信息。

CPU对存储器中数据的读写操作都是通过地址来进行的。内存的存储单元可以按顺序使用,也可以随机指定一个单元来使用,这些能够被用户程序或指令访问的内存被称为随机存取存储器(Random Access Memory,RAM)。当RAM采用动态技术制造时,它被称为

DRAM(动态随机存取存储器)。DRAM 中的每个存储单元由一个晶体管和一个电容器组成,能够有规律地进行刷新以保持电容中的电荷。还有一种存储器是静态随机存取存储器(Static Random Access Memory,SRAM),每个 SRAM 存储单元由 6 个晶体管组成,因而存储密度比 DRAM 低,但是这种存储器工作时不需要刷新,而且速度比 DRAM 的速度快得多。在微型计算机中,SRAM 常用于高速缓冲存储器,而 DRAM 用于主存储器。

对于一些只需要读出信息而不再需要改变内容的场合,可将存储器做成只读存储器(Read Only Memory,ROM)。计算机中利用 ROM 来保存启动程序、监控程序、磁盘引导程序和一些基本的服务程序。另外还有一种称为 CMOS 的由电池供电的小存储器,常用于存放日期、时间、硬盘的格式和容量、内存容量等信息。CMOS 中的信息一般都是计算机启动时所需要的重要信息,与 ROM 不同的是,必要时可以修改其中的内容。

为了便于对存储器中存放的信息进行管理,整个存储器被划分成许多存储单元(cell),一个典型的存储单元能存储的二进制位数是 8 位。将一个连续的 8 位称为字节(Byte)。每个存储单元都有一个编号,该编号也称为地址(address)。就好像一条街道上每一所房子的门牌号,地址与存储单元之间具有一对一的映射关系。地址是存储单元的唯一标识,同时也给存储单元赋予了顺序的概念。可以说某个单元 A 是另一个单元 B 的"前驱",单元 B 则是单元 A 的"后继",这也体现了地址空间是一个一维的线性空间。

存储单元的地址以二进制数来表示,称为地址码(address code)。地址码的长度(二进制位数)取决于地址线的条数,同时表明了可以访问的存储单元的最大数目。或者说是地址线的条数决定了存储器所允许的最大容量。存储单元的数目一般取 2 的方幂,这对于设计较为便利。假设一台计算机的地址线有 20 根,则存储单元的数量为 $2^{20}=1048576$。

在计算机中,信息的存储单位常采用位、字节、字等几种单位。

(1) 位(bit,缩写为 b):二进制数的每一位("0"或"1"),它是二进制信息的最小单位。

(2) 字节(Byte,缩写为 B):一个字节是由 8 位二进制代码组成,它们从左到右排列为:

$$b_7\ b_6\ b_5\ b_4\ b_3\ b_2\ b_1\ b_0$$

其中 $b_7$ 是最高位,$b_0$ 是最低位。图 1.4 所示为 1 字节位模式的存储结构。

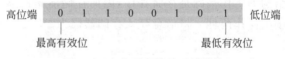

图 1.4 字节型存储单元的结构

通常以字节作为信息存储的基本单位。

(3) 字(Word):又称计算机字,是可作为独立的信息单位来进行运算或处理的若干位的组合,其中所含的二进制数位的个数称为字长。字长一般是字节的整数倍,微型计算机的 CPU 芯片有 16 位、32 位和 64 位等规格(16 位的机器已淘汰)。Intel 的 Core 2 系列采用双核,都是 64 位字长。

存储器的容量一般以字节为单位。常用的计量单位有 KB(千字节,1K = $2^{10}$ B = 1024B)、MB(兆字节,1MB=$2^{20}$ B= 1024KB)、GB(千兆字节,1GB=$2^{30}$ B=1024MB)等。如前面的例子,有 20 根地址线的内存拥有 1MB 的存储单元。如果有 16MB(16777216B)的内存容量,则意味着这台机器有 24 根地址线。

在微型计算机中，内存中的动态随机存取存储器被做成块状器件(称为"内存条")插在主板的内存插槽上。一条内存芯片的容量有 256MB、512MB、1GB、2GB 等不同的规格。

**2. 外部存储器**

由于计算机内存的信息具有易失性(关闭电源后 RAM 中的信息将丢失)且容量有限，一般都要在系统中配备外部存储器。外存储器容量大，价格便宜，能够长期保存信息，被称为永久性存储器。由于其控制和驱动机构多为机械部件，因此与电子器件的内存相比速度较慢。

1) 固定式磁盘存储器

最常用的计算机外部存储器是磁盘。磁盘存储器包括软盘存储器(简称软盘)和硬盘存储器(简称硬盘)。

软盘是一种便携式存储器，主要用于在计算机之间进行信息复制和信息交换，价格非常低廉，在网络未普及之前曾经是广泛使用的一种辅助存储器。但软盘对温度和湿度比较敏感，存储容量小，速度慢，性能不稳定，现在已经不能满足人们存储大数据量文件的要求。

硬盘是一种固定式存储器，是目前微型计算机系统标准配置中必不可少的设备。硬盘结构一般采用固定盘片而磁头可移动的磁盘组，多张盘片密封组合为一个整体，坚固、防尘、可靠性高。

2) 移动存储器

随着网络和多媒体应用的发展，小巧轻便、价格低廉的移动存储器正被广泛使用，最为常见的有闪存盘和移动硬盘两种产品。

闪存盘以闪速存储器为介质，采用 USB(Universal Serial Bus，通用串行总线)接口，因此也称其为 U 盘。其体积只有拇指般大小，重量仅 15 克左右，容量目前一般为 2GB～8GB，最高可达 16GB。闪存盘不需要驱动器，无外接电源，使用方便，即插即用，可带电插拔。它的存储单元可反复擦写 100 万次，数据可以保持 10 年以上。而且闪存盘具有写保护功能，可以防止文件被意外擦除或受病毒损坏。如果闪存盘中的数据出错而不能正常工作，只需将其重新格式化就可再使用。

移动硬盘属于海量存储器，其存储容量一般为卜百吉字节，使用 USB 接口与主机相连，盘内一般设有多个逻辑分区，适合长期保存各类信息。插拔方法与闪存盘相同。

另外，光盘也可以看作是移动存储器的一个种类，只是它需要用专门的驱动器读取信息或刻录信息。

3) 高速缓冲存储器

现代的 CPU 的速度越来越快，它访问数据的周期只需几纳秒(ns)，而使用 DRAM 芯片的主存储器访问数据的周期需要几十纳秒。计算机工作时 CPU 需频繁地与内存交换信息，这就会使 CPU 不得不进入等待状态，放慢运行速度，极大地影响计算机的整体性能。倘若全部采用高速的 SRAM 作为内存，则会导致价格高，体积大。为了有效解决 CPU 和主存之间的速度匹配问题，目前在微型计算机上普遍采用了高速缓冲存储器(Cache)的方案。Cache 采用 SRAM 组成，其速度几乎与 CPU 一样快。它是 CPU 和主存之间的桥梁。

由于计算机系统中存在着几种不同的存储器部件或设备，整个存储系统呈现塔式分层结构，如图 1.5 所示。最上面一层是 CPU 内部的通用寄

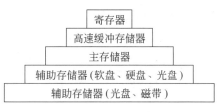

图 1.5  存储器的层次结构

存器,用来暂存中间结果(严格地说,寄存器不属于存储器的范畴);第二层是高速缓冲存储器 Cache;第三层是主存储器(内存);第四和第五层都是辅助存储器或外部存储器(它们与 CPU 的通信需要经过专门的接口)。

实际上,计算机运行时的数据流主要工作在两个层面之间:高速缓冲存储器和主存之间,主存和辅存之间的关系如图 1.6 所示。前者主要解决存储器系统的速度问题,而后者主要解决存储器的容量问题。

```
CPU ⇄ 缓存 ⇄ 主存 ⇄ 辅存
       缓存—主存层次    主存—辅存层次
```

图 1.6 缓存—主存层次和主存—辅存层次

采取缓存(Cache)方案的依据是程序访问的局部性原理,即在一个较短时间间隔内,CPU 执行的指令和处理的数据往往集中在存储器的某一局部范围内,一般是相邻或不相邻的若干条指令。由于算法中的循环等操作使得对该局部范围的存储器地址访问频繁,而此范围外的地址访问较少。如果把在一定地址范围内被频繁访问的指令和数据从内存复制到 Cache 中,当 CPU 要访问内存中的数据时,先在 Cache 中进行查找,若 Cache 中有 CPU 所需的数据(称为"命中"),CPU 就会直接从 Cache 中读取;否则就从内存中读取,并将与该数据相关的一部分内容复制到 Cache 中。这样在一个时间间隔内,CPU 将不会或很少去访问速度较慢的内存,从而可以加快程序的运行。

Cache 中的数据是内存中某一部分内容的映射(副本)。为了提高 CPU 的工作效率,希望 Cache 的命中率越高越好。一般来说,Cache 的容量越大,访问 Cache 的命中率也越高,但是由于成本的原因,Cache 的容量一般不大,在 64KB~4MB 之间。

### 1.2.3 计算机的工作原理

**1. 程序、指令和指令系统**

计算机的工作完全依赖于人编写的程序。程序是为解决某一问题而设计的一系列指令。计算机能够直接执行的程序是由专为该类型计算机配备的指令系统中的一些机器指令编写的,例如,采用 Intel80x86 系列 CPU 的计算机可以执行 8086 指令集中的指令。

一条计算机指令由若干二进制位来表示,指令中一般包含操作码和操作数两部分,其基本格式如图 1.7 所示。

其中操作码指明该指令要完成的操作,例如,加法、减法、乘法、除法、取数、存数等。操作数表示操作对象的内容或所在的存储单元地址。操作数的个数可以是 1 个、多个或 0 个(例如停机指令不需要操作数的信息)。

图1.8所示是一个简单指令集中的一条16位指令的位模式示意图。如果将图中每个

| 操作码 | 操作数 |
| --- | --- |

图 1.7 指令的格式

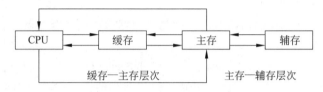

图 1.8 一条加法指令的位模式

4位分别转换成十进制,即为5726,其中操作码5的含义是做加法运算,该指令表示将2号寄存器与6号寄存器中的数值相加,然后放入7号寄存器中。由于二进制数码序列不易看清,因此一般用助记符描述指令,如图1.8所示中的指令,用虚构的助记符可表示为ADD GX、BX、FX。

按功能分类,可以将计算机的指令分为以下几种类型。

(1) 数据传送指令:实现数据在不同地点之间的传送,这些不同的地点包括CPU、内存和寄存器。在存储器中,数据被传送至另一地点后,原处的数据仍未消失。

(2) 数据处理指令:实现对数据进行算术运算和逻辑运算。

(3) 程序控制指令:实现改变程序执行顺序的功能,如跳转指令、循环控制指令、子程序调用及返回指令。

(4) 输入输出指令:实现CPU与外部设备之间的数据交换。

(5) 其他指令:实现对计算机硬件的管理,如中断指令和标识位操作指令。

一台计算机所能执行的全部指令的集合称为该计算机的指令系统,或称该计算机的机器语言指令系统。不同种类的计算机,其指令系统的指令数目与格式也不同,如80x86类型的CPU有64条运算指令。但无论哪种类型的计算机,其指令系统都包含上述5种类型的指令。

指令系统不仅是硬件设计的依据,而且是提供使用者编制程序的基础平台。指令系统体现了计算机对数据进行处理的能力,指令系统越丰富完备,编制程序就越方便灵活。

**2. 指令的执行过程**

计算机执行一条指令的过程分为以下几个基本步骤:

(1) 取指令。根据指令指针寄存器IP中的地址,从内存储器中取出一条指令送至指令寄存器IR中。然后IP自动加1,以指向内存的下一条指令。若当前指令是单字节,则IP指向下一条指令,若当前指令是多字节,则IP指向本条指令的下一字节。在取指阶段,CPU从内存中取出的内容必定是指令。

(2) 分析指令。由译码器对指令寄存器中的指令进行译码,主要是对操作码部分进行分析处理,将操作信息送往控制器,控制器根据指令的功能产生相应的控制电位信号序列。操作数部分如果含有数据的地址,控制器还要形成相应的实际地址供执行指令时使用。

(3) 执行指令。由操作控制线路发出完成该操作所需要的一系列控制信号,由机器来执行该指令所要求的操作,从而完成该指令的功能。对于多字节指令,IP会不断加1,以取出当前指令的后续部分并加入指令的执行过程中。

(4) 一条指令执行完成后,将下一条要执行的指令地址送入IP中,并准备进入下一个指令执行周期。这时可能有两种情况发生,若遇到一般指令则按顺序执行;若遇到转移指令,则将转移地址码送入IP中。

计算机的运行速度取决于CPU的速度,而计算机的工作效率与指令的执行时间直接相关。一条指令的执行时间应是取指令、分析指令和执行指令这3部分所需时间之和。事实上,取指令、分析指令和执行指令这3个步骤分别由不同的功能部件来完成,如果使3个功能部件采用并行方式协调工作,则将使计算机执行程序的速度大大提高。这就是现代计算机大多采用的流水线工作方式。流水线是指这样的一种生产组织形式:将生产过程分成时间上相等或成倍比的若干个工序,每个工序固定在按顺序排列的各个工作场地,加工对象按顺序"流"过工作场地进行加工。假定取指令、分析指令和执行指令3个功能部件的执行时间都相同，按图1.9所示的协调方式，当第1条指令被取出进入指令分析部件时，取指令部件可以从内存储器中取出第2条指令；而当第1条指令进入指令执行部件时，分析指令部件将对第2条指令进行分析，取指令部件又将取出第3条指令。如此往复，即可得到并行工作的效率。

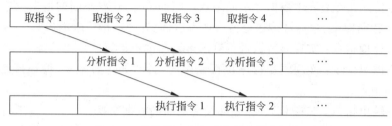

图1.9　流水线工作方式的指令执行过程

如果将一条指令的执行过程划分得更细一些，每个步骤将由特定的功能部件来完成，则处理器执行指令的速度还可进一步提高。以Pentium微处理器为例，它有两条整数指令流水线，分别称为U指令流水线和V指令流水线。每条流水线分为5级：指令预取、首次译码、二次译码、指令执行和写回寄存器。每条指令完成一个流水级后，就会进入下一级，以便让指令队列中的下一条指令进入该级。在最佳状态下，Pentium微处理器可以在一个时钟周期内完成两条指令的执行。

## 1.3　数制转换、字符编码

由于计算机中的信息以二进制表示，而人机交互时需要以十进制或其他形式表示，在计算机工作过程中，不可避免地需要对不同数制的数值进行表示方式的转换。本节主要介绍数制的基本概念和不同数制之间的转换方法，以及非数字信息的机内表示。

### 1.3.1　进位计数制

人们最熟悉、使用最多的是十进制数，其特点是用0,1,2,…,9十个不同的符号表示一个数，逢十进一。但在日常生活中也会遇到各种不同进制的数。例如，钟表的指针转一周走过12个刻度，逢十二进一；一天有24个小时，过去一天就要从0开始计算，逢二十四进一。它们分别使用十二进制和二十四进制。在计算机内部使用的是二进制，为了书写和表示的方便也采用八进制和十六进制。无论哪种数制，其共同之处都是通过进位的方式实现计数。

任何一种计数制，都符合以下3个规则。

(1) 数码个数：$n$进制数使用$n$个数码。十进制含10个数码：0~9；二进制含2个数码：0和1。

(2) 进位规则：$n$进制逢$n$进一。十进制为逢十进一；二进制为逢二进一等。

(3) 每一个数位上数码所具有的权：权为$n$的幂。十进制数码各位的权是以10为底的幂，二进制数码各位的权是以2为底的幂。

由于不同位上的权值不同，因此同一数码在不同的位置上，其表示的值也不同。例如十进制数 926.8,百位上的 9 表示 900,十位上的 2 表示 20,个位上的 6 表示 6,而小数点后的 8 表示 0.8。由此可见,同一数字的值随着其所在位置而异,这种表示法统称为位置表示法。

这样,数 926.8 的值为 $9\times10^2+2\times10^1+6\times10^0+8\times10^{-1}$。

其中,$10^2,10^1,10^0$ 和 $10^{-1}$ 称为权。

对于任何一个十进数 $N$,都可以表示成按权展开的多项式:

$$N = d_n \times 10^n + d_{n-1} \times 10^{n-1} + \cdots + d_1 \times 10^1 + d_0 \times 10^0 + d_{-1} \times 10^{-1} + \cdots + d_{-m} \times 10^{-m}$$
$$= \sum_{i=n}^{-m} d_i \times 10^i$$

其中,$d_i$ 是 0~9 十个数字中的任意一个,$m,n$ 是正整数,10 被称为十进制数的基数,它是相邻数位的权之比。

一般而言,对于用 $R$ 进制表示的数 $N$($R$ 为任意正整数),可以按权展开为:

$$N = K_n \times R^n + K_{n-1} \times R^{n-1} + \cdots + K_1 \times R^1 + K_0 \times R^0 + K_{-1} \times R^{-1} + \cdots + K_{-m} \times R^{-m}$$
$$= \sum_{i=n}^{-m} K_i \times R^i$$

其中,$K_i$ 是 0、1、$\cdots$、($R-1$)个数字中的任意一个,$m,n$ 是正整数,$R$ 是基数。

表 1.1 列出了计算机中常用的 4 种进位计数制。其中十六进制中的 A,B,C,D,E 和 F 分别相当于十进制中 10,11,12,13,14 和 15 的值。

表 1.1 计算机中常用的 4 种进位计数制

| 进位制 | 二进制 | 八进制 | 十进制 | 十六进制 |
| --- | --- | --- | --- | --- |
| 规则 | 逢二进一<br>借一当二 | 逢八进一<br>借一当八 | 逢十进一<br>借一当十 | 逢十六进一<br>借一当十六 |
| 基数 | $R=2$ | $R=8$ | $R=10$ | $R=16$ |
| 数符 | 0,1 | 0,1,2,$\cdots$,7 | 0,1,2,$\cdots$,9 | 0,1,2,$\cdots$,9,A,B,C,D,E,F |
| 权 | $2^i$ | $8^i$ | $10^i$ | $16^i$ |
| 后缀符号 | B | O | D | H |

在十进制中,如将一个数的每一位同时向左移动 1 位并且在右端补一个 0,则其值增大到原来的十倍;如将一个数的每一位同时向右移动 1 位并丢弃原来的最右端数字,则其值减少到原来的 1/10。同样,在二进制中,如将数的各位向左移动 1 位,则其值增大到原来的二倍;反之将数的各位向右移动 1 位,则其值减少到原来的 1/2。于是,CPU 通过移位 (shifting) 操作实现将一个数乘以 2 或除以 2 的运算。例如,二进制数 101011.1 在左移 1 位或右移 1 位后,其值的变化如下:

|  | 二进制数 | 值 |
| --- | --- | --- |
|  | 101011.1 | 43.5 |
| 向左移 1 位 | 1010111.0 | 87 |
| 向右移 1 位 | 10101.11 | 21.75 |

### 1.3.2 不同数制之间的转换

不同进位制数值之间的数制转换实质上是进行基数的转换。转换所依据的原则是:如果两个数的值相等,则两个数的整数部分和小数部分的值一定分别相等。因此,在转换时应对整数部分和小数部分分别进行转换。

**1. 二进制、八进制和十六进制数转换为十进制数**

将一个任意 $R$ 进制数转换成十进制数可以采用按权相加法。即列出的数值按权数位展开式,然后相加,其和便是相应的十进制数。

**【例 1.1】** 求与 $(101011.01)_2$ 等值的十进数。

解:$(101011.01)_2 = 1 \times 2^5 + 0 \times 2^4 + 1 \times 2^3 + 0 \times 2^2 + 1 \times 2^1 + 1 \times 2^0 + 0 \times 2^{-1} + 1 \times 2^{-2}$
$= 32 + 0 + 8 + 0 + 2 + 1 + 0 + 0.25 = (43.25)_{10}$

**【例 1.2】** 将十六进制数 28F 转换成十进数。

解:$(28F)_{16} = 2 \times 16^2 + 8 \times 16^1 + 15 \times 16^0 = 512 + 128 + 15 = (655)_{10}$

**2. 十进制数转换成二进制数、八进制或十六进制数**

十进制数转换成二进制数要分别对整数部分和小数部分采用不同的方法。

整数部分的转换采用除 $R$ 取余法。设一个十进制整数 $x$ 已被表示成一个二进制数 $(K_n K_{n-1} \cdots K_1 K_0)_2$,其中 $K_i$ 为 0 或 $1(0 \leqslant i \leqslant n)$,那么 $x$ 按二进制数的权展开为:

$$x = K_n \times 2^n + K_{n-1} \times 2^{n-1} + \cdots + K_1 \times 2^1 + K_0 \times 2^0$$

由于展开式的前几项均为 2 的整数倍,显然第一次做 $x/2$ 的商为:
$K_n \times 2^{n-1} + K_{n-1} \times 2^{n-2} + \cdots + K_1 \times 2^0$,余数为 $K_0$。

同样,对上述商再除以 2,所得余数便是 $K_1$。以此类推,一直进行下去直至商为 0,便可得到由各次除法得到的余数组成的二进制数。各数位上的数字分别为 $K_n, K_{n-1}, \cdots, K_0$,当商等于 0 时,最后得到的余数即为 $K_n$。

**【例 1.3】** 把 18 转换成二进制数。

解:

```
2 | 18      ………余 0 (K₀)
2 |  9      ………余 1 (K₁)
2 |  4      ………余 0 (K₂)
2 |  2      ………余 0 (K₃)
2 |  1      ………余 1 (K₄)
     0
```

结果为 $(18)_{10} = (10010)_2$。

这种转换方法称为除 2 取余法。类似地,十进制整数转换成八进制数时,采用除 8 取余法;十进制整数转换成十六进制数时,采用除 16 取余法。

小数部分的转换采用乘 $R$ 取整法。

将一个十进制纯小数 $x$ 按二进制数的权展开则为:

$$x = K_{-1} \times 2^{-1} + K_{-2} \times 2^{-2} + \cdots + K_{-m} \times 2^{-m}$$

将其乘以 2 后,可得

$$K_{-1} + (K_{-2} \times 2^{-1} + \cdots + K_{-m} \times 2^{-m+1})$$

显然整数部分即为 $K_{-1}$。由此可见,转换时应将十进制小数乘 2,取乘积的整数部分作为相应二进制小数点后的最高位 $K_{-1}$;反复乘 2,依次可得 $K_{-2}, K_{-3}, \cdots, K_{-m}$,直到乘积的小数部分为 0 或者小数点后的位数达到精度要求为止。

【例1.4】 将$(0.8125)_{10}$转换成二进制数。

解：

$$
\begin{array}{r}
0.8125 \\
\times \quad 2 \\
\hline
1.6250 \cdots\cdots 1(K_{-1}) \\
\times \quad 2 \\
\hline
1.2500 \cdots\cdots 1(K_{-2}) \\
\times \quad 2 \\
\hline
0.5000 \cdots\cdots 0(K_{-3}) \\
\times \quad 2 \\
\hline
1.0000 \cdots\cdots 1(K_{-4})
\end{array}
$$

结果为$(0.8125)_{10} = (0.1101)_2$

这种转换方法称为乘2取整法。同样，十进制小数转换成八进制数时，采用乘8取整法；十进制小数转换成十六进制数时，采用乘16取整法。

对于既有整数又有小数的十进制数，转换时只需将整数部分和小数部分分别进行转换，然后用小数点连接起来即可。

【例1.5】 将$(314)_{10}$转换成十六进制数。

解：

$$
\begin{array}{r}
16\,\underline{|\,314\,} \cdots\cdots \text{余 A} \\
16\,\underline{|\,19\,} \cdots\cdots \text{余 3} \\
16\,\underline{|\,1\,} \cdots\cdots \text{余 1} \\
0
\end{array}
$$

所以$(314)_{10} = (13A)_{16}$

**3. 二进制数与八进制数的相互转换**

二进制数的基数是2，八进制数的基数是8，由于$2^3 = 8$，所以八进制的一位对应于二进制的三位，二进制数与八进制数的互换是十分简便的。

二进制数转换成八进制数的方法可以概括为"三位并一位"，即以小数点为基准，整数部分从右至左，每3位一组，最高位不足时补0；小数部分从左至右，每3位一组，最低有效位不足3位时补0。然后，将每组数字改成等值的1位八进制数即可。

八进制数转换成二进制数的方法可以概括为"一位拆三位"，即把每位八进制数用等值的3位二进制数代替，然后按权位顺序依次连接即可。

【例1.6】 将$(11101.1101)_2$转换成八进制数。

解：

$$
\underbrace{011}_{3}\underbrace{101}_{5}.\underbrace{110}_{6}\underbrace{100}_{4}
$$

结果为$(11101.1101)_2 = (35.64)_8$

**4. 二进制数与十六进制数的相互转换**

同样，由于$2^4 = 16$，所以十六进制的一位对应于二进制的四位，二进制数与十六进制数的互换也是十分简便的。

二进制数转换成十六进制数的方法可以概括为"四位并一位"，即以小数点为基准，整数部分从右至左，每四位一组，最高位不足时补 0；小数部分从左至右，每四位一组，最低有效位不足三位时补 0。然后，每组改成等值的一位十六进制数即可。

十六进制数转换成二进制数的方法可以概括为"一位拆四位"，即把每位十六进制数用等值的四位二进制数代替，然后按权连接即可。

**【例 1.7】** 将 $(65.C4)_{16}$ 转换成二进制数。

**解：**

```
  6     5   .   C     4
  ↓     ↓       ↓     ↓
 0110  0101   1100  0100
```

结果为 $(65.C4)_{16} = (1100101.110001)_2$

表 1.2 列出了二进制数、八进制数、十进制数和十六进制数之间的对应关系。

**表 1.2　各种进位制之间的对应关系**

| 十进制 | 二进制 | 八进制 | 十六进制 | 十进制 | 二进制 | 八进制 | 十六进制 |
| --- | --- | --- | --- | --- | --- | --- | --- |
| 0 | 0 | 0 | 0 | 9 | 1001 | 11 | 9 |
| 1 | 1 | 1 | 1 | 10 | 1010 | 12 | A |
| 2 | 10 | 2 | 2 | 11 | 1011 | 13 | B |
| 3 | 11 | 3 | 3 | 12 | 1100 | 14 | C |
| 4 | 100 | 4 | 4 | 13 | 1101 | 15 | D |
| 5 | 101 | 5 | 5 | 14 | 1110 | 16 | E |
| 6 | 110 | 6 | 6 | 15 | 1111 | 17 | F |
| 7 | 111 | 7 | 7 | 16 | 10000 | 20 | 10 |
| 8 | 1000 | 10 | 8 | | | | |

**5. 进位计数制的深入理解**

进位计数制的两个核心概念是基数和位权。基数规定了每一位可能出现的用于计数的符号个数，位权规定了一个可能的计数符号在不同位置时所具有的基本值。这两个概念既不相同，又互相关联。

对基数和位权的深刻理解，是学习进位计数制概念，以及各种进制数据表示及运算、不同进制数转换的关键。比如，对于 100，在二进制中是 $1\times 2^2$，而在八进制中是 $1\times 8^2$，在十进制中是 $1\times 10^2$，在十六进制中是 $1\times 16^2$。而对于小数 0.5 则有 $(0.5)_{10}=(0.1)_2$，因为前者是 5/10，后者是 1/2。整数 BCH 中最多有 11 个 16，因为在十六进制表示中，权的一次方位的位权(该位基值)是 $16^1$，在 BCH 中该位数字表示 $(B)_{16}\times 16^1=(176)_{10}$。BCH 中的零次方位是 C，位权是 $16^0$，即 $(C)_{16}\times 16^0=(12)_{10}$，不够一个 16。而整数 FFFFFFFFFA7H 除以 4 的余数是 3，因为在十六进制表示中，一次方位的数值最少是 16，而且肯定是 4 的倍数，只有零次方位的值不够 16。因此，只要查看零次方位的数除以 4 的余数即可，该余数就是整个数除以 4 的余数(此例中 7/4 的余数为 3)。

再看下例：

$$(13/64)_{10} = (13\times 2^{-6})_{10} = ((8+4+1)\times 2^{-6})_{10} = ((2^3+2^2+2^0)\times 2^{-6})_{10}$$
$$= (2^{-3}+2^{-4}+2^{-6})_{10}$$
$$= (0\times 2^{-1}+0\times 2^{-2}+1\times 2^{-3}+1\times 2^{-4}+0\times 2^{-5}+1\times 2^{-6})_{10}$$
$$= (0.001101)_2$$

### 1.3.3 计算机中的数据表示和存储

在计算机中,所有的数据、指令和符号都是用特定的二进制代码来表示的。我们把一个数在计算机内部表示成的二进制形式称为机器数,原来的数称为这个机器数的真值。

机器数具有下列特点:

(1) 由于计算机设备的限制,机器数有固定的位数,它所表示的数受到计算机固有位数的限制,所以机器数具有一定的范围,超过这个范围便会发生溢出。

(2) 机器数将其真值的符号数字化。计算机中使用具有两个不同状态的电子器件,它们只能分别表示数字符号"0"和"1"。所以,数的正负号也只能通过 0 和 1 来加以区分。通常,用机器数中规定的符号位(一般是一个数的最高位)取 0 或 1 分别表示其值的正或负。

(3) 机器数中依靠格式上的约定表示小数点的位置。

**1. 数据的符号表示问题**

假设数在计算机中存放时用最高位表示其符号,0 表示正数,1 表示负数。机器数在参与运算时,若将符号位和数值一起进行运算,有时会产生错误的结果。例如,$-6+4$ 的结果应为 $-2$,但按上述方法,则运算如下:

$$
\begin{array}{r}
10000110 \quad -6\ 的机器数 \\
+\ 00000100 \quad 4\ 的机器数 \\
\hline
10001010 \quad 结果为 -10
\end{array}
$$

若要考虑符号位的处理,则会使运算变得复杂。为了解决此类问题,在机器数中,用不同的方法来表示负数。下面讨论常用的几种机器数表示方法:原码、补码和反码。

(1) 原码表示法。

原码表示法是一种最简单的机器数表示方法。原码表示的规则是:最左边一位表示数的符号,且以"0"表示正号,"1"表示负号;其余各位表示数的大小,即其绝对值。通常用 $[x]_原$ 表示 $x$ 的原码。

例如,假设机器数的位数是 8,则

$$[+73]_原 = 01001001 \quad [-73]_原 = 11001001$$
$$[+127]_原 = 01111111 \quad [-127]_原 = 11111111$$

对于真值 0 而言,可以被认为是 $+0$,也可被认为是 $-0$。$[+0]=00000000$,$[-0]=10000000$,所以数 0 的原码不唯一,有"正零"和"负零"之分。

原码表示简单易懂,与真值转换方便,用于乘除运算十分方便。但是在做加减法运算时会遇到麻烦,因为当两个数相加时,如符号相同,则数的绝对值相加,符号不变;如符号相异,则必须使数的绝对值相减,而且还必须比较这两个数,确定哪个数的绝对值大,才能确定哪个是被减数,据此进一步确定结果的符号。要完成这些操作,必须增加计算机中的设备和计算机的运算时间。

(2) 补码表示法。

在讨论补码之前,先介绍模的概念。

"模"是指一个计量系统的计数范围。时钟、电表、里程表等都是计量工具,计算机中的一个存储单元也可看成一个计量工具,它们都有一个计量范围,即都存在一个"模"。

例如,时钟的模为 12,计量范围是 $0 \sim 11$。若时钟指向 11,则再过 1 小时,时钟将指向 0 (即 12)。$n$ 位计算机的模为 $2^n$,计量范围是 $0 \sim 2^n - 1$。设 $n=4$,模为 $2^4 = 16$,计量范围是

0～15(二进制表示为0000～1111)。若当前值是1111,则再加1,计数值就变为0000,而在最高位上溢出了一个"1"。可见,模实质上是计量器产生"溢出"的量,它的值在计量器上表示不出来,计量器上只能表示出模的余数。

任何有模的计量器,均可化减法为加法运算。仍以众所周知的时钟为例,设当前时钟指向11点,而准确时间应为7点,调整时间的方法有两种。一种方法是将时针倒拨4小时,即 11－4＝7;另一种方法是将时针顺拨8小时,即 11＋8＝19＝12＋7＝7。由此可见,在以12为模的系统中加8和减4的效果是一样的,即(－4)＝(＋8)(Mod 12)。

这里称－4和＋8互补,它们的绝对值相加恰好等于时钟的模12。因此可以说,当以12为模时,－4的补码为12＋(－4),即为＋8。从而只需把减数用相应的补码表示就可将减法运算化为加法运算。

下面引入补码表示法。对于整数而言,若计算机字长为 $n$ 位,则

$$[x]_{补} = \begin{cases} x & 0 \leqslant x < 2^{n-1} \\ 2^n + x & -2^{n-1} \leqslant x < 0 \end{cases}$$

例如, $n=8$ 时

$$[+73]_{补} = 01001001$$
$$[-73]_{补} = 100000000 - 01001001 = 10110111$$
$$[-1]_{补} = 100000000 - 00000001 = 11111111$$
$$[-127]_{补} = 100000000 - 01111111 = 10000001$$

从上述例中可知,补码的最高位不仅代表符号,而且还代表这一位对应一个负的值,图1.10说明一个8位补码对应的取值。可以发现,各位的权值与二进制转换是一致的,只是最高位取负。图1.10(a)所示是将一个补码10000101转换成十进制表示的数。10000101中最高位的1代表 $-2^7$ ,另两位的1分别代表 $2^2$ 和 $2^0$ ,于是,它代表的十进制真值为:

$$-2^7 + 2^2 + 2^0 = -123$$

图1.10(b)所示是将一个十进制数－122转换成补码表示的数。因为 $-122 = -2^7 + 2^2 + 2^1$ ,所以用补码表示就是10000110。

| －128 | 64 | 32 | 16 | 8 | 4 | 2 | 1 |
|---|---|---|---|---|---|---|---|
| 1 | 0 | 0 | 0 | 0 | 1 | 0 | 1 |

－128　　　　　　　　　　　　＋4　　　＋1＝－123

(a) 将补码10000101转换成十进制数

| －128 | 64 | 32 | 16 | 8 | 4 | 2 | 1 |
|---|---|---|---|---|---|---|---|
| 1 | 0 | 0 | 0 | 0 | 1 | 1 | 0 |

－122＝－128＋　　　　　　　　＋4　　＋2＝－122

(b) 将十进制数－122转换成补码

图1.10　8位补码对应的取值示例

再来考虑用补码表示整数时可表示的数值范围。仍以 $n=8$ 为例,当 $X>0$ 时,最大值为 $[X]_{补} = 01111111 = +127$ ;而当 $X<0$ 时,绝对值最大为 $[X]_{补} = 10000000 = -2^7 = -128$ 。所以8位整数的表示范围是－128～＋127。

数 0 的补码表示是唯一的,即
$$[0]_{补}=[+0]_{补}=[-0]_{补}=00000000$$

对负数而言求其补码有一个简便的方法是:符号位取 1,其余各位按其真值取反,然后在它的末位加 1。简称"求反加 1 法"。

**【例 1.8】** 求 $-36$ 的补码。

**解**:第 1 步:将 $-36$ 表示成二进制数 $-0100100$

第 2 步:符号位取 1,其余各位取反得 11011011

第 3 步:末位加 1,结果为 11011100

所以 $[-36]_{补}=11011100$

反之,从补码求真值的方法是:若符号位为 0,则符号位后的二进制数就是真值,且为正;若符号位为 1,则将符号位后的二进制代码逐位取反,再在末位加 1,所得结果为真值,且为负。

**【例 1.9】** 求 $[11110110]_{补}$ 的真值。

**解**:第 1 步:除符号位外,各位取反得 10001001

第 2 步:末位加 1,结果为 10001010

所以 真值为 $(-0001010)_2$,即 $(-10)_{10}$

根据补码定义,可以证明
$$[x]_{补}+[y]_{补}=[x+y]_{补}$$
$$[x]_{补}-[y]_{补}=[x-y]_{补}$$

这表明,两个补码加减的结果也是补码,而且在运算时,符号位可同数值部分作为一个整体参加运算,如果符号位有进位,则舍去进位。

**【例 1.10】** 设 $a=4, b=6$,请用补码求和方法计算 $(a-b)$。

**解**:因为 $[a]_{补}=00000100, [-b]_{补}=11111010$

且 $[a-b]_{补}=[a]_{补}+[-b]_{补}$
$$=00000100+11111010$$
$$=11111110$$

所以 $(a-b)=-2$

正因为采用了补码表示法后,加法和减法统一成了加法运算,可以大大简化计算机运算部件的电路设计,所以现代计算机中都使用补码形式的机器数。

(3) 反码表示法。

前已述及,利用"求反加 1"的方法可以得到负数的补码。如在上述方法中,只求反而不加 1,就得到另一种机器数的表示,这就是反码表示法。因此,反码定义为:
$$[x]_{反}=\begin{cases} x & 0 \leqslant x < 2^{n-1} \\ (2^n-1)+x & -2^{n-1} < x \leqslant 0 \end{cases}$$

反码表示很少直接用于计算中。反码主要被用作真值求补码的一个过渡手段。

**【例 1.11】** 若有二进制代码 $(10000000)_2$,求其真值。

**解**:因为机器数有不同的表示形式,所以答案不唯一。下面给出几种可能的结果:

无符号整数 其真值为 128

整数补码 其真值为 $-128$

原码 其真值为 $-0$

**2. 数据的小数点表示问题**

对于在数中可能存在的小数点"．"，计算机如何表示呢？在现代计算机中，并不使用硬件设备的状态表示小数点，而是依靠格式上的约定来表示小数点。目前有两种表示方法：定点表示法和浮点表示法。

1) 定点表示法

所谓定点表示法是约定计算机中所有数据的小数点位置是固定不变的。该位置在设计计算机时已被隐含地规定，因此无须再用任何状态来明显表示小数点。这样的数被称为定点数，只能处理定点数的计算机称为"定点机"。

一般而言，可以把小数点的位置固定在数的任一位置上。但是常用的形式有两种：把小数点位置固定在数的最高位之前，使机器所表示的数都是纯小数；把小数点位置固定在数的最低位之后，使机器所表示的数均为整数。如果用下述矩形表示在计算机中存放一个二进制数的单元，则纯小数±0.1010110在定点机中可表示为

类似地，纯整数±1101001在定点机中可表示为

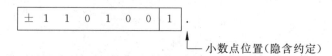

应当指出，在一个具体的计算机中，隐含约定的小数点位置是固定不变的。

如果约定小数点在数的最高位之前，则这种定点数的一般格式为：

| 数符 | 尾数 |
| --- | --- |

关于数符的表示，将在下一节中讨论。假设尾数有 $n$ 位，则此定点数值 $N$ 的范围是

$$|N| \leqslant 0.111\cdots11 = 1 - 0.000\cdots01 = 1 - 2^{-n} \quad (\text{共 } n \text{ 位})$$

显然 $|N|<1$，且当 $n$ 很大时，$|N|$ 非常接近于1。因此这种定点机所能表示数的绝对值小于1，从而要求参加运算的操作数的绝对值均应小于1，而且也不允许运算结果的绝对值大于或等于1。否则，称为"溢出"。所以，使用定点机进行计算，必须将所有数据的值按一定比例予以缩小（或放大），然后送入计算机，同时必须将计算结果按同一比例增大（或缩小）后才能得到正确结果值。比例因子选择得不恰当，将会造成结果溢出或结果精度下降。

对于约定小数点位置在最低位之后的定点机，$n$ 位整数的最大值为

$$|N|_{\max} = 2^n - 1$$

这种定点机同样存在适当选择比例因子的问题。

2) 浮点表示法

在科学计算中，可能同时涉及值很大和很小的数。这时，要求计算机所表示的数，其小数点位置是可变的。这种数称为浮点数，即数中小数点的位置不是固定不变的，而是可浮动的。对于浮点数而言，其小数点位置必须在数中明显地给出。

(1) 浮点数的表示形式。

任何一个二进制数可表示为：

$$(N)_2 = \pm 2^r \times \sum_{i=1}^{m} N_i \times 2^{-i} = \pm 2^r \times M$$

其中,$M$(尾数)表示数的有效数字;$r$被称为阶(或阶码),表示数的因子中基数的幂次,即为小数点的位置。任何一个浮点数均由尾数和阶构成。尾数可正可负,同样阶也可正可负,所以浮点数的格式为:

| 数符 | 阶 | 阶符 | 尾数 |
| --- | --- | --- | --- |

或

| 阶符 | 阶 | 数符 | 尾数 |
| --- | --- | --- | --- |

一般规定,尾数为二进制定点纯小数,约定小数点在尾数最高位的左边;阶为二进制定点整数,其隐含基数为 2,也可取 4、8 或 16 等。

(2) 浮点数的表示范围。

假设浮点数字长 $n$ 位,其中数符和阶符各占一位,阶为 $e$ 位,尾数为 $m=n-e-2$ 位。当阶符为正时,阶的值和尾数值为可表示的最大值时,浮点数的绝对值为最大,记为 $|N_{max}|$,则

$$|N_{max}| = (1 - 2^{-m}) \times 2^{(2^e-1)}$$

而当阶符为负时,阶的值为可表示的最大值,尾数值为可表示的最小值时,浮点数的绝对值为最小,记为 $|N_{min}|$,则

$$|N_{min}| = 2^{-m} \times 2^{-(2^e-1)}$$

图 1.11 示意地给出了在数轴上有两个可表示的浮点数区(正数区及负数区),以及在可表示范围之外的上溢区和下溢区。凡是处于下溢区中的浮点数,其绝对值小于计算机可表示之值,这时计算机认为该数为"0",称为"机器零"。凡是处于上溢区中的浮点数,其绝对值大于计算机可表示之值,这时计算机将中断此计算工作,向用户发出信号,指出"出现上溢"。

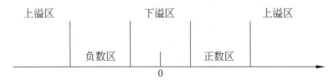

图 1.11 浮点数在数轴上分布示意图

### 1.3.4 非数值数据的编码

计算机存储器中存储的都是由"0"和"1"组成的信息,但是它们分别代表各自不同的含义,有的表示机器指令,有的表示二进制数,有的表示英文字母,有的表示汉字,还有的可能表示色彩与声音。存储在计算机中的信息采用了各自不同的编码方案,就算是同一类型的信息也可以采用不同的编码形式。

**1. 逻辑数据**

逻辑数据是一种最简单的数据,它只有两个不同的值:"真"和"假",所以在计算机中可以用二进制的"0"和"1"来表示。

理论上,逻辑数据只需二进制的 1 位就可表示和存储。但是,为了便于运算,在许多系

统中往往用一个字节或一个字来表示和存储逻辑数据。有的系统也用"0"和"非 0"来表示逻辑值"假"和"真"。

**2. 字符数据**

在计算机数据中,字符数据占有很大比重。字符是字母、数字、标点符号及一些特殊符号的统称。所有字符的集合称为"字符集"。字符集有多种,每一字符集的编码方法也多种多样。目前,使用最广泛的编码方式是 ASCII 码。

ASCII 码,即美国标准信息交换码(American Standard Code for Information Interchange)已被国际标准化组织(ISO)批准为国际标准,在全世界通用。它用 7 位二进制表示一个字符。由于 $2^7=128$,所以共有 128 种不同组合,可用来表示 128 种不同的字符,其中包括英文大小写字母、数字 0~9、运算符(如+、-、×、/、=等)和各种控制符(如控制打印机的走纸符、换行符、响铃符等)。

虽然 ASCII 码是 7 位编码,但是由于字节是计算机中的基本处理单位,因此一般仍以一个字节来存放一个 ASCII 字符。每个字节中多余的一位(最左边一位)保持为"0"。

在 ASCII 码表中,数字字符 0~9、大写字母 A~Z、小写字母 a~z 都是按顺序排列的,且编码值的大小规律是:小写字母>大写字母>数字字符。所以,只要记住字母"A"、"a"和数字"0"的 ASCII 码值,就很容易推算出所有英文大小写字母和数字字符的 ASCII 码值。

**3. 十进制数的二进制编码表示**

在计算机应用的某些领域,如财会统计计算,其业务特点是运算简单而数据量很大,采用二进制数据表示会使机器将大量时间花费在数制转换上,从而降低了机器处理数据的效率。有一种方法是对十进制数进行按位编码,即用 0 和 1 的不同组合形式表示十进制数的每个数位上的数字。

将每一位十进制数分别表示为二进制编码的形式,称为十进制数的二进制编码,简称二—十进制编码或 BCD 码。一位十进制数有 0~9 共 10 个数字字符,二—十进制编码或 BCD(Binary—Coded Decimal)码需要用 4 位二进制数才足以区分 10 个不同的数字。然而 4 位二进制数可以组合成 16 个不同的码,原则上,可以从这 16 个码中任意选 10 个来表示上述数字符号,但实际上只有少数几种方案被采用。最常用的是 8421 码,它从 4 位二进制码中按计数顺序选取从 0000 开始的前 10 个码分别表示数字符号 0~9,如表 1.3 所示。

表 1.3  8421 码

| 十 进 制 数 | 8421 码 | 十 进 制 数 | 8421 码 |
| --- | --- | --- | --- |
| 0 | 0000 | 5 | 0101 |
| 1 | 0001 | 6 | 0110 |
| 2 | 0010 | 7 | 0111 |
| 3 | 0011 | 8 | 1000 |
| 4 | 0100 | 9 | 1001 |

8421 码是最简单最自然的一种编码,其特点是二进制代码本身的值就是它所对应的十进制数字字符的值,而且它是一种带权码,4 位二进制各位的权值由高到低分别是 $2^3$,$2^2$,$2^1$,$2^0$,即 8,4,2,1,因此而得名。

8421 码书写直观,例如十进数 1997 可写成 0001 1001 1001 0111。

请注意,8421 码形式上像二进制数,但不是真正的二进制数,与(1997)₁₀等值的二进制数是 11111001101B。

**4. 汉字编码**

西文是拼音文字,用有限数目的字母就可以拼写出全部西文信息,在计算机系统中,输入、处理和存储西文都可以使用同一套编码。而汉字信息则不一样,汉字是表意文字,其总数超过 6 万字。对数目繁多的汉字进行编码远比对西文字母的编码复杂得多。

根据汉字处理过程的不同,汉字有多种编码,主要可分为汉字输入编码、汉字交换码、汉字机内码和汉字字形码。它们在汉字信息处理中的流程如图 1.12 所示。其中虚线框中的编码是对国标码而言。

图 1.12 汉字信息处理系统的模型

1) 汉字输入编码

汉字输入编码是用字母和数字对汉字进行的编码,目的是为了能使用只有字母和数字键的小键盘,将汉字输入计算机。目前汉字输入编码方法已有数百种之多。这些方法大多是按照汉字的字形,或者字音,或者音形结合来对汉字进行编码的。常用的有拼音编码和五笔字型编码等。

2) 汉字国标码

汉字交换码是在不同计算机系统之间进行信息交换使用的编码,也称国标码。它是《信息交换用汉字编码字符集——基本集》的简称,是我国国家标准总局于 1981 年颁布的国家标准,编号为 GB2312-80。

国标码(基本集)共选取了 6763 个常用汉字和 682 个非汉字字符,并为每个字符规定了标准代码。国标码由 3 部分组成:第一部分是字母、数字和各种符号,包括拉丁字母、俄文、日文平假名与片假名、希腊字母、汉语拼音等 682 个;第二部分为一级常用汉字,共 3755 个,按汉语拼音排列;第三部分为二级常用字,共 3008 个,按偏旁部首排列。

GB2312-80 信息交换编码表,排成一张 94×94 的图形字符代码表。通常将表中的行称为区,列称为位,表中任何一个图形字符的位置可由区号与位号唯一确定。GB2312-80 中的每个图形符号的区位可采用两个字节表示,每个字节用 7 位二进制编码。以第一字节表示行,第二字节表示列,这就是国标区位码,简称区位码。

两个字节的区位码中每个字节可表示成一个两位的十进制数,这样一个汉字字符的区位码由 4 位数码组成,例如汉字"啊",它的区位码是 1601,即位于十进制数的第 16 区、第 01 位,对应的二进制编码第一字节为 00010000,第二字节为 00000001。

国标码是信息交换编码的十六进制表示形式,国标码与区位码有简单的对应关系:国标码=区位码+2020H。加 2020H 的目的是使两个字符都避免与 ASCII 码的控制字符冲突。仍以汉字"啊"为例,对应的二进制数第一字节为 00110000,第二字节为 00100001,即它的国标码是十六进制数 3021H。

3) 汉字机内码

汉字机内码是汉字处理系统中用来存储、处理、传输汉字用的代码。在西文系统中,没有交换码和机内码之分,每个西文字符的机内码即为用一个字节表示的 ASCII 码,一般只用其中的 7 位表示 128 种字符,最高位为 0。

汉字系统中的机内码在编码时必须考虑到既能与 ASCII 码严格区分,又与国标 GB2312-80 汉字字符集有简单的对应关系。采用的方法之一是将表示一个汉字的国标码的 2 个字节的最高位都设置为"1"。以汉字"大"为例:

国标码为:3473H 对应的二进制数为:00110111,01110011B
机内码为:B4F3H 对应的二进制数为:10110111,11110011B
由此可见,汉字内码与国标码之间的关系是:

$$机内码 = 国标码 + 8080H = 区位码 + A0A0H$$

用 2 字节的内码可表示汉字的个数是 $2^{16-2} = 2^{14} = 16384$,足够覆盖常用的近 8000 个汉字。

应当注意,汉字的区位码和国标码是唯一的,而内码的表示则可能随系统的不同而使用不同的方法。

4) 汉字字形码

汉字字形码是汉字笔画构成的图形编码,是为了实现汉字输出而进行的编码。由于汉字字形比西文字形复杂得多,笔画繁简不一,笔画的方向及形状变化也多,因此,要在输出设备上显示一个汉字,通常是把单个汉字离散成网点,每点以一个二进制位表示,由此组成的汉字点阵字模的数字化表示称为汉字字形码(字模码)。

通常汉字显示使用 16×16 点阵,汉字打印可选用 24×24,32×32,48×48 等点阵。点数越多,打印的字体越美观,但汉字库占用的存储空间也越大。

汉字字库由所有汉字的字形码组成。一个汉字字形码究竟占多少个字节由汉字的字模决定。例如,一个 16×16 点阵汉字占 16 行,每行 16 个点在存储时用 16/8 = 2 个字节来存放,因此,一个 16×16 点阵汉字占用 32 个字节。

5) 汉字地址码

每个汉字字形码在汉字字库中的相对位移地址称为汉字地址码。当需要输出汉字时,必须通过地址码才能在汉字字库中取到所需的字形码,在输出设备上形成可见的汉字字形。

非数值数据是一些符号、图形图像或声音等,对它们的表示基本是通过编码的方式实现数值化。不同的非数值型数据,具有不同的编码方法。同一种非数值型数据,也可以有不同的编码方法,分别适用于不同的应用场合。

输入到计算机中的任何数据,都必须对其进行二进制编码。同样,从计算机输出数据,也需转换成人们能接受的形式。转换过程如图 1.13 所示。

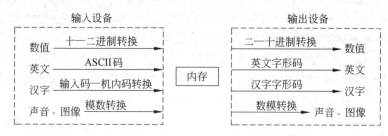

图 1.13  各种数据在计算机中的转换过程

## 1.4 程序设计语言

**1. 程序设计语言概念**

用于书写计算机程序的语言称为程序设计语言(programming language)。简单地说，语言的基础是一组文字记号和一组规则，根据规则由文字记号构成的记号串的总体就是语言。使用程序设计语言撰写的符合语法规则和算法要求的记号串就是程序。作为计算机程序，必须满足正确性、有效性、可靠性等方面的要求。

在电子计算机最初的应用中，人们普遍感到使用位模式的机器指令编制程序不仅效率低下、容易出错，而且不易辨认与交流，程序的调试与软件维护尤其困难。在20世纪计算机早期时代，计算机工作人员主要使用一些简单的记号系统将指令以助记符表示，称为汇编语言(assembly language)。汇编语言使得程序的编制效率得到较大提高。例如，"把寄存器3的数据送入寄存器5中"可以表示为"MOV R3, R5"。为了将使用指令助记符编写的程序转换为机器语言，人们又开发了专用于转换工作的程序，称为汇编程序(assembler)。

汇编语言虽然大幅度提高了程序开发效率，但仍有很大的缺点。汇编语言与机器的指令系统具有相关性，或者说依赖于机器。使用汇编语言编写程序时，程序员仍要为数据存放指定具体的寄存器和内存储器单元，特别是在实现一个算法时，必须用汇编语言一步步地思考，而这样的方式容易使人只见树木而不见森林，不利于设计出大型的、高效的程序。人们开始考虑这样的工作方式：设计过程使用接近于人类自然语言的高级程序设计语言，程序编写完成后再将其翻译为计算机能够执行的机器语言程序。

与汇编语言相比，高级语言不但将许多相关的机器指令合成为单条命令，并且隐蔽了许多与机器操作有关但与算法无关的细节，包括如何使用内存堆栈、寄存器、输入输出接口等，这样就大大简化了程序的内容。使用高级语言能够比使用机器语言或汇编语言更准确地表达程序员所思考的问题以及要求达到的目的。

与我们日常使用的自然语言不同，程序设计语言是一种形式化语言(formal language)，虽然其中使用了某种自然语言(如英语)的部分词汇，但只由数量有限的一小组基本语句来构成，并且有严格的语法定义。

程序设计语言的使用涉及3个方面的因素，即语法、语义和语体。语法规定了构成语言的各个记号之间的组合形式和规律。语义确定了词汇和语句的含义，包括按照语法规定所表示的各个记号的特定含义。语体表示程序与使用者的关系，对程序的结构或形式产生作用，体现程序设计的风格。

程序设计语言的种类千差万别(目前已有200多种算法语言)。但是，基本成分均包含以下4种。

(1) 数据成分。用于描述程序中所涉及的数据。
(2) 运算成分。用于描述程序中所包含的运算。
(3) 控制成分。用于描述程序中的流程控制逻辑。
(4) 传输成分。用于描述程序中数据的传输方式，以及人机交互的内容。

此外还包括一些辅助成分和注释成分。

虽然程序设计语言具有机器无关性，但数据的存储还是与机器有关的，只是不需要程序员面对存储单元的地址,而是以标识符取代。通常是借用数学语言将存储一个数的单元称为变量(因其值可以被修改),在程序中用字母或单词为变量命名,同时指定其类型以表明需要分配给它的字节数量。例如,在 C++ 语言中,int x=0;表示定义一个只能存放整数的变量(int 是 intiger 的缩写),该变量名为 x,程序执行时将为 x 分配 4 个字节的存储空间,并为 x 所代表的存储空间赋予一个数值 0。再比如,char y='A';表示定义一个只能存放字符数据的变量(char 是 character 的缩写),该变量名为 y,程序执行时将为 y 分配 1 个字节的存储空间,并为 y 所代表的存储空间赋予一个字符 A。由于在程序中对数据的存储形式给出了明确的指示,编译器程序就可以大大简化,从而提高编译效率并能提高程序的可靠性。具有这种明确定义数据存储形式的程序设计语言称为强类型语言。

程序设计语言的分类有多种方式。如果按照使用方式分类,有交互式语言和非交互式语言之分。交互式语言含有反映人机交互(man-machine interaction,也译为人机对话)功能的语言成分,如 BASIC 语言在运行源程序时,可随时停止并编辑源代码。而非交互式语言则不提供人机交互的功能,如 FORTRAN、COBOL、ALGOL60、PASCAL 等都是非交互式语言。

如果按照应用范围划分,则有通用语言和专用语言之分。应用目标不受限制的语言称为通用语言,例如 FORTRAN、COBOL、C/C++ 等都是通用语言。目标专一的语言称为专用语言,如数据库查询语言 SQL、脚本编辑语言 JavaScript 等。

按程序设计方法划分,又可分为结构化程序设计语言和面向对象程序设计语言。如果按代码翻译方式分类,可分为解释型语言和编译型语言。

很多文本编辑器软件都可以用来输入编辑各种高级语言的程序。但较大型的语言系统软件都提供了集编辑、编译和运行于同一个软件环境的集成开发平台(SDK),方便用户进行软件开发工作。如 Visual C++ 6.0 的集成环境,用户以菜单方式选择建立文件、程序编辑、编译、运行、调试等操作项目。

**2. 高级语言程序的机器实现**

高级语言所编制的源程序不能直接被计算机识别,必须经过转换(translation,翻译),变成机器语言程序才能被执行。程序原来的形式称为源程序(source program);翻译后的程序称为目标程序(object program)。

程序的转换方式可分为两类:解释(interpreted)和编译(compiled)。

解释型语言编写的程序,由解释程序(interpreter,解释器)转换为机器指令代码。执行方式类似于"同声翻译",源程序中的源代码一边解释(翻译)成机器指令,一边执行。属于交互式语言,执行方式比较灵活,可以动态地调整、修改应用程序的源代码。其缺点是执行效率比较低,不能直接生成可独立执行的可执行文件,应用程序不能脱离其解释器。典型的解释型语言是 BASIC。

编译型语言编写的程序,由编译程序(compiler,编译器)转换为目标代码(机器指令形式)。术语"编译"是指对源程序进行一种特定的翻译处理,主要工作是把翻译出的若干条机器指令编译为一个个短序列,以模拟一个高级语句所请示的活动,编译的结果是产生目标代码(object code)。对于编译程序来说,源代码作为输入的数据,编译后输出目标代码所组成的目标程序。

目标程序还不能马上运行,需要将目标代码与系统中支持基本硬件功能所需的相关代码连接,产生最终的机器代码程序,即可执行程序(excutable program)。由于最终的可执行程序允许脱离其语言环境独立执行,因而代码的执行效率较高。稍微不便的是应用程序一旦需要修改,必须先修改源代码,然后再重新编译生成新的目标代码才能执行。现在大多数的编程语言都是编译型的,例如 C++、Java、PASCAL 等。

把一个高级语言程序转换为机器语言程序的过程包括3部分工作,这些工作分别由词法分析程序(lexical analyzer)、语法分析程序(parser)和代码生成程序(code generator)来实现。这3个程序都是编译器中的组成部分。

编译时,词法分析程序逐个符号地扫描源程序,辨认出数、词、算术运算符等不同的单元并进行分类标记,遇到注释成分则跳过。做了标记的单元被送入语法分析程序,目的是把词法单元组成语句。当语法分析程序认为已找到一个完整的短语或语句时,就请求代码生成程序并生成相应的机器指令,然后把该指令加入到目标程序中。在高效的编译系统中,词法分析、语法分析和生成代码的工作是交织进行的。

目标程序虽然是以机器语言表达的,但是很少可以直接执行。这是因为,一方面大多数程序设计环境都允许一个程序的各个模块可以分别作为独立的单元在不同的时间开发和编译,以支持软件的模块化结构。另一方面,目标程序常常包含对系统底层的服务请求或对操作系统本身的服务提出请求,因此一个目标程序实际上包含了一些未确定机器指令的代码标记。于是,连接程序(linker)接过了编译器的接力棒。连接程序的工作是把若干个目标程序、操作系统实用例程和其他实用软件连接起来产生一个完整的可执行的程序,并将该程序存储在外存中。

当需要执行最终的程序时,由系统的装入程序(loader)将其调入内存储器,并将 CPU 控制权交给它,至此,程序运行就启动了。对用户而言,这一步只是一个启动程序运行的命令。实际上,装入程序是操作系统的调度程序的一部分,特别是在多任务的系统中,内存中存放着多个不同的程序,它们都被称为系统内的资源,只有依靠调度程序根据优先规则进行调度。为了能够使程序在内存中动态定位,可执行程序在内存中的地址采用非显式引用,或者说是采用间接地址方式,从而使程序代码无论安装在什么地方,都不需要修改就能正确执行,这样的程序单元称为可重定位模块(relocatable module),这也是一种体现机器独立性的模式。

综上所述,高级语言程序的机器实现包括编译、连接和装入这3个过程。这些过程在提供语言环境的系统软件中映射为更便于操作的步骤,由源程序到可执行程序的转换工作,程序员只需进行编译和连接这2步。

使用高级语言解决问题(程序式使用计算机),全部的工作流程如图1.14所示。

图 1.14　程序式使用计算机的完整过程

## 1.5　操 作 系 统

计算机系统是一个非常复杂的系统,特别是系统中装有各种硬件、软件资源,如果每一种资源的使用都需要由用户来编写程序才能工作,计算机应用不可能普及到工作和生活的每一个地方。反过来说,如果打开机器,一些基础的服务性程序便自动运行,将一个非常具有人性化的友好界面呈现出来,用户能够直接解决自己的问题,无论是编程还是使用命令或菜单,都只需考虑自己工作的需要,而不必关心哪一个硬件的启动或数据的传输方法,这就达到了一个人人都能得而用之的境界。于是,操作系统便应运而生。伴随着计算机硬件的发展,操作系统由一个功能简单的小程序发展到包含无数个程序组件的庞大系统。计算机的功能越来越强大,实质上绝大部分是指操作系统的功能越来越强。操作系统是计算机系统中最基础的、最重要的软件。

### 1.5.1 操作系统的组成和功能

操作系统是一个大型的软件包。其中与计算机用户进行通信的部分程序称为外壳(shell),包括命令解释程序和菜单式界面管理程序;负责与硬件直接打交道的部分程序称为内核(kernel),包括管理各种系统资源的子系统。用户通过外壳与计算机打交道。图1.15示意了操作系统在计算机系统中的地位。

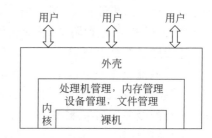

图 1.15 操作系统在计算机系统中的地位

操作系统的功能主要是管理系统资源和控制程序的执行。计算机系统资源一般可分为四类:中央处理器(简称处理机),存储器,外部设备,程序和数据。从资源管理的观点出发,操作系统内核程序的功能可归纳为处理器管理、存储管理、设备管理和文件管理。

**1. 处理机管理**

处理机管理主要解决 CPU 利用率的问题。为此,在操作系统中引入了一个概念"进程"(process),其定义为:进程是程序的一次执行过程,是系统进行调度和资源分配的基本的独立单位。相对而言,程序是一种静态的概念,通常以文件的形式存储在磁盘上,只有在需要执行时才调入内存并由 CPU 执行。然而一个程序在执行的过程中不一定总是占用 CPU 或其他某个设备,比如在输出数据时,输出设备在工作,而 CPU 则间歇地产生空闲。为了提高宝贵的 CPU 的利用率,将一个程序分为多个处理模块,进程就是运行着的一个模块。或者说,将程序的一个执行单位视为一个进程。进程的存在是一个动态过程,其生命周期包括建立、运行和消亡。一个进程被创建后,系统才为其分配 CPU、内存和其他资源,任务完成后立即撤销该进程并释放所占用的资源。通过进程管理,系统能够协调多道进程之间的 CPU 分配、调度、冲突处理及资源回收等工作。

在多任务操作系统中,采用了多道程序设计技术(multiprogramming)。当多道程序并发(erupt simultaneously)运行时,还需要引入进程管理的概念。

**2. 存储管理**

存储管理是根据应用程序的请求为其分配主存储器的可用存储单元。当多个程序共享有限的内存资源时,操作系统将按某种分配原则,为每个程序分配内存空间,使各程序和数据彼此隔离,互不干扰并防止被破坏,以确保信息安全。当得到某个程序工作结束的消息时,及时收回该程序所占用的主存区域,以便再分配给其他程序。另外,操作系统利用虚拟内存技术,把内、外存结合起来,共同管理,以提供更大的存储空间。

**3. 设备管理**

设备管理的功能包括对输入输出设备的分配、启动、完成和回收。设备管理负责管理计算机系统中除了中央处理机和主存储器以外的其他硬件资源，这些资源是系统中最具多样性和最多变的部分。操作系统对设备的管理主要体现在两个方面。一方面它提供了用户和外设的接口。用户只需通过键盘命令或程序向操作系统提出申请，设备管理程序便能实现外部设备的分配、启动、回收和故障处理；另一方面，为了提高设备的效率和利用率，操作系统还采取了缓冲技术和虚拟设备技术，尽可能使外设与处理器并行工作，以解决快速 CPU 与慢速外设的矛盾。各类外部设备的驱动程序也属于系统内核的组件。

**4. 文件管理**

文件管理实现文件的存储、检索和修改等操作，解决文件的共享、保密和保护问题，并提供方便的用户操作界面。

存放在外存储器的逻辑上有完整意义的信息（程序、数据或其他各种数字化的媒体）集合，称为文件(file)。文件与负责文件管理的程序统称为文件系统(Files System)。外存储器可以是多种不同的介质，如硬盘、光盘、磁带等，都是大容量存储器。为了便于管理和使用，每个文件都赋予一个文件名(filename)，而为了能够分类存放大批量的文件，允许多层次地建立目录(directory)，俗称文件夹(folder)，将文件存放在目录中。文件的存放地点由目录名组成，称为路径(path)。实质上，以目录形式管理文件也是一种机器独立性的体现，或者说是一种对文件系统的抽象。于是，用户不必考虑磁盘的扇区、磁道、字节等具体的数据传送和存储问题，只要认识目录结构和文件命名规则，即可管理自己的文件。使用者按照路径和文件名来查找文件和存取文件，这是操作系统为用户提供的一种快速、准确和有效的文件存取方式(access mode)，简称"按名存取"。

文件系统在抽象概念的基础上，定义了一定的逻辑管理结构，并完成逻辑结构到具体存储器中实际信息存储或特殊硬件设备信息输入输出控制的转换和映射。其中逻辑管理结构也称为逻辑文件系统，而与之对应的实际的存储设备上的信息分布称为物理文件结构。每一种操作系统都有自己独特设计的文件存储格式。考虑到通用性，操作系统在更新换代时还需保持向下兼容的能力，从而使一个操作系统可以支持多个不同格式的文件系统。如目前常用的 Windows 操作系统支持 FAT32 和 NTFS 这两种格式。

现代操作系统的外壳是基于图形用户接口(Graphical User Interface, GUI)实现的，能够以窗口、图标、各式美观的菜单等方式为用户提供操作界面。由于用户面对的是这个外壳，所以人们称操作系统为用户提供了一个比裸机功能更强大的虚拟计算机。用户使用的是这个虚拟的计算机。

根据所支撑的不同环境，操作系统软件分为单用户版、多用户版和网络版。例如，个人计算机(PC)最早使用的是 Microsoft(微软)公司开发的磁盘操作系统(Disk Operating System, DOS)，现在广泛使用的是视窗(Windows)系统，其中 Windows XP 是一个单用户的系统。而 Windows 2000 server 和 Windows NT 是多用户的网络操作系统。另外，常见的操作系统还有 UNIX 系统，其个人版为 Linux 系统。为了能够更好地发挥新的硬件的性能，或不断满足用户的更高要求，操作系统软件也是需要不断更新或升级。例如微软公司的各种版本的操作系统已开发出 46 种版本，目前个人版的最新系统是 Windows Vista。

与一般的应用程序不同，操作系统的程序有以下几个特点。

(1) 以资源管理为核心：对硬件的指挥和资源管理是操作系统的主要工作，用户程序不能干预它的运行。但应用程序的许多工作需要借助于操作系统的服务程序。

(2) 常驻内存：操作系统是开机后第一个进入计算机主存的程序，也是关机前最后一个退出主存的程序，在计算机系统工作期间，操作系统的一部分程序是常驻内存的。

(3) 中断驱动：操作系统的所有功能都是由中断方式驱动的。系统调用和外部中断都是以中断方式进入操作系统内部执行的。

需要指出的是，操作系统的用户不一定只是人，除了人以外，其他的系统软件和应用软件的某些程序，只要是向操作系统请求服务，它就是一个用户。

操作系统作为一种系统软件，有着与其他软件所不同的特性。下面将分别介绍操作系统的特性。

1) 并发性

所谓程序并发性是指在计算机系统中同时存在有多个程序，从用户角度看，这些程序是同时向前推进的。在单 CPU 环境下，这些并发执行的程序是交替着在 CPU 上运行的。程序的并发性具体体现在两个方面。一方面多个用户程序之间并发执行；另一方面用户程序与操作系统程序之间并发执行。在多处理器的系统中，多个程序的并发特征不仅在宏观体现，而且在微观（在处理器层面）上也是并发的。

2) 共享性

所谓资源共享性是指操作系统程序与多个用户程序共用系统中的各种资源，如果是网络环境，则支持多个不同的用户根据所拥有的权限享用系统中的各种资源。如文件共享、打印机共享等。这种共享是在操作系统控制下实现的。

3) 随机性

操作系统的运行是在一个随机的环境中进行的，也就是说人们不能确切地知道操作系统正处于什么样的状态之中，也无法知道运行着的程序会在哪一时刻做着哪一个动作。因此，操作系统的设计与实现要充分考虑各种可能性，以便稳定、可靠、安全和高效地达到程序并发和资源共享的目的。

4) 虚拟性

操作系统利用软件或硬件的方式扩展和延伸了硬件的性能或容量，如虚拟存储器扩大了存储容量，虚拟磁盘使得存储和访问文件的速度大大提高，网络应用系统的服务程序使用户能够在自己的计算机上遨游网络世界。操作系统提供的各种功能使用户面对的是一个虚拟的计算机外壳。操作系统的虚拟性使裸机的功能得到了延伸，极大地增强了计算机的功能。

## 1.5.2 人与计算机的交互

一般情况下，操作系统为用户提供了两种使用计算机的方式。一种方式是用户通过程序间接使用计算机，程序可以事先存储在计算机中，当程序运行时所需的功能才能实现，这种方式简称为程序式操作方法；另一种是人坐在计算机前面操作键盘或鼠标直接与计算机交流，只要下达命令，计算机立即响应并执行，这种方式简称为"交互式操作方法"。对于一般的系统功能应用来说，交互式操作方法更直观，且立即见效，而系统软件必须提供命令集和直观友好的用户操作界面，包括用于管理计算机系统各类资源的命令集和菜单式选用的工具。计算机使用者使用系统中的各项命令和工具操作计算机,我们称之为"人机交互",实际上是使用者与操作系统在交互。应该指出的是,人机交互不仅是人与操作系统之间的交互,大多数应用程序也提供自己的人机交互界面,例如,文档编辑软件 Word、图像处理软件 Photoshop、C++算法语言集成工作环境等都提供了菜单式或命令式的交互界面,以供用户以非常简便的方式使用该软件的功能。有些操作需要与内部资源或外部设备打交道,这些底层的功能是用户无法控制的,由操作系统再利用本身的服务程序以"系统功能调用"的方式实现操作的要求。系统功能调用是一种面向程序的接口,在交互式操作中用户不需要面对它,从而简化了操作。

人机交互的实现方式一般有两种:命令方式和菜单方式。

命令方式是早期的一种实现方式,菜单方式是在命令方式的基础上演化而来的。随着操作系统的功能越来越复杂,命令方式因其固有的缺陷(难以记忆和操作)已经逐渐退居幕后,而菜单式交互成为使用计算机的主流方式,但其本质仍是执行用户所选择的命令。Windows 操作系统就是以菜单式交互界面为主,同时以虚拟方式提供命令式操作,用户可随意选择使用。

实际上,无论从外壳的哪个入口进去,最终的同一个功能必然是由同一个程序实现的。如文件复制功能,选择指定的菜单项后,系统将执行 copy.exe 程序;在命令行中输入 copy 命令后,执行的仍是 copy.exe 程序,两种操作方式完成的是同一个功能。本质上,系统是对菜单项或命令进行了翻译和解析,明确了用户的要求并找出相应的程序,对其执行后即完成任务。不同操作方式的内在联系如图 1.16 所示。

图 1.16　两种人机交互方式的内在联系

人在计算机上的工作是具有连续性的,随着时间的推移,工作也在不断变化,同时计算机即时地显示出当前的工作环境和状态信息。例如,从 C 盘复制一个文件到 D 盘的操作,第一步是查看 C 盘并找出所需要的文件;第二步是选择"复制文件"的菜单项或输入命令进行复制;第三步是打开 D 盘检查复制的文件是否已在 D 盘上。随着操作步骤的变化,计算机显示器上显示出当前的操作结果或环境状态(特别是正在查看的磁盘的内容和状态)。在命令式操作环境中,操作系统通过"命令提示符"来表达计算机的工作状态,在应用程序执行期间,显示器上只显示程序的输出信息,程序执行结束后则显示命令提示符。一旦计算机处于命令提示符状态,表示计算机已经完成前一次的任务,我们就可以发出下一个命令。同时,计算机对于本次任务的完成情况,也通过某种简短的语句写在屏幕上。我们可以根据屏幕的提示了解计算机对交给它的命令的执行情况。

例如 Windows 操作系统中,由虚拟 DOS 系统支持命令式操作环境。用户通过鼠标单击开始→程序(P)→附件→命令提示符(菜单项),进入命令式交互方式工作状态,命令提示符的形式如下:

```
C:\>_
```

其中 C 是磁盘标识符。在屏幕上不断闪烁的"_"是光标。光标指出了屏幕上当前输入信息的位置，每次输入的字符都显示在光标处，同时光标向后移动。"＞"是命令行提示符的终止符号。命令行提示符中反映了两个重要信息，其中："C:"即代表当前盘；"\"表示当前目录，这两个信息对我们发布命令时极为重要，它影响到命令中文件标识符的相对表示。例如，下面是一条复制文件的命令：

```
C:\copy mypaper.txt  D:\student\newpaper.txt
```

意思是将 C 盘根目录中的文本文件 mypaper.txt 复制到 D 盘 student 目录中并重新命名为 newpaper.txt。命令行提示符的形式不是一直不变的，发布不同的命令，计算机的当前状态也会发生相应的改变，命令行提示符也会相应改变，以反映新的状态。例如，输入一条命令 D: 按 Enter 键后显示：

```
D:\>_
```

表示当前查看的磁盘位置在 D 盘根目录。根目录的概念将在 1.5.3 节中介绍。

人机交互的一个重要特点是我们时刻都要注意计算机当前的状态，只有当计算机正处在等待命令的状态时，人才能向它发布命令。计算机在执行命令时只能接收所执行的程序允许输入的信息。因此，掌握一来一往的交互节奏，是使用好计算机的基本要求。

随着计算机应用的普及，软件的功能越来越复杂，命令式交互的缺点也变得更加突出，主要反映在以下几个方面。

(1) 命令越来越多，全部记忆是不可能的。

(2) 命令的参数越来越多，学会使用变得异常艰难。

(3) 命令本质上是一种上下文语义相对分离的线性语义结构，操作时要求操作者记忆上下文情景，这对普通人而言具有一定的困难。

于是，菜单方式被开发出来。菜单的实现采用了一种集成式的语义结构，将上下文语义联系在一个集成平面中呈现出来，再辅助以直观的图标表意供用户选择，克服了命令方式的缺陷，十分适合普通人使用。

菜单本身也是按树型结构思想分类组织的。对于复杂的功能，可配以多级子菜单，命令全部以菜单项显式陈列。对于命令所需的各种参数，通过对话框进行交互。由于参数的类型不尽相同，对话框设计时也抽象了各种交互元素，用于不同类型参数的设定。例如命令按钮、单选框、复选框、列表框、文本框、页面标签、滑标和旋钮等。这些基本的交互元素还可以按需组合成新的交互元素，如下拉列表框、下拉命令按钮等。作为 Windows 操作系统的用户，只要熟悉并掌握了这些基本的操作元素，就可以随心所欲地使用计算机完成各种任务。

### 1.5.3 Windows 的文件系统

文件是指记录在存储介质（例如磁盘、磁带、光盘等）上的一组相关信息的集合。在计算机系统中，文件既可以是程序，也可以是数据，甚至是声音、图像、网页或动画脚本。文件是利用各种应用软件建立的，例如用 Word 软件建立以文字为主要内容的文件；用 Excel 建立能够对数据进行分类统计的表格文件；用 Photoshop 建立照片文件；用 Flash 建立动画脚本文件；从网络上下载的网页文件等。当磁盘上存储了大量的文件以后就需要管理，管理功能由操作系统的文件管理系统承担。如 Windows 操作系统的文件管理系统就是在屏幕上以图标显示的"资源管理器"。

操作系统中负责管理和存取文件信息的软件包称为文件管理系统,简称文件系统。文件系统由 3 部分组成:负责管理文件的软件、被管理的文件以及实现文件存储和管理所需的数据结构。从系统角度来看,文件系统是对文件存储器空间进行组织和分配,负责文件的存储并对存入的文件进行保护和检索的软件系统。从用户角度来看,它可以帮助用户在磁盘上建立文件,存入、读出、修改、转储和删除文件,实现文件目录管理、文件内容的检索等。从信息存储的角度看,文件系统规划了存储文件的数据结构和目录索引结构,使系统的文件管理程序能够对文件及相关信息进行操作。

用户需要掌握的与文件管理相关的概念主要包括文件的命名规则、文件属性、文件目录以及资源管理器的使用方法等。

**1. 文件的命名**

为了实现文件的"按名存取",每个文件都被赋予了一个确定的名字,操作系统则要制定一套文件命名规则。文件的名称一般由两部分组成:主文件名和扩展名,二者之间用一个"."分隔。在 DOS 和 Windows 3.1 操作系统的 FAT 格式文件系统中,主名由 1~8 个字符符号组成,扩展名由 0~3 个字符组成。字符符号基本上使用 ASCII 字符的可见符号子集,包括下列 3 种。

① a~z 或 A~Z(英文字母)。

② 0~9(数字)。

③ ! @ # $ % & ( ) _ { } ` ~ 等(特殊符号)。

主文件名的命名一般反映了文件的内容,容易识别和记忆;扩展名用于表达文件的类型。下面列举一些常见的扩展名。

- EXE   可执行程序文件(EXEcutable)。
- BAK   备份文件(BAcKup)。
- DOC   资料(文档)文件(DOCument)。
- DAT   数据文件(DATa)。
- HLP   求助(帮助)文件(HeLP)。
- SYS   系统配置文件(SYStem)。
- DLL   动态连接库文件(Dynamic Link Library)。
- ASM   汇编语言源程序文件(ASseMbly)。
- C     C 语言源程序文件。
- CPP   C++ 语言源程序文件。

……

许多应用软件会自动为新文件加上正确的扩展名。

在 Windows 98 以后版本的 NTFS 格式的文件系统中,文件名中的字符还可以使用更为广泛的字符集,如 Unicode 字符,扩展名可以使用 4 个字符,整个文件名的长度不超过 255 个符号。

在键盘上输入文件名时,要注意大小写问题。在 Windows 操作系统中,不区分字母的大小写,而在 UNIX 或 Linux 一类的操作系统中,对字母的大小写是严格区分的。另外,文件名中不能出现的字符有:\ ? : < > / * " "等。

**2. 通配符在文件名中的作用**

如果需要对一批文件进行处理,而这批文件的名字有一定的规律和特征(如都以字符 A 开头),有一个办法可以在一次操作中列出这些文件的名称列表。这个办法就是使用通配符。通配符实际上是一种替代符,用于替代一批文件的名称中不具有相同性的字符,系统只按文件名中位置相同且字符相同的规则找出文件,为用户省去逐个查找的麻烦。文件系统为用户提供了 3 个特殊字符"*"、"?"和"[ ]"作为通配符(也有称"多义符"、"全程文件名字符")。

"?"是单字符的替代符。如果操作命令中的文件名中有一个或多个? 符号,表示在选择文件时,文件名的该位置上可以匹配任意字符符号。例如,磁盘上存有以 myfile.txt、myword.doc、myford.cpp 命名的文件,则在命令交互方式时输入 dir my?ord.???,可列出 myword.doc、myford.cpp 这两个文件的名称列表。

"*"是字符串的替代符,代表文件名中由它开始的 0 个或任意个字符可以由它代替。例如,磁盘上存有 myfile.txt、mycut.doc、myprint.cpp 等文件,则在命令交互方式时输入 dir my*.*,可列出上述 3 个文件的全部名称列表。

"[ ]"用于指定可以通配的具体字符或某一范围内的字符。如 F[A-E]SE 表示文件名可以是 FASE、FBSE、FCSE、FDSE 和 FESE。

**3. 文件属性**

文件的内容由两部分组成,一部分是文件主体所包含的数据或文字信息,称为文件数据;另一部分是关于文件本身的说明信息或属性信息,称为文件属性。文件属性主要包括创建日期和时间、最后修改的日期和时间、文件类型、文件长度、访问权限以及在磁盘上的存储位置等。文件属性是描述文件自身的元信息。将所有文件都具有的一些共同属性栏目提取出来,就构成了一种信息结构——文件名列表(简称目录)。

**4. 文件目录**

为了能让用户查阅磁盘上存储了哪些文件,系统将文件属性中的文件名、文件类型、文件长度和修改时间等信息提取出来,形成一个目录,所有文件的目录按顺序罗列起来就形成一个目录表。目录表中的每一表目对应于一个具体文件,用户查看目录表就可知道自己需要的文件是否在磁盘上。在 Windows 操作系统的图形化交互界面上,将目录称为文件夹,操作时可以形象地将文件夹打开或关闭。

文件夹可以建立为单层或多层的不同结构。如果将所有文件的目录都放在一个文件夹中,则称为单级目录结构。如果文件很多,可以分类建立不同的文件夹,每个文件夹中还可以建立一个或多个文件夹,于是,构成了多级目录结构。在多级目录中,同一文件夹中不同的两个文件,不允许取相同的文件名;而不同文件夹中不同的两个文件,允许取相同的文件名(一般仍是各自取不同的文件名)。

通常,一个文件系统的目录结构呈现出树形结构,磁盘的盘符作为树根,以"\"表示,如 C:\是 C 盘的根目录。第一层文件夹可看成是从树根生长出来的树枝,接下去每一个文件夹中还可以建立更多的文件夹,就像是长出更多的树枝;每个文件夹中存储了数目不等的文件,可以把文件看成是树叶,如图 1.17 所示。

在树型目录结构中,目录结构的层次分明,上级目录将下级目录视为自己的子目录,而下级目录将上级目录视为自己的父目录。在一棵树型目录结构中，根目录只有一个，由文件系统初始化命令或相应操作自动建立；而子目录由用户通过建立子目录命令或相应操作来建立，可以有任意多个。目录表也是一种文件，称为目录文件，其内容记录了下级各个文件或各个子目录的属性。目录表存放在磁盘上的数据区，其个数及大小仅受到文件系统所在的磁盘容量的限制。

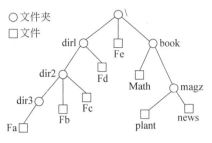

图 1.17 树型目录结构

### 5. 文件路径

用户在管理自己的文件时，无论目录结构有多少分支，在任一时刻只能看到一个文件夹中的文件目录表。或者说，文件系统在屏幕上的一个浏览窗口内一次只显示一个目录表，人的视点只能在各个文件夹中分别浏览。视点所见的文件夹称为当前文件夹（当前目录）。为了在操作命令中指定文件的位置，需要在命令中描述从目录结构的根通往该文件所在的文件夹的路径。路径就是用特定分隔符分隔开来的一串子目录名（文件夹名），执行命令的程序沿着子目录名逐级查找，就可以找到文件所在的位置。一个完整的文件标识符包含 3 个部分：

[〈盘符〉][〈路径〉]文件名

其中，〈盘符〉指明某个资源所在的具体目录树，＜路径＞指明该资源在该目录树中的具体路径，而文件名指明资源的具体名称。在 Windows 系统中使用"\"作为路径中目录名之间的分隔符。

对于一个文件的完整路径描述称为绝对路径，如图 1.17 的目录树，假设存放在 D 盘上，则从根到文件 Fa 所在的文件夹的路径描述为：D:\dir1\dir2\dir3。无论用户当前位于哪一个文件夹中，通过绝对路径都可以立即定位到指定位置。例如，使用 DOS 命令将文件 plant 复制到 E 盘，可以输入命令 copy D:\ book\magz\plant E:。

所谓相对路径是给出部分路径信息，将当前的文件夹作为参照点，将视点向上层或下层目录的位置移动。好处是相对路径的书写长度比绝对路径简短，有时可能缩短为 0（即只要给出文件名），例如在图 1.17 的目录树中，如果当前文件夹为 dir2，则文件 Fa 的相对路径为 dir3，即向下移动 1 层；如果当前文件夹是 dir1，则文件 Fa 的相对路径为 dir2\dir3，即向下移动 2 层；如果当前目录是根目录\，则文件 plant 的相对路径为 book\magz。在 DOS 命令方式，".."表示上一层目录，如果当前文件夹是 magz，则输入 CD..命令即可进入 book 文件夹中。

绝对路径和相对路径在程序中操作文件时是非常需要的。如果使用 Windows 系统的资源管理器来操作文件，则可以利用菜单方式操作，而不需使用各种命令。图 1.18 所示是 Windows XP 资源管理器的一个屏幕画面，打开 D 盘中的 SYSTEMsoft 文件夹，右边列表框中显示出其中有 9 个子文件夹和 4 个不同的文件。左边"文件和文件夹任务"标签中列出了可以选用的操作（菜单）。"详细信息"标签中显示了用鼠标在列表中选择的"十送红军"文件的大小、格式和播放时间长度等信息。此例体现出了菜单交互方式的方便、准确等优势。

图 1.18　Windows XP 资源管理器的一个屏幕画面

## 1.6　算法与算法设计基础

### 1.6.1　算法

**1. 算法的定义**

通俗地说，算法(algorithm)是规定某一任务怎样完成的一组步骤。在一台计算机能够实现一个任务之前，必须告诉计算机应该怎么做的精确算法，然后用机器能兼容的语言来表示算法(即程序)。例如一个最简单的算法如下：

① 从内存地址为 1102H 的单元中取出十进制整数 100 放入 CPU 的 ALU 中。
② 将 ALU 中的数加 1。
③ 将 ALU 中的数送入内存地址为 1102H 的单元中。

如果用 C 语言来实现这一算法，可得到如下代码：

```
int a=100;
a++;
```

当然，C 代码中不能看出 a 的地址是多少。随着计算机硬件的速度越来越快和计算能力越来越强，人们交给计算机的任务也越来越复杂并越来越庞大。这时，在用算法的形式表达完成任务的各个组成部分时，人们感觉到自己的思维能力遇到了挑战，于是，计算机应用科学的重心转向了算法和程序设计过程的研究。可以说，算法的研究是计算机科学的基石。

下面给出算法的形式化定义。

一个算法是定义一个可终止进程的一组有序的、无歧义的、可执行的步骤的集合。

对于该定义有以下几点需要说明：

(1) 要求一个算法里步骤的集合是有序的。这其中的含义是指一个算法里的步骤必须有一个非常明确的结构,机器只能按照该结构规定的顺序执行每一步骤。当然,这并不意味着算法的步骤序列必须按照第一步、第二步……的线性结构顺序执行,其中允许有分支结构和循环结构,以便完成复杂任务。对于并行算法还会包含多个步骤序列,可由多个处理机同时执行。

(2) 算法应具有有效性(effective)。每一算法步骤都应能经过有限层的表示转化为计算机的基本指令,即算法的指令必须是可行的。简单地说,算法的每一个步骤都是计算机能够做得到的。这样,对于任意给定的合法输入,执行该算法都能得到相应的正确输出结果。

假设我们给出一个指令:"输出圆周率的所有数字"。可以看出这个指令是不能实现的,因为圆周率的计算是无穷无尽的,因此,任何包含这类指令的步骤序列就不是算法,因为它不能实现。换句话说,算法中的每一个步骤都应具体到能够由若干计算机指令或程序语句来实现。再假设我们给出一个算法:"输出 100 个整数中的最大值"。由于没有给出找出最大值所需要的步骤,无法转化为具体的指令序列,所以,这个算法也不具有有效性。

(3) 算法应具有确定性。算法里的每一个步骤都应该确切、无歧义地定义。这样才能保证在算法执行期间机器的动作和状态是唯一的、确定的。

(4) 算法应具有有穷性。一个算法必须在执行有限步后结束。这意味着问题的答案是能够获得的,否则,计算机的进程处于永远执行状态而得不到答案。虽然我们不时会见到一些不断执行的进程,如银行里的派号机,火车站的售票机等,这些都可看作是算法的重复执行,每当到达终点时就自动重复执行。

(5) 一个算法可以有 0 个或多个输入。输入的内容是算法开始执行前给予的前置量。这些输入的量一般来自某种特定的数据对象集合(包括数值的和非数值的)。算法具体实现时,这些量可以通过相应计算机语言的输入语句在算法执行时由外部提供,也可以通过赋值语句在算法的内部提供。

(6) 算法应有一个或多个输出。输出的量就是算法执行的结果。没有输出的算法一般是无意义的。

此外,算法还应具有正确性和可靠性。计算机无论将该算法执行多少次,对于同一个输入,应得到相同的输出(随机数除外)。

综上所述,算法应具有 5 个重要特征:确定性,有效性,有穷性,有 0 个或多个输入以及有 1 个或多个输出。

算法是对问题解法的抽象,算法的抽象度决定了该算法的应用广度或可重用性。由于算法是人脑的思维结果(脑力劳动成果),所以总是希望算法尽可能地被多次使用,这样算法的价值才会提高。那么抽象度又取决于哪些因素呢? 实践证明,最重要的因素是数据结构的抽象度。如果数据结构不只局限于一个特定的问题,而是能代表一类问题的基本属性,则针对该数据结构的算法就具有较高的抽象度。本章 1.7 节将介绍数据结构概念和几种基本的数据结构。

**2. 算法的基本逻辑控制规则及结构模型**

算法中解决问题的步骤具有某种顺序性,在计算机执行相应的程序时,按照顺序执行这些步骤。这种顺序性在对应的程序中体现为一种计算机执行程序的流程,也称之为程序控制流程或算法流程。一般而言,只有单一操作而没有应对多种情况能力的简单算法流程不能解决复杂问题。很多时候,程序控制流程需要根据数据或状态是否符合某个指定的条件而进行改变,而这个预先设计的条件体现了解决问题的思维逻辑。反之,如果计算机具有条件判断能力或逻辑控制能力,就能够解决各种复杂问题。因此,算法的本质是一组逻辑控制规则的描述,程序的流程控制就是一系列的逻辑控制。

例如,将从 1 开始的 100 个自然数相加的算法,用自然语言描述的结果如算法 1.1。

**算法 1.1**

(1) 声明一个变量(存储单元)X,并赋初始值 0;

(2) 声明一个计数器变量 N,并赋初始值 1;

(3) 将 X 的值与 N 的值相加,再将结果送入 X 中保存;

(4) 将计数器 N 的值加 1,再将结果送入 N 中保存;

(5) 检查 N 值是否不大于 100,若是则转去执行步骤(3),否则执行步骤(6);

(6) 输出 X 中的数据(计算结果);

(7) 结束。

可以看出,算法 1.1 中第(3)~(5)步是一个循环执行的过程,其中,"N 值是否不大于 100"是一个流程控制条件,检查该条件是否成立决定了该循环的执行次数。这就是一个含有循环结构的逻辑控制流程。

算法设计中使用的基本逻辑控制规则主要来源于自然社会生活中人们处理各种问题时所采取的策略和方法。或者说,基本的逻辑控制策略和方法是对人工处理问题的方法及实践经验的归纳和抽象。顺便指出,算法 1.1 的基本框架适用于所有属于级数求和一类的问题,只需把 N 变量的初值改为第一项的值并在第(4)步中按所要求的级数差修改 N 值即可。

在算法设计中,基本逻辑控制规则一般分为顺序、分支和循环 3 种,相应的算法呈现出以顺序、分支、循环为核心的基本结构模型,如图 1.19 所示。

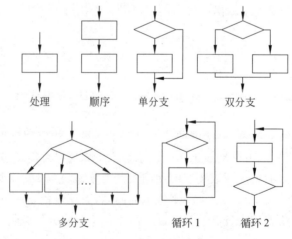

图 1.19 基本逻辑控制规则

在图 1.19 中,矩形框表示赋值、计算、输入、输出、处理等操作;菱形框表示条件分支。

基本逻辑控制规则的应用组合可以有并列、嵌套、递归等多种不同方式。对分支和循环逻辑控制规则进行灵活应用,就可以编写出解决各种各样问题的算法或程序代码。经验告诉我们,算法设计的关键不在于基本逻辑控制规则本身,而是在于如何应用这些基本逻辑控制规则。理论上讲,基本逻辑控制规则的灵活组合实现了用有限的控制手段,从而产生无限的解决问题的能力。

### 1.6.2 算法的表示

算法和算法的表示在概念上是有差别的。算法是抽象的,它表明一个问题解法的存在。而算法必须通过一个媒介表示出来,人们才能知道它的内容。问题在于一个算法必须描述到怎么样的细致程度。例如"100 个自然数相加"的算法,如果只有一句描述:"做 99 次加法",显然无法使人弄清楚求解的具体步骤,更不要说下达给计算机执行了。

算法的表示必须考虑到如何保证算法的确定性和有效性。用自然语言描述算法虽然很方便,但词汇和语句的丰富含义容易导致对某条指令产生误解。如果提供的信息不够细致,也会产生交流方面的问题。但算法描述得太详细又会导致给出的算法思想和逻辑结构不够清晰。

计算机科学解决这些问题的途径是建立一组严格定义的描述构件,利用这些构件来构建算法的表示。严格定义的描述构件具有确定的语义,描述算法时可以消除许多歧义问题,并且能够控制达到一致的细节层次。到目前为止,在算法设计中被广为使用的经过严格定义的描述构件有两大类,一类是图形;另一类是程序设计语言的伪代码。

用图形方式表达算法的特点是能够更清晰、更直观地呈现出算法的流程结构。图形方式有流程图、N-S 图、PAD 图等多种方式。在 20 世纪五六十年代,流程图是最常用的设计工具。然而流程图常常因出现很多交叉的箭头线而变成乱作一团的网,让人很难理解基本算法的结构。

1973 年美国学者 Nassi I 和 Shneiderman B 提出了一种结构化的流程图,并称之为 N-S 图。这种图通过一个矩形框表达一个对数据的基本处理或操作,并定义 3 种基本的元素框(元素框内可以包含基本操作矩形框),通过 3 种基本的元素框可以按需要进行任意逻辑组合,实现操作逻辑的控制策略,从而表达一个完整的处理问题的算法。图中一个框内可以包含其他的框,也就是说,由一些基本框可以组成一个更大的框。经过有限次框的组合,最后形成的 N-S 图就是一个程序的逻辑描述,该描述很容易映射为某种具体的计算机语言。N-S 图具有结构紧凑、逻辑表达清晰的特点(本教材推荐使用 N-S 图)。

N-S 图中的基本构件符号及其含义如图 1.20 所示。

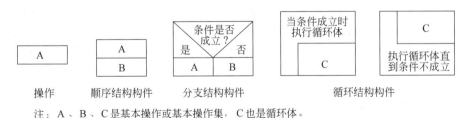

注:A、B、C 是基本操作或基本操作集,C 也是循环体。

图 1.20 N-S 图中的基本构件符号及其含义

算法 1.1 的 N-S 图如图 1.21 所示。

N-S 图描述方法的核心在于使用少量的几个符号,通过灵活组合可以描述无穷多的算法逻辑,如果深刻分析,可以看出它是递归思想的运用。画一个 N-S 图时,可以先画外框,然后再画内框,逐层运用。画外层框时暂不考虑内层框的内容;画内层框时也不必关注外层;如此做法,始终保持当前只关注一个层次,这样无论多复杂的问题,都可以看成若干局部模块的合成,从而使问题得到简化。这种由粗到细的思考模式,称为"自顶向下,逐步求精"的设计方法,是一种比较符合人的直观思维习惯的模式,经过初步学习都能够掌握。

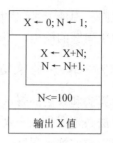

图 1.21 100 以内的自然数相加算法的 N-S 图

用计算机的高级语言描述算法的特点是容易将算法转换为程序,甚至可直接作为程序代码送入机器运行。但是这种方法的缺点是描述过于详细,容易将人的视线放在语言的规则细节上,而不易反映算法的主题思想,不利于设计者把握算法的逻辑结构和设计思路。作为替代方法,人们常用较粗描述的类似于计算机语言的伪代码来描述算法,既能反映算法的主题和结构,又较容易地转换为程序代码。

总之,无论采用哪种表达方式,都必须将算法的逻辑表达清楚。

衡量一个算法的好坏,在保证正确性的前提下,主要是看算法的执行效率,根据该算法执行时所耗费的时间和空间代价给出评价。假如有两个功能相同但内部处理方法不同的算法,对于同一批数据,一个花费的时间较少且占用的内存也较少,而另一个花费时间相对较多,而且占用空间也较多,因此前一个算法比后一个算法好。比较科学的衡量方法不是看对哪一具体问题的执行效率,而是在更高层次上对算法进行测量而得出一个比较结果,即所谓时间复杂度和空间复杂度。

表示时间代价的基本单位是指令执行的次数,空间代价的大小一般以字节为单位。由于很难计算或测量出精确的时间量,因此计算机科学家提出了一种相对粗放的计算方法,即分析算法的运行特征,了解随着数据规模的变化所产生的时间花费的变化,将变化的趋势以函数形式表示(时间是数据规模的函数),最后用该函数所具有的数量级来表示时间代价,称为渐近的时间复杂度,简称"大 O 表示法"(取数量级 Order 的首字母)。一般而言,算法的时间代价的量级有常量级 $O(1)$、线性级 $O(n)$、对数级 $O(\log_2 n)$、线性对数级 $O(n\log_2 n)$、平方级 $O(n^2)$、立方级 $O(n^3)$ 等。

例如,处理 $n$ 个数据的某算法时,有一个需执行 $n$ 次的循环,使得该程序的执行时间长度主要取决于循环次数。那么,由于循环次数与 $n$ 值的大小成正比,该算法的时间代价为 $O(n)$。如果算法中有两个并列循环,一个是 $m$ 次,另一个是 $n$ 次,则时间代价为 $O(m+n)$,因此仍是线性级的,可以看成与 $O(n)$ 属于同一量级,即线性级。如果一个算法与数据量的大小无关,则无论是 $O(20)$ 还是 $O(100)$,都属于同一量级,表示为 $O(1)$,即常量级。空间代价的衡量也使用这种方法,称为渐近的空间复杂度。

### 1.6.3 算法设计基本方法

以下分别介绍 4 种具有典型特征的算法设计方法。

**1. 具有顺序结构的简单操作**

【例 1.12】给定一个字母"A",输出它对应的 ASCII 码,然后通过计算输出小写的字母"a"。

分析：这个问题的解决需要 5 步，第 1 步是输入字母"A"，赋予字符型变量 c；第 2 步是将变量 c 转换为数值型；第 3 步是输出变量 c 的值。经查 ASCII 码表，小写字母与大写字母的 ASCII 码按十进制计算相差 32，于是，第 4 步是将变量 c 的值加 32；第 5 步是将变量 c 转换为字符型并输出。

N-S 图描述如图 1.22 所示。

**2. 具有分支结构的简单操作**

【例 1.13】 给定一个整数 $x$，如果 $x$ 大于 0，输出"大于 0！"；否则，输出"小于等于 0！"。

分析：这个问题的解决需要 3 步，第 1 步是输入数据赋予 $x$ 变量；第 2 步是将 $x$ 与 0 比较，根据比较结果决定第 3 步的执行；第 3 步是输出一条提示信息。

N-S 图描述如图 1.23 所示。

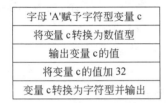

图 1.22 字符转换算法的 N-S 图

图 1.23 判断 $x$ 是否大于 0 算法的 N-S 图

图中的 T 表示逻辑值 True，F 表示逻辑值 False，它们是条件表达式 $x>0$ 的运算结果。显然，无论 $x$ 变量的值是否大于 0，整个算法都要执行 3 个程序步骤，只是第 3 步选择不同的语句执行。

**3. 递推式算法结构**

【例 1.14】 输入 10 个整数，求它们的乘积。

分析：这个问题的解决应利用计算机的特点：简单运算、重复执行。采取输入一个数计算一次乘法，重复 10 次的策略，即边输入边计算。首先考虑如何存储数据，此例中需要一个存放累乘结果的变量和一个存放输入数据的变量。由于一个数做完乘法后就不再使用了，因此只须定义一个变量重复使用即可。然后考虑重复 10 次的操作，这是一个循环，可套用相应的循环框架，但需要一个计数变量用于控制循环次数，循环结束后输出结果。

定义变量 $c$ 存放乘积，定义变量 $n$ 用于存储输入数据，定义变量 $i$ 用于控制循环次数。初始时，为 $c$ 和 $i$ 赋初值，得到 $c=1, i=0$。进入循环后，每输入一个数赋予 $n$ 后，将 $n$ 与 $c$ 相乘并将结果再赋给 $c$，然后 $i$ 增加 1。循环结束后，$c$ 中的值就是最终的计算结果，将其输出即可完成任务。在此算法中，递推概念体现在 $c$ 值和 $i$ 值随着循环的一次次执行而不断改变的过程。由于 $i$ 值每循环一次就增加 1，是一个典型的计数器的程序实现，因此在许多程序中都会用到这种模式。N-S 图描述如图 1.24 所示，其中灰色的部分是循环结构。

递推式算法的一大特点就是使用有限的几个变量，重复使用，利用循环推算出最终结果。执行这类算法是计算机的特长。

**4. 递归式算法**

首先介绍递归(recursion)的概念。若一个对象部分地包

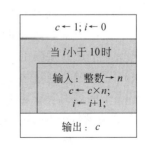

图 1.24 求 10 个整数乘积算法的 N-S 图

含它自己,或用它自己给自己定义,则称这个对象是递归的。

现实世界中存在很多递归现象,可以从不同的角度来看待或理解递归。

首先,一个事物的结构可以是递归的。例如一个 $n$ 层的俄罗斯套娃,初始时我们看到的是一个大娃娃,打开后看见一个较小的外形一模一样的娃娃,再打开是一个更小的模样相似的娃娃,直至打开最里层,看到最小的娃娃。这时我们得到 $n$ 个娃娃,如果再把它们一一合上,又恢复到一个大娃娃。与此相似,在下一节(1.7.2)介绍的链接式存储结构中,每个结点都相同,一个连着另一个,这也是递归结构。

其次,解决问题的过程可以是递归的。例如一个中国结,它是由 $n$ 个编结方法都相同的小结组成的。小结的个数 $n$ 决定了中国结的大小,这个 $n$ 不是无限的,因此,总能在有限时间内编成一个完整的中国结。以递归的思维来看这个过程,它体现了一种"分治"的思想。完成一个大结的前提是先编好小结,例如要编出共有 8 个小结的大中国结,则需要先编好前 7 个小结,在编第 7 个小结之前,要先编好前 6 个小结,在编第 6 个小结之前,要先编好前 5 个小结,……,如此向前归结,只有先编出第一个结,才能回头编第 2 个结,再回头编第 3 个结,……,最后回到编第 8 个小结的问题,至此,原始问题得到解决。与此相似,我们可以用递归方法计算 $x^n$,这个方法可以表示为:$x^n = x^{n-1} \times x$。即每个计算步是相同的,执行 $n$ 次计算即可得到结果。

第三,在许多问题的定义本身就是递归的,最典型的是阶乘函数的定义:

$$n! = \begin{cases} 1 & \text{当 } n = 1 \\ n(n-1)! & \text{当 } n > 1 \end{cases}$$

用递归函数来定义问题则简明扼要,易于理解。如计算 $x^n$ 的函数式定义为:

$$f(n) = \begin{cases} 1 & n = 0 \\ f(n-1) \times x & n > 0 \end{cases}$$

在函数 $f(n)$ 的计算过程中,执行函数 $f(n-1)$ 称为递归调用。每一步都是利用前一次调用 $f(n-1)$ 的运算结果再做本次计算并得到一个答案,经过 $n$ 次调用后得到一个完整答案。当 $n=0$ 时到达递归底部,应结束 $f(n-1)$ 的调用。我们称 $n=0$ 为递归结束条件。

以上概念可以这样理解,若一个过程直接或间接地调用自己,则称这个过程是递归的过程。能够直接或间接地调用自己的算法则称为递归算法。

递归的核心思想是把大问题分解为若干具有相同性质的小问题,每个小问题的解法相同,这就是分治策略。因此,在设计递归算法时,需要对问题进行分解,建立递归的数据模型,算法只解决一个小问题,完整的解题过程通过若干次递归调用算法来实现。

递归算法有 4 个特性:

(1) 必须有最终达到的终止条件,否则程序将陷入无穷循环;
(2) 子问题在规模上比原问题小,或更接近终止条件;
(3) 子问题可通过再次递归调用求解或因满足终止条件而直接求解;
(4) 子问题的解应能组合为整个问题的解。

以阶乘函数为例,递归算法可以用 C++ 语言表示为:

```
long Factorial (long n) {              //long 为变量类型,表示长整型
    if(n==1) return 1;                 // 终止条件,若满足则阶乘值为 1
    else return n * Factorial ( n-1);  // 递归调用,返回后执行本次计算
```

在这个算法中,n==1 是递归终止条件;Factorial(n-1)是递归调用,参数 n-1 使子问题的规模比原问题小,并向终止条件趋近;n * Factorial(n-1);使子问题的解与当前参数 n 进行计算,产生本层问题的解;return 用来向上层传送本层问题的解决,使算法能够将子问题的解组合为整个问题的解。

递归定义的问题可以直接用递归的过程来解决。不仅如此,递推解法也可以转化为递归的解法。

**【例 1.15】** 输入 10 个整数求它们的乘积。

算法 1.2

```
void Sum (int n, int c) {                //void 表示无类型,int 表示整型
    if (n==10) 输出 c ;                  //终止条件,若满足则输出结果,然后返回
    else { 输入一个整数赋予 x;
        计算 c * x 赋予 c;
        Sum (n+1, c) ;                   // 递归调用
    }
}
```

第一次调用程序时赋值为 n=0;c=1。注意该算法中已经没有了循环。

递归算法的好处是设计者只需考虑完成基本问题的解法,总体上的思路简洁清晰,易于程序实现。但递归程序在计算机中执行时,为了保存每一次调用的参数及返回地址,需要使用递归工作栈,增加了空间开销,而多次的函数调用也需花费一定的时间代价,使程序效率有所降低。

递归还可以多个并列或嵌套。例如,斐波那契数列(Fibnacci)的数学定义就是双递归,如下式:

$$\text{Fib}(N) = \begin{cases} N & \text{当 } N = 0 \text{ 或 } 1 \text{ 时;} \\ \text{Fib}(N-1) + \text{Fib}(N-2) & \text{当 } N > 1 \text{ 时。} \end{cases}$$

嵌套递归是指在递归模型中,某个递归的组成部分还包含另一个递归,如 Ackerman 函数的定义,就是嵌套递归:

$$\text{ACM}(m, n) = \begin{cases} n+1 & \text{当 } m = 0 \text{ 时} \\ \text{ACM}(m-1, 1) & \text{当 } m \neq 0, n = 0 \text{ 时} \\ \text{ACM}(m-1, \text{ACM}(m, n-1)) & \text{当 } m \neq 0, n \neq 0 \text{ 时} \end{cases}$$

递归思想是计算机科学中的核心技术思想之一,其本质反映的是一种跳跃性思维方法。因此,深刻理解递归思想,掌握递归思维方法,并将其运用在算法和程序中具有极其重要的意义。

## 1.7 数据结构基础

### 1.7.1 数据结构的基本概念

数据结构(data structure)的本质是数据抽象(data abstract)。

随着计算机的应用快速地深入到人类社会的各个领域,数据的概念早已超出了数学的

范畴。计算机的应用也已不再局限于科学计算,而是更多地用于控制、管理及数据处理等非数值计算的工作领域。

从数据本身的概念来看,作为计算对象的数据只占其中一小部分。完整的概念是,数据(Data)是描述客观事物的符号(文字、数字、图形、其他媒介)的数字化表示,在计算机科学中是指所有能输入到计算机中并被计算机程序处理、存储、输出的符号的总称。例如,文档、记录、数组、句子、单词、算式、符号等都是数据。数据是计算机程序加工处理的"原料"。数据处理(data processing)则是对数据进行检索、插入、删除、合并、拆分、排序、统计、计算、转换、输入、输出等的操作过程。

由于计算机的主存储器以地址码标识每一个存储单元,因此相邻单元的地址码具有连续性,即全部地址构成一个线性空间。计算机加工处理的对象由纯数值扩展到字符、表格和图像等各种具有不同结构的数据组织,这就给程序设计带来一些问题,如何使数据在存入主存的同时能够保持原有的数据组织结构,或者说,即使以线性空间存储的数据,仍能还原出原始的数据形式。与此相关的另一个问题是,对于非数值计算型的数据处理,在无法用一个计算公式来表达解题算法的情况下,如何针对其数据结构的特点设计出正确的、高效率的算法。

软件开发的一般过程是,首先分析问题,建立数学模型。与数学解题方法不同的是,描述这类非数值计算问题的数学模型不再是数学方程,首先要了解相关数据的结构特性,从中提取操作的对象,并找出这些操作对象之间存在的关系,然后用形式化的语言加以描述。这就是数据抽象,其结果是定义一个基于一种数据结构的抽象数据类型。

例如,对一批整数按非递减次序进行排序处理。对这一问题的描述是,确定一种置换操作,使得整数集合$(D_0, D_1, \cdots, D_{n-1})$的元素值满足性质$D_0 \leqslant D_1 \leqslant \cdots \leqslant D_{n-1}$。这一性质就是操作对象之间应存在的关系。由于要求元素间具有这种一对一的前驱和后继的关系(除第一个元素外,任一元素都只有唯一的一个前驱元素;除最后一个元素外,任一元素都只有唯一的一个后继元素),其数据模型必然呈线性结构。而线性表就是对这种数据组织形态的抽象。

例如,表 1.4 是一个学生成绩表,表的任意一个数据行称为一个记录,记录由若干属性值组成,最左边的数字是记录的编号,表中共有 8 条记录。在进行数据处理时,可以用记录中的一个属性值代表该记录,该属性值称为关键字或关键码。考虑到区分不同记录的功能,关键字可选择其值具有唯一性的属性,例如以学号作为关键字。对于不同的应用,可以选择不同的属性作为关键字。在此例中,假设要进行排序操作,如果按姓名排序,可以将姓名作为关键字;如果按成绩排序,则可以将成绩作为关键字。在建立数据结构时,用关键字来代表所在记录,这样只突出重要的数据,使数据结构简洁清晰。

表 1.4 学生成绩表

| 编 号 | 学 号 | 姓 名 | 教学班代号 | 成 绩 |
|---|---|---|---|---|
| 0 | 4208101 | 陈益明 | 02402 | 89 |
| 1 | 4208102 | 高杨生 | 02402 | 90 |
| 2 | 4208103 | 韩丽虹 | 05101 | 76 |
| 3 | 4208104 | 马文清 | 05101 | 85 |

续表

| 编　号 | 学　号 | 姓　名 | 教学班代号 | 成　绩 |
|---|---|---|---|---|
| 4 | 7108201 | 陈佳康 | 05101 | 94 |
| 5 | 7108202 | 杨军华 | 08201 | 88 |
| 6 | 7108203 | 李　燕 | 08201 | 93 |
| 7 | 7108204 | 王晶晶 | 08201 | 82 |

图 1.25 是对学生成绩表进行数据抽象得到的线性结构示意图,这是按姓名排序后的元素排列顺序。图中每个圆圈代表一条记录,称为一个结点;圆圈中的数据是记录中的关键字,代表结点中的数据元素;图中各结点间的关系呈现出一个线性结构。将来进行算法设计或程序设计时,应以线性结构的要求定义数据类型。

图 1.25　线性数据结构示意图

再举一例,我国的行政区划及管辖体制是一种分层结构,国家—省(自治区)—市—县(区)—乡(街道)。选取部分地名按行政管辖关系画出的结构图如图 1.26 所示。

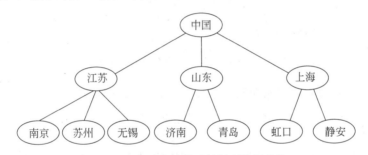

图 1.26　行政管辖关系的树型数据结构

图中各结点间的关系呈现出一个根在上、叶子在下的树型结构,相对某一结点而言,上层为前驱,下层为后继。图中没有前驱只有后继的那一个结点称为根结点,既有前驱又有后继的结点称为分支结点,只有前驱而没有后继的结点称为叶结点。

图的应用实例就更多了,直观的如交通图,抽象的如逻辑推理状态图。实际上,每一个具体的问题都有自己特定的数据结构,但许多问题的数据,其结构性质具有相似性,因而可以抽象出相同的数据结构模型。如点名册和成绩单都属于线性表结构,学校组织机构和计算机磁盘文件系统都具有树型的层次结构等。数据结构的抽象层次还可以是多层的,如数据元素本身还可以是另一个数据结构,于是,通过多级抽象可以构造出非常复杂的数据结构。

研究数据结构的目的就是归纳相似的问题,找出其共性特征,建立抽象的数据类型,使其具有广泛的代表性和可复用性。

### 1.7.2　数据结构的表示

数据结构具体表现为逻辑结构和物理结构。

**1. 逻辑结构**

数据的逻辑结构来源于实际问题。任何事物及其活动都是相互之间有联系的,数据之间也存在着某种关系,如表、树、图等,这种数据之间的相互联系称为数据的逻辑结构。人们通常所说的数据结构主要是指逻辑结构。因此,数据结构由一个数据对象以及该对象中的所有数据元素之间的关系组成。

逻辑结构以结点表示数据元素,以边表示结点之间的关系。基本的数据结构有以下 4 种类型:

(1) 简单数据组织。元素之间没有联系,各自独立运用。

(2) 线性结构。各结点之间具有一个对一个的前驱或后继关系。

(3) 树形结构。各结点之间具有一个对多个的关系。除根结点外,每个结点只有 1 个前驱;叶结点没有后继;除叶结点外,每个结点有 1 个或多个后继。

(4) 图状结构或网状结构。各结点之间具有多个对多个的关系。图中每个结点都允许有 0 个或多个前驱或后继(边上带权的图也称为网),如图 1.27 所示。

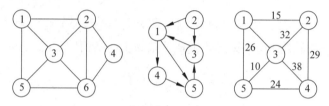

图 1.27 无向图、有向图和网的数据结构

数据结构的逻辑表示可以采用数学符号表示,也可以用算法语言表示。数学符号表示法比较直观,算法语言表示法实际上是建立抽象数据类型(本节后面介绍)。

**2. 物理结构**

数据的物理结构是数据在计算机内的存储表示,是逻辑结构在计算机中的映象。计算机主存是线性结构,非线性结构都必须模拟而成。主要表示方式有顺序存储和链接式存储。

顺序存储是指将一批数据存放到计算机主存储器中一段连续的区域(称为数组),并为这个连续区域命名(称为数组名),数组中每个元素都有一个编号(称为下标),根据编号可以计算出与该编号对应的数据元素所存放的单元地址。实际应用中,存储单元的长度取决于数据元素的结构和所用的算法语言的类型规定。如果数据是简单类型,如有 10 个整数,则按算法语言的基本类型长度乘以 10 分配存储单元,每个整数是一个数组元素。如果数据元素是复合类型,如前面的学生成绩记录由学号、姓名、教学班代号和成绩这 4 个属性值组成,则按各属性值所需存储单元的总和分配,一个记录作为一个数组元素。这样的数组也称为结构数组。以表 1.4 的数据顺序存储为例,如图 1.28 所示。为简化图形以姓名代表记录中的全部数据,每个相邻元素连续存放,全部元素构成一个数组,设数组名为 student,元素下标可以从 0 开始编号。

| student | 陈益明 | 高杨生 | 韩丽虹 | 马文清 | 陈佳康 | 杨军华 | 李 燕 | 王晶晶 |
|---|---|---|---|---|---|---|---|---|
| | 0 | 1 | 2 | 3 | 4 | 5 | 6 | 7 |

图 1.28 线性表的顺序存储

由于连续存储,只要知道起始地址,任意给出表中的一个元素下标,就可以立即计算出该元素的地址,即可以对该元素进行读写操作,这就实现了所谓的"随机访问"或者"随机定位"。对于表的查找操作来说,随机访问使算法的时间代价较小。例如用 C++ 语言描述 student 数组,若要访问 5 号记录,则可用 student[5] 来表示,这个元素的值是"杨军华"所在的记录。

下标与地址的映射只依靠一个简单的换算公式。一般地,若一个元素的存储长度为 len 字节,下标从 0 开始,则计算第 $i$ 个元素的地址 LOC $i$ 的换算式为:
$$LOC(i) = LOC(i-1) + l = start + i * len$$
其中,LOC($i$)=LOC($i$-1)+$l$ 体现了相邻两元素的关系,是线性表示的特征。假设学生成绩表存放区域的起始地址是 start,每个数组元素(一条完整记录)需要占 54 个基本单元(字节),则 5 号记录的具体存放位置是 start+5*54。

连续存储的一个缺点是在表中插入或删除一个结点时,需要移动后面的结点,以便为新结点留出位置或覆盖被删除的结点,完成操作之后,表中所有元素的地址仍保持连续性。因此,插入和删除算法会花费较大的时间代价。

链接式存储是一种非连续的组织结构,各元素的存储位置常常是不连续的,具有即时地按需分配的特点。为了反映结点间在逻辑上的关系,必须为这些不连续的存储单元建立联系,除第一个结点的地址需要一个特定标识外,其他各结点间的关系需要另外一些称为"指针"的标识量来指明。实际上就是要单独保存每个元素的存储地址,这里所说的指针就是存储地址的特殊单元,把这个单元的值取出来,就可以找到所对应的另一个存储单元。常用的方法是将用于指向后继结点的指针,依附于前驱结点的存储单元中。如在 C++ 语言中,为了实现链接式存储,专门构造一种带有指针变量的结点结构,该结点中至少有两个成员,一个用来存放数据;另一个用来存放指针。如图 1.29 所示,将表 1.4 的数据以链接方式存储,第一个结点的地址保存在一个名为 head 的单元中,其他结点的地址都各自存储在其前驱结点中,这样,元素之间在物理上构成了一个"手拉手"的链表,而在逻辑上仍是线性关系。

图 1.29　线性表的链接存储

在图 1.29 所示的链表中,只要找到第一个结点,沿着指针方向就能够访问到这批数据的任意一个元素。链表中每个结点只有一个后继时,称为单向链表。链接式存储方式能够表示任何形式的数据结构,尤其适合存储非线性结构的数据,只是结点结构需要作相应变化,设置多个指向不同后继的指针。

链接式存储结构的最大优点是在表中插入或删除一个结点时,原有结点不受影响,只需修改几个相关的指针即可。但是查找一个元素时,需要从第一个结点开始依次比较每个结点的值,直至找到或到表尾为止。因此,查找算法会花费较大的时间代价。

尽管链接式存储方式中插入和删除操作不涉及数据的移动,节省了时间,但是为了保持元素之间在逻辑上的关系,在每个存放数据的结点中都增加了用于记录下一个结点地址的空间,这是一种以牺牲空间而换取时间的策略。

### 1.7.3 抽象数据类型

数据的不同结构和存储表示影响着程序的流程控制,其实质是影响着操作算法的不同。那么,数据结构在软件开发中地位如何?它以何种方式表示出来更有利于程序设计?

根据著名计算机科学家唐纳德·克努特(Donald Knuth)的程序设计理论,人们总结了这样一句经典评述,"程序＝算法＋数据结构"。从面向对象程序设计的角度看,任何一种数据结构最终都是采用某种数据类型(data type)来体现。或者说,必须把数据结构以数据类型的形式表示出来。数据类型是程序设计语言的基本要素,面向对象的算法语言本身就具有建立数据结构的能力。

根据初等的学习经验,我们知道的数据有整数、实数和字符等,相应地,程序设计语言为它们定义了整型类型、实型或浮点类型和字符类型。例如,C++语言的基本数据类型有char、int、float和double等。数据类型能够保证程序中的数据按需要的长度分配到合适的存储单元,每一种类型的数据在操作上都有一定的限制。例如,实型数据不能做取余数运算(模运算),字符型数据不能做算术运算。但这些基本类型都不足以用来表示复杂的数据结构,通常需要设计者自己定义合适的数据类型。

数据结构离开算法是没有意义的。目前,在软件开发的技术趋势上,面向对象技术成为主流,其核心思想是认为程序设计以数据(对象)为中心,所有的操作应依附于数据结构。如排序、查找、线性插入、线性删除等操作是作用于线性表的,而深度优先遍历和广度优先遍历是作用于图和网的等。这意味着数据类型应涵盖数据和操作这两部分,从而能完整地描述数据结构。

数据类型由一个数据对象的集合和一组作用于这些数据对象的操作组成。C++基本类型也符合这一定义,只是隐含了其操作成分。

很多复杂的数据结构需要设计者自定义其数据类型,在算法的层次上,我们称这种自定义数据类型为抽象数据类型。

抽象数据类型(Abstract Data Type,ADT)是指一个数据结构以及定义在该结构上的一组操作。

抽象数据类型的定义仅取决于它的一组逻辑特性,而与其在计算机内部如何表示和实现无关,即不论其物理结构如何变化,只要它的数学特性和逻辑特性不变,都不影响其外部的使用。

描述一种抽象数据类型可以采用如下书写格式:

```
ADT <抽象数据类型名> is
  Data: <数据描述>
  Operations: <操作声明>
END
```

例如,学生成绩表的基本操作包括建立新表、插入、删除、查找、打印和排序等,则抽象数据类型可以描述为:

```
ADT Student_List is
    Data: n个记录的线性表
    Operations:
```

```
        Create();
        Insert();
        Delete();
        Find();
        Print();
        Sort();
END
```

这样的描述对线性结构的不同数据集来说,Operations 不变,只需改变 Data 部分就可表示不同的问题,使之具有更广泛的代表性,这就实现了更高一层的数据抽象。

提高抽象度的目的是,在设计一个算法或实现相应的程序时,只需在模块内部给出数据的表示及其操作的细节,而在模块外部使用的只是抽象的数据和抽象的操作。显然,所定义的数据类型的抽象层次越高,含有该抽象数据类型的软件模块的复用程度也就越高。在软件开发中,抽象数据类型成为描述数据结构及其操作的有效方式,特别是便于实现面向对象程序设计。实际上,上述例子给出的学生成绩表的 ADT,可以直接映射到 C++ 语言的 class 定义中,即与面向对象程序设计直接吻合。

### 1.7.4 栈和队列

栈(stack)和队列(queue)都属于操作受到限制的特殊线性表。

**1. 栈**

对栈的数据进行操作时必须遵守如下规定:

(1) 数据的添加和删除必须在表的固定一端进行;

(2) 每次只能添加或删除一个数据元素。

数据添加和删除的一端称为"栈顶"(top),另一端称为"栈底"(bottom)。添加数据的操作称为"压栈"或"进栈"(Push),删除数据的操作称为"出栈"(Pop)。栈结构的操作具有先进后出(First In Last Out,FILO)的特点。在日常生活中,人们常利用栈的原理完成一些特殊工作。例如,火车站利用一段只能从一端进出的铁轨进行车厢的组合或调度;人在迷宫中行走时,如果遇到障碍就应原路后退,再找其他的前进方向,为了能够顺利返回,在前进时对途经的道路做好标记,这个标记序列就是一个栈。图 1.30 所示是栈的示意图。

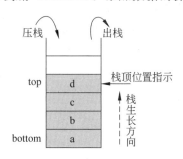

图 1.30 栈结构示意图

**2. 队列**

队列的数据操作必须遵守如下规定:

(1) 数据的增加和删除分别在表的两端进行;

(2) 每次只能增加或删除一个数据元素。

其中,添加数据的一端称为"队尾"(rear),删除数据的一端称为"队头"(front)。添加数据的操作称为"入队"或"进队",删除数据的操作称为"出队"。队列结构的操作具有先进先出的特点。图 1.31 所示是队列的示意图。这种结构就是模仿日常生活中的排队现象。

栈和队列是算法设计中经常会用到的辅助数据结构。操作系统的资源管理功能很多是借助于栈和队列实现的。例如子程序的调用,利用栈来保存各层子程序的参数和返回地址,

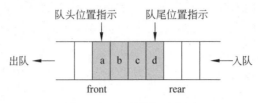

图 1.31 队列结构示意图

从而实现多层嵌套调用或递归调用。队列的典型应用是多任务共享一台打印机时建立打印队列,从而保证各用户的打印任务按顺序完成。

### 1.7.5 几个典型的基本算法

**1. 顺序表的遍历**

遍历是一个术语,意为将表中每个结点都访问一次。顺序存储的线性表也称为顺序表。以表 1.4 给出的学生成绩表为例,输出每个学生的信息。该表的物理结构是 student 数组(如图 1.32 所示)。

此算法的前提是数组中已存储了 $n$ 个数据,下标在 $0 \sim n-1$ 之间。操作以循环为主体,每循环一次访问一个元素。设一个循环控制变量 $i$,同时以 $i$ 作为数组元素的下标。随着 $i$ 值的递增,依次取第 $i$ 个元素的值输出。算法的 N-S 图如图 1.32 所示。

**2. 顺序表的查找**

这里所说的查找含义是:已知一个数,希望得知它是否在表中,如果在表中就取得它在表中位置。简单查找的基本方法是给出一个关键值 key(目标值),通过对表进行遍历,将数据元素逐个与 key 比较。如果相等则为查找成功,并返回该元素的地址(下标);如果遍历结束仍未发现与 key 相等的元素,则查找失败,返回 -1 或其他指定信息。根据此思路,算法的 N-S 图如图 1.33 所示。

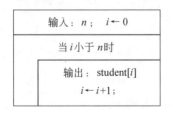

图 1.32 顺序表的遍历

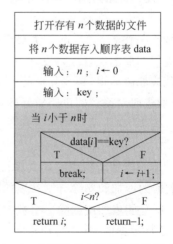

图 1.33 在顺序表中进行查找的 N-S 图

图中呈灰色的矩形框是一个循环,对顺序表的元素进行逐个比较。

**3. 排序——冒泡法**

排序(sorting)是针对给定的一组数据,使它们有序化。有序化可以是由小到大(称为升序),也可以是由大到小(称为降序)。排序也是一种分类。

排序的方法有多种,每种方法都有胜过其他方法的优点,当然也有其自身的缺点。每种排序方法都与一种数据组织方式相关;同一种数据组织方式可以有多种排序方法。下面介绍顺序表的冒泡排序(由小到大:升序)算法。

**基本思想**:通过比较将较小的元素交换到左侧,经过一轮比较,最小的元素移动到最左端。把这一过程比喻为一个小水泡从水中(表中)上浮到水面(左端)。由于表中有 $n$ 个元素,最多需要移动 $n-1$ 个水泡。因此,需要对整个表进行 $n-1$ 轮比较,依次冒出最小的、次小的、第三小的,直至第 $n-1$ 个水泡,此时最右端的元素是最大的。每冒出一个水泡,表的长度就减1,下一轮比较的范围就缩小一格(好像水面降低一层)。

**实现过程**:做一个 $n-1$ 次的循环,在第 $i$ 次循环中比较出第 $i$ 小元素并向左移动至第 $i$ 个位置(冒出第 $i$ 个水泡);然后考虑如何找出第 $i$ 个水泡,方法是做一个 $n-i$ 次的内循环,从最右端向左依次两两比较,如果第 $k$ 个元素小于第 $k-1$ 个元素,则交换元素值(较小的水泡上浮一层),直到浮动到第 $i$ 个元素位置。

N-S 图描述如图 1.34 所示。

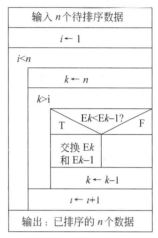

图 1.34 冒泡排序算法的 N-S 图

# 习 题

**一、选择题**

1. 计算机硬件能够直接识别的语言是_____。
   A. 高能语言   B. 智能语言   C. 汇编语言   D. 机器语言
2. 下列不同的 4 个数制表示的数中,数值最大的是_____。
   A. 二进制数 11010101    B. 八进制数 323
   C. 十进制数 219         D. 十六进制数 D7
3. 关于存储器的特性,下列说法中不正确的是_____。
   A. 主存储器包括 U 盘
   B. 内存可以分为读写存储器 RAM 和只读存储器 ROM
   C. 存储器的内容可无数次读取
   D. 存储器某个单元写入新的信息后,该单元中原来的内容便自动丢失了
4. I/O 接口位于_____。
   A. 总线和设备之间         B. CPU 和 I/O 设备之间
   C. 主机和总线之间         D. CPU 和主存储器之间
5. 已知字符 5 的 ASC 码是 35H,可以通过另一个数与其"按位逻辑与"运算后,得到字符 5 对应的数字 5,则另一个数应该是_____ H。

A. 05　　　　　B. FF　　　　　C. 30　　　　　D. F0

6. 假设：年龄＝30,性别＝"女",婚否＝.F.,职称＝"讲师",工资＝1680,则以下表达式的结果分别是_____。

　① .NOT.婚否.AND.性别＝"女"

　② 性别＝"女".AND.职称＝"教授".AND.工资＜＝4000.OR.年龄＞＝30

　③ (年龄＞20.OR.工资＜＝400).AND.职称＝"讲师"

　A. .T. .F. .F.　　　　　　　　　　B. .T. .T. .T.
　C. .F. .F. .T.　　　　　　　　　　D. .T. .F. .T.

7. 二进制数(11011011011)对应的八进制数是_____。

　A. 6666　　　　B. 6663　　　　C. 3333　　　　D. 3666

8. 对于R进制数,每一位上的数字可以有_____种。

　A. $R/2$　　　　B. $R-1$　　　　C. $R+1$　　　　D. $R$

9. 汉字编码采用的是_____个字节。

　A. 1　　　　　B. 2　　　　　C. 3　　　　　D. 4

10. 下列叙述中,不正确的是_____。

　A. 在基数为9的计数制中,某一位上不可能出现9这个数
　B. 进位计数制中的基数是指相邻两个数的权之比
　C. 进位计数制的各位数字所表示的值与它在数中的位置无关
　D. 一个二进制数若左移一位,则其值增大一倍

## 二、填空题

1. 程序构造的基本方法是：____(1)____＋____(2)____。

2. 算法的特点中,算法中至少应该有____(3)____个输入和____(4)____个输出。

3. 下图是一个二叉树层次数据组织,请按照前序、后序和中序的顺序给出遍历结果。(说明：前序是指对于任何一个节点与其两个子女,先访问该节点,然后访问左子女,最后访问右子女。后序是指对于任何一个节点和其两个子女,先访问左子女,再访问右子女,最后访问该节点。中序是指对于任何一个节点和其两个子女,先访问左子女,再访问该节点,最后访问右子女。)

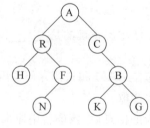

前序输出结果：____(5)____。
后序输出结果：____(6)____。
中序输出结果：____(7)____。

4. 十进制数47对应的补码是____(8)____,－47对应的补码是____(9)____。

5. 计算机硬件的五大部件是：____(10)____和输入、输出设备。

6. 线性数据组织可以分为____(11)____和____(12)____两种。

7. 在线性数据组织中,栈是一种进栈和出栈均在同一端口进行的组织方法,这种组织方法的特点可以表示为____(13)____。

8. 程序设计有三个要素,它们为:____(14)____、____(15)____和____(16)____。

9. 冯·诺依曼关于计算机工作原理的表达为____(17)____和____(18)____。

10. 数据排序的算法可以是____(19)____和____(20)____。

11. 257(O)＝____(21)____(D)。

12. 2F5(H)＝____(22)____(D)。

### 三、思考题

1. 计算机和其他计算工具最本质的区别是什么?
2. 典型的计算机硬件结构主要包括哪几个部分?
3. 为什么说目前的计算机体系结构是以内存为中心的?
4. 计算机的存储设备分为哪些类型?不同类型的存储设备有什么区别?
5. 内存可分为 RAM 和 ROM,它们各表示什么含义?
6. 在表示存储器的容量时,一般用 MB 作为单位,其准确的含义是什么?
7. 一个字节的二进制代码可表示的状态数目是多少种?
8. 一个字节的二进制数能表示十进制的最大数是多少?
9. 什么是 CMOS 芯片?它在微型计算机的什么地方?
10. 指令与程序之间的关系是什么样的?
11. 一条指令被执行的过程中,涉及到哪些寄存器或存储器?
12. 请写出二进制的加法运算规则。
13. 请写出二进制的逻辑运算"与"、"或"和"非"的规则。
14. 在进位计数制中,位权与基数有何关系?
15. 什么是 ASCII 码?数字 0~9 的 ASCII 码各是什么?
16. 什么是汉字输入编码?试列举出你所知道的汉字输入编码种类。
17. 程序设计语言的基本成分有哪些?
18. 程序式使用计算机需哪几个步骤?
19. 操作系统软件的主要功能有哪些?
20. 为什么计算机中的信息管理需要以磁盘文件的形式来实现?
21. Windows 系统的资源管理器有哪些文件操作功能?
22. 算法和程序有哪些相同点和不同点?
23. 什么是"自顶向下,逐步求精"的设计方法?试举例说明。
24. 数据结构的逻辑结构有哪些基本结构?试为每一种结构各举一例。
25. 人们常用的手机中有通信录,其中的信息结构属于哪种数据结构?如果请你为该结构设计一个抽象数据类型,请写出其中包含的数据及操作。
26. 假设领奖台上有 6 位同学,他们的身高各不相同,现在要求他们按身高从低至高的顺序并从左至右重新排列,但不能在台上交换位置,而且每次只能下台一位同学。请设计一个交换次数较少的排序方法,写出交换位置的过程。

# 第 2 章 C++ 基本概念

## 2.1 本章导读

在计算机诞生初期，人们只能使用机器语言或汇编语言编写程序，普通的程序员很难编写大型程序，调试程序更是困难。此外这些语言依赖于硬件体系，可移植性差。

由于汇编语言依赖于硬件体系，且助记符量大难记，于是人们又发明了更加易用的高级语言。在这种语言中，其语法和结构更类似普通英文，使得一般人经过学习之后都可以编程。高级语言的出现为广大计算机应用者使用计算机提供了很大的方便。常见的高级语言有：Basic、Pascal、Java 和 C 等，而 C++ 语言是在 C 语言基础上发展起来的一门面向对象的高级语言。

本章主要介绍 C++ 语言的基本语法，并以一个简单的程序向读者介绍 C++ 程序的组成。概括地讲，C++ 程序是由多个函数组成的，每个函数由多条语句组成。C++ 语句可分为 6 种类型：声明语句、表达式语句、控制语句、函数调用语句、空语句、复合语句。C++ 语句是由 C++ 的基本词法元素组合而成。

C++ 的基本词法结构包括关键字、标识符和标点符号。关键字是指 C++ 语言中规定的有特殊含义的英文单词，在 C++ 标准（ISO14882 标准）中定义了 74 个关键字，读者不必死记硬背，可在以后的学习中，潜移默化地记住常用关键字的含义。标识符是由程序员自己定义的，用来标识变量、符号常量、函数、数组等。

基本的数据类型是本章的重点之一，通常认为程序＝数据＋数据的处理。由前一章内容可知，计算机中相同的数据，其表现形式不一定相同，如整数 10 和浮点数 10.0 在计算机中表现的形式是不一样的。因此程序所使用到的数据都有明确的数据类型。C++ 的基本类型共 5 种，分别是字符型（char）、整型（int）、实型（float）、双精度型（double）和无值型（void）。不仅需要深刻理解各数据类型的含义，还应学会将数据抽象为相应的数据类型。

C++ 程序使用的数据包括变量和常量两种。变量用一个标识符标识，该标识符也称为变量名。变量名实际上代表的是程序数据区的某段存储单元，对该变量名进行操作，实际上就是对该存储空间存放的数据进行操作。常量是指程序中直接给出的量，并在执行过程中保持不变。

运算符用来对变量或常量进行处理，部分运算符与数学运算符符号相同，作用和含义也基本相似，但也有不同之处，在学习时应注意比较两者间的异同点。

一般而言，一个程序运行时需要通过人机界面将运行条件输入到程序中，并通过人机界面将运行结果输出。本书介绍的程序采用"Win32 Console Application"的输入输出。

通过本章的学习，应该对 C++ 程序设计有初步的印象，并可以编写简单的顺序结构程序。例如，编写程序实现从键盘上输入一个圆的半径，并输出该圆的面积。

本章的知识点较多，需要掌握的内容包括：

- C++ 的基本词法结构，包括关键字、标识符和标点符号；
- 基本的数据类型；
- 变量与引用；
- 整型常量的不同进制表示方法；
- 实型常量的不同表示方法；
- 字符常量、转义字符与字符串常量；
- 标识符常量与宏定义常量；
- 各种运算符的作用与优先级；
- 类型转换，包括自动类型转换、强制类型转换和赋值类型转换；
- C++ 语句；
- 简单的输入与输出。

## 2.2  C 语言与 C++ 语言简介

### 2.2.1  C 语言与 C++ 的起源

C 语言是 20 世纪 70 年代由美国贝尔实验室开发的。最初它是作为编写 UNIX 操作系统的一种开发语言工具而被世人所知的。与其他高级语言相比，C 语言有以下特点：

(1) 语言简洁、紧凑，书写形式自由。

(2) 有丰富的运算符和数据类型，可进行复杂的科学计算。可方便地实现其他高级语言较难实现的运算。

(3) 作为一种高级语言，C 语言支持指针操作，可通过指针直接访问内存和其他硬件资源，提供与汇编语言一样的资源操纵能力。

(4) C 语言支持数据类型的强制转换，支持对字节和位进行操作，有着丰富的数据处理能力。

(5) 目标程序效率高，相当于汇编语言的 80%～90%。

(6) 可移植性好。

C 语言的这些优点引起了人们的重视。它被安装在几乎所有的巨型机、大型机、中小型机以及微型机上。大多数系统软件和许多应用软件也都是用 C 语言编写的。

由于 C 语言是一种结构化的程序设计语言,当程序的规模比较大时,结构化程序设计方法就显出它的不足。在 20 世纪 80 年代提出了面向对象的程序设计(object oriented programming,OOP)方法。由于 C 语言深入人心,使用广泛,面对程序设计方法的革命,最好的办法不是另外发明一种新的语言去代替它,而是在它原有的基础上加以发展。在这种形势下,C++ 应运而生。C++ 是由贝尔实验室于 20 世纪 80 年代初在 C 语言的基础上开发的。C++ 保留了 C 语言原有的所有优点,增加了面向对象的机制。C++ 可以看成是 C 语言的超集,为了强调它是 C 的增强版,用了 C 语言中的自加运算符"++",称之为 C++。

C++ 和 C 语言相比,除了增加了面向对象的内容以外,对面向过程的部分也进行了如下的增强:

(1) 简化了输入输出,在 C++ 中,采用了流的概念来实现输入输出,书写程序方便且直观。而在 C 语言中,使用函数实现输入输出,另外需使用较为烦琐的格式控制字符串。

(2) C++ 中支持函数的重载和运算符的重载。

(3) 程序的书写更为简单自由,例如,在 C++ 中可以在函数的任意位置定义变量,而在 C 语言中,变量的定义只能出现在函数的最前部。

面向对象编程的方法与面向过程的结构化编程方法相比,前者更加适合于大型程序的开发,但两者的编程方法不是截然相对的,而是相互补充的。例如,面向对象的成员函数内部采用的是面向过程的实现方法。

本书的前半部分,虽然用到了部分 C++ 增强的内容,例如输入输出、函数重载等,但未涉及面向对象的类的内容,因此介绍的是面向过程的编程方法,后面介绍类以后,再逐渐转向面向对象编程方法的介绍。

## 2.2.2 第一个 C++ 源程序

C++ 源程序是程序员编写的一种符合 C++ 语法的文本文件,其后缀名为 .cpp。该文件不能直接被计算机运行,而是需要经过 C++ 编译系统编译、链接后生成机器码,才能被计算机运行。

【例 2.1】 一个简单的 C++ 程序。

```
#include<iostream.h>
void main()
{   cout<<"hello,world\n";              //向屏幕输出 hello,world 后换行
}
```

这是 C++ 语言中最简单的程序,主要实现向屏幕上输出"hello,world"的功能。

先看程序中的第 2 行,这是一个函数定义的函数头,其中"main"是函数的名字。每一个 C++ 程序由一个或多个函数组成,每个函数都有属于自己的函数名,但必须有一个并且只能有一个名为"main"的函数。该函数被称作"主函数",是整个程序的执行入口,也即程序是从 main 函数的第一个语句处开始执行的。

main 函数名后跟的小括号()用作将函数所需的参数括起来,main 函数通常不带参数,因此该小括号()中的内容为空。

main 函数前的 void 表示本函数没有返回值,在某些系统内规定 main 函数的返回值必须是 int 型。在本书中约定,main 函数的返回值为 void。

每个函数都有自己的函数体,函数体由大括号{}括起来的语句组成。本例中主函数内只有一个以 cout 开头的语句。cout 实际上是 C++ 系统定义的,称为标准输出流,简单地说表示屏幕输出。这部分内容将在本章第 9 节介绍。"<<"是"输出运算符",与 cout 配合使用,在本例中它的作用是将运算符"<<"右侧双撇号内的字符串"hello,world"输出到屏幕上。双撇号内的字符串中的\是转义符,它和后面的 n 一起表示输出换行。相关的知识在本章第 6 节介绍。提醒注意的是,C++ 所有语句最后都有一个分号。

从严格意义上讲,程序的第 1 行♯include<iostream.h>不是 C++ 的语句,而是 C++ 的一个预处理命令(详见第 4 章),它以"♯"开头以与 C++ 语句相区别,行的末尾没有分号。♯include 是一个"包含命令",其作用是将<>中指定的文件 iostream.h 的内容包含到该命令所在的位置。iostream.h 是一个头文件,其后缀名通常为.h。初学 C++ 时,对♯include 命令不必深究,只需知道如果程序有输入或输出时,必须使用♯include 命令<iostream.h>。

上述包含文件的方式是一种传统的方式,除此以外还有一种命名空间的方式。如第 1 行♯include<iostream.h>可改写成:

```
#include <iostream>
using namespace std;
```

在本书中约定不采用命名空间,沿用传统的方式。

程序的第 4 行的后半句"//向屏幕输出 hello,world 后换行"为注释语句,C++ 规定在一行中如果出现"//",则从它开始到本行末尾之间的全部内容都作为注释。注释可以加在程序中的任何位置。计算机在对程序编译时将忽略注释部分,也就是这部分内容不转换成目标代码,它对运行不起作用。也可以用"/* …… */"对 C++ 程序中的任何部分作注释。在"/*"和"*/"之间的全部内容为注释。以下两行注释等价:

```
// Ths is a C++program.
/* Ths is a C++program. */
```

但是,用"//"作注释时,有效范围只有一行,即本行有效,不能跨行。如果注释的内容较多,需要用多个注释行,每行须用一个"//"开头。而用"/* …… */"作注释时有效范围可为多行。只要在开始处有一个"/*",在最后一行结束处有一个"*/"即可。因此,一般习惯是:内容较少的简单注释常用"//",内容较长的注释常用"/* …… */"。注释有两种作用,一是给代码必要的解释,以便使阅读程序者更好地理解程序,增强程序的可阅读性;二是在调试过程中将一些代码临时注释掉,方便调试。

### 2.2.3 编译、调试、运行程序

从根本上说,计算机只能识别和执行由 0 和 1 组成的二进制的指令,而不能识别和执行用高级语言写的指令。为了使计算机能执行高级语言源程序,必须先用一种称为"编译器(complier)"的软件(也称编译程序或编译系统),把源程序翻译成二进制形式的"目标程序(object program)"。

编译是以源程序文件为单位分别编译的,每一个程序单位组成一个源程序文件,如果有多个程序单位,系统就分别将它们编译成多个目标程序。目标程序一般以.obj 或.o 作为后

缀(object 的缩写)。编译的作用是对源程序进行词法检查和语法检查。一般编译系统给出的出错信息分为两种：错误(error)和警告( warning)，警告类的错误指一些不影响编译的轻微的错误(如定义了一个变量，却一直没有使用过它)。而 error 类的错误，必须改正后才能重新编译。

在改正所有的错误并全部通过编译后，得到一个或多个目标文件。此时要用系统提供的"连接程序(linker)"将一个程序的所有目标程序和系统的库文件以及系统提供的其他信息连接起来，最终形成一个可执行的二进制文件，它的后缀是.exe，是可以直接执行的文件。

运行最终形成的可执行的二进制文件(.exe 文件)，得到运行结果。

### 2.2.4　Visual C++集成开发环境

本书所有的例子都在 Visual C++ 6.0 环境下调试通过。Visual C++ 6.0 是一种 C++ 的开发集成环境，如图 2.1 所示。用户可在此环境下实现编辑源程序、编译、调试等工作。

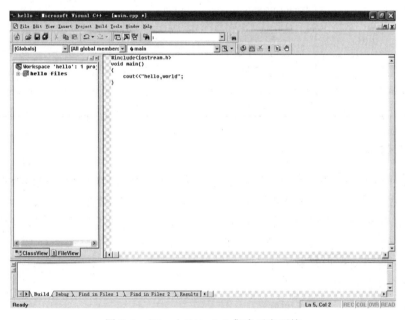

图 2.1　Visual C++ 6.0集成开发环境

通常开发一个程序可分为以下几个步骤：
(1) 创建工程。本书所有的示例是"Win32 Console Application"型的工程。
(2) 创建"C++ Source File"。
(3) 编辑和修改源程序。
(4) 编译源程序，用户可通过菜单选择"build"这项命令，编译器将实现编译和链接两步的动作。
(5) 若编译出错，则返回第 3 步，若编译成功，生成可执行文件，则可通过菜单选择"Execute"命令调试程序。

## 2.3 基本词法单位

### 2.3.1 关键字

关键字(keyword)又称保留字,是由系统定义的具有特定含义的英文单词,关键字不能另做它用。C++ 区分字母的大小写,关键字全由小写字母组成。C++ 标准(ISO14882 标准)定义了 74 个关键字,但具体的 C++ 编译器会对关键字作一些增删,表 2.1 为常用关键字及分类。

表 2.1 常用关键字及分类

| | |
|---|---|
| 数据类型说明符与修饰符 | bool char class const double enum float int long short signed struct union unsigned void volatile |
| 存储类型说明符 | auto extern inline register static |
| 访问说明符 | friend private protected public |
| 语句 | break case catch continue default do else for goto if return switch throw try while |
| 运算符及逻辑值 | delete false new sizeof true |
| 其他说明符 | asm explicit namespace operator template this typedef typename using virtual |

### 2.3.2 标识符

标识符(Indentifier ID)是程序员自己定义的一个符号,用来为程序中涉及的实体如变量、常量、函数及自定义的数据类型等命名,定义标识符有如下要求:

(1) 合法标识符由字母或下划线开始,由字母、数字、下划线组成。C++ 是大小写敏感的编程语言,例如 value、Value 和 VALUE 是 3 个不同的标识符。

(2) 用户自定义标识符时不能使用关键字。

下面是合法的标识符:

My_File    Void    _1234    cpp

下面是非法的标识符:

3Id         不能以数字打头
My Name     不能含有空格
标识符 A    不能含汉字
void        不能用关键字作为标识符
c++         不能含除下划线外的标点符号

除了上述标识符定义的基本要求以外,在定义标识符时还应注意以下几点:

标识符除了不能与关键字同名外,也不可与 C++ 编译器提供的资源如库函数名、类名、对象名等同名,否则那些资源将不能再被使用。例如,C++ 中已定义 cout 为标准输出流对象,因此不能再定义名为 cout 的标识符。

C++ 没有规定标识符的长度(即字符个数),但各个具体的 C 编译系统都有自己的规定。有的系统取 32 个字符,超过的字符将不被识别。

建议尽可能使用有含义的单词或拼音序列作为标识符,可大小写混用,以提高可读性;另外,虽然 C++ 编译器允许标识符以下划线开始,但系统本身定义的内部符号一般以下划线或双下划线开始,所以自定义标识符时不提倡以下划线开始。

### 2.3.3 标点符号

C++ 中的标点符号有 9 个:"#"、"("、")"、"{"、"}"、","、":"、";"、"…"。

在程序的不同的地方,使用不同的标点符号,对此 C++ 有严格的规定。例如函数名后须成对使用"("和")",使用";"表示 C++ 语句的结束。标点符号的具体用法将在后面逐步介绍。

### 2.3.4 分隔符

编写 C++ 程序时,每个词法单位必须使用分隔符将它们分隔开。可用作 C++ 分隔符的有:运算符、标点符号、空格键、Tab 键、回车键。

## 2.4 数据类型

计算机处理的对象是数据,而数据是以某种特定的形式转换成二进制码存放在内存中的,例如,整数在内存中采用原码或补码表示、实数采用浮点数表示。对于整数 10 和实数 10.0,在内存中的数据是不一样的;即使同样表示整数,对于 $(FFFFFFFF)_{16}$ 若表示为有符号的整数则为 $-1$,若表示为无符号的整数则为 $2^{32}-1$。

计算机处理相同的运算,例如加法,如操作对象的数据类型不同,所采用的算法也不同。整型的加法只需按二进制的加法规则就行了,而浮点型的加法则远复杂于整型的加法,有兴趣的读者可以查询相关的资料。

由上可知,同样的二进制码,代表数据的类型不一样,其值也不相同,计算机处理时,采用的算法也不一样。计算机如何才能知道存储空间中存放的二进制码是何种类型的数据呢? 这需要在编程的时候,程序设计者在程序中指定该数据的类型。

所谓数据类型是指数据在计算机内存中的存放和表现形式。C++ 中的数据类型比较丰富,可以分为基本数据类型和构造数据类型两类。基本数据类型是 C++ 系统中预定义的内部数据类型,有 char、int、float、double、void 等型。

字符型用来存放一个 ASCII 码字符或一个 8 位的二进制数;整型用来存放一个整数,其占用的字节数一般为 4 个字节(32 位机);实型用来存放实数,占用 4 个字节,双精度型也用来存放实数,占用 8 个字节;无值型将在后面章节介绍。

表 2.2 列出了 C++ 中的基本数据类型。构造数据类型则是根据用户需要,按照 C++ 规则由基本数据类型构造出来的数据类型,有指针、数组、结构体、联合体、枚举、类等类型,这些数据类型将在后面几章中介绍。

表 2.2　基本数据类型

| 类　型 | 名　称 | 占用字节数 | 存储值范围 |
|---|---|---|---|
| char | 字符型 | 1 | $-128\sim 127$ |
| int | 整型 | 4 | $-2^{31}\sim (2^{31}-1)$ |
| float | 实型 | 4 | $-10^{38}\sim 10^{38}$ |
| double | 双精度型 | 8 | $-10^{308}\sim 10^{308}$ |
| void | 无值型 | 0 | 无值 |

表 2.2 中的基本数据类型可以通过关键字对其进行修饰。例如 short 表示短，long 表示长，signed 表示有符号，unsigned 表示无符号等。

这四个修饰词和基本数据类型组合后的数据类型见表 2.3。

表 2.3　修饰词和基本数据类型组合后的数据类型（Visual C++ 6.0 环境）

| 类　型 | 名　称 | 占用字节数 | 存储值范围 |
|---|---|---|---|
| char | 字符型 | 1 | $-128\sim 127$ |
| signed char | 有符号字符型 | 1 | $-128\sim 127$ |
| Unsigned char | 无符号字符型 | 1 | $0\sim 255$ |
| short int | 短整型 | 2 | $-32768\sim 32767$ |
| signed short int | 有符号短整型 | 2 | $-32768\sim 32767$ |
| unsigned short int | 无符号短整型 | 2 | $0\sim 65535$ |
| Int | 整型 | 4 | $-2^{31}\sim (2^{31}-1)$ |
| signed int | 有符号整型 | 4 | $-2^{31}\sim (2^{31}-1)$ |
| unsigned int | 无符号整型 | 4 | $0\sim (2^{32}-1)$ |
| long int | 长整型 | 4 | $-2^{31}\sim (2^{31}-1)$ |
| signed long int | 有符号长整型 | 4 | $-2^{31}\sim (2^{31}-1)$ |
| unsigned long int | 无符号长整型 | 4 | $0\sim (2^{32}-1)$ |
| float | 实型 | 4 | $-10^{38}\sim 10^{38}$ |
| double | 双精度型 | 8 | $-10^{308}\sim 10^{308}$ |
| long double | 长双精度型 | 8 | $-10^{308}\sim 10^{308}$ |

char 可以用 signed 和 unsigned 两个关键字进行修饰，分别表示有符号字符和无符号字符。当用 signed 修饰 char 时，signed 可以省略。char 占一个字节的空间，本质上它是一个 8 位的整数，signed char 的存储值范围为 $-128\sim 127$，unsigned char 的存储值范围为 $0\sim 255$。由于 char 通常用来存放字符的 ASCII 码值，所以被称为字符型。

int 可以用 long 和 short 两个关键字进行修饰，分别表示长整型（long int）和短整型（short int）。长整型（long int）占有 4 个字节，存储值范围为 $-2^{31}\sim (2^{31}-1)$。短整型（short int）占有 2 个字节，存储值范围为 $-2^{15}\sim (2^{15}-1)$。

C++ 没有规定 int 型所占的字节数，只规定 int 型数据所占的字节数不大于 long 型，不小于 short 型。有的 C++ 系统（如 Turbo C）为整型（int）分配 2 个字节，相当于短整型（short int）。有的 C++ 系统（如 Visual C++ 6.0）为整型（int）分配 4 个字节，相当于长整型（long int）。因此如果程序对不同平台的移植性有较高要求的话，应指定 int 究竟是长整型（long int）还是短整型（short int）。

int 也可以用 signed 和 unsigned 两个关键字进行修饰，分别表示有符号整型（signed

int)和无符号整型(unsignedint)。当用 signed 修饰 int 时,signed 可以省略。有符号时,能存储的最大值为 $2^{31}-1$,最小值为 $-2^{31}$。无符号时,能存储的最大值为 $2^{32}-1$,最小值为 0。实际问题中有些数据是没有负值的(如学号、货号、身份证号等),可以使用 unsigned,它存储正数的范围比用 signed 时要大一倍。

实型数据分为单精度(float)、双精度(double)。对于 double,可以用 long 进行修饰。在 Visual C++ 6.0 中,对 double 和 long double 都分配 8 个字节,因此实际上没有用到 long double 类型。

用 short、long、unsigned、signed 这四个关键字修饰 int 类型时,int 可以省略,例如,unsigned int 可简写为 unsigned。

## 2.5 变　　量

### 2.5.1 变量的定义和初始值

在程序运行期间其值可以改变的量称为变量。一个变量应该有一个名字,称为变量名,并在内存中占据一定的存储单元以存放变量的值。变量名代表着该存储单元,存在着一一映射关系。例如,在程序中为变量名进行赋值,实际上是通过变量名找到相应的内存存储单元,并为该内存单元赋值。

变量有三个特性:

(1) 每个变量必须有一个名字,变量名作为变量的标识,应是一个合法的 C++ 标识符。

(2) 每个变量属于一种数据类型。

(3) 每个变量只能存放其类型允许的值。

变量的类型决定了该变量所能执行的运算以及编译程序为其分配的存储空间的大小,并和变量名一一对应起来,所以变量必须"先定义、后使用"。

C++ 中变量定义的格式一般如下:

**数据类型 变量名 1,变量名 2,…,变量名 n;**

变量的数据类型是 C++ 中允许的类型,包括基本数据类型和构造数据类型;变量名必须是合法的标识符,在一条变量定义语句中,可以定义一个变量也可以同时定义若干个变量。在定义变量的同时,还可以对变量赋予初始值。例如:

```
int a,b=3,n;        //定义整型变量 a、b 和 n,并为 b 赋初值 3
float w=2.3;        // 定义实型变量 w,并为其赋初值 2.3
```

在 C++ 中,变量说明是作为说明语句来处理的。它可以出现在程序中任何位置,不一定要放在程序的开头,只要在使用前说明即可。一个变量在程序中只能说明一次。

### 2.5.2 变量与引用

C++ 中提供一个特殊的命令——引用。引用是一种特殊的数据类型,简单地说是为一个已定义的变量起一个别名。

定义引用的一般格式为:

**类型 & 引用变量名=变量名**

其中变量名为一个已定义的变量标识符。

引用的本质是为一个变量起一个别名,系统不为引用类型的变量分配内存空间,对引用变量的操作是对被引用的变量进行操作。

**【例 2.2】** 引用的示例。

```
#include <iostream.h>
void main()
{   int i=10;
    int &refi=i;    // refi 是 i 的引用
    refi=20;
    cout<<"i="<<i<<'\n';
}
```

程序运行结果为:

i=20

可以看出,对引用变量 refi 的操作就是对变量 i 的操作。

对引用类型变量,应注意以下几点:

(1)"&"运算符有三种含义:按位与运算符、取地址运算符以及引用定义标识。若"&"运算符出现在两个操作数之间,表示是按位与运算符;若"&"运算符出现在一个变量的左边,且运算符的左边无操作数,表示取变量的地址;若"&"运算符出现在变量说明语句中,且位置在类型和变量名之间,则表示声明该变量是另一个变量的引用。

(2)引用的类型必须与目标变量的类型相同。例如:

```
int i=10;
float &ref=i;
```

因为 ref 与 i 的类型不同所以是错误的。

(3)声明引用时,必须同时对其进行初始化。例如:

```
int i= 10;
int &refi;
refi=i
```

是错误的,因为声明引用 refi 时没有指明是哪个变量的别名。

(4)声明一个引用,不是新定义了一个变量,它只表示该引用名是目标变量名的一个别名,它本身不是一种数据类型,因此引用本身不占存储单元,系统也不给引用分配存储单元。

## 2.6 常　　量

在程序执行过程中,其值不能改变的量称为常量。常量包括两大类:直接常量和符号常量。

直接常量(也称字面常量)是指在程序中直接给出的数值,从字面形式即可识别的常量,如 12,0,−3 为整型常量,4.6,−1.23 为实型常量,'A','a'是字符常量。符号常量(也称常变量)是指用标识符表示的常量,使用符号常量可提高程序的可读性。

直接常量有整型常量、实型常量、字符常量、字符串常量等。

### 2.6.1 整型常量

整型常量是指不含小数点的整数,它可以有正负号。如果是正号,可以省略。在C++中,整数可以有3种表达形式:十进制整数、八进制整数和十六进制整数。

十进制整数的表示和人们习惯的表示方法一样,由0～9组成。如:100,34,−15等都是十进制数。

八进制整数的表示以0开头,由0～7组成。如:012、0456、−045都等是八进制数。

十六进制整数的表示以0X或0x开头,由0～9,a～f(或A～F)字母组成。如:0x2a、0X10AB、0XEDD9等都是十六进制数。

长整型常量可以在数值后加后缀l(或L)表示,无符号型常量可以在数值后加后缀u(或U)表示。如:123451是一个长整型常量;3452ul是一个无符号长整型常量。

### 2.6.2 实型常量

一个实型常量可以用两种不同的方式表示:

**1. 十进制小数形式**

如21.456,−7.98等。一般由整数部分和小数部分组成,可以省略其中之一(如78.或.06,.0),但不能二者皆省略。C++编译系统把用这种省略了一部分的实型数一律按双精度常量处理,在内存中占8个字节。如果在实数的数字之后加字母F或f,表示此数为单精度浮点数,如1234F,−43f,占4个字节。

**2. 指数形式(即浮点形式)**

指数形式是指以10的方幂表示的数,也称科学表示法。由小数和指数两部分组成,其一般形式为

  数字部分e指数部分

注意方幂e前面必须是数字,e后面必须为整数,其中字母e表示其后的数是以10为底的幂。例如:31.4159可以表示为$3.14159\times10^1$,在C++的程序中,可写成指数形式:3.14159e1。

指数形式的数字部分和指数部分两者缺一不可。1.3e、e2、1.2e3.1等都是不合法的实数。

对于以指数形式表示的数值常量,C++编译系统将一律按双精度常量处理。

### 2.6.3 字符常量

字符常量是用单引号(撇号)括起来的一个字符。例如:'e'、't'、'B'、'E'等表示一个字符常量。在内存存放的是该字符对应的ASCII码。例如,'a'在内存中存放的是8位的二进制码97,而'0'在内存中存放的是8位的二进制码48。

须注意,'e'和'E'是不同的字符常量,它们代表不同的ASCII码值。

字符数据是以 ASCII 码存储的，它的存储形式与整数的存储形式相同。因此字符常量可以作为 8 位的整型数参与运算，此时相当于对它们的 ASCII 码进行算术运算。

**【例 2.3】** 设计程序，实现数字转数字字符，小写字母转大写字母，大写字母转小写字母的功能。

```
#include<iostream.h>
void main()
{   char c;
    int i=1;
    c=i+'0';              //A
    cout<<"整型数"<<i<<"被转换为字符"<<c<<endl;
    char c1='a';
    c=c1-'a'+'A';         //B
    cout<<"字符"<<c1<<"被转换为字符"<<c<<endl;
    char c2='Z';
    c=c2-'A'+'a';         //C
    cout<<"字符"<<c2<<"被转换为字符"<<c<<endl;
}
```

程序输出：

整型数 1 被转换为字符 1
字符 a 被转换为字符 A
字符 Z 被转换为字符 z

分析：在 ASCII 码表中,'0'到'9'的 ASCII 码值是连续的。i＋'0'即将'0'的 ASCII 码值加上整型值 i，当 i 大于等于 0，小于等于 9 时，所得的值为该整型数对应字符的 ASCII 码值。

在 ASCII 码表中,'a'到'z'以及'A'到'Z'的 ASCII 值也是连续的。c1-'a'为该字母的 ASCII 值与'a'的 ASCII 值相减，当 c1 为小写英文字母时，所得的结果为该字符与'a'相隔多少字母的个数，再加上'A'的 ASCII 值，因此 c1－'a'+'A'的结果为 c1 所对应的大写字母的 ASCII 值，实现了小写字母转大写字母的功能。用同样的方法可以实现将大写字母转换为小写字母。

### 2.6.4 转义字符

ASCII 码表中有一部分字符不能直接显示或者从键盘上输入，这时必须用转义序列表示。转义序列是字符常量的另外一种表示方法。转义序列就是用转义符"\"开始，后跟一个字符或一个整型常量（字符的 ASCII 码值）的方法来表示一个字符。若转义符后边是一个整型常量，则必须是一个八进制或以 x 为前缀的十六进制数，其大小在 0～255 之间。当转义符后跟八进制数时，前缀 0 可以省略。如'\021'、'\x78'、'\0'、'\56'等都是合法的字符型常量。

转义符后面的字符必须小写，大写只能表示其自身。如果转义字符后面是大写字母，则忽略反斜杠，作为一个一般的符号处理，即标识大写字母自身。例如：'\E'，则认为就是'E'。常用的转义序列如表 2.4 所示。

表 2.4　C++ 中常用的转义字符及意义

| 转义字符 | 名　　称 | 功能或用途 |
|---|---|---|
| \a | 响铃（报警） | 输出 |
| \b | 退格（Backspace 键） | 退回一个字符 |
| \f | 换页 | 输出（用于打印机） |
| \n | 换行 | 输出 |
| \r | 回车 | 输出 |
| \t | 水平制表符（Tab 键） | 输出 |
| \v | 纵向制表符 | 输出 |
| \\ | 反斜线 | 用于输出或文件的路径名 |
| \' | 单引号 | 输出 |
| \" | 双引号 | 输出 |
| \0 | 空字符 | 输出 |

请注意，表中的转义字符"\\"、"\'"、"\""虽然既可从键盘上输入，又可显示，但由于它们在 C++ 中的特殊用途，所以其作为字符常量出现时，也要采用转义序列表示。

### 2.6.5　字符串常量

用一对双引号将 0 个或若干个字符括起来，称为字符串常量。例如："Nanjing is a beautiful city\n"、"abc"、"a"、" "、""等都是合法的字符串。

字符串常量以 ASCII 码 0 值结尾。即以'\0'作为字符串常量的结束标识。所以"X"和'X'是不同的。前者是一个字符串常量，占两个字节（其中有一个为字符串结束标识'\0'），后者是一个字符常量，占一个字节。编译系统在处理字符串常量时，会自动在字符串常量的尾部加上'\0'。

整型常量对应的数据类型是 int 型，实型常量对应的是 double 型，字符常量对应的是 char 型。字符串常量与其他常量不同，它表示的是程序代码区中一串以'\0'为结尾的字符的位置（地址），C++ 中没有基本类型与其对应，事实上，与字符串常量相对应的数据类型是构造类型中的字符数组和字符指针。

### 2.6.6　const 常变量

用常用量说明符 const 为字面常量起个名字，该标识符就称为 const 常量。由于 const 常量说明和引用的形式很像变量，所以也称常变量。下面是常变量的说明方法示例：

```
const float PI=3.1416;
const int Number_of_Student=100;
```

常变量必须也只能在说明时进行初始化。在初始化之后不允许再被赋值。编译时系统对常变量进行类型检查，对于程序中多次使用到的常量，建议使用常变量，而不要使用直接常量。

### 2.6.7　宏定义常量

C++ 中可以用预编译指令#define 命令将一个指定的标识符（即宏名）来代表源程序中

的一个字符串。它的一般形式为

**#define 标识符 字符串**

如：

#define PI 3.1415926

它的作用是用标识符 PI 来代替"3.1415926"这个字符串，在编译预处理时，将程序中在该命令以后出现的所有的标识符 PI 都用"3.1415926"代替再进行正式编译。

宏定义常量与 const 常变量存在显著的区别，主要表现在：

定义时的区别，在定义 const 常变量时，需指定数据类型，常变量名和常量之间加赋值号"＝"，定义语句后加分号；在定义宏定义常量时，不用指定数据类型，标识符与替代的字符串之间只有空白符。此外，宏定义是预编译指令，不是 C++ 语句，后面不能加分号。

运行时的区别，const 常变量运行时需要在内存中为其分配该数据类型所需的空间，并存放该变量的值，而宏定义常量在编译时，会被替换成指定的常量，和普通的字面常量一样，内存不会分配专门的存储空间存放常量的值。

## 2.7 运算符和表达式

### 2.7.1 运算符和运算符优先级

在 C++ 中，对常量或变量进行运算或处理的符号称为运算符，参与运算的对象称为操作数。

C++ 的运算符按功能大致可分为算术运算符、关系运算符、逻辑运算符、位运算符和其他运算符。C++ 的某些运算符与数学的运算符书写方式相同，功能也相近，但有一些运算符与数学的运算符书写方式虽相同，功能却有所区别，读者在学习过程中，应注意区分。

C++ 的运算符按操作个数可分为单目（一元）运算符、双目（二元）运算符、三目（三元）运算符。单目运算符只对一个操作数运算，如负号运算符"－"等；双目运算符要求有两个操作数，如加法运算符"＋"；C++ 的三目运算符只有一个"？："，要求有三个操作数。

C++ 语言规定了运算符的优先级和结合性，见表 2.5 所示。

在求解表达式时，先按运算符的优先级别高低次序执行，例如先乘除后加减。例如有表达式 a－b＊c，b 的左侧为减号，右侧为乘号，而乘号优先于减号，因此，相当于 a－(b＊c)。

C++ 的运算符众多，其优先级存在一定的规律性：

(1) 单目运算符优先级高。

(2) 算术运算符优先级高，关系运算符次之，逻辑运算符低，赋值运算符优先级更低。

(3) 最高优先级为括号和成员运算符，最低运算符为逗号运算符。

C++ 规定了各种运算符的结合方向（结合性），运算符的结合性决定同一优先级的运算符的运算次序。如算术运算符的结合方向为"自左至右"，即从左向右计算，因此对于表达式 a－b＋c 而言，先做减法运算，再做加法运算。"自左至右的结合方向"又称"右结合性"。有些运算符的结合方向为"自右至左"，例如赋值运算符；因此对于表达式 b＝c 而言，先取 c 的值，再将其值赋给变量 b。

同样，C++ 运算符的结合性也无须死记硬背，一般而言，其结合性和人们的思维习惯相

表 2.5　C++ 运算符及其优先级

| 优先级 | 运算符 | 功能说明 | 结合性 |
|---|---|---|---|
| 1 | ( ) | 改变优先级 | 从左至右 |
|  | :: | 作用域运算符 |  |
|  | [ ] | 数组下标 |  |
|  | . , -> | 成员选择 |  |
| 2 | ++，-- | 增1或减1运算符 | 从右至左 |
|  | & | 取地址 |  |
|  | * | 取内容 |  |
|  | ! | 逻辑求反 |  |
|  | ~ | 按位求反 |  |
|  | +，- | 取正、负数 |  |
|  | ( ) | 强制类型转换 |  |
|  | Sizeof | 取所占内存字节数 |  |
|  | new，delete | 动态存储分配 |  |
| 3 | *，/，% | 乘法，除法，取余 | 从左至右 |
| 4 | +，- | 加法，减法 |  |
| 5 | <<，>> | 左移位，右移位 |  |
| 6 | <，<=，>，>= | 小于，小于等于，大于，大于等于 |  |
| 7 | ==，!= | 相等，不等 |  |
| 8 | & | 按位与 |  |
| 9 | ^ | 按位异或 |  |
| 10 | \| | 按位或 |  |
| 11 | && | 逻辑与 |  |
| 12 | \|\| | 逻辑或 |  |
| 13 | ? : | 三目运算符 | 从右至左 |
| 14 | =，+=，-=，*=，/=，%=，&=，^=，!=，<<=，>>= | 赋值运算符 |  |
| 15 | ， | 逗号运算符 | 从左至右 |

同，只要多做练习、多看示例，便能掌握。

## 2.7.2　算术运算符与算术表达式

**1. 算术运算符**

C++中有一元算术运算符和二元算术运算符两种，分别完成单目的正负运算以及双目的加、减、乘、除四种运算和求模运算。

C++中没有乘幂运算符,乘幂运算可通过多次自乘或函数 pow()完成。

一元算术运算符有:

- +,正数运算符,一般可省略,例如+3,+9。
- -,负数运算符,例如-10,-100。

二元算术运算符有:

- +,加法运算符,例如 a+b,3+12,a+55。
- -,减法运算符,例如 a-b,34-c,d-100。
- *,乘法运算符,例如 a*b,11*c,f*10。
- /,除法运算符,例如 a/b,100/4,30.0/4.0。
- %,求模(求余)运算符,例如 2%5,10%3,6%3。

对于加、减、乘法运算,如果运算符两边的操作数都是整数,其运算结果也是整数;如果参加+,-,*,/运算的两个数中有一个数为 float 型或 double 型数据,则运算的结果是 double 型,因为 C++在运算时对所有 float 型数据都按 double 型数据处理。

【例 2.4】 求圆柱体的表面积。

```
#include<iostream.h>
#define PI 3.1415926
void main()
{   float r,h;
    float s;
    cout<<"请输入圆柱体的半径和高:";
    cin>>r>>h;
    s=2*PI*r*r+2*PI*r*h;
    cout<<"圆柱体的表面积为"<<s<<endl;
}
```

程序中"cin>>r>>h;"表示从键盘上输入两个值分别赋给变量 r 和 h,cin 被称为标准输入流,详细介绍请参见 2.9 节。

对于除法运算,如果运算符两边的操作数都是整数,其运算结果也是整数,即两数整除;如果两个操作符中有一个是实数,其运算结果就是实数。例如:

4/5 运算结果为 0,

4.0/5 或 4/5.0 或 4.0/5.0 运算结果为 0.8,

5/4 运算结果为 1,

5.0/4 或 5/4.0 运算结果为 1.25。

由于 C++中的除法运算与数学的除法运算不同,有整除和普通的除法之分,因此在设计程序时需注意两者的区别。例如将角度 30 转换成弧度,若程序中写成 30/180 * 3.1415926,则得到的结果为 0,应将其表示为 30 * 3.1415926/180 或 30.0/180 * 3.1415926。

对于求模运算,要求两个操作数必须均为整数,其结果为两数相除后的余数。如果两个整数中有负数,则先用两数绝对值求余,最终结果的符号与被除数相同。例如:

4%5 结果为 4,

4%4 结果为 0,

5%4　结果为1,
−5%4　结果为−1,
5%−4　结果为1,
−5%−4　结果为−1。

**【例 2.5】** 设计一个程序,从键盘上输入一个整数,并判断其是否为偶数。

```
#include<iostream.h>
void main()
{   int i;
    cout<<"请输入一整数:";
    cin>>i;
    if(i%2==0)
        cout<<"该整数是偶数"<<endl;
    else
        cout<<"该整数是奇数"<<endl;
}
```

程序中的 if 语句将在第 3 章中详细介绍。

**2. 自增、自减运算符**

自增、自减运算符有两个,++和−−,其作用是使变量的值增1和减1。它们是单目运算符,经常用于对计数变量和循环变量的增加(或减少)中。++和−−可以出现在变量的左边或右边,分别称为前缀运算符和后缀运算符。例如:

++i,−−i　使用前先使变量i的值增加(减)1;

i++,i−−　使用后再使变量i的值增加(减)1。

++i和i++(−−i和i−−)都表示在i的基础上增1(减1),但两者仍有较大的区别。++i(−−i)表示先对i增1(减1),再采用i的新的值参与运算;而i++(i−−)表示先将i的值存放于临时变量,再对i增1(减1),然后再采用临时变量中存放的i的原值参与运算。

**【例 2.6】** 自增运算符示例。

```
#include <iostream.h>
void main()
{   int i=5,j=5;
    int k,n;
    k=++i+2;      //A
    cout<<"k="<<k<<"   i="<<i<<'\n';
    n=j+++2;      //B
    cout<<"n="<<n<<"   j="<<j<<'\n';
}
```

程序运行结果为:

k=8　i=6
n=7　j=6

程序两行输出的结果各不相同。这是因为 A 行语句中执行的是前增量运算,首先对 i 增1,i 的值变为6,再将值6参与运算,加上2后赋给变量 k,因此 k 的值为8。B 行语句中执行的是后增量运算,首先将 j 的值赋给一临时变量,再将 j 的值增 1,j 的值变为 6,然后将临时变量中的值 5 参与运算,加上 2 后赋给变量 n,因此 n 的值为 7。

为防止出错,应尽可能避免在复杂的表达式中使用自增(自减)运算符。

**注意**:自增、自减运算符只能用于变量,不能用于常量和表达式。

**3. 算术表达式**

算术表达式是由算术运算符、括号和操作数构成,能计算出一个算术值的式子。算术表达式中的操作数可以是常量、变量、函数等。由于在 C++ 中,对每一个运算符都规定了它的优先级和结合性,表达式的求值次序完全取决于表达式中的各运算符的优先级及结合性。例如:设 a=10,b=5,a+b*-1,由于"-"的优先级高于"*"和"+",并且结合性为右结合,所以先做 1 取负运算,然后再做乘法得-5,最后做加法,得到结果 5。

在使用算术运算符时,需要注意有关算术表达式求值溢出的处理问题。在做除法运算时,若除数为零或实数的运算结果溢出,系统会认为是一个严重的错误而中止程序的运行。而整数运算产生溢出时系统则不认为是一个错误,但这时运算结果已不会正确了。因此,程序设计者必须自己检查程序,确保不会产生整数的溢出问题。

**【例 2.7】** 整数溢出示例。

```
#include <iostream.h>
void main()
{   short i,j;
    int k;
    i=32767;
    j=i+1;
    k=i+1;
    cout<<"i="<<i<<'\n';
    cout<<"j="<<j<<'\n';
    cout<<"k="<<k<<'\n';
    return;
}
```

程序执行后,其结果为:

i=32767
j=-32768
k=32768

**分析**:在程序中,j 的数据类型为短整型,取值范围为-32768~32767,当 i=32767 再加 1 时,结果超出 j 的取值范围,发生溢出,所得结果错误,但程序仍然可以执行。

为避免数据的溢出,编制程序时,应考虑如下方面:

1) 为变量选择合适的数据类型,并确保该数据类型能存放变量可能的值;
2) 尽可能避免除数是一个绝对值很接近于 0 的数;
3) 尽可能避免整数的连续乘运算。

乘、除和求模运算属于同一优先级,其运算优先级高于加、减运算符,在同一优先级上,从左向右依次计算。

表达式可以用小括号"()"来改变运算次序。例如:表达式(a+b)*c,先计算 a+b 的值,再将计算结果与 c 相乘。小括号"()"在表达式中的作用与在数学中的作用是一样的。

小括号"()"可以嵌套,例如((a+b)*c+d)*e。当小括号"()"嵌套时,先计算内层的小括号,再计算外层的。

由于运算符的优先级和结合性比较复杂,因此在书写复杂表达式时,应尽可能使用小括号"()",以省去记忆工作,这样也容易确保运算的正确,并便于阅读。

### 2.7.3 赋值运算符和赋值表达式

**1. 赋值运算符**

对程序中任何一种数据的使用,包括赋值和引用。将数据存放到相应存储单元中称为赋值,如果该单元中已有值,赋值操作以新值取代旧值;从某个存储单元中取出数据使用,称为引用。常量只能引用,不能赋值。

赋值通过赋值运算符"="来完成,其意义是将赋值号右边的值送到左边变量所对应的存储单元中。赋值号不是等号,它具有方向性。C++将变量名代表的存储单元称为"左值",而将变量的值称为"右值"。左值必须是一个变量,而不能是常量或表达式。

【例 2.8】 将两个变量中的值相互交换。

分析:将两个变量的值相互交换的最简单的方法是借助于第三个变量,步骤为:先将第一个变量的值赋给第三个变量,再将第二个变量的值赋给第一个变量,最后将第三个变量的值赋给第二个变量。

```
#include<iostream.h>
void main()
{   int a=4,b=7;
    int c;
    c=a;                //将 a 的值赋给变量 c
    a=b;                //将 b 的值赋给变量 a
    b=c;                //将 c 的值赋给变量 b
    cout<<"a="<<a<<"b="<<b<<endl;
}
```

赋值运算符的优先级要低于算术运算符、关系运算符和逻辑运算符,具有左结合性。使用时请注意赋值运算符"="和关系运算符"=="的区别。

**2. 赋值表达式**

赋值表达式是用赋值运算符将一个变量和一个表达式连接起来的式子。一般形式为

**变量=表达式**

由于赋值运算符的优先级比较低,所以一般执行顺序为先计算表达式的值,然后将计算结果赋给变量。例如:

a=3+1;

先计算表达式的值为 4,然后将 4 赋给变量 a,a 将保持此值,直到有新的值赋给它为止。

赋值表达式作为一种表达式,也有计算结果,其计算结果为赋值的内容。例如:

a=b=3;

赋值号的左结合性决定了先计算表达式 b=3,将 3 赋给变量 b,同时 b=3 表达式的值

也为3,再将b=3表达式的值,也就是3,赋给a。

**3. 算术复合赋值运算符**

在C++中,所有的双目算术运算符都可以与赋值运算符组合在一起,构成复合算术赋值运算符。具体是:

+=(加等于)　-=(减等于)　*=(乘等于)　/=(除等于)　%=(求余等于)

复合算术运算符的优先级与赋值运算符"="的相同,其结合性为右结合。

复合赋值运算符的一般形式为:

变量 复合赋值运算符　表达式

它等同于:

变量=变量　运算符　表达式

例如:

salary*=2.0　　即 salary=salary*2.0
i-=1　　　　　即 i=i-1
sa*=a-4*b　　即 sa=sa*(a-4*b)

### 2.7.4 关系运算符和关系表达式

**1. 关系运算符**

C++中有"<"(是否小于)、"<="(是否小于或等于)、">"(是否大于)、">="(是否大于或等于)、"=="(是否等于)、"!="(是否不等于)6个关系运算符,它们完成两个操作数的比较,结果为逻辑值:逻辑真或逻辑假。

在标准的C++中,没有逻辑型的数据类型。因此,用一个整数来表示逻辑值。当比较关系成立时,结果为整数1,关系不成立时,结果为零。

关系运算符都是双目运算符,其中"<"、"<="、">"、">="的优先级相同,高于同属一个优先级的"=="和"!="。关系运算符的优先级低于算术运算符,而高于赋值运算符"="。

由于浮点类型和双精度类型在表示实型数据时,存在精度的问题,因此建议在程序中尽量避免比较两个实型数是否相等。

**2. 关系表达式**

关系表达式就是由关系运算符将两个操作数连接起来的式子。这两个操作数可以为常量、变量、算术表达式、后面将讲到的逻辑表达式、赋值表达式和字符表达式等。关系表达式的结果只有两个情况,关系成立(真)或不成立(假),用1和0表示。例如:

a+b>c+d

因"+"的优先级高于">",所以先分别求出a+b和c+d的值,然后进行比较运算。

以下式子都是合法的关系表达式:

'a'<'b'+'c',a>b>=c>d,a==b<c。

提醒注意的是,为避免出错,最好不要在一个表达式内连续使用关系运算符。

例如:设有变量定义:int a=5,b=4,c=3;则表达式 a>b>c 的结果为0。

分析：因为">"是"从左向右"结合，因此首先计算"a>b"，表达式成立，计算结果为整数1，再将"a>b"的计算结果，即整数1，和c比较，"1>c"不成立，计算结果为整数0。这与数学中的计算规则不同。

### 2.7.5 逻辑运算符和逻辑表达式

**1. 逻辑运算符**

C++中有"&&"（逻辑与）、"||"（逻辑或）和"!"（逻辑非）3种逻辑运算符。其中"!"是单目运算符，右结合；"&&"和"||"为双目运算符，左结合。运算规则如下。

- a&&b：当a、b同时为真时，结果为真，否则结果为假；
- a||b：当a、b有一个为真时，结果为真，否则结果为假；
- !a：当a为假时，结果为真，a为真时，结果为假。

在这3个逻辑运算符中，"!"的优先级最高，"&&"次之，"||"最低。逻辑运算符的优先级低于关系运算符高于赋值运算符。

**2. 逻辑表达式**

逻辑表达式是用逻辑运算符将操作数连接起来的式子。从本质上讲，逻辑运算符要求操作数为逻辑量，因此，逻辑运算符的操作数可以是关系表达式或是另一个逻辑表达式。但由于C++中认为0为逻辑假，所有的非0为逻辑真，因此除void类型之外的任何一种数据类型数据或表达式都可作为逻辑运算符的操作数。

逻辑表达式运算结果也只有两种情况，逻辑真（用1表示）和逻辑假（用0表示）。例如：设a=5,b=8,c=2,则

!a 的值为0；

a&&b 的值为1；

a||b 的值为1；

a+c>=b&&b 的值为1。

因为"+"的优先级高于">="，先做a+c，得7，再与b比较，7大于等于5成立，结果为真，用1表示，最后再做逻辑与运算，1和b逻辑与的结果为1。对于a+c<b&&b，同样地，我们可以计算出结果为0。

再例如，要判别某一年(year)是否为闰年。闰年的条件是符合下面两者之一：①能被4整除，但不能被100整除；②能被100整除，又能被400整除。因此该判别表达式可写成：

```
year%4==0&&year%100!=0||year%400==0
```

当表示的逻辑关系比较复杂时，用小括号将操作数括起来是一种比较好的方法。

**3. 逻辑运算的优化**

C++在计算逻辑表达式值的时候，并非总是先将所有逻辑运算符连接的表达式的值全部求出，而是一旦表达式的值能够确定，就不再继续进行运算。也就是说，当逻辑运算符的左操作数为逻辑假，或者逻辑运算符的左操作数为逻辑真时，表达式的值已经确定，将不再计算右操作数表达式。

逻辑运算的优化虽然节省了运行时间，但有时也会造成意想不到的问题。

例如有两个整型变量：a=0,b=5。执行a&&++b表达式后，b的值依然是5。虽然

"++"运算符优先级很高,但是由于逻辑与运算符的左操作数为0,根据逻辑运算符优化的规则,不再计算逻辑运算符的右操作数表达式,因此++b表达式实际没有被运行到。

为防止这种情况,应尽可能避免在逻辑表达式中出现赋值或自增、自减等运算。

### 2.7.6 字位运算符

计算机中数据的存储和操作都是以二进制方式进行的,C++中的字位运算符提供了按二进制位进行运算的手段,字位运算符只适用于char、int和long类型。合理地使用字位运算符会提高程序的执行效率。C++中的字位运算符可分为字位逻辑运算符、字位移位运算符和字位复合赋值运算符3类。

**1. 字位逻辑运算符**

C++中字位逻辑运算符共4个,分别是"~"(按位求反)、"&"(按位与)、"^"(按位异或)和"|"(按位或)。

"~"是单目运算符,结合性为右结合。所谓按位求反,可理解为将操作数按二进制形式展开,并对每一位求反,即0转换为1,1转换为0。

其余3个为双目运算符,结合性为左结合。其计算可理解为将左右操作数按二进制形式展开,并按位对齐,进行计算。按位与是指两个操作数某个位上都为1,则该位为1,否则该位为0。按位或是指两个操作数某个位上都为0,则该位为0,否则该位为1。按位异或是指两个操作数某个位上相同(同为1或同为0),则该位为0,否则该位为1。

例如:对于变量unsigned int c1=0xd,c2=0x9;c1的二进制为$(0000\ 0000\ 0000\ 0000\ 0000\ 0000\ 0000\ 1101)_2$,c2的二进制为$(0000\ 0000\ 0000\ 0000\ 0000\ 0000\ 0000\ 1001)_2$。

~c1　　结果是$(1111\ 1111\ 1111\ 1111\ 1111\ 1111\ 1111\ 0010)_2$,即0xfffffff2;

c1&c2　结果是$(0000\ 0000\ 0000\ 0000\ 0000\ 0000\ 0000\ 1001)_2$,即0x9;

c1^c2　结果是$(0000\ 0000\ 0000\ 0000\ 0000\ 0000\ 0000\ 0100)_2$,即0x4;

c1|c2　结果是$(0000\ 0000\ 0000\ 0000\ 0000\ 0000\ 0000\ 1101)_2$,即0xd。

**2. 字位移位运算符**

C++中字位移位运算符有两个,分别是<<(左移位)和>>(右移位)。它们都是双目运算符,作用是将一个整型或字符型量按其二进制的位模式左移或右移若干位。移动的位数由运算符右边的操作数(只能是正整数)给出。

在没有发生溢出的前提下,将一个数左移n位相当于将这个数乘以2的n次方。例如:

15<<2　　结果是60

右移操作则与数据类型有关,若是无符号整数,则将二进制数依次向右移动n个二进制位,并在高位补0;若是有符号的整数,则将二进制数依次向右移动n个二进制位,并在高位补符号位。

**3. 字位复合赋值运算符**

C++中字位复合赋值运算符是将赋值号"="和字位运算符组合在一起构成的运算符。例如:

num>>=4　　即 num=num>>4
a&=1101　　即 a=a&1101

### 2.7.7 其他常用运算符

**1. 条件运算符**

条件运算符是 C++ 中唯一的一个三目运算符,由两个符号 "?" 和 ":" 组成。
条件运算符的格式如下:

**条件表达式? 表达式 1: 表达式 2**

其含义是如果条件表达式的结果为真(非 0),就执行表达式 1;否则就执行表达式 2。表达式 1 和 2 的类型必须相容。例如:

a>b? (max=a):(max=b)

意思是如果 a 大于 b,则 max=a,否则 max=b。即把 a 和 b 两者中的大值赋给 max。
上述表达式还可以用更简单的形式表示:

max=a>b?a:b

条件运算符表达式中的表达式 1 和表达式 2 也可以是条件运算符表达式,这样就形成了条件运算符表达式的嵌套。

**【例 2.9】** 利用条件运算符求三个变量中的最大值。

分析:首先用条件运算符求前两个数的较大值,然后用两个数的大值与第三个数进行比较,以决定谁是三个变量中的最大值。

```
#include<iostream.h>
void main()
{   int a,b,c;
    int max;
    cout<<"请输入三个变量的值:";
    cin>>a>>b>>c;
    max=a>b?a:b;
    max=max>c?max:c;
    cout<<"三个变量的大值"<<max<<endl;
}
```

程序中

max=a>b?a:b;
max=max>c?max:c;

这两条语句也可合并成一条语句:

max=a>b?a>c?a:c:b>c?b:c;

条件运算符的结合性是自右向左,所以 a>b?a>c?a:c:b>c?b:c 和 a>b?(a>c?a:c):(b>c?b:c)是等价的。

**2. 逗号运算符**

逗号运算符也称顺序运算符。用逗号运算符连接起来的式子称为逗号表达式,该表达式的类型和值就是最后计算的表达式的类型和值。在 C++ 中,逗号运算符的优先级是最低的。例如:

a=(b+c,c=32,d=c+b),假设 b=2,c=3,表达式的求值过程为先计算 b+c 结果为

5,c 为 32,d＝c＋b 结果为 34,所以 a 的值就是 34。

注意下面几个表达式的结果是不同的:

```
y=x=(a=3,6*3)
y=x=a=3,6*3
y=(x=a=3,6*3)
```

第一个表达式中,x 和 y 的值都是 18,a 的值是 3;第二个表达式中,x、y 和 a 的值都是 3;第三个表达式中 x 和 a 的值是 3,y 的值是 18。

**3. sizeof 运算符**

sizeof 是带参数的单目运算符,而不是一个函数。它的格式如下:

**sizeof(表达式)**

或

**sizeof(数据类型)**

它的运算结果是表达式的存储字节数或系统为该数据类型所设置的存储字节数。

例如:sizeof(int) 其结果为 4,即求出了系统为 int 类型所设置的字节数为 4。

### 2.7.8 类型转换

**1. 自动类型转换**

在表达式中常会遇到不同类型数据之间进行运算,此时不同类型的数据要先转换成同一类型,然后再进行运算。转换的规则如下:

(1) 在表达式中,char 和 short 类型的值都会自动转换成 int,无符号的 char 和 short 类型的值会自动转换成 unsigned int。float 型数据在运算时一律先转换成 double 型,以提高运算精度(即使是两个 float 型数据相加,也都先转换成 double 型,然后再相加)。因为它们都被转换成表示范围更大的类型,故这种转换被称为"升级(promotion)"。

(2) 按照从高到低的顺序给各种数据类型分等级,依次为:long double、double、unsigned long long、long long、unsigned long、long。char、short 和 float 并没有出现在这个等级列表,是因为它们参与运算时就已经被分别升级成了 int 或者 unsigned int 和 double 了。

如在例 2.3 中,执行

```
char c;
int i=1;
c=i+'0';
cout<<c<<endl;
```

i+'0' 的结果为整型数 49,再赋值给字符变量 c,因此 c 变量存放的值等于 49,正好是 '1' 的 ASCII 码值。因此将 c 送到 cout 输出,屏幕显示 1。

若将程序改成

```
i=1;
cout<<i+'0'<<endl;
```

输出的结果则为 49。这是因为在执行加法运算时,首先将'0'转换成整型数,即将'0'的 ASCII 码值 48 转换成整型数 48,再执行整数的加法运算。因此 i+'0'的结果为整型数 49。送到 cout 输出,屏幕显示 49。

**2. 强制类型转换**

强制转换是指将表达式类型强制转换为指定类型。

强制类型转换格式为:

**强制转换类型(表达式)**

或

**(强制转换类型)(表达式)**

数据强制转换规则如下:

(1) 将浮点型数据(包括单、双精度)强制转换成整型变量时,舍弃其小数部分,整数部分在内存中以整数形式存储。

(2) 将整型数据强制转换成浮点型变量时,数值不变,但以浮点数形式存储。

(3) 字符型数据强制转换成整型变量时,将字符的 ASCII 码赋给其整型变量。

(4) 将一个 int、short 或 long 型数据强制转换成一个 char 型变量,只将其低 8 位再原封不动地送到 char 型变量。

(5) 将 signed(有符号)型数据强制转换成长度相同的 unsigned(无符号)型变量,或将 unsigned(无符号)型数据强制转换成长度相同的 signed(有符号)型变量时,存储单元内容原样照搬(连原有的符号位也作为数值一起传送)。

需要说明的是强制转换并不是将表达式或变量直接转换成指定的类型,而是产生一个临时变量,再将表达式强制转换成指定的数据类型并赋给临时变量,而原来的表达式或变量的数据类型和值不发生变化。例如:执行语句 double f=3.6; int i=(int)f;后,i 的值为 3,而 f 的值依然为 3.6。

**3. 赋值类型转换**

如果赋值运算符两侧的数据类型不一致,但都是数值型或字符型时,在赋值时会进行自动类型转换。

**【例 2.10】** 从键盘上输入一实数,并按四舍五入的方法转换成整型数。

分析:如果简单地将浮点型数据利用强制转换或赋值类型转换成整型数据,将直接舍弃小数部分,不合题意。将浮点型数据加上 0.5,如果原小数部分小于 0.5,相加后小数部分依然小于 1,此时利用强制转换或赋值类型转换成整型数据时,小数部分直接舍弃;而如果原小数部分大于等于 0.5,小数部分相加后大于等于 1,整数部分进 1,此时利用强制转换或赋值类型转换成整型数据时,小数部分直接舍弃,整数加 1,这样就实现了四舍五入。

```
#include<iostream.h>
void main()
{   double f;
    cout<<"请输入一实数";
    cin>>f;
    int i=f+0.5;
    cout<<"转换后整数为"<<i;
}
```

## 2.8　C++语句

C++程序是由一个或多个函数组成的,在组成的函数中,必须有且只能有一个 main 函数。函数的函数体由若干条语句组成。C++语句可分为6种类型:声明语句、表达式语句、控制语句、函数调用语句、空语句、复合语句。

**1. 声明语句**

在 C++中,实现对数据结构的定义和描述、对变量作定义性说明的语句被称为声明语句。

**2. 表达式语句**

在合法的表达式后面加上分号,即形成了表达式语句。

**3. 控制语句**

控制和改变程序运行顺序的语句被称为控制语句。控制语句包括:选择语句、循环语句、流程跳转语句、函数返回语句等。

**4. 函数调用语句**

在函数的调用表达式后面加上分号,即形成函数调用语句。

**5. 空语句**

只有一个分号组成的语句称为空语句,它不做任何操作。

**6. 复合语句**

当用{}将若干条语句括起来,C++将其作为一条整的语句进行处理,被称为复合语句。

## 2.9　简单输入、输出

在前面的例子中已经对输入、输出有所了解了。在 C++程序中可以方便地利用 cout 和 cin 进行输出和输入。C++的输入、输出是由 C++语言的标准输入流类 istream 和标准输出流类 ostream 的对象 cin 和 cout 完成的。

"流"指的是来自设备或传给设备的一个数据流。数据流是由一系列字节组成的,这些字节是按进入"流"的顺序排列的。cout 是输出流对象的名字,cin 是输入流对象的名字,"<<"是流插入运算符(也可称流插入操作符),作用是将需要输出的内容插入到输出流中,默认的输出设备是显示器。">>"是流提取运算符,作用是从默认输入设备(一般为键盘)的输入流中提取若干字节送到计算机内存区中指定的变量中去。

要使用 C++提供的输入、输出流时,必须在程序的开头增加一行:

#include <iostream.h>

即包含输入、输出流的头文件 iostream.h。有关头文件的使用在后面的章节中会详细介绍。

### 2.9.1　cin

在程序执行期间,想给变量输入数据,可以在程序中用 cin 来完成。

cin 输入的一般格式为:

**cin>>变量名 1>>变量名 2>>…>>变量名 n;**

其中,">>"称为提取运算符,表示将程序暂停执行,等待用户从键盘上输入相应的数据。每个提取运算符后面只能跟一个变量名,但提取运算符可以多次使用,即用一个 cin 可以为一个变量提供输入值,也可以为多个变量提供输入值。

**注意**:提取运算符后只能跟变量名。

**1. 输入十进制整型、实型数据**

例如:

```
int i,j;
float f1,f2;
```

在程序执行期间,要求将键盘上输入的数据送给上述四个变量时,可以在程序中采用 cin 来完成:

```
cin>>i>>j>>f1>>f2;
```

当程序执行到输入语句时,等待用户从键盘上输入数据,所有数据输入完成后,程序继续向下执行。在输入的数据之间,可以用一个空格或多个空格隔开,也可以用回车键隔开。回车键的另一个作用就是告诉 cin 已输入完一行数据,cin 从输入行中提取输入的数据,并依次将所提取的数据赋给 cin 中所列举的变量。当 cin 遇到回车键时,若仍有变量等待输入数据,则继续等待用户输入新的一行数据。

若输入

```
10 20 23.1 -13.5<CR>
```

其中<CR>表示输入回车键,则将 10 赋给变量 i,20 赋给变量 j,数值 23.1 赋给变量 f1,将-13.5 赋给变量 f2。也可以这样输入:

```
10<CR>
20<CR>
23.1<CR>
-13.5<CR>
```

其结果是一样的。

从键盘输入数据时,输入数据的个数、类型和顺序必须和 cin 中所列变量一一对应。系统不对输入数据的正确性进行检查。

**2. 输入八进制、十六进制整型数据**

在 C++ 中,整型数除了十进制,还有八进制和十六进制等表示方式。在输入整型数据时,除了十进制外,也可以指定 cin 输入整型数据的进制。方法就是在 cin 的提取操作符后指定数据进制的类型:hex 为十六进制,oct 为八进制,dec 为十进制。例如:

```
int i,j,k;
cin>>oct>>i;
cin>>dec>>j;
cin>>hex>>k;
```

此时若输入

11 11 11<CR>

则将八进制的 11 赋给 i,即 i 的值为 9；十进制的 11 赋给 j,即 j 的值为 11；十六进制的 11 赋给 k,即 k 的值为 17。

在输入十六进制时,数可以从 0x 开始,也可以省略前面的 0x；同样,输入八进制时,数可以从 0 开始,也可以省略前面的 0。

此外还需注意以下几点：

(1) 八进制和十六进制输入只适用于整型数据,不适用于实型数。

(2) 若程序未指定输入数的进制,则默认为十进制；一旦指定了进制,程序将一直使用该进制输入数据,直到 cin 被指定另一种进制为止。

(3) 输入数据应与指定的进制相符,例如在八进制中,输入数中不能出现 8 或 9 的数字,一旦出错,不仅当前输入出错,后续的提取数据也将不正确。

3. 输入字符数据

当要为字符变量输入数据时,输入的数据必须为字符型数据。cin 的格式和使用方法与输入十进制的数据方法相同。如：

```
char c1,c2,c3,c4;
cin>>c1>>c2>>c3>>c4;
```

当执行到语句 cin >>c1>>c2>>c3>>c4 时,cin 等待用户从键盘上输入数据,若输入：

A b c d<CR>

则 cin 分别将 A、b、c、d 赋给变量 c1、c2、c3 和 c4。

若输入：

Abcd<CR>

则 cin 也分别将字符 A、b、c、d 赋给字符变量 c1、c2、c3 和 c4。换言之,cin 将空格看作分隔符,不能将空格赋给字符型变量。同样地,回车键也是作为输入字符间的分隔符,不能直接赋给字符型变量。

若想把键盘上输入的每一个字符,包括空格和回车键都作为一个输入字符赋给字符变量,则必须使用函数 cin.get()。其格式为：

**cin.get(字符型变量);**

cin.get()从输入行中提取一个字符,并将它赋给字符型变量。例如：

```
char c1,c2,c3;
cin.get(c1);
cin.get(c2);
cin.get(c3);
```

若输入：

A B<CR>

则将字符 A 赋给变量 c1,将字符空格赋给变量 c2,将字符 B 赋给变量 c3。

## 2.9.2 cout

在 C++ 中，与 cin 输入流对应的是 cout 输出流。cout 输出流的格式如下：

**cout<<表达式 1<<表达式 2<<...<<表达式 n;**

其中，"<<"称为插入运算符，它把紧跟其后的表达式的值输出到显示器的当前光标位置。和 cin 类似，一个 cout 语句可以输出一个表达式的值，也可以输出多个表达式的值。

**注意**：插入运算符"<<"的优先级与左移运算符"<<"相同，因此插入运算符后面可以紧跟表达式，但有个前提就是该表达式中的运算符优先级应大于插入运算符，否则应用()将表达式括起。例如语句：

```
cout<<i>0?i:-i<<'\n';
```

编译时出错，这是因为"<<"的优先级高于"?:"运算符。因此该语句应改成：

```
cout<<(i>0?i:-i)<<'\n';
```

### 1. 输出十进制整型、实型数据

采用 cout 语句输出整型和实型数据时，默认采用十进制输出。例如：

```
int i=10,j=-2,k=100;
float x=3.12,y=5.33;
cout<<i<<j;
cout<<k<<i+j;
cout<<x<<y;
```

则输出结果为：

```
10-210083.125.33
```

当有多个数据要输出时，在默认条件下，是按每一个数据的实际长度输出的，即在每一个输出的数据之间没有分隔符。这样，就很难区分输出数据的值。

为了解决这个问题，可在每个输出数据之间加上一个分隔符。分隔符可以是空格、制表符或换行符等。如把上面的程序改为：

```
cout<<"i="<<i<<'\t'<<"j="<<j<<'\n';
cout<<"k="<<k<<'\t'<<"i+j="<<i+j<<endl;
cout<<x<<'\t'<<y<<endl;
```

则输出结果为：

```
i=10    j=-2
k=100   i+j=8
3.12    5.33
```

在上面的程序中，每个 cout 后面以'\n'或 endl 结尾，'\n'前面章节已介绍，表示换行。endl 除和'\n'一样有换行作用外，还有清理内存的作用。

### 2. 输出十六进制、八进制数据

十六进制和八进制数据的输出和输入方法类似，只要在 cout 输出中用 hex 和 oct 指定数制即可。例如：

```
int i=10,j=20,k=30;
cout<<"i="<<hex<<i<<'\t'<<"j="<<j<<endl;
cout<<"k="<<oct<<k<<endl;
```

则输出结果为：

```
i=a     j=14
k=36
```

若想改回十进制输出，只要在 cout 输出中用 dec 指定数制即可。
此外还需注意以下几点：
（1）八进制和十六进制输出只适用于整型数据，不适用于实型数。
（2）若程序未指定输入数的进制，则默认的为十进制；一旦指定了进制，程序将一直使用该进制输入数据，直到 cout 被指定另一种数制为止。

### 3. 输出字符型数据

与输出整型、实型数据类似，用 cout 可以输出字符型数据。例如：

```
char s1='a',s2='b';
cout<<s1<<'\t'<<s2<<'\n';
```

则输出结果为：

```
a    b
```

cout 语句输出字符变量 s1 的值——可见字符 a；再输出横向制表符，然后输出字符变量 s2 的值——可见字符 b；最后输出一个换行符，表示其后的输出将从下一行开始。

### 4. 输出字符串

当将字符串用 cout 输出时，cout 将从字符串的第一个字符开始输出，直到字符串结束为止。因此执行语句：

```
cout<<"hello,world!";
```

显示器上将显示 hello,world!，即将双引号内的内容原样输出。
若执行语句：

```
cout<<"abcd\0ed";
```

显示器上将显示 abcd，这是因为'\0'是字符串结束符。
字符串常量的输出可以用来输出一些提示信息，以提高程序的可操作性。

### 5. 输出格式控制

C++ 中还为输出流定义了格式控制函数，可使程序按一定的格式输出。要使用这些函数，在程序的开始位置必须包含头文件 iomanip.h，即在程序的开头增加一个控制格式的头文件：#include <iomanip.h>。

本小节先介绍两个常用的输出流格式控制函数：setw()和 setprecision()。

1）setw()

cout 可使用 setw()指定输出宽度的方法来分隔欲输出的数据项。例如：

```
cout<<setw(6)<<i<<set(8)<<j<<'\n';
cout<<setw(6)<<k<<setw(8)<<i+j<<endl;
cout<<setw(14)<<x<<setw(14)<<y<<endl;
```

其中,setw(6)指明后面的输出项占用的字符宽度为 6 个字符,即括号中的值是指紧跟其后的输出项所占用的字符个数,并向右对齐。上述执行结果为：

```
10    -2
100    8
3.12  5.33
```

使用 setw()时要注意：

(1) 括号中必须是一个表达式(结果为正整数)指明紧跟其后的输出项的宽度。

(2) setw()仅对其后的一个输出项有效。

2) setprecision()

cout 可使用 setw()指定输出实数的有效位数。例如：

```
float pi=3.1415926;
cout<<pi<<'\n';
cout<<setprecision(3)<<pi<<'\n';
cout<<setprecision(5)<<pi<<'\n';
```

上述语句执行结果为

```
3.14159
3.14
3.1416
```

使用 setprecision()时要注意：

(1) 括号中必须是一个表达式(结果为正整数)指明实数的输出有效位数。

(2) setprecision()一直有效,直到被下一次 setprecision ()改变为止。

(3) 如程序没指定输出有效位数,其默认的有效位数为 6。

# 习　　题

**一、选择题**

1. a 是一个整型变量,则执行下列语句后 a 的值是_____。

    a=3*5,a*4,a+5;

    A. 65　　　　　B. 0　　　　　C. 15　　　　　D. 20

2. a 是一个整型变量,则执行下列输出语句后输出的内容是_____。

    Cout<<(a=3*5,a*4,a+5);

    A. 65　　　　　B. 60　　　　　C. 15　　　　　D. 20

3. 浮点型变量 f 当前存储的值是 17.8,经(int)f 类型强制后 f 存储的值是_____。

    A. 17　　　　　B. 18　　　　　C. 不变　　　　　D. 不可确定

4. 执行语句 cout<<'\141';的输出是_____。
   A. a          B. 97          C. 语句非法     D. 141
5. 关于字符串和字符的关系正确的是_____。
   A. "A"与'A'是相同的           B. 字符串是常量，字符是变量
   C. "A"与'A'是不相同的          D. "A"与'A'内容是相同的
6. sizeof("abcd\0fg")的值是_____。
   A. 1          B. 4          C. 6          D. 8
7. sizeof("1234\056")的值是_____。
   A. 1          B. 4          C. 6          D. 8
8. 有整型变量 x,y,其中 y!=0,下列_____与 x 等价。
   A. x/y*y                     B. x%y*y
   C. x/y*y+x%y                 D. 以上都不是
9. 设整型变量 x 的值是 0,则表达式 2<x<5 的值是_____。
   A. 不确定     B. 1          C. 0          D. 表达式非法
10. a≠b 且 c≤d 的 C++ 表达式描述为_____。
    A. a<>b,c<=d                B. a!=b&c=<d
    C. a=!b&&c<=d               D. a!=b&&c<=d

## 二、填空题

1. 设有 int x=1,y=1,z=1;则执行 ++x||++y&&++z 后,x=_____、y=_____、z=_____。

2. 执行以下语句后,屏幕会分成多少行输出_____。

```
int a=10,b=5;
cout<<"hello\nworld";
cout<<a<<b;
cout<<a+b;
```

3.

```
int a=5,b=6,c=1,x=2,y=3,z=4;
c=(a=c>x)&&(b=y>z);
```

问：执行上述程序后,b 的值是_____,c 的值是_____。

4. 0x37 表示_____进制数,它的二进制形式是_____,对应的十进制是_____,表示的字符是_____。

## 三、问答题

1. 下列变量名中,哪些是合法的?

   myname    my_name    my-name    my name    void    Int    3A    a-bcd
   n1    _xyz    _1234    __1234    x.12    n(3)    my&namemy.name    n.1

2. 下列常量中,哪些是合法的?
   78    063    c56    0x98    '\07'    "\"b"    """    "abc\n"

"\abs"  "中国南京"  "\"  .5  +0  -0  0.0  3L
3UL  3ul  -4UL  9.8e7.6  096  '\97'  e-2  3.2e

3. 将下列数学表达式写成C++表达式。

(1) (a+b)/(a-b)   (2) (a+b)/(c+d)

(3) a<b<c   (4) |x|

4. 对于变量 int a=3,b=4,x;，指出运行下列表达式后 a、b、x 的值：

(1) x=a++ + ++b   (2) x=++a + ++b

(3) x=a++ + b++   (4) x=a-- + b--

5. 写出下列输出语句的输出结果：

```
cout<<10<<hex<<10<<ocx<<10<<dec<<10<<endl;
cout<<"abcd\0ef"<<"1234\056"<<endl;
cout<<'A'+ 5<<char('A'+5)<<endl;
cout<<5<<2<<(5<<2)<<endl;
cout<<(5,2)<<5,2;
```

### 四、编程题

1. 编写程序计算梯形面积。公式为：S=(a+b)h/2,其中：a、b 分别为梯形上底和下底的宽，h 为梯形的高。

2. 编写程序将华氏温度转换为摄氏温度。公式为：c=(F-32)*5/9,其中：c 为摄氏温度,F 为华氏温度。输入一个华氏温度,转换为摄氏温度输出。

3. 编写程序,实现从键盘输入三个整数,求三个整数的中间值。

# 第 3 章 流程控制语句

## 3.1 本章导读

顺序结构、选择结构和循环结构是程序设计中最基本、最常用的结构。这三个结构的含义如下：

- 顺序结构：按程序中的语句先后次序依次执行各个语句。
- 选择结构：根据对条件的逻辑判断，决定程序中相关流程的执行路径。
- 循环结构：根据对某种条件的判断，重复执行某一语句或语句序列。

绝大部分复杂的算法都可化解成这三种基本结构的组合。本章将介绍选择结构和循环结构。

C++中，选择结构有 if 语句和 switch 语句两种，if 语句主要是由判断条件是否成立来决定是否执行某个语句。而 switch 语句主要是根据表达式与某个数值是否相同，以决定是否执行某个语句序列。switch 语句可以判断表达式的多种取值的可能，因此，switch 语句也被称为多分支语句或开关语句。

循环结构有 while 语句、do…while 语句和 for 语句三种。这三种循环语句可互相转换，但也存在一些区别。与循环控制相关的还有 break 和 continue 语句，这些语句被用作改变执行顺序。

从本章开始，除了学习 C++ 的语法外，还将学习如何设计算法。常见的设计方法有枚举法、递推与迭代法和递归法。递归法将在第 4 章的函数中作相关的介绍，本章主要介绍枚举法、递推与迭代法。

N-S 图是一种较理想的表示算法的工具，应学会如何采用 N-S 图表示算法，以及如何将 N-S 图翻译成 C++ 语言。

本章需要掌握的内容包括：

- if 语句、if-else 语句。
- switch 语句。
- while 语句、for 语句、do-while 语句。
- continue 语句、break 语句。
- 常见算法设计方法：枚举法、递推与迭代法。

## 3.2 选择结构语句

选择结构语句也称分支语句。它根据条件是否满足,选择执行某一语句。C++中的选择结构语句有 if 语句和 switch 语句两种。

### 3.2.1 if 语句

if 语句一般格式有单选条件语句和二选一条件语句两种。

**1. 单选条件语句**

单选条件语句的格式为:

```
if (条件表达式)
    语句1
```

if 后面的表达式一般是一个逻辑表达式或关系表达式,如果表达式的计算结果为逻辑真(非0),则执行语句1;反之,则不执行这个语句,如图 3.1 所示。

由于在 C++ 中表达式结果等于 0 代表逻辑假,用非 0 代表逻辑真,因此 if 语句中的条件表达式可以为任意表达式。须注意的是,表达式两边的括号必不可少。

if 语句中的语句1必须是单条 C++ 语句。若 if 表达式后需要用多条语句表示,则须用花括号{}把这些语句括起来构成复合语句。从 C++ 的语法上看,复合语句相当于一条C++语句。

【例 3.1】 编制一个程序,从键盘输入一个整数,并输出其绝对值。

分析:定义一个变量,并从键盘上输入值。如果该变量值小于 0,则对该变量乘上 −1 再将结果赋给变量,否则,不作处理,如图 3.2 所示。

图 3.1 单选条件语句 N-S 图

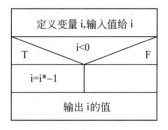

图 3.2 求绝对值 N-S 图

```
#include<iostream.h>
void main()
{   int i;
    cout<<"请输入一个整数:";
    cin>>i;
    if(i<0)
        i=-i;
    cout<<"|i|="<<i<< '\n';
}
```

若程序输入 5,则程序运行结果为:

请输入一个整数:5
|i|=5

若程序输入-5,则程序运行结果为:

请输入一个整数:-5
|i|=5

【例 3.2】 编写程序,实现从键盘上输入一个字符,若该字符为英文小写字母,则转换为大写字母。

分析:定义一个变量,并从键盘上输入字符。如果该字符的 ASCII 码值大于等于'a',且小于等于'z',则该字符为小写字母,将其转换为大写字母;否则,不作处理。N-S 图见图 3.3。

图 3.3　小写字母转大写字母 N-S 图

```
#include<iostream.h>
void main()
{   char c;
    cout<<"请输入一个字符:";
    cin>>c;
    if(c<='z'&&c>='a')
        c=c-'a'+'A';
    cout<<"转换后字符为"<<c<<'\n';
}
```

若程序输入小写字母'c',则程序运行结果为:

请输入一个字符:c
转换后字符为 C

若程序输入大写字母'C',则程序运行结果为:

请输入一个字符:C
转换后字符为 C

从运行结果可以看出,程序将小写字母转换成了大写字母,而未对大写字母作处理。

【例 3.3】 编写程序,实现从键盘上输入一个字符,若该字符为英文小写字母,则转换为大写字母;若该字符为英文大写字母,则转换为小写字母。

```
#include<iostream.h>
void main()
{   char c;
    cout<<"请输入一个字符:";
    cin>>c;
    if(c<='z'&&c>='a')
        c=c-'a'+'A';
    if(c<='Z'&&c>='A')
        c=c-'A'+'a';
    cout<<"转换后字符为"<<c<<'\n';
}
```

若程序输入大写字母'C',则程序运行结果为:

请输入一个字符:C
转换后字符为 c

若程序输入小写字母'c',则程序运行结果为:

请输入一个字符:c
转换后字符为 c

从运行结果可以看出,当输入大写字母时,程序可将字符转换成小写字母并输出,符合程序要求;但输入小写字母时,程序输出的还是小写字母,不符合程序要求。

分析程序。当输入大写字母时,在执行 if(c<='z'&&c>='a') c=c-'a'+'A';语句时,if 语句的条件表达式不成立,不作处理;再执行 if(c<='Z'&&c>='A') c=c-'A'+'a';语句时,if 语句的条件表达式成立,大写字母被转换为小写字母。

当输入小写字母时,在执行 if(c<='z'&&c>='a') c=c-'a'+'A';语句时,if 语句的条件表达式成立,字符被转换为大写字母。再执行 if(c<='Z'&&c>='A') c=c-'A'+'a';语句时,此时字符为大写字母,if 语句的条件表达式成立,大写字母又被转换为小写字母,故程序与题意相悖。

正确的程序见例 3.8,该例中用到了条件语句嵌套的概念。

**2. 二选一条件语句**

二选一条件语句的格式为:

```
if (条件表达式)
    语句 1
else
    语句 2
```

这种 if 语句格式的含义是:如果 if 后面的条件表达式求值结果为非 0,则执行语句 1,否则执行语句 2,如图 3.4 所示。

【例 3.4】 判断某年是否为闰年。

由常识可知,判断某年为闰年的条件是此年份:能被 4 整除但不能被 100 整除;或者能被 400 整除,如图 3.5 所示。

图 3.4 二选一条件语句 N-S 图

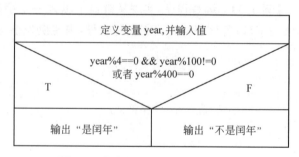

图 3.5 判断年份是否为闰年 N-S 图

```
#include <iostream.h>
void main()
{   int year;
```

```
cout<<"请输入一年份\n";
cin>>year;
if (year%4==0 && year%100!=0 || year%400==0)
    cout<<year<<"年是闰年\n";
else
    cout<<year<<"年不是闰年\n";
}
```

程序中的 if 语句条件表达式是一个复合表达式。由逻辑运算符"&&"和"||"组成。因为"&&"的优先级比"||"高，所以先计算 year％4＝＝0 && year％100!＝0，然后再与 year％400＝＝0 组合起来。

如果输入 2008，则运行结果为：

请输入一年份
2008
2008 年是闰年

如果输入 2009，则运行结果为：

请输入一年份
2009
2009 年不是闰年

**【例 3.5】** 求三个数中最小数。

分析：欲求三个数中的最小值，可先求前两个数的较小值，并赋给一个临时变量 min，再将 min 和第三数进行比较，如图 3.6 所示。

```
#include <iostream.h>
void main()
{   int n1,n2,n3,min;
    cout<<"请输入三个整数\n";
    cin>>n1>>n2>>n3;
    if (n1<n2)
        min=n1;
    else
        min=n2;
    if (n3<min)
        min=n3;
    cout<<"三数的最小值是:"<<min<<'\n';
}
```

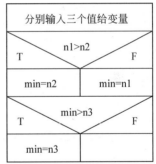

图 3.6　三个变量求最小值的 N-S 图

**3. 嵌套的 if 条件语句**

在前面介绍的两种格式的条件语句中，语句 1 和语句 2 可以是任意合法的 C++ 语句，当然也可以包含条件语句。当语句序列中包含有条件语句时，称之为嵌套的条件语句，如图 3.7 所示。

一般格式为：

```
if (条件表达式 1)
    if (条件表达式 2)
        语句 1
```

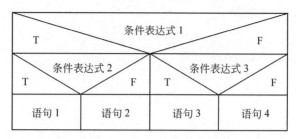

图 3.7  if 语句嵌套 N-S 图

```
        else
                语句 2
else if (条件表达式 3)
                语句 3
        else
                语句 4
```

【例 3.6】 使用嵌套 if 语句求三个数中最小的数。

分析：N-S 图如图 3.8 所示。

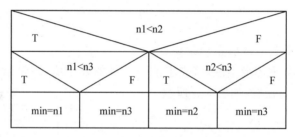

图 3.8  if 语句嵌套求最小值 N-S 图

```
#include <iostream.h>
void main()
{   int n1,n2,n3,min;
    cout<<"请输入三个整数\n";
    cin>>n1>>n2>>n3;
    if (n1<n2)
        if (n1<n3)
            min=n1;
        else
            min=n3;
    else
        if (n2<n3)
            min=n2;
        else
            min=n3;
    cout<<"三数的最小值是:"<<min<<'\n';
}
```

从该程序可以看出，同一个问题可以用不同的程序来实现。例 3.5 比例 3.6 更简练些。注意 if 和 else 的配对，一般从嵌套 if 语句的最内层开始，将每个 else 和同一嵌套层次中的 if 配对。

在程序中,可用{ }来改变 if 和 else 的配对关系,书写时用缩排的格式,可以更清楚地表示 if 和 else 的配对关系。

**【例 3.7】** 求一元二次方程 $ax^2+bx+c=0$ 的解。公式为 $x=\dfrac{-b\pm\sqrt{b^2-4ac}}{2a}$。

分析:一元二次方程的求解方法不再赘述,需要说明的是,为保证程序的完善,在求解一元二次方程前,应先检查方程系数的值,判断该方程是否为一元二次方程。程序流程如图 3.9 所示。

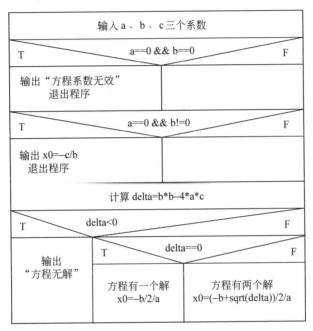

图 3.9 一元二次方程求解 N-S 图

```
#include <math.h>
#include <iostream.h>
void main()
{   double a,b,c,delta,x1,x2;
    cout<<"请输入方程的三个系数 a,b,c\n";
    cin>>a>>b>>c;
    if (a==0&&b==0)
        cout<<"方程无解!\n";
    else
        if (a==0&&b!=0)   //方程为 bx+c=0
            cout<<"方程为一元一次方程,方程解为"<<-c/b<<'\n';
        else
        {   delta=b*b-4*a*c;
            if (delta<0)
                cout<<"该一元二次方程无解\n";
            else
                if (delta==0)
                    cout<<"该一元二次方程有一个解,方程解为"<<-b/(2.0*a);
```

```
        else
    {    cout<<"该一元二次方程有两个解,分别为";
         cout<<(-b+sqrt(delta))/(2.0*a);       //A
         cout<<"和"<<(-b-sqrt(delta))/(2.0*a)<<'\n';
    }
  }
}
```

C++语言不提供开根号运算符,程序 A 行语句中的 sqrt 是 C++ 提供的数学库函数,有实现开方的功能。使用 sqrt 函数,需要在程序的开头加上 #include <math.h> 。

【例 3.8】 编写程序,实现从键盘上输入一字符,若该字符为英文小写字母,则转换为大写字母;若该字符为英文大写字母,则转换为小写字母。

分析:程序流程如图 3.10 所示。

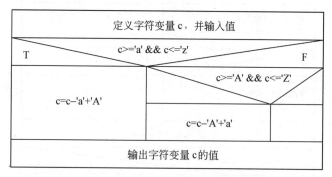

图 3.10 大小写字母相互间转换 N-S 图

```
#include<iostream.h>
void main()
{    char c;
    cout<<"请输入一个字符:";
    cin>>c;
    if(c<='z'&&c>='a')
        c=c-'a'+'A';
    else
        if(c<='Z'&&c>='A')
            c=c-'A'+'a';
    cout<<"转换后字符为"<<c<<'\n';
}
```

若程序输入大写字母'C',则程序运行结果为:

请输入一个字符:C
转换后字符为 c

若程序输入小写字母'c',则程序运行结果为:

请输入一个字符:c
转换后字符为 C

## 3.2.2 switch 语句

switch 语句也称开关语句、多重选择语句。一般用于"根据一个量的多种不同取值实现程序执行流程的多个分支"的情况。用 switch 语句可以避免 if-else 多层嵌套,提高程序的可阅读性。

switch 语句的格式为:

```
switch (表达式)
    {
        case 常量表达式 1：语句序列 1;
                        break;
        case 常量表达式 2：语句序列 2;
                        break;
                ⋮
        case 常量表达式 n：语句序列 n;
                        break;
        default:         语句序列 n+1;
    }
```

switch 语句的 N-S 图如图 3.11 所示。其中,表达式可以是任意一个合法的 C++ 表达式,但其值只能是字符型或者整型;语句序列是可选的,它可以由一条语句或一个复合语句组成;break 语句也是可选的。

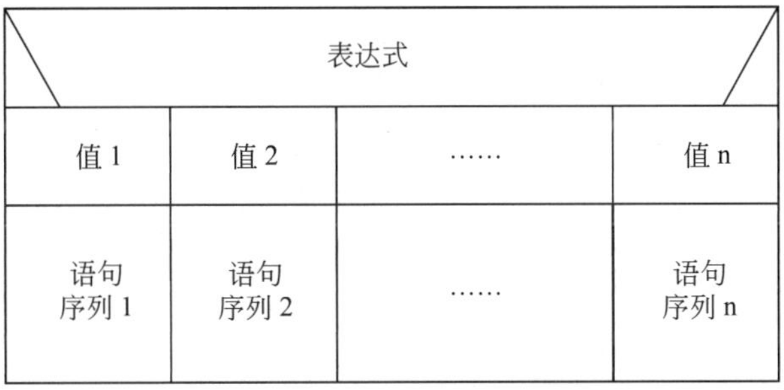

| 表达式 | | | |
|---|---|---|---|
| 值 1 | 值 2 | …… | 值 n |
| 语句<br>序列 1 | 语句<br>序列 2 | …… | 语句<br>序列 n |

图 3.11 开关语句 N-S 图

switch 语句的执行过程是:先求出表达式的值,再依次与 case 后面的常量表达式值相比较,若与某一常量表达式的值相等,则转去执行该 case 语句后边的语句序列,直到遇到 break 语句或右花括号为止。

当表达式的值与 case 语句后的任一常量表达式的值都不相等时,如果其中有 default 语句,则执行 default 语句后的语句序列;如果没有 default 语句,则什么也不执行。default 语句可以放在开关语句中的任意位置,但一般放在最后,作为开关语句的最后一个分支。

【例 3.9】 已知 2008 年 1 月 1 日是星期二,编写程序,实现输入任意一日期,输出 2008 年 1 月的该日是星期几。

分析:每星期以七天为一个周期,因此先计算该日期距离 1 月 1 日多少天,再加上 2(1 月 1 日是星期二),然后对 7 取模。若余数为 0,则该日是星期天,若余数为 1,则该日为星期一,以此类推。其 N-S 图如图 3.12 所示。

| 定义变量 data，并输入日期的值 |||||||
|---|---|---|---|---|---|---|
| 计算该日期距离 1 月 1 日多少天，加上代表 1 月 1 日星期二的 2，再对 7 取模后，赋给变量 weekday： weekday=(data−1+2)%7 |||||||
| weekday |||||||
| 0 | 1 | 2 | 3 | 4 | 5 | 6 |
| 输出星期日 | 输出星期一 | 输出星期二 | 输出星期三 | 输出星期四 | 输出星期五 | 输出星期六 |

图 3.12　用开关语句求星期几的 N-S 图

```
#include<iostream.h>
void main()
{   int date;
    int weekdate;
    cout<<"请输入2008年1月的某一天日期：";
    cin>>date;
    weekdate=(date-1+2)%7;
    cout<<"2008年1月"<<date<<"日是";
    switch(weekdate)
    {   case 0: cout<<"星期日\n";break;
        case 1: cout<<"星期一\n";break;
        case 2: cout<<"星期二\n";break;
        case 3: cout<<"星期三\n";break;
        case 4: cout<<"星期四\n";break;
        case 5: cout<<"星期五\n";break;
        case 6: cout<<"星期六\n";break;
    }
}
```

若输入 20，则程序运行结果为：

请输入 2008 年 1 月的某一天日期：20
2008 年 1 月 20 日是星期日

若 case 语句后没有 break，则执行完 case 语句后的语句序列后，继续向下执行其他的 case 分支后的语句序列，直到遇到 break 语句或右花括号为止。

上例中，可尝试将程序中的 break 去掉，再看看是什么执行结果。

当然，如果希望连续执行多个 case 标号后面的语句表，可以有意省略 break 语句。在某些场合，可特意省掉 break 以优化程序。

【例 3.10】 已知 2008 年 1 月 1 日是星期二，编写程序，实现输入任意的月份和日期，输出 2008 年该日是星期几。

分析：与上例类似，先计算该日期距离 1 月 1 日多少天，再求该日为星期几。求两天之间的间隔，应先计算相隔月的天数，再加相隔日期的天数。如求 3 月 20 日与 1 月 1 日的间隔，先求相隔月的天数，一月份的天数 31 天加上二月份的天数 29 天，共计 60 天，再加上日期的间隔，20−1，共 19 天，因此 3 月 20 日与 1 月 1 日的间隔为 79 天。

```
#include<iostream.h>
```

```
void main()
{   int month,date;
    int weekdate;
    int days=0;
    cout<<"请输入月份和日期\n";
    cin>>month>>date;
    switch(month)
    {   case 1: days=date; break;
        case 2: days=31+date; break;
        case 3: days=31+29+date; break;
        case 4: days=31+29+31+date; break;
        case 5: days=31+29+31+30+date; break;
        case 6: days=31+29+31+30+31+date; break;
        case 7: days=31+29+31+30+31+30+date; break;
        case 8: days=31+29+31+30+31+30+31+date; break;
        case 9: days=31+29+31+30+31+30+31+31+date; break;
        case 10: days=31+29+31+30+31+30+31+31+30+date; break;
        case 11: days=31+29+31+30+31+30+31+31+30+31+date; break;
        case 12: days=31+29+31+30+31+30+31+31+30+31+30+date; break;
    }
    switch((days-1+2)%7)    //-1是因为计算的是离1月1日的天数
                            //+2是因为1月1日是星期二
    {   case 0: cout<<month<<"月"<<date<<"日"<<"是星期天\n";    break;
        case 1: cout<<month<<"月"<<date<<"日"<<"是星期一\n";    break;
        case 2: cout<<month<<"月"<<date<<"日"<<"是星期二\n";    break;
        case 3: cout<<month<<"月"<<date<<"日"<<"是星期三\n";    break;
        case 4: cout<<month<<"月"<<date<<"日"<<"是星期四\n";    break;
        case 5: cout<<month<<"月"<<date<<"日"<<"是星期五\n";    break;
        case 6: cout<<month<<"月"<<date<<"日"<<"是星期六\n";    break;
    }
}
```

可以看出,本程序较为烦琐。仔细阅读程序,可发现 case 12 的分支比 case 11 分支多加了 11 月份的天数 30 天,而 case 11 分支比 case 10 分支多加了 10 月份的天数 31 天,以此类推。因此该程序也可写成:

```
#include<iostream.h>
void main()
{   int month,date;
    int weekdate;
    int days=0;
    cout<<"请输入月份和日期\n";
    cin>>month>>date;
    switch(month)
    {   case 12: days+=30;        //加上 11 月份的天数
        case 11: days+=31;        //加上 10 月份的天数
        case 10: days+=30;        //加上 9 月份的天数
        case 9:  days+=31;        //加上 8 月份的天数
        case 8:  days+=31;        //加上 7 月份的天数
        case 7:  days+=30;        //加上 6 月份的天数
        case 6:  days+=31;        //加上 5 月份的天数
```

```
        case 5:     days+=30;            //加上 4 月份的天数
        case 4:     days+=31;            //加上 3 月份的天数
        case 3:     days+=29;            //加上 2 月份的天数
        case 2:     days+=31;            //加上 1 月份的天数
        case 1:     days+=date;          //加上日期数
    }
    switch((days-1+2)%7)                 //-1是因为计算的是离 1 月 1 日的天数
                                         //+2是因为 1 月 1 日是星期二
    {   case 0: cout<<month<<"月"<<date<<"日"<<"是星期天\n";    break;
        case 1: cout<<month<<"月"<<date<<"日"<<"是星期一\n";    break;
        case 2: cout<<month<<"月"<<date<<"日"<<"是星期二\n";    break;
        case 3: cout<<month<<"月"<<date<<"日"<<"是星期三\n";    break;
        case 4: cout<<month<<"月"<<date<<"日"<<"是星期四\n";    break;
        case 5: cout<<month<<"月"<<date<<"日"<<"是星期五\n";    break;
        case 6: cout<<month<<"月"<<date<<"日"<<"是星期六\n";    break;
    }
}
```

### 3.2.3 if 与 switch 之间的转换

根据开关语句的定义可知,开关语句是判断 switch 后的表达式与 case 后的常量表达式是否相等来决定从某个分支进入。开关语句可以很方便地用条件语句来实现。但不是所有的条件语句都可以直接转换为开关语句的。

【例 3.11】 将百分制转换成五分制。

分析:当百分制分数大于等于 90 小于等于 100,则转换成五分制'A';当百分制分数大于等于 80 小于 90,则转换成五分制'B';当百分制分数大于等于 70 小于 80,则转换成五分制'C';当百分制分数大于等于 60 小于 70,则转换成五分制'D',其余的为'E'。

显然,此类问题可采用条件语句描述,如图 3.13 所示。

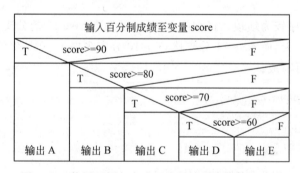

图 3.13 使用 if 语句实现百分制转五分制的 N-S 图

```
#include <iostream.h>
void main()
{   int score;
    cout<<"请按百分制输入分数:";
    cin>>score;
    cout<<"五分制分数为:";
    if(score>=90)
        cout<<'A';
```

```
        else if(score>=80)
            cout<<'B';
        else if(score>=70)
            cout<<'C';
        else if(score>=60)
            cout<<'D';
        else
            cout<<'E';
    cout<<"\n";
}
```

通过分析,百分制转五分制的分段点是 10 的倍数。因此将百分制的分数整除以 10,可获得若干整数值。这样便可用开关语句实现,其 N-S 图如图 3.14 所示。

| 输入百分制成绩至变量 score |||||
|---|---|---|---|---|
| score/10 |||||
| 10 | 9 | 8 | 7 | 6 | default |
| 输出 A | 输出 B | 输出 C | 输出 D | 输出 E |

图 3.14　使用 switch 语句实现百分制转五分制的 N-S 图

```
#include <iostream.h>
void main()
{   int score;
    cout<<"请按百分制输入分数：";
    cin>>score;
    cout<<"五分制分数为：";
    switch(score/10)
    {   case 10:
        case 9: cout<<'A';break;
        case 8: cout<<'B';break;
        case 7: cout<<'C';break;
        case 6: cout<<'D';break;
        default: cout<<'E';
    }
    cout<<"\n";
}
```

开关语句可以避免 if-else 多层嵌套,提高程序的可阅读性。但只有在特殊条件下,条件语句才可转换为开关语句。

## 3.3　循 环 结 构

循环是一种重复执行的过程。循环结构是顺序结构和选择结构的综合运用,要求计算机在某个条件满足时反复执行一条语句(或多条语句构成的复合语句),直到条件不满足为止。循环结构的实现有三种形式：while 循环、do-while 循环和 for 循环。在这三种结构的控制条件中,任何非 0 值均为逻辑真,0 为逻辑假。

### 3.3.1 while 循环

while 循环,也称为前置条件循环,或称为当循环,即先判断条件,当条件满足时再进行循环。

while 语句格式为:

**while (条件表达式) 循环体语句**

当 while 语句中的条件表达式成立(即表达式的结果为逻辑真)时,则运行循环语句,循环语句运行完毕后,将继续判断条件表达式是否依然成立,若成立,继续执行循环语句,直至条件表达式不成立。当 while 语句中的条件表达式不再成立(即表达式的结果为逻辑假)时,程序将执行循环语句后面的语句,如图 3.15 所示。

while 语句中的条件表达式是否成立(即表达式的结果是否为逻辑真)决定着是否执行循环语句,是循环的控制条件,因此该表达式通常是条件表达式或逻辑表达式。但在 C++ 中规定,只要表达式结果非 0,就表示逻辑真,表达式结果为 0,表示逻辑假。因此条件表达式可以是任意合法的表达式。

循环语句是循环执行的循环体,可以是任意一条 C++ 语句。若循环体由多条 C++ 语句组成,则应采用花括号{}将多条 C++ 语句构成 1 条复合语句。

【例 3.12】 计算自然数 1~100 的和,即 1+2+3+…+100 的值。

分析:N-S 图如图 3.16 所示。

图 3.15 while 循环 N-S 图　　　图 3.16 计算自然数 1~100 的和的 N-S 图

```
#include <iostream.h>
void main()
{   int i,sum;
    i=1;
    sum=0;
    while (i<=100)
    {   sum+=i;
        ++i;
    }
    cout<<"1 到 100 之和是:";
    cout <<sum<<endl;
}
```

运行结果:

1到100之和是：5050

## 3.3.2 do-while 循环

do-while 循环和 while 循环相似，只不过循环的控制条件放在了循环体的后面，称为后置循环。

do-while 与 while 语句稍有不同，循环的执行过程是先执行循环体语句，后判断循环条件表达式的值。表达式的值为真，继续执行循环；表达式的值为假，则结束循环，因此 do-while 循环被称为后置循环。

do-while 语句的格式为：

```
do
    循环体语句
while (表达式)
```

do-while 循环保证了循环体语句至少被执行一次。循环体每次执行后判断控制条件，如果表达式值为逻辑真(非0)，则再次执行循环体并再次判断控制条件，直到表达式的值为假为止，其 N-S 图如图 3.17 所示。

【例 3.13】 计算自然数 1～100 的和(用 do-while 循环)。

分析：N-S 图如图 3.18 所示。

图 3.17  do-while 循环的 N-S 图　　图 3.18  do-while 循环实现 1 至 100 连加的 N-S 图

```
#include <iostream.h>
void main()
{   int i,sum;
    i=1;
    sum=0;
    do
    {   sum+=i;        // sum=sum+i;
        ++i;           // i=i+1;
    }while(i<=100);
    cout<<"1到100之和是："<<sum<<endl;
    return;
}
```

【例 3.14】 用迭代法求 $x=\sqrt{a}$ 的近似值。迭代公式为 $x_{n+1}=\dfrac{x_n+a/x_n}{2}$。

分析：定义变量 $x$，令其初始值为 $a$。然后执行循环体，每次循环执行将 $(x+a/x)/2$ 的

值赋给 $x$，直到精度满足要求，即 $x*x-a$ 的绝对值小于规定的值，如图 3.19 所示。

```
#include <iostream.h>
#include <math.h>
void main()
{   float a,x;
    cout<<"输入 a 的值：";
    cin>>a;
    x=a;
    do
    {
       x=(x+a/x)/2;
    }while(fabs(x*x-a)>0.000001);
    cout<<a<<"的开方值为"<<x<<'\n';
}
```

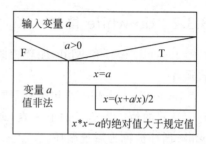

图 3.19　求解 $x=\sqrt{a}$ 的 N-S 图

while 和 do-while 循环的功能相同，但由于判断条件（循环控制语句）所在的位置不同，do-while 循环至少执行循环体一次，而 while 循环可能一次也不执行循环体，所以编程时应该根据不同题意来选择使用何种循环形式。

### 3.3.3　for 循环

for 循环语句的格式为：

**for** （表达式 1;表达式 2;表达式 3）
　　循环体语句

其中表达式 1 称为循环初值表达式，表达式 2 称为控制表达式（循环终值表达式），表达式 3 称为增量表达式，循环语句为任意合法的 C++ 语句或复合语句。

for 语句的执行过程如下：

① 计算表达式 1 的值。

② 计算表达式 2 的值，如值为非 0（逻辑真），执行循环体，并转③；否则，循环体一次也不执行，转去执行循环体后面的语句。

③ 计算表达式 3 的值（一般该表达式用来修改控制变量的值），然后转向第②步执行。每循环一次后，由第②步开始进行下一次循环。

for 语句 N-S 图如图 3.20 所示，可以看出 for 语句的 N-S 图与 while 语句的 N-S 图十分相似。事实上 for 语句和 while 语句可相互转换。

图 3.20　for 循环语句 N-S 图

【例 3.15】　用 for 循环计算自然数 1 到 100 的和。

分析：N-S 图可参见图 3.16。

```
#include <iostream.h>
void main()
{   int i,sum;
    sum=0;
    for(i=1;i<=100;i++)
```

```
        sum+=i;
    cout<<"1 到 100 之和是：";
    cout <<sum<<endl;
}
```

程序中 i 是循环控制变量，表达式 1 用于对 i 赋初值，表达式 2 用于判断 i 的值是否满足循环的条件，表达式 3 用于改变 i 的值。因此 for 循环的使用最为灵活，特别适合循环次数已知的情况。这种循环也可以称之为计数型循环，它是由计数变量 i 来控制循环次数的。

由于 C++ 中允许在任意需要时定义变量，所以可以在 for 循环的表达式 1 中进行变量定义。for 语句中的表达式 1 可以利用逗号运算符将多个表达式联在一起，同时对多个变量进行赋值，表达式 3 也可以用逗号表达式将多个表达式联在一起，并改变多个变量的值，因此该例的程序也可写成：

```
#include <iostream.h>
void main()
{   int sum=0;
    for(int i=1;i<=100;sum+=i,i++);
    cout<<"1 到 100 之和是：";
    cout <<sum<<endl;
}
```

此时，for 语句的循环语句为空，所需要的操作都分别在 for 语句的表达式 1、表达式 2 和表达式 3 内实现。

for 语句中的 3 个表达式都是可以省略的。

1) for 语句一般形式中的"表达式 1"可以省略，此时应在 for 语句之前给循环变量赋初值；虽然表达式 1 可以省略，但其后的分号不能省略。因此语句

```
for(i=1;i<=100;i++) sum+=i;
```

可改写成

```
i=1; for(;i<=100;i++) sum+=i;
```

2) 如果表达式 2 省略，即不判断循环条件，循环将无终止地进行。也就是认为表达式 2 的值始终为真，相当于 for(表达式 1;1;表达式 3)语句。为避免死循环的出现，此时一般要求循环体内包含 break 语句，用以退出循环。因此语句

```
for(i=1;i<=100;i++)   sum+=i;
```

可改写成

```
for(i=1;;i++)
{   if(i>100)
       break;
    sum+=i;
}
```

3) 表达式 3 也可以省略，但此时应保证程序的循环能正常结束，同时表达式 2 后面的分号不能省略。因此语句

```
for(i=1;i<=100;i++)   sum+=i;
```

可改写成

```
for(i=1;i<=100;)
{   sum+=i;
    i++;
}
```

4) 当三个表达式都省略,如 for(;;)语句,相当于 while(1)语句。因此语句

```
for(i=1;i<=100;i++)   sum+=i;
```

可改写成

```
i=1;
for(;;)
{   if(i>100) break;
    sum+=i;
    i++;
}
```

### 3.3.4  三种循环的等价性和区别

C++ 提供了三种形式的循环(while、do-while 和 for),一般情况下,三种循环都可以和其他语句配合构造出需要的循环。在循环次数确定的情况下,三种循环形式可以互换使用,但 for 语句用得更多一些。

三种循环形式的区别可以从以下 3 个方面来看。

- 循环变量和初值:while 和 do-while 语句一般在进入循环前赋值,for 语句一般由 for 语句本身的表达式 1 赋值。
- 循环控制变量的变化:while 和 do-while 语句在循环体中变化,for 语句一般由本身的表达式 3 变化。
- 循环条件的检测:while 和 for 语句在循环体前检测,这样有可能循环体一次也不执行,而 do-while 循环在循环体后检测,这样循环体至少要被执行一次。

### 3.3.5  循环的嵌套

在一个循环体内又完整地包含了另一个循环,称为循环的嵌套,在 C++ 中,对循环的嵌套没有层次限制。下面看几个例子。

**【例 3.16】** 打印九九乘法表。

分析:需要用一个 for 循环的二重嵌套来输出乘法口诀,for 循环嵌套中的第一个 for 循环(外循环)控制要输出的行数,九九乘法表一共有 9 行,故外循环的控制变量 i,从 1~9 变化,每次加一。第二个 for 循环(内循环)控制输出第 i 行的内容。第 i 行一共需输出 i 项乘积,故内循环控制变量 j 从 1 到 i 变化。其 N-S 图如图 3.21 所示。

```
#include <iostream.h>
void main()
```

```
{   for (int i=1;i<=9;i++)
    {   for (int j=1;j<=i;j++)
            cout<<j<<" * "<<i<<'='<<i*j<<'\t';
        cout<<'\n';
    }
}
```

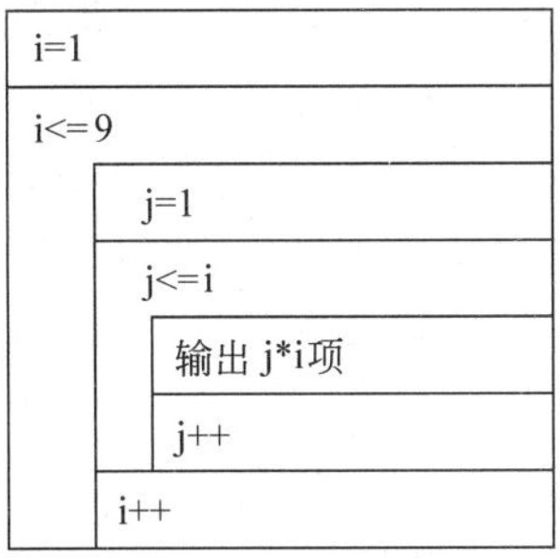

程序输出结果如下：

```
1 * 1=1
1 * 2=2   2 * 2=4
1 * 3=3   2 * 3=6    3 * 3=9
1 * 4=4   2 * 4=8    3 * 4=12   4 * 4=16
1 * 5=5   2 * 5=10   3 * 5=15   4 * 5=20   5 * 5=25
1 * 6=6   2 * 6=12   3 * 6=18   4 * 6=24   5 * 6=30   6 * 6=36
1 * 7=7   2 * 7=14   3 * 7=21   4 * 7=28   5 * 7=35   6 * 7=42   7 * 7=49
1 * 8=8   2 * 8=16   3 * 8=24   4 * 8=32   5 * 8=40   6 * 8=48   7 * 8=56   8 * 8=64
1 * 9=9   2 * 9=18   3 * 9=27   4 * 9=36   5 * 9=45   6 * 9=54   7 * 9=63   8 * 9=72   9 * 9=81
```

图 3.21  输出九九乘法表 N-S 图

**【例 3.17】** 百钱百鸡问题，即用 100 元买 100 只鸡，其中公鸡每只 5 元，母鸡每只 3 元，小鸡 1 元三只，请算出有多少种买法。

分析：依据条件可列出两个方程：

$$x+y+z=100$$
$$5x+3y+z/3=100$$

此外，每种鸡的数量在[0,100]区间之间，可在此区间内搜索，将符合上面两个方程的鸡的数量列出来，故程序如下：

```
#include <iostream.h>
#include <iomanip.h>
void main()
{   int cock,hen,chick;
    cout<<"  cock   hen   chick\n";
    for(cock=0;cock<=100;cock++)
        for(hen=0;hen<=100;hen++)
            for(chick=0;chick<=100;chick++)
            {   if ((cock+hen+chick==100)&&
                    (5*cock+3*hen+chick/3.0==100.0))
                    cout<<setw(6)<<cock<<setw(6)<<hen<<setw(6)<<chick<<'\n';
            }
}
```

程序运行结果：

```
cock   hen   chick
  0    25    75
  4    18    78
  8    11    81
 12     4    84
```

程序中用的这种方法是将所有可能的情况都列了出来，称为"穷举法"或"枚举法"，是一种用其他方法无法解决时的方法。上述程序共有三重循环嵌套,其循环次数为 101 * 101 * 101≈100 万次,显然计算量过大了。

其实仔细分析可知,100 元不可能买 100 只公鸡,因为全部用来买公鸡最多也只能买 20 只,何况还要买母鸡和小鸡,那么最多只能买 19 只公鸡。同样,100 元最多只能买 33 只母鸡(其实比这还要少)。这样可以把程序修改为:

```cpp
#include <iostream.h>
#include <iomanip.h>
void main()
{   int cock,hen,chick;
    cout<<"  cock   hen  chick\n";
    for (cock=0;cock<=19;cock++)
        for (hen=0;hen<33;hen++)
        {   chick=(100-5*cock-3*hen)*3;
            if (cock+hen+chick==100)
                cout<<setw(6)<<cock<<setw(6)<<hen<<setw(6)<<chick<<'\n';
        }
}
```

修改后的程序运行结果与前面一样,但只有两重循环,循环次数为 20 * 34 = 680 次,不到 100 万次的万分之七,可见运行效率大大提高。故有时对问题加以分析,可使程序简便有效。

【例 3.18】 打印 2008 年月历表。

分析:打印某一年的月历表,需要一个循环控制一月份到十二月份的输出。而在输出某个月时,首先要判断当月有多少天,并判断该月 1 日是星期几,以决定输出时空多少个位置,如星期一空 1 个位置,星期六空 6 个位置,而星期日空 0 个位置。最后再依次输出日期,每输出 7 个位置,则换行输出。N-S 图如图 3.22 所示。

```cpp
#include <iostream.h>
#include <iomanip.h>
void main()
{   int month;
    int data;           //当月有多少天
    int week;           //当月 1 日星期几
    week=2;             //一月 1 日星期二
    for(month=1;month<12;month++)
    {   //计算当月有多少天
        switch(month)
        {
        case 1: case 3: case 5:
        case 7: case 8:case 10:case 12:
            data=31;break;
        case 4:case 6: case 9:case 11:
            data=30;break;
        case 2: data=29;break;
        }
        cout<<"\n\n            "<<month<<"月\n";
```

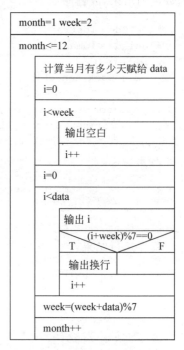

图 3.22 输出月历表 N-S 图

```
            cout<<" 日  一  二  三  四  五  六\n";
            int i;
            for(i=0;i<week;i++)
                cout<<setw(4)<<' ';           //输出1号日期前的空白
            for(i=1;i<=data;i++)              //输出当月的日期
            {
                cout<<setw(4)<<i;
                if((i+week)%7==0)             //每输出7个位置输出换行
                    cout<<'\n';
            }
            week=(week+data)%7;               //计算下个月1号是星期几
        }
        cout<<'\n';
    }
```

程序运行结果(因篇幅原因,只输出前两个月的):

```
               1月
    日   一   二   三   四   五   六
                 1    2    3    4    5
     6    7    8    9   10   11   12
    13   14   15   16   17   18   19
    20   21   22   23   24   25   26
    27   28   29   30   31

               2月
    日   一   二   三   四   五   六
                                1    2
     3    4    5    6    7    8    9
    10   11   12   13   14   15   16
    17   18   19   20   21   22   23
    24   25   26   27   28   29
```

## 3.4 控制执行顺序的语句

### 3.4.1 break 语句

break 语句在 switch 语句中已被介绍过。break 语句被用在开关语句和循环语句中。在 switch 语句中,break 语句终止当前所在的 case 分支,从而使程序跳出了 switch 语句的运行。也就是说,在 C++ 中,break 语句提供了 switch 语句的出口。

当然,如果希望连续执行多个 case 标号后面的语句表,可以省略 break 语句。

break 语句还可用于 do-while、for、while 循环语句中,使程序终止当前循环,而执行循环后面的语句,通常 break 语句总是与 if 语句联在一起。即满足条件时便跳出循环,提供特定情况下循环的非正常出口。

**【例 3.19】** 判别 $m$ 是否为素数。

分析:让 $m$ 被 $2 \sim \sqrt{m}$ 除,如果 $m$ 能被 $2 \sim \sqrt{m}$ 中的任一数整除,则 $m$ 不是素数,提前结束循环,此时 $i$ 小于或等于 $k(k=\sqrt{m})$;否则,$i$ 加 1,重复上述过程,直到 $i=k+1$,然后才终止循环。在循环结束之后,判断 $i$ 是否大于或等于 $k+1$,若是,则表明 $m$ 未被 $2\sim\sqrt{m}$ 中的任一数整除过,为素数。

```
#include <iostream.h>
#include <math.h>
void main()
{   int m,i,k;
    cin>>m;
    k=sqrt(m);
    for (i=2;i<=k;i++)
        if (m%i==0) break;    // 退出循环
    if (i>=k+1)
        cout<<m<<" 是素数\n";
    else
        cout<<m<<" 不是素数\n";
}
```

程序运行结果:

37
37 是素数

在循环中,使用 break 语句时还应注意,对于多重循环的嵌套,break 语句只跳出本层所在的那层循环。

【例 3.20】 求 2～100 之间的全部素数。

分析:只需要在例 3.19 的基础上加一个 for 循环即可。

```
#include <iostream.h>
#include <math.h>
#include <iomanip.h>
void main()
{   int m,i,k,n=0;
    for (m=2;m<=100;m++)
    {   k=int(sqrt(m));
        for (i=2;i<=k;i++)
            if (m%i==0) break;
        if (i>=k+1)
        {   n=n+1;
            cout<<setw(4)<<m;
            if (n%10==0) cout<<'\n';
        }
    }
    cout<<"\n 2～100 素数的数量为"<<n<<endl;
}
```

程序运行结果:

```
   2   3   5   7  11  13  17  19  23  29
  31  37  41  43  47  53  59  61  67  71
  73  79  83  89  97
 2～100 素数的数量为 25
```

## 3.4.2 continue 语句

break 语句可以提前结束循环,而 continue 语句则可以重新开始该语句所在循环的一个新的循环周期,并根据循环控制条件决定是否再次执行循环。

continue 语句的格式为:

**continue;**

在循环语句的循环体中如果执行到 continue 语句,则跳过循环体中 continue 语句的后续语句,将控制转移到下一轮循环。在 while 循环和 do-while 循环中,continue 语句使控制流程进入下一轮循环控制条件的判别;在 for 循环中,continue 语句导致 for 语句中表达式 3 的计算,继而判断循环控制表达式,最后根据循环控制条件决定是否继续执行循环。

【例 3.21】 continue 语句示例。

```
#include <iostream.h>
#include <iomanip.h>
void main()
{   int n=0;
    for (int i=1;i<=30;i++)
    {   if(i%3==0)   continue;
        cout<<setw(4)<<i;
        n++;
        if(n%10==0)
            cout<<'\n';
    }
    cout<<'\n';
}
```

程序运行结果:

```
 1   2   4   5   7   8  10  11  13  14
16  17  19  20  22  23  25  26  28  29
```

如果将上述程序中的 continue 改成 break,则程序运行结果:

```
 1   2
```

请读者自己分析两个程序的区别。

## 3.5 算法与算法设计方法

算法的设计是使用计算机求解问题的关键。评价一个算法的优劣有 5 条标准,即正确性、可读性、健壮性、高效性和简洁性。

(1) 正确性,即设计出来的算法必须能正确求解给定的问题。对合法的输入数据,程序将产生符合要求的输出结果。对非法的输入数据,程序将输出相应的提示出错信息。

(2) 可读性,表示算法要能够方便地供人们阅读、理解和交流。

（3）健壮性，算法对意外情况的反应能力要强。当输入数据非法、0作除数等情况时，算法能做出相应的处理，给出提示信息或终止运行，避免出现错误的结果。

（4）高效性，算法的执行效率要高。算法的效率可分为时间效率和空间效率。时间效率是指程序完成算法所需的时间；空间效率是指程序以及程序用到的数据所占的空间。

（5）简洁性，算法需简洁明了。

为了设计有效的算法，必须了解一些解题的基本思想和方法。常见的算法设计方法有枚举法、递推与迭代法和递归法。递归法将在第4章中介绍。

### 3.5.1 枚举法（穷举法）

枚举法也称穷举法，是指在有限范围内列举所有可能的结果，找出其中符合要求的解。本章的例3.17、例3.19和例3.20采用的都是枚举法。

枚举法适用的场合是：问题可能的答案是有限个数且范围是确定的，但难以用解析法描述。如在实数域范围内求解一元二次方程的解就不适合采用枚举法。

【例3.22】 找出所有"水仙花数"。所谓"水仙花数"，是指这样的一个三位数，其各位的立方和等于该数本身，例如：153是"水仙花数"，即 $153=1^3+5^3+3^3$。

分析：水仙花数是三位数，其范围在100～999之间。因此编写程序对这个范围的每一个数进行检测，输出满足条件的数。其N-S图如图3.23所示。

```
#include<iostream.h>
void main()
{   int a,b,c;
    int count=0;
//记录共有多少个水仙花数
    for(int i=100;i<1000;i++)
    {   a=i/100;      //a为百位上的数
        b=i/10%10;    //b为十位上的数
        c=i%10;       //c为个位上的数
        if(a*a*a+ b*b*b+ c*c*c==i)
        {   cout<<i<<'\t';
            count++;
            if(count&&count%4==0)
                cout<<'\n';
            //每输出4个水仙花数换行
        }
    }
}
```

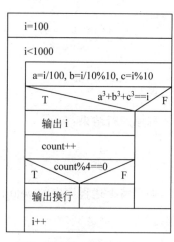

图3.23 求水仙花数N-S图

程序运行结果：

153    370    371    407

【例3.23】 韩信点兵问题。一个数除以七余四，除以五余三，除以三无余数，问这个数最小是多少。

分析：根据题意可知，该数是在7的整数倍的基础上加4，同时整除5余3，并可以被3整除。

```
#include <iostream.h>
#include <iomanip.h>
void main()
{   int x=4;
    while (1)
    {   if(x%5==3&&x%3==0)
            break;
        x+=7;
    }
    cout<<"符合条件的最小的数为"<<x<<'\n';
}
```

程序运行结果：

符合条件的最小的数为 18

### 3.5.2 迭代与递推法

迭代与递推算法是通过问题的一个或多个已知的解，用同样的方法逐个推算出其他的解。递推法适用的问题包括数列问题、近似计算问题等。通常也采用循环结构。例 3.14 和例 3.18 就是采用了迭代与递推法。

【例 3.24】 输入一个小于 1 的数 $x$，求 $\sin x$ 的近似值，要求误差小于 0.0001。近似计算的公式如下：

$$\sin x = x - x^3/3! + x^5/5! - x^7/7! + \cdots$$

分析：从公式中可以看出，$\sin x$ 是一些数据项的累加和，根据数学知识，假设 $\sin x$ 为前 $n$ 项数据项的累加和，则第 $n+1$ 项为误差项，其绝对值即为误差值。

另从公式中可以看出，第 $n$ 数据项是在 $n-1$ 数据项的基础上，乘上 $-x^2/((2*n-2)*(2*n-1))$ 的结果。N-S 图如图 3.24 所示。

```
#include<iostream.h>
#include<math.h>
void main()
{   float x,y,t;
    int n=1;
    cout<<"请输入 x 的值,x 需小于 1\n";
    cin>>x;
    if(fabs(x)>=1)
    {   cout<<"x 的值大于 1";
        return;
    }
    y=t=x;
    while(fabs(t)>0.00001)
    {   n++;
        t=-t*x*x/((2*n-1)*(2*n-2));
        y+=t;
    }
    cout<<"sin("<<x<<")="<<y<<'\n';
}
```

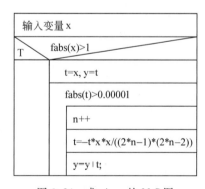

图 3.24 求 $\sin x$ 的 N-S 图

程序运行结果：

请输入 x 的值，x 需小于 1
0.5
sin(0.5)=0.479426

【例 3.25】 计算斐波那契数列的前 20 项，即 1,1,2,3,5,8,13,…。

1202 年罗马数学家伦纳德·斐波那契提出了一个关于兔子繁殖的问题：假定每对兔子每个月能生出一对小兔子，每一对新生的小兔子在第三个月成为能生育的兔子，而且假定所有的兔子不会死去，这样一年以后有多少对兔子？也就是说，如果第一个月有一对小兔子，第二个月由于第一个月的兔子还不能生育，所以第二个月仍然只有一对兔子；第三个月由于第一个月的那对兔子已能生育，第三个月的兔子数为第二个月的兔子和新生的小兔子之和，所以第三个月有两对兔子，等等。以后每个月的兔子对数都是上一个月的兔子对数，再加上上个月的兔子所生的小兔子之和。表示成函数形式如下：

$$F(1)=1 \quad (n=1)$$
$$F(2)=1 \quad (n=2)$$
$$F(n)=F(n-1)+F(n-2) \quad (n \geq 3)$$

N-S 图如图 3.25 所示。

```
#include <iostream.h>
#include <iomanip.h>
void main()
{   long int f1,f2,f3;
    int i;
    f1=1;f2=1;
    cout<<setw(10)<<f1<<setw(10)<<f2;
    for (i=3;i<=20;i++)
    {   f3=f1+f2;
        cout<<setw(10)<<f3;
        f1=f2;
        f2=f3;
        if (i%5==0)
            cout<<'\n';
    }
    cout<<'\n';
}
```

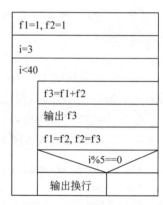

图 3.25 斐波那契数列 N-S 图

程序运行结果：

```
     1         1         2         3         5
     8        13        21        34        55
    89       144       233       377       610
   987      1597      2584      4181      6765
```

【例 3.26】 求两个正整数的最大公约数。

分析：可以用不同的方法求两个正整数的最大公约数。最简单的方法是枚举法。首先定义一变量，该变量的初始取值为两数中的小值。在枚举时，该变量的值每次减 1，直至该变量能将两数整除，终止枚举循环。此时该变量的值即为两个正整数的最大公约数。

在欧几里得的《几何原本》里,阐述了用递推法求两个正整数的最大公约数的方法,也称欧几里得算法。

欧几里得算法:给定两个正整数 m 和 n,求它们的最大公约数。

(1) m 除以 n,并令 r 为所得余数。

(2) 若 r 等于 0,算法结束,n 即为 m 和 n 的最大公约数,否则转到(3)。

(3) 将 n 的值赋予 m,r 的值赋予 n,返回(1)。

N-S 图如图 3.26 所示。

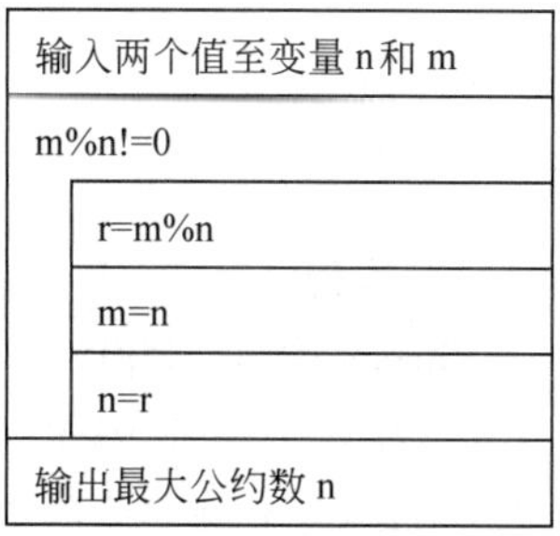

```
#include <iostream.h>
void main()
{   int n,m;
    int r;
    cout<<"请输入两个整数的值";
    cin>>n>>m;
    while(m%n!=0)
    {   r=m%n;
        m=n;
        n=r;
    }
    cout<<"两个整数的最大公约数为"<<n<<'\n';
}
```

| 输入两个值至变量 n 和 m |
|---|
| m%n!=0 |
| r=m%n |
| m=n |
| n=r |
| 输出最大公约数 n |

图 3.26 欧几里得最大公约数 N-S 图

程序运行结果:

请输入两个整数的值 98 21
两个整数的最大公约数为 7

# 习 题

**一、选择题**

1. 对下面 3 条语句,正确的论断是_____。

   (1) if(a)s1;else s2;

   (2) if(a==0)s2;else s1;

   (3) if(a!=0)s1;else s2;

   A. 三者相互等价    B. 三者相互不等价

   C. 只有(2)和(3)等价    D. 以上 3 种说法都不正确

2. 如果整型量 a,b,c 的值分别为 5、4、3,则语句 if(a>=b>=c) c++;执行后 c 的值是_____。

   A. 语法错误    B. 4    C. 2    D. 3

3. 表示程序流程的三种基本结构是_____。

   A. 顺序、选择、循环    B. 选择、循环、返回

   C. 函数、语句、数组    D. 主函数、子函数、变量

4. 对于 for(表达式 1;;表达式 3)可理解为_____。

   A. for(表达式 1;0;表达式 3)

B. for(表达式 1;1;表达式 3)

C. for(表达式 1;表达式 1;表达式 3)

D. for(表达式 1;表达式 3;表达式 3)

5. 当 a＝1 时,执行下面语句,描述正确的是：_____。

```
while(1)
{   switch(a)
    {   case 1:{a++;} break; break;
        …
    }
}
```

A. 当执行 switch 语句后,执行 case 1 分支,运行两次 break 语句,运行的第一个 break 语句,退出 switch 语句;运行的第二个 break 语句,退出循环

B. 当执行 switch 语句后,执行 case 1 分支,运行第一个 break 语句,退出 switch 语句;case 1 分支后的第二个 break 语句不会被执行到

C. 当执行 switch 语句后,执行 case 1 分支,只执行{a＋＋;}这复合语句。后跟的两个 break 语句都不会被执行到

D. 语句非法

6. 对 if…else 语句,描述正确的是_____。

A. if 与 else 须配对使用,有多少个 if 须有对应数量的 else

B. else 语句与最近的 if 语句相匹配

C. else 语句与最近未匹配的 if 语句相匹配

D. 以上三种说法都不正确

7. 对 switch 语句,描述正确的是_____。

A. 每个 case 分支后可以跟若干条 C++ 语句,也可以不跟一条语句

B. default 语句必定是 switch 的最后一个分支

C. break 语句是退出 switch 的方式,每个 case 分支后的语句必定包含 break 语句

D. if 语句与 switch 语句可相互转换

8. 以下程序运行的输出结果是_____。

```
int x=0;
if(x=1) x++;
cout<<x;
```

A. 0          B. 1          C. 2          D. 3

二、填空题

1. 若有程序

```
#include<iostream.h>
void main()
{   int i=1;
    while(i++<5);
    cout<<i;
}
```

则程序运行后的输出是_____。

2.

```
#include<iostream.h>
void main()
{   int a,b,c;
    a=2,b=3,c=1;
    if(a>b)
        {if (a>c) cout<<a;}
    else cout <<b;
}
```

问：执行上述程序后输出_____。

3.

```
#include<iostream.h>
void main()
{   int a,b,c;
    a=2,b=3,c=1;
    if(a>b)
        if (a>c) cout<<a;
    else cout <<b;
}
```

问：执行上述程序后输出_____。

4. 执行下列程序段后，变量 n 的值是_____。

```
int n=10;
switch(n)
{   default:    ++n;
    case 9:     n-=1; break;
    case 10:    n-=1;
    case 11:    n--;
    case 12:    n++;
}
```

5.

```
#include<iostream.h>
void main()
{   int a,b;
    for(b=1,a=1;b<=50;b++)
    {   if(a>=10||a<=-10) break;
        if(a--%2==1)
        {   continue;
            a+=5;
        }
        a=a++-3;
    }
    cout<<a<<'\t'<<b<<'\n';
}
```

程序执行后输出的结果是 a=_____,b=_____。

6.
```
#include<iostream.h>
void main()
{   int m,n,x,y;
    cin>>x>>y;
    m=1;n=1;
    if(x>0) m=m+1;
    if(x>y) n=n+m;
    else if(x==y) n=5;
    else n=2*m;
    cout<<m<<n;
}
```

问：为了使输出的结果是 n=3,x 的输入值应满足条件_____与_____。

7.
```
#include<iostream.h>
void main()
{   float x;
    cout<<"请输入一个正纯小数";
    cin>>x;
    if(x>=1||x<=0)
        cout<<"输入有误\n";
    else
    {   cout<<"数据转换为： 0.";
        for(int i=0;i<8;i++)
        {   cout<<int(x*2);
            x=x*2-int(x*2);
        }
        cout<<"\n";
    }
}
```

程序执行后,如输入 0.875,则程序输出_____。
本程序的功能是_____。

### 三、完善程序题

1. 计算 $1!-2!+3!-4!+\cdots+(-1)^{n+1}n!$ 的值。

```
#include<iostream.h>
void main()
{   int s=0;
    int t=-1;
    int n;
    cout<<"请输入 n 的值";
    cin>>n;
    for(int i=1;i<=n;i++)
    {   _____;
        _____;
```

```
        }
        cout<<s<<endl;
}
```

2. 判断一个数是否为素数。

```
#include<iostream.h>
#include _____
void main()
{   int m,i,k;
    cin>>m;
    k=sqrt(m);
    for (i=2;_____;i++)
    {   if (m%i==0)
            _____;
    }
    if (_____)
        cout<<m<<" 是素数\n";
    else
        cout<<m<<" 不是素数\n";
}
```

3. 求出 1000 之内的"完数"。所谓"完数",即这个数等于它的因子之和。例如:6 是一个完数,即 6=1+2+3。要求每输出 4 个完数换一行。

```
#include<iostream.h>
void main()
{   int n=0;
    for(int i=1;i<=1000;i++)
    {   _____;
        for(int j=1;j<=i/2;j++)
            if(_____)
                s+=j;
        if(_____)
        {   cout<<i<<'\t';
            n++;
            if(_____)
                cout<<'\n';
        }
    }
}
```

**四、编程题**

1. 从键盘上输入 30 个学生的分数,求最大值、最小值、平均分数,以及大于 90 分的人数和低于 60 分的人数。

2. 求一个正整数的所有因子。例如:24 的因子是 1 2 3 4 6 12。

3. 设计一个程序,输入一个整数,并将其反序输出。例如:输入 12345,则输出 54321。

4. 设计一程序,求满足 $1^2+2^2+3^2+\cdots+n^2<10000$ 的 $n$ 的最大值。

5. 使用循环语句实现输出如下的图形。

```
            *
          * * *
        * * * * *
      * * * * * * *
    * * * * * * * * *
```

6. 采用循环的二重嵌套求 400 之内的亲密对数。所谓亲密对数,即 A 的所有因子之和等于 B,B 的所有因子之和等于 A。

7. 写一个程序,计算输入的正整数的位数。如输入 2008 时,该数的位数为 4。

8. 有一分数数列 2/1,3/2,5/3,8/5,13/8,…,求出该数列前 20 项的和。

# 第 4 章 函数和编译预处理

## 4.1 本章导读

在前面的章节中已经接触部分函数的概念,例如每个程序有并且只有一个主函数,在判断一个数是否为素数的例子中,使用了 sqrt 库函数来求一个数的开方。

人们在解决复杂问题时,把一个复杂的问题分解成几个部分,每个部分再根据实际情况继续分解,直到把每一部分都分解成一个相对独立的模块。例如,人们在设计一台设备时,首先确定有几大子系统,各子系统由多少个模块组成,再设计各模块由什么零件组成。

在程序设计时,人们也采用相似的做法。程序员在设计一个复杂的应用程序时,往往也是把整个程序划分为若干功能较为单一的程序模块,然后分别予以实现,最后再把所有的程序模块像搭积木一样装配起来,这种在程序设计中分而治之的策略,被称为模块化程序设计方法。

程序员通常把一些反复调用的代码,或将功能比较独立的代码分装成一个独立的函数。使用函数可以减少代码量,提高程序的空间效率;方便模块的调试,便于对模块的代码进行维护以及增强程序的可阅读性。用户在程序中根据自己的需要定义的函数称为自定义函数。一个复杂的C++程序是由一个主函数和若干个函数组成的。本章将介绍函数的定义和调用的方法。

函数调用时,调用者使用参数向被调函数传输数据。参数传递方式包括值传递和引用传递。本章将介绍两者间的区别和使用场合。

函数的递归是递归结构在C++中的实现方式,其特征是指函数在运行时通过直接或间接的方式调用其自身。递归的思想就是将一个复杂的问题逐步简化,最终分解成简单的问题。在算法效率方面而言,递归调用与常规算法相比,将耗用更多的空间和时间,但递归方法描述通常更加自然、简单,易于理解。

变量的作用域和生存期也是本章的重要内容之一。变量的作用域是指变量在程序中有效的空间范围,变量的作用域与定义变量的位置有关;变量的生存期指的是变量生成到变量空间释放的时间范围,变量的生存期与变量的存储类别相关。

编译系统在编译源程序文件前,首先对源程序进行编译预处理。源程序经过预处理加工后,再由编译系统去做真正的编译工作。根据编译预处理指令的功能可分为文件包含(嵌入指令)、宏定义和条件编译 3 种。

本章的最后,介绍了函数与栈之间的关系。这部分的内容是选读的部分,理解这部分内容,将有助于读者能从原理上更好地了解函数的参数的传递,函数自动变量的分配以及函数递归的调用。

本章需要掌握的内容包括:
- 有参函数和无参函数的定义;
- 返回与返回值;
- 函数的形参和实参以及参数的传递方式;
- 函数的原型声明;
- 函数的递归调用;
- 变量的存储类别和作用域;
- 函数的重载、内联、缺省变元;
- 预编译处理指令。

## 4.2 函数的定义

任何一个C++程序都由一个主函数和若干个其他函数组成。主函数的函数名为 main。主函数是整个程序执行时的入口。

其他函数需要用户自己定义,故又称之为自定义函数。每个函数完成一些操作,以实现某个预期的功能。对于函数,需要先定义、后使用(被调用)。每个函数必须有一个函数名,函数名必须是一个合法的C++标识符,一般在给函数命名时,建议做到见名知义。

本节介绍函数的定义。为描述方便,将函数分为有参函数和无参函数两种类型分别介绍。

### 4.2.1 有参函数定义

函数参数是调用者向被调函数传递的、被调函数运行时所需要的数据。C++ 中有的函数需要参数,当然也有的函数不需要参数。

函数参数是执行函数所需的条件,如用一个函数求两数的大值,则需要将两个数的值作为函数参数传递给被调函数;若用一个被调函数求一元二次方程的解,则需要将一元二次方程的三个系数作为函数参数传递给被调函数。

有参函数的定义形式如下:

```
返回值类型 函数名 (形式参数表)
{
    函数体
}
```

函数的定义由函数头(定义中的第一行)和函数体两部分组成。函数名后跟一对圆括号,用于存放函数的参数。函数定义时,圆括号内的参数称之为形式参数,简称形参。在定义函数时,可根据实际需要决定是否有形式参数以及有几个参数。

在定义形参时,要给出形参的类型及参数名,参数名应符合标识符的定义。当函数有多个形参时,每个形参都应给出类型和参数名,中间采用逗号分开。

在函数定义时,每个函数都包括一个函数体。函数体必须用花括号将其括起。函数体由若干条C++语句组成。函数体也可以为空,此时称为空函数。空函数是一种什么操作也不做的函数。

**【例 4.1】** 要求编写一函数,实现求两个整数的公约数。

```
#include <iostream.h>
int gcd(int n,int m)                          //有参函数定义
{   int t=n<m?n:m;
    while(n%t!=0||m%t!=0)
        t--;
    return t;
}
void main()
{   int a;
    int b;
    int c;
    cout<<"请输入两个正整数,并求其公约数";
    cin>>a>>b;
    c=gcd(a,b);                               //A
    cout<<a<<"和"<<b<<"的公约数是"<<c<<'\n';
}
```

程序运行结果:

请输入两个正整数,并求其公约数 115 15
115 和 15 的公约数是 5

例题中 A 行语句为函数调用,其格式和使用方法将在下节详细介绍。

须注意的是,在函数定义时,不允许嵌套定义,即不允许在一个函数中再定义另外一个函数。例如:

```
int a(int x, int y)
{   …
    int b(int x1, int y1)
    {…}
}
```

这是不允许的。

### 4.2.2 无参函数

某些函数在运行时,不需要调用者将参数传递给被调函数,此时形式参数表为空,或用 void 直接显示说明,这类函数称为无参函数。无参函数的定义形式如下

返回值类型 函数名 ()
{
    函数体
}

或

返回值类型 函数名 (void)
{
    函数体
}

本书采用第一种形式,即无参函数在定义时参数表为空。

**【例 4.2】** 无参函数的示例。

```
#include <iostream.h>
int max(int i,int j)
{   return i>j?i:j;}
int min(int i,int j)
{   return i<j?i:j;}
void PrintMenu()                              //无参函数定义
{   cout<<"1:求两数的最大值\n";
    cout<<"2:求两数的最小值\n";
    cout<<"请输入您的选择:\n";
}
void main()
{   int a,b,choice;
    cout<<"请输入两个数\n";
    cin>>a>>b;
    PrintMenu();                              //无参函数调用
    cin>>choice;
    switch(choice)
    {   case 1:cout<<"两数的大值为"<<max(a,b)<<endl; break;
        case 2:cout<<"两数的小值为"<<min(a,b)<<endl; break;
    }
}
```

在上例中,PrintMenu 是无参函数,实现输出提示菜单。

程序运行结果:

请输入两个数
12 56
1:求两数的最大值
2:求两数的最小值
请输入您的选择:
1
两数的大值为 56

### 4.2.3 函数的返回和返回值

**1. 返回值定义**

在 C++ 中,调用函数和被调用函数之间可以通过形参和实参的结合来传递对应的数据,还可以通过被调用函数返回值的方法来将函数运行结果返回给调用函数。这个返回值有一个确定的类型,在函数定义时必须将返回值的类型写在函数名的前面。

返回值类型可以是基本数据类型和各种构造数据类型,如指针、结构、类等(相关概念见本书后续的章节)。数组不能作为返回值类型,但指向数组的指针可以作为返回值的类型。

一个被调用函数只能返回一个值给调用函数作为结果。若函数需要向被调函数传递多个运算结果时,可利用引用传递、数组或者指针等方式,相关内容将在后面的章节中介绍。

被调用函数也可能不需要向调用者传递运算结果,没有返回值的函数必须说明为 void。如例 4.2 中的 PrintMenu 函数。若被调函数不注明返回类型,则函数的默认返回类型为 int 型。

**2. return 语句**

当函数运行结束时,可运行 return 语句从函数中返回。其格式为:

**return 返回表达式;**

return 语句有两个作用:

一个作用是表示函数执行的结束,控制返回给调用程序。主函数 main() 中的 return 语句会将控制交给操作系统,即退出程序的运行;一个函数中有多个返回语句,当函数执行到任何一个 return 语句时,将立即结束被调函数的运行,程序回到函数调用处继续向下执行。当 return 语句是函数体的最后一个语句且返回类型是 void 时,可省略这个 return 语句,函数执行完最后一个语句后自动返回。

另一个作用是通过返回值表达式将一个值返回给调用函数。函数的返回值为 return 后的返回表达式的值。当程序执行到该语句时,首先计算表达式的值,再将表达式的值作为函数的计算结果返回给调用者。该表达式可以是一个常量或变量,也可以是一个复杂的表达式或函数调用表达式(见后面函数的递归调用),表达式的类型必须和函数定义的类型一致。

当函数无返回值时,return 语句后的表达式可以省略,只表示将控制交给调用函数。

## 4.3 函数的调用

在一个函数中,可以调用其他已定义过的函数,同时该函数本身还可以被其他函数调用(main() 函数除外)。函数调用相当于一个表达式。该表达式的值就是函数的返回结果。函数调用的一般形式为:

**函数名(实参表)**

### 4.3.1 形参与实参

前面讲过,在函数定义参数表中说明的参数称为形式参数,简称形参。那么,在函数调用时,函数名后的括号中依次列举的称为实际参数,简称实参。

实参表是一个用逗号分隔的表达式的列表,其中每一个表达式称为一个实参。在实参表中,实参的类型和个数必须与形参存在一一对应的关系。实参可以是一个常量或变量,也可以是一个表达式或函数的返回结果。

**【例 4.3】** 求三数中的最大值。

```cpp
#include <iostream.h>
int imax(int i,int j)
{   return i>j?i:j;}
void main()
{   int a,b,c;
    int max;
    cout<<"请输入三个整型数\n";
    cin>>a>>b>>c;
    max=imax(a,b);
    max=imax(max,c);
    cout<<"三个整型数的大值为"<<max<<'\n';
}
```

在程序中,共两次调用了 imax 函数。第一次调用 imax 函数,将实参 a 的值传递给函数形参 i,将实参 b 的值传递给函数形参 j,求出 i 和 j 中的较大者,并通过返回值赋给变量 max;第二次调用 imax 函数时,将实参 max 的值传递给函数形参 i,将实参 c 的值传递给函数形参 j,求出 i 和 j 中的较大者,并再次通过返回值赋给变量 max,因此 max 就是三个数中的最大值。

上述两条函数调用语句还可改写成一条 C++ 语句:

```cpp
max=imax(imax(a,b),c);
```

该语句中,imax(a,b)的返回值直接作为外层 imax 函数的第一个实参。

若函数为无参函数,则函数调用时,实参表为空。

### 4.3.2 函数的原型说明

与变量定义一样,C++ 中要求函数定义在前,调用在后,因此可将自定义函数编写在 main 函数之前。

但结构化程序设计要求我们以从整体到局部、逐层深化的思维模式来思考问题和编制程序。按这种思路,需要先编写 main 函数,再编写其他自定义函数。这时就需要在调用函数前对其进行原型声明(或称对函数原型化)。

函数的原型声明格式如下:

**类型 函数名(参数表);**

函数原型声明包括函数名、返回值的类型以及参数表。

函数原型声明和函数定义是两个不同的概念。函数定义由函数头和函数体两部分组成,函数体中的语句描述了该函数的功能。函数原型则没有函数体,函数头的后面直接用分号结束。函数原型声明中的参数类型以及返回类型必须严格与函数定义中的参数类型以及返回类型相同。

若将例 4.3 程序中的 imax 函数改在 main 函数后定义,则程序如例 4.4 所示。

**【例 4.4】** 求三数中的最大值。

```cpp
#include <iostream.h>
```

```
int imax(int i,int j);              //A 行
void main()
{   int a,b,c;
    int max;
    cout<<"请输入三个整型数\n";
    cin>>a>>b>>c;
    max=imax(a,b);
    max=imax(max,c);
    cout<<"三个整型数的大值为"<<max<<'\n';
}
int imax(int i,int j)
{   return i>j?i:j;}
```

例 4.4 中，main 函数调用了 imax 函数，而 imax 函数定义在 main 函数的后面，因此需要在调用前，添加 imax 函数说明语句。程序中 A 行为函数说明语句。

函数原型声明只要给出参数表中每个参数的类型即可，不要求给出具体参数名。因此例 4.4 程序中 A 行语句的参数名可以省略掉，写成 int imax(int ,int );即可。

函数的原型声明是说明性语句，可以出现在程序的任何位置，也可以出现任意次数。因此例 4.4 程序中 A 行语句可以出现在函数调用前的任何位置。

## 4.4 函数的参数传递方式

函数的对外接口是参数表和返回值。一个函数通过参数传递将数据传送给另一个函数进行处理；函数也可以将一个运算结果通过函数的 return 语句返回给调用者。

参数传递方式有值传递和引用传递两种。有些参考书上还介绍有地址传递这种方式，事实上，地址传递是值传递的一种，相关内容见后面有关指针的章节。

### 4.4.1 值传递

值传递指主调函数向被调函数传递的是实参的值。当向被调函数传递一个变量的数据时，C++为每一个形参分配相应的临时存储空间，调用函数的实参值就复制在对应的形参的临时存储空间中。被调函数只对实参的复制件发生作用，不对实参本身进行操作。函数的按值调用减少了调用函数和被调用函数之间的数据依赖，增加了函数的独立性。调用完成以后，系统收回分配给形参的临时存储空间。

绝大部分函数传递方式为值传递。

【例 4.5】 输出一个整数的绝对值。

```
#include <iostream.h>
void iabs(int i)
{   i=i>0?i:-i;
    cout<<"绝对值为"<<i<<'\n';
}
void main()
{   int a;
    cout<<"请输入一个数,并求其绝对值";
    cin>>a;
```

```
        iabs(a);
        cout<<"a="<<a<<'\n';
}
```

运行结果如下：

请输入一个数,并求其绝对值：
-5
绝对值为 5
a=-5

在主程序中,调用了函数 iabs(a);,则为 iabs 的形参 i 分配临时存储空间,将实参 a 的值传递到该临时存储空间,该临时存储空间就是形参 i 的内存空间。在函数中将 i 的绝对值重新赋给 i。从程序的运行结果中可以看出,函数 iabs 中 i 的值发生了改变,而实参 a 的值并没有发生变化。

由于函数对实参本身不进行操作,保证了函数的独立性和实参数据的安全性。

但使用值传递,有时无法实现某些功能。

【例 4.6】 使用值传递无法实现两个数的交换。

```
#include <iostream.h>
void swap(int i,int j)
{   int t;
    t=i;
    i=j;
    j=t;
    cout<<"i="<<i<<"\tj="<<j<<'\n';
}
void main()
{   int a=10,b=20;
    cout<<"a="<<a<<"\tb="<<b<<'\n';
    swap(a,b);
    cout<<"a= "<<a<<"\tb="<<b<<'\n';
}
```

则运行结果为：

a=10    b=20
i=20    j=10
a=10    b=20

从运行结果可以看到,虽然在被调函数中,两个值已经交换,但实参的值并未发生变化。

### 4.4.2 引用传递

从例 4.5 和 4.6 中,可以看出值传递时参数是单向传递的。

在第 2 章中介绍了引用的概念。引用可以说是变量的别名,对引用的操作就是对变量的操作。因此,如果形参是实参的引用时,对形参的操作就是对实参的操作,那么被调用函数中形参的改变对调用函数中的实参也有效,这种传递方式被称为引用传递。

在设计引用传递的函数时,应指定形参变量是引用。而调用函数时,实参必须是相同类型的变量,不能是表达式。

在执行调用函数的调用语句时,系统自动用实参来初始化形参。这样形参就成为实参的一个别名,对形参的任何操作也就直接作用于实参。

**【例 4.7】** 使用引用调用实现两个数的交换。

```
#include <iostream.h>
void swap(int& i,int& j)
{   int t;
    t=i;
    i=j;
    j=t;
    cout<<"i="<<i<<"\tj="<<j<<'\n';
}
void main()
{   int a=10,b=20;
    cout<<"a="<<a<<"\tb="<<b<<'\n';
    swap(a,b);
    cout<<"a="<<a<<"\tb="<<b<<'\n';
}
```

程序运行结果为:

```
a=10    b=20
i=20    j=10
a=20    b=10
```

可以看出随着 swap 函数内形参的值进行交换,函数的实参也跟着进行改变。

引用传递通常应用于某些特殊的场合,例如面向对象编程中类的复制构造函数必须使用引用传递,此外,还可以利用引用传递的特性将函数多个计算结果返回给调用者。

**【例 4.8】** 用函数实现一元二次方程的解。

分析:根据已有的数学知识可以得知一元二次方程有可能无解,也可能有一个解或两个解,因此直接使用函数的返回值返回方程的解是不可能的。为此可使函数增加两个引用型的形参 x1 和 x2。函数的返回值为解的个数,当返回值为 2 时,表示有两个解,x1 和 x2 的值都有效;当返回值为 1 时,表示有一个解,x1 的值有效;当返回值为 0 时,表示无解,x1 和 x2 的值都无效。

```
#include <math.h>
#include <iostream.h>
int fun(double a,double b,double c,double &x1,double &x2)
//注意函数定义或说明时,引用传递的形参前加 &
{   double delta;
    if (a==0&&b==0)
        return 0;
    if (a==0&&b!=0)             //方程为 bx+c=0
    {   x1=-c/b;
        return 1;
    }
    delta=double(b)*b-4.0*a*c;
```

```
        if(delta<0)
            return 0;
        if(delta==0)
        {   x1=-b/(2.0*a);
            return 1;
        }
        if(delta>0)
        {   x1=-b/(2.0*a)+sqrt(abs(delta))/(2.0*a);
            x2=-b/(2.0*a)-sqrt(abs(delta))/(2.0*a);
            return 2;
        }
}
void main()
{   float a,b,c,x1,x2;
    int n;
    cout<<"请输入一元二次方程的三个系数\n";
    cin>>a>>b>>c;
    n=fun(a,b,c,x1,x2);        //函数调用时,对应引用传递的形参、实参应是一变量
                               //注意变量前不要再加 &
    switch(n)
    {   case 0:
            cout<<"此方程无解\n";
            break;
        case 1:
            cout<<"此方程有 1 解,x="<<x1<<'\n';
            break;
        case 2:
            cout<<"此方程有 2 解,x="<<x1<<" 和 x="<<x2<<'\n';
            break;
    }
        return;
}
```

## 4.5 函数的递归调用

C++不允许在一个函数的内部定义另一个函数,但C++允许在一个函数内部调用函数。当函数调用函数本身时,称为递归调用。递归调用有直接递归调用和间接递归调用两种。

- 直接递归调用:调用函数内部的调用语句直接调用该函数本身。
- 间接递归调用:调用函数不是直接调用自己,而是调用其他函数,再由其他函数调用该函数本身。

**【例 4.9】** 求 $n!$。

分析:当 $n$ 大于 2 时,$n!$ 可看成 $n*(n-1)!$。同样,$(n-1)!$ 可看成 $(n-1)*(n-2)!$。依次类推,直到 $n!$ 的问题被转换成 1! 的问题。

```
#include <iostream.h>
int f(int x)
```

```
{  if((x==0)||(x==1))
       return 1;
   return x * f(x-1);
}
void main()
{  int n;
   cin>>n;
   cout<<"n!="<<f(n);
}
```

整个递归的过程可以看成是递归和回推两个过程。当运行时输入 5,则调用 f(5)函数。此时,x 的值等于 5,不满足函数体内 if 语句的条件,则运行 5 * f(4)语句。而 f(4)又被转换为 4 * f(3),依次类推,直到运行 2 * f(1)。当运行 f(1)时,x 的值等于 1,满足函数体内 if 语句的条件,直接返回 1,递归结束。返回的结果与 2 相乘后作为 f(2)的返回值,f(2)的返回值与 3 相乘后作为 f(3)的返回值;依次回推,如图 4.1 所示。

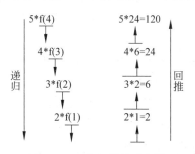

图 4.1  n!递归调用示意图

所有递归函数的结构都是类似的。

(1) 函数要直接或间接调用自身。

(2) 要有递归终止条件检查,即递归终止的条件被满足后,则不再调用自身函数。

(3) 如果不满足递归终止的条件,则调用涉及递归调用的表达式。在调用函数自身时,有关终止条件的参数要发生变化,而且需向递归终止的方向变化。

由于递归函数调用中多次重复执行同一函数体,同名的变量在每层调用中实质上是不同的变量,分别占用了不同的存储空间,参见 4.11 节。

递归函数是一种通用的编程技术,它的思想就是将一个复杂的问题逐步简化,最终分解成简单的问题。使用递归算法通常会使程序更加简洁易懂,但由于有调用函数以及多次调用函数,需要在栈空间中为其分配独立的空间,因此递归算法的时间和空间效率将低于递推算法。

【例 4.10】 采用递归函数求解计算斐波那契数列的前 20 项。

分析:由上一章可知,斐波那契数列可描述成

$$f(n) = \begin{cases} 1 & n = 1 \\ 1 & n = 2 \\ f(n-1) + f(n-2) & n > 2 \end{cases}$$

程序如下:

```
#include <iostream.h>
int fib(int n)
{   if((n==1)||(n==2))
        return 1;
    return fib(n-1)+fib(n-2);
}
void main()
{   for(int i=1; i<=20; i++)
    {   cout<<fib(i)<<'\t';
```

```
        if(i%5==0)
            cout<<'\n';
    }
}
```

采用递归函数描述数列问题虽然程序简单,但算法的执行效率远低于第3章中描述的递推算法。若将程序改成输出数列前40项,则该程序运行完成需要较长的时间。

也有一些问题使用递推算法很难解决,但很适合使用递归算法来描述,例如,著名的河内塔问题。

**【例 4.11】** 河内塔问题。河内塔(又称汉诺塔)问题是印度的一个古老的传说。开天辟地的神勃拉玛在一个庙里留下了三根金刚石的棒,第一根上面套着64个圆的金片,最大的一个在底下,其余的一个比一个小,依次叠上去,庙里的众僧需要把它们一个个地从这根棒搬到另一根棒上,规定可利用另外一根棒作为帮助,但每次只能搬一个圆片,而且大的不能放在小的上面。

可以将该问题表述如下:设有 A、B、C 三根立柱和 n 只中间空的盘子(即圆的金片),这些盘子依次编号为 1,2,3,…,64。盘子已在 A 柱上堆成塔形,要求将这些盘子移到 C 柱上仍呈塔形(可借助于 B 柱)。在移动过程中,要求满足以下限制条件:盘子必须放在 A、B、C 三根立柱中的一根上,每次只能移动一只盘子,任何时候大盘必须在小盘之下。

分析:如果已知 n−1 个盘是如何从一个柱子移动到另一个柱子的算法,那么要移动 n 个盘从 A 柱借助 B 柱到 C 柱,可以先将 n−1 个盘从 A 柱借助 C 柱到 B 柱,再移动第 n 个盘从 A 柱到 C 柱,最后将 n−1 个盘从 B 柱借助 A 柱到 C 柱。

这样,移动 n 个盘的问题被简化成 n−1 个盘的问题。同理,移动 n−1 个盘的问题可被简化成 n−2 个盘的问题…而当只剩下一个盘时,直接移动即可。

此问题可归于三个子任务:
① 以 C 为过渡,从 A 移动 1 号至 n−1 号盘子到 B;
② 从 A 将第 n 号盘子移动到 C;
③ 以 A 为过渡,从 B 移动 1 号至 n−1 号盘子到 C。
可见,这是典型的递归问题,按此思路编写的程序如下:

```
#include <iostream.h>
void hanio(int num,char aa,char bb,char cc)
{   if (num>0)
    {   hanio(num-1,aa,cc,bb);
        cout<<"移动第"<<num<<"只盘 从"<<aa<<"柱到"<<cc<<"柱\n" ;
        hanio(num-1,bb,aa,cc);
    }
    return;
}
void main()
{   int num;
    cout<<"请输入共需移动多少个盘(>0): ";
    cin>>num;
    hanio(num,'A','B','C');
    return;
```

}

运行结果如下:

```
请输入共需移动多少个盘(>0):3
移动第 1 的盘    从 A 柱到 C 柱
移动第 2 的盘    从 A 柱到 B 柱
移动第 1 的盘    从 C 柱到 B 柱
移动第 3 的盘    从 A 柱到 C 柱
移动第 1 的盘    从 B 柱到 A 柱
移动第 2 的盘    从 B 柱到 C 柱
移动第 1 的盘    从 A 柱到 C 柱
```

容易推出:n 个盘子从一根立柱移动至另一根立柱需要 $2^n-1$ 次,所以 64 个盘子的移动次数为 $2^{64}-1$ 次,若每秒移动一次,至少需要 5800 亿年。

## 4.6 存储类别和作用域

变量有作用域和生存期的概念。变量的作用域是指变量在程序中有效的空间范围,变量的作用域与定义变量的位置有关,变量的生存期指的是变量生成到变量空间释放的时间范围,变量的生存期与变量的存储类别相关。

### 4.6.1 作用域

所谓作用域就是指所说明的标识符在哪一个区间内有效。作用域与标识符的可见性有关。当一个标识符在一段区域内可见时,那么就可以在此区域内使用这个标识符。当作用域不同时,标识符可以同名但表示不同的含义。

从源程序文件的组成角度来看,C++ 可将作用域分为五种:块作用域、文件作用域、函数原型作用域、函数作用域和类作用域。

本节介绍块作用域、文件作用域、函数原型作用域和函数作用域,类作用域将在后面的章节中介绍。

**1. 块作用域**

所谓块,就是指程序中用花括号括起来的那部分程序。在块内说明的标识符只能在该块内引用,即其作用域在块内。由于函数体是被括在{}内,因此所有函数体内定义的变量都具有块作用域。

在一个函数内或块内定义的变量被称为局部变量,其作用范围是从变量定义处开始到所在函数或块结束时为止。在一个块内出现被{}括起来的程序段,称为块的嵌套。

引入块作用域的目的是为了解决标识符的同名问题。当标识符具有不同的作用域时,允许标识符同名;当标识符的作用域完全相同时,不允许标识符同名。对于块中嵌套其他块的情况,如果嵌套块中有同名局部变量,服从局部优先原则,即在内层块中屏蔽外层块中的同名变量。如例 4.12 所示。

【例 4.12】 局部变量的屏蔽。

```
#include <iostream.h>
```

```
void main()
{   int i=5;
    {   cout<<"i1="<<i<<'\n';                    //A
        int i;
        i=7;
        cout<<"i2="<<i<<'\n';                    //B
    }
    cout<<"i3="<<i<<'\n';                        //C
    return;
}
```

运行结果是：

i1=5
i2=7
i3=5

分析：该程序在 main 的函数体内出现了一个嵌套块，并定义了两个同名变量 i。第一个变量 i 的作用域从变量定义处开始直至 main 函数的右花括号为止；第二个变量 i，在内层块中定义，其作用域从变量定义处开始直至内层块的右花括号为止。

当运行到 A 行的输出语句时，虽然在内层块内，但依然超出了内层块 i 的作用域，因此输出外层块的变量 i 的值。当运行到 B 行的输出语句时，在内层块 i 的作用域内，根据局部优先的规则，因此输出内层块的变量 i 的值。当运行到 C 行的输出语句时，不在内层块 i 的作用域内，因此输出外层块的变量 i 的值。

另外，要特别注意的是，在 for 语句中说明的循环控制变量具有块作用域。即其作用域为包含 for 语句的那个块，而不仅仅是作用于 for 语句本身。例如：

```
{
    ...
    for (int i=1; i<10; i++)                // i 的作用域为 for 所在的块
    {
        cout<<"for i="<<i<<'\t';
    }
    cout<<"i="<<i;
}
```

与下面的程序是等同的：

```
{
    ...
    int i;
    for (i=1; i<10; i++)
    {
        cout<<"for i="<<i<<'\t';
    }
    cout<<"i="<<i;
}
```

**2. 文件作用域**

在函数外定义的标识符（变量）称为全局标识符（全局变量）。全局变量的作用域称为文件的作用域,全局变量默认的作用域是:从定义变量的位置到该源文件结束。

当块作用域内的变量与全局变量同名时,局部变量(块作用域内的变量)优先。它与块作用域不同的是:在块作用域内可通过域运算符"::"来引用与局部变量同名的全局变量。如例 4.13 所示。

【例 4.13】 在块作用域内引用文件作用域中的同名全局变量。

```
#include <iostream.h>
int i=0;                              //A
void main()
{   int i=5;                          //B
    {   cout<<i;                      //C
        int i=7;                      //D
        cout<<i;                      //E
        cout<<::i;                    //F
    }
}
```

程序运行后结果为:

5 7 0

分析:该程序定义了 3 个变量 i,A 行中 i 为全局变量,B 行中 i 为局部变量,其作用域为定义变量处开始,至 main 函数的最后一个右花括号为止。D 行中 i 为局部变量,其作用域为定义变量处开始,至 main 函数的倒数第二个右花括号为止。执行 C 行输出 i 值时,由于内层块的 i 还没有定义,因此输出的是外层块的 i 的值。执行 E 行输出 i 值时,根据"同名标识符局部优先"的规则,因此输出的是内层块的 i 的值。执行 F 行输出 i 值时,i 前有域作用符::,因此输出的是全局变量的 i 的值。

全局变量是各个函数都可以访问的变量,当多个函数对同一个全局变量进行修改和取值时,这些函数不再是独立模块,就会导致程序结构不清晰,程序难以理解和修改。因此应尽可能少用全局变量。

全局变量一般定义在前、使用在后。当全局变量出现引用在前、定义在后的情况时,要先对全局变量用 extern 关键字作外部变量说明。例如,例 4.13 的程序也可改写成:

```
#include <iostream.h>
extern int i;
void main()
{   int i=5;                          //B
    {   cout<<i;                      //C
        int i=7;                      //D
        cout<<i;                      //E
        cout<<::i;                    //F
    }
}
int i=0;
```

**3. 函数原型作用域**

在函数原型的参数表中说明的标识符所具有的作用域,称为函数原型作用域。它是

C++程序中最小的作用域,其有效范围就在函数后边的左右括号之间。因此函数原型的参数表中说明的标识符与函数定义中参数表的标识符无关,两者之间只要参数的类型相同,参数名可以不同,函数原型声明时,也可以省去标识符,只给出参数的类型即可。例如,函数声明 int absi(int i); 与 int absi(int); 效果是一样的。

**4. 函数作用域**

函数作用域是指函数内定义的标识符在该函数内均有效,即不论在函数内的任一位置,均可引用这种标识符。C++中,只有标号具有函数作用域,即不管在函数的哪个位置定义的标号,在整个函数内均可以使用,所以在同一个函数内,不允许标号同名,但不同的函数内,标号可以重名。也正是因为标号具有函数作用域,所以不允许用goto语句从一个函数体内转到另一个函数体内。例如:

```
int absi(int i)
{
    if(i>0)
        goto label;
    i * = -1;
label: return i;
}
```

上面程序片段中,label 这标号的定义在语句 goto label; 的后面,但因为标号具有函数作用域,在整个函数内都有效,因此程序是正确的。

### 4.6.2 变量的存储类别

操作系统为一个C++程序的运行所分配的内存分为 4 个区域,如图 4.2 所示。

(1) 代码区:存放程序代码,即程序中各个函数的代码块。

(2) 静态数据区:存放程序的全局数据和静态数据。

(3) 栈区:存放程序中的局部变量,如函数中的局部变量等。

(4) 堆区:存放动态分配的数据。

源程序经编译生成目标代码,每一个函数的可执行代码都在程序区中,而且都有一个确定的入口地址。

程序的静态变量和全局变量在开始执行前就已确定,并固定分配在静态存储区内,一直到程序结束,这就是所谓的静态分配。

图 4.2 程序在内存中的区域

从程序的第一个可执行函数 main() 开始,每一个函数执行时自动分配内存空间,函数执行结束后,系统收回分配的存储空间,随着程序中函数的调用与结束,内存空间相应地被分配和收回,这就是所谓的动态(栈式)分配。

由此可见,分配在不同区域的变量其生存期是不一样的,如果变量分配在静态区,则在程序开始时分配空间,在程序结束时释放空间,在程序整个延续期,变量都是存在的。而变量分配在函数的栈空间的话,将随着函数的被调用而产生,随着调用函数的结束而被释放。因此,变量的生存期与存储类型有关。

C++ 使用四种说明符 auto(自动类型)、register(寄存器类型)、static(静态类型)和

extern(外部类型)来确定变量的存储类型。

**1. 自动存储变量**

用 auto 修饰的变量属于自动存储类型的变量。所有在函数内部定义的局部变量,在缺省说明时都是自动变量。换句话说,在本书前面出现的变量,除了少数几个全局变量外,其余的都是自动变量。

自动变量的生存期是从变量定义处开始到作用域结束处结束。这种空间的分配和收回是由系统自动完成的,故称为自动变量。自动变量产生后,若没有被赋值的话,其初值是不确定的。

**2. 寄存器变量**

用 register 修饰的变量,则称为寄存器变量,它采用动态存储的分配方式,尽可能地使用 CPU 内部的寄存器。由于直接使用寄存器,不需要对内存进行寻址操作,所以理论上可提高程序的执行效率。

但目前计算机的 CPU 速度已经足够快,使用寄存器变量提高执行效率的效果十分有限,而且由于寄存器数量有限,一般为操作系统所用,因此编译系统通常将 register 变量直接当作 auto 变量,在内存中分配空间。

还需注意的是,采用 register 修饰的变量不能进行取地址操作。

**3. 静态变量**

用 static 修饰的变量,则称为静态变量。静态变量采用静态分配方式,即变量存放在静态存储区,程序开始运行时为变量分配空间,程序运行结束时才释放空间,因此静态变量具有全局生存期。其修饰符 static 不能省略。

采用 static 修饰的局部变量,虽然具有全局生存期,但其可见性却是局部的,其作用域和自动变量相同。静态局部变量在其作用域内是可见的,也是存在的;当超出它的作用域后,虽然是不可见的,但它仍是存在的,这是静态变量的特点。当再次进入它的作用域时,变量仍使用为其分配的存储空间,因此这些变量仍保留上次运算的值。

【例 4.14】 静态变量的使用。

```
#include <iostream.h>
int f(int);
void main()
{   for (int i=0; i<3; i++)
    cout<<f(i)<<'\t';
    return;
}
int f(int a)
{   int b=0;
    static int c=3;
    b=b+1; c=c+1;
    return (a+b+c);
}
```

此程序运行结果为:

5 7 9

**分析**：在函数 f() 被调用时，自动变量 b 每次都被重新初始化，但内部静态变量 c 则每次都保留改变后的值。

具体调用情况如图 4.3 所示：

| 第几次调用 | 调用时初值 | | 调用结束时的值 | | |
|---|---|---|---|---|---|
| | b | c | b | c | a+b+c |
| 1 | 0 | 3 | 1 | 4 | 5 |
| 2 | 0 | 4 | 1 | 5 | 7 |
| 3 | 0 | 5 | 1 | 6 | 9 |

图 4.3　例 4.14 函数 f() 调用时局部变量变化图

【**例 4.15**】求 $1^2+2^2+\cdots+n^2(n=3)$，并使用静态变量统计函数被调用的次数。

```
#include<iostream.h>
int f(int n)
{   static int time=0;
    time++;
    cout<<"第"<<time<<"调用\n";
    return n*n;
}
void main()
{   int i;
    int s=0;
    for(i=1; i<=3; i++)
        s+=f(i);
    cout<<"和为："<<s<<'\n';
}
```

程序运行结果为：

第 1 调用
第 2 调用
第 3 调用
和为：14

可见在需要保留函数上一次运行状态，下一次直接在此状态基础上继续运行时，用内部静态变量很方便。但使用静态变量会降低了程序的可读性，此外其内存分配后，需在程序结束时才释放，因此如不必要，建议少用静态变量。

静态变量的初始化由系统在编译时完成。未显式初始化的静态变量，其隐含初始化值为 0。

### 4. 外部变量

用 extern 修饰的变量是外部变量。extern 变量在介绍文件作用域时已经做过相应的介绍。

与 auto、register、static 修饰的变量不同，extern 修饰的变量是申明已在程序的其他位置定义过的全局变量，不是重新定义一个新的变量。而 auto、register、static 修饰变量时表示定义一个新的变量。

extern 变量有以下两种使用场合。

(1) 同一文件中的全局变量,如果定义在后,使用在先,使用前必须说明。参见上一节有关文件作用域的内容。

(2) 在程序的文件中定义的一个外部变量,要在程序的另一个文件中引用,则引用之前必须说明。有关多文件组织在后面的章节中介绍。

外部变量被定义后,其默认的初始值 char 型为空('\0'),int 型为 0,float 型为 0.0。

static 变量和全局变量都被分配在静态区,总是具有全局生存期,但两者的作用域各不相同。定义为 static 的函数局部变量其作用域为块作用域,而全局变量具有文件作用域。

## 4.7 函数的重载、内联、缺省参数

### 4.7.1 函数的重载

C++ 支持两种重载:函数重载和运算符重载。函数的重载就是指完成不同功能的函数具有相同的名字。运算符重载将在面向对象部分介绍。

在定义这些重载函数时,要求它们的形参表必须互不相同。所谓形参表不同是指参数的个数不同或参数的个数相同但其类型不同。

重载函数在调用时,编译系统会将实参的类型和所有重名的重载函数的形参表类型逐一比较,根据下列的先后次序寻找并调用实际的被调函数。

(1) 寻找一个严格的匹配。
(2) 通过参数类型的标准转换寻找一个匹配。

【例 4.16】 用重载函数实现三种不同类型的数据的求绝对值。

```
#include<iostream.h>
void abs(int i)
{   cout<<"调用求整数绝对值的函数\t";
    cout<<(i>0?i:-i)<<'\n';
}
void abs(float f)                                    //A
{   cout<<"调用求浮点数绝对值的函数\t";
    cout<<(f>0?f:-f)<<'\n';
}
void abs(double df)
{   cout<<"调用求双精度数绝对值的函数\t";
    cout<<(df>0?df:-df)<<'\n';
}
void main()
{   int a=15;
    float b=-14.2;
    double c=1.03;
    abs(a);
    abs(b);
    abs(c);
}
```

程序运行结果为：

调用求整数绝对值的函数　　　　15
调用求浮点数绝对值的函数　　　14.2
调用求双精度数绝对值的函数　　1.03

可以看出程序根据实参的类型来进行匹配，并调用不同的函数。

若将程序中 A 行所在的函数删除，则程序的运行结果为：

调用求整数绝对值的函数　　　　15
调用求双精度数绝对值的函数　　14.2
调用求双精度数绝对值的函数　　1.03

这是因为在调用 abs(b);时未能找到类型严格匹配的，但按照赋值类型转换的规则，float 可自动转换成 double，所以调用 void abs(double df)函数。

**注意**：当函数名、参数的个数和类型均相同，只有返回值不同时，不能定义为重载函数。

函数的重载从一个方面体现了C++语言对面向对象程序设计(OOP)多态性的支持，同一个函数名实现"多个入口"，或称为"同一接口，多种实现方法"的多态性机制。

### 4.7.2　函数的内联

在程序的执行过程中调用一个函数时，需要保存现场和返回地址，然后转到被调用函数的代码起始地址去执行。被调用函数执行完以后，又要取出先前保存的现场数据和返回地址，转回到调用函数继续执行。这些操作都是以损失时间和空间为代价的。

当函数体规模较小、功能比较简单又频繁使用时，可以将函数体的代码直接插入到函数调用处，将调用函数的方式改为顺序执行直接插入的程序代码，这样就可以减少程序的执行时间。这个过程称为函数的内联。具有这种特点的函数称为内联函数。

内联函数可以节省参数传递、控制转移等程序动作在时间上的占用，却增大了存储空间。所以内联函数实质上是以空间来换取时间的。

内联函数的格式如下：

**inline 类型说明 函数名(形参表)**

如上所示，在一般函数定义前加上内联函数定义的关键字 inline，则该函数就成了内联函数。内联函数的调用和普通函数相同。

**【例 4.17】**　内联函数的应用。

```
#include <iostream.h>
inline int iabs(int i)
{    return i>0?i:-i;}
void main()
{    int a;
     int b;
     cout<<"请输入一个数,并求其绝对值";
     cin>>a;
     b=iabs(a);
     cout<<a<<"的绝对值是"<<b<<'\n';
}
```

使用内联函数时应该注意:

(1) 内联函数的函数体内不能有循环语句、switch 语句以及复杂嵌套的 if 语句。

(2) 内联函数的定义必须定义在前,调用在后。而普通的函数,只要在前面进行函数原型声明,就可以调用在前,定义在后。

(3) 将函数说明成内联函数时,只是请求编译系统当出现这种函数调用时,作为内联函数的扩展来实现,而是否作为内联函数处理由编译系统决定。内联函数中的函数体不能过大,如果内联函数的函数体过大,即使在函数前用 inline 关键字修饰,编译器也会放弃内联方式,而采用普通的方式调用函数。

### 4.7.3 缺省参数的函数

在 C++ 中定义函数时,允许给参数指定一个默认的值。在调用函数时,若明确给出实参的值,就将实参的值传递给形参;也可以不给出相应的实参,此时就将指定的默认的值传递给形参。这种函数称为带缺省参数的函数。在调用缺省参数函数时,调用函数实参的个数可以少于被调用函数形参的个数。

【例 4.18】 缺省参数函数示例。

```
#include<iostream.h>
int sum(int n=100)
{   int i,s;
    s=0;
    for(i=1; i<=n; i++)
        s+=i;
    return s;
}
void main()
{   cout<<sum(50)<<'\n';
    cout<<sum()<<'\n';
}
```

程序运行结果:

1275
5050

本例中,sum 是一个带缺省值的函数。当调用 sum(50)时,则将实参的值 50 传递给形参;而调用 sum()时,未给出实参,因此将缺省的参数 100 传递给函数的形参。

如果函数调用出现在定义之前,那么必须在函数原型中给出缺省的形参值。上例的程序若将 sum 函数写在 main 后,则应在调用前给出函数的原型声明,并在函数原型声明中给出参数默认值。

【例 4.19】 使用函数原型声明给出函数缺省参数示例。

```
#include<iostream.h>
int sum(int n=100) ;
void main()
{   cout<<sum(50)<<'\n';
    cout<<sum()<<'\n';
```

```
}
int sum(int n)
{   int i,s;
    s=0;
    for(i=1; i<=n; i++)
        s+=i;
    return s;
}
```

在不同的作用域内,可通过函数原型声明的方式给出不同的缺省值。

**【例 4.20】** 不同作用域下,提供不同的默认值。

```
#include<iostream.h>
int sum(int n=50);                      //A
void main()
{   cout<<sum()<<'\n';                  //B
    int sum(int n=100);                 //C
    cout<<sum()<<'\n';                  //D
}
int sum(int n)
{   int i,s;
    s=0;
    for(i=1; i<=n; i++)
        s+=i;
    return s;
}
```

程序运行结果:

```
1275
5050
```

此程序中 A 行和 C 行都是 sum 函数的原型声明,分属于不同的作用域,提供了不同的默认值。与标识符的作用范围一样,A 行 sum 函数的原型声明在整个文件域中都有效,而 C 行 sum 函数原型声明的作用域从声明处开始,到 main 函数结束处结束。

调用 B 行 sum 函数时,函数在 A 行 sum 函数的原型声明作用域范围内,因此默认参数是 50;在调用 D 行 sum 函数时,函数既在 A 行 sum 函数的原型声明作用域范围内,又在 C 行 sum 函数的原型声明作用域范围内,根据局部优先的原则,默认参数是 100。

定义函数时,缺省参数可以有多个。默认的形参值必须按从右向左的顺序定义。在有默认值的形参右面,不能出现无默认值的形参。因为在调用时,实参是自右向左进行压栈的。

例如:

```
int f (int x, int y=10, int z=20);          //正确
int f(int x=5, int y, int z=20);            //错误
int f(int x=5, int y=10, int z);            //错误
```

**【例 4.21】** 设计一个函数求长方体体积,其中长方体的宽的默认值为 10,高的默认值为 15。

```
#include<iostream.h>
```

```
float volumn(float l,float w=8,float h=5)
{
    return l*w*h;
}
void main()
{
    float a=12,b=6,c=4;
    cout<<"宽和高采用默认值时,长方体的体积为："<<volumn(a)<<'\n';
    cout<<"高采用默认值时,长方体的体积为："<<volumn(a,b)<<'\n';
    cout<<"长、宽和高都给出实参值,长方体的体枳为："<<volumn(a,b,c)<<'\n';
}
```

程序运行结果：

宽和高采用默认值时,长方体的体积为：480
高采用默认值时,长方体的体积为：360
长、宽和高都给出实参值,长方体的体积为：288

## 4.8 预处理指令与编译预处理

编译系统在编译源程序文件前,首先对源程序进行编译预处理。源程序经过预处理加工后,再由编译系统去做真正的编译工作。

预处理指令不是C++的命令或函数。预处理指令以"♯"开始,以回车符结束,每一条预编译指令单独占一行,因其不是C++语句,所以在行尾没有分号。

根据编译预处理指令的功能可分为文件包含(嵌入指令)、宏定义和条件编译三种。预处理指令可以出现在程序的任何位置,但一般预处理指令出现在文件的头部。

### 4.8.1 文件包含指令

文件包含指令是指一个源程序可以将另一个源程序文件的全部内容包含进来,即将另外的一个文件完整地包含在当前的文件中。文件包含可以用include命令来实现。

文件包含的格式为：

**#include <文件名>**

或

**#include "文件名"**

其中,文件名是一种被称为头文件的文本文件,其文件扩展名一般为".h",当然也可以使用其他扩展名。在头文件中主要包含宏定义、外部变量的声明和函数原型的声明等。

例如,有一个文件file1.h,设文件中的内容为：

```
int iabs(int x);
```

另有一个文件file2.cpp,文件中的内容为：

```
#include "file1.h"
void main()
```

```
    {   int a;
        cout<<"请输入一个数,并求其绝对值";
        cin>>a;
        iabs(a);
        cout<<"a="<<a<<'\n';
    }
    void iabs(int i)
    {   i=i>0?i:-i;
        cout<<"绝对值为"<<i<<'\n';
    }
```

编译系统在编译 file2.cpp 时,则将 file2.cpp 中的 #include "file1.h" 这一行预处理指令用 file1.h 文件中的内容进行替换,并形成临时文件,临时文件的内容为:

```
    int iabs(int x);
    void main()
    {   int a;
        cout<<"请输入一个数,并求其绝对值";
        cin>>a;
        iabs(a);
        cout<<"a="<<a<<'\n';
    }
    void iabs(int i)
    {   i=i>0?i:-i;
        cout<<"绝对值为"<<i<<'\n';
    }
```

替换完成后,系统再对形成的临时文件进行编译处理。

#include 后的文件假如用<>括起来的,表示是C++语言预定义的文件,编译系统将在系统设定的 include 目录中寻找指定的头文件。

#include 后的文件假如用双引号括起来的,则编译系统在当前工作目录中寻找指定的头文件。

一条 include 包含指令只能包含一个头文件,当程序中需要包含多个头文件时,要用包含指令分别书写。在包含指令包含的头文件中可以含有包含指令,形成包含的嵌套。

使用文件包含指令主要有两个用处:一是使用系统提供的库函数、系统定义的数据类型以及系统提供的全局变量,例如,欲使用系统定义的标准输入流和标准输出流,则需要包含<iostream.h>;另一个用处是在大型的程序开发中,一个程序由多个文件组成,若一个 cpp 文件中的程序调用定义在另一个 cpp 文件中的函数时,一般将被调函数的原型声明写入头文件中,调用者所在的 cpp 文件中包含该头文件即可。相关的内容将在本章稍后介绍。

### 4.8.2 宏定义指令

#define 预处理的指令称为宏定义指令,可根据其是否带参数分为不带参数的宏和带参数的宏。

**1. 不带参数的宏**

在第 2 章中介绍的宏定义常量采用宏名来代表一个常量,这就是典型的不带参数的宏。不带参数的宏的格式为:

**#define 宏名　替换正文**

如

`#define　PI　3.1415926`

其功能就是将 PI 定义为实数 3.1415926。在编译预处理时,将程序中标识符为宏名 PI 处用 3.1415926 替换。这种替换过程称为"宏展开"或"宏扩展"。

在使用宏定义时,要注意以下几点:

(1) 虽然一般将宏定义放在程序的开始部分,但宏定义可以出现在程序的任何位置。宏名的作用域从宏定义开始到本源程序结束。

(2) 在宏定义中可以使用已定义过的宏名。例如:

```
#include<iostream.h>
#define　PI　3.14
#define　R　10
#define　AREA　R*R*PI
void main()
{
    cout<<"圆的半径为"<<R<<"\t 圆的面积为"<<AREA<<'\n';
}
```

程序的运行结果为:

圆的半径为 10　圆的面积为 314

(3) 在宏扩展时,只对宏名作简单的代换,不作任何语法检查。例如:

```
#include<iostream.h>
#define　PI　3.14
#define　R　5+5
#define　AREA　R*R*PI
void main(){
    cout<<"圆的半径为"<<R<<"\t 圆的面积为"<<AREA<<'\n';
}
```

程序的运行结果为:

圆的半径为 10　圆的面积为 45.7

这是因为程序经扩展后为:

`cout<<"圆的半径为"<<5+5<<"\t 圆的面积为"<<5+5*5+5*3.14<<'\n';`

(4) 可以用预处理指令 #undef 终止宏名的作用域。例如:

```
#define PI　3.14
…
#undef PI                              //A
…
```

A 行将终止 PI 的作用域,即其后不能再用宏名 PI。

(5) 当宏名出现在字符串中时,编译预处理不进行宏扩展。这是因为宏名出现在字符串中其不再是标识符了。

（6）在同一个作用域内，同一个宏名只能定义一次。

**2. 带参数的宏**

带参数的宏的格式为：

#define 宏名（参数表）　替换正文

带参数的宏定义在扩展时与不带参数的宏定义有所不同，它不仅是做简单的宏扩展，而是先做参数替换，然后再进行宏替换。当有多个参数时，参数间用逗号隔开，参数不能指定类型。如：

```
#define AREA(a,b) a*b
cout<<AREA(3,4);
```

这是定义求长方形面积的宏 AREA，它带有两个参数 a 和 b。使用带参数的宏称为宏调用。宏定义中的参数称为形参，宏调用中的参数称为实参。在对宏调用进行扩展时，先依次用实参替代宏定义中的形参，并用替代后的字符串替代宏调用。因此 AREA(3,4)被替换成 3*4。

使用带参数的宏须注意以下几点。

（1）当宏调用中包含的实参是表达式时，在宏定义中要用括号把形参括起来。例如：

```
#define AREA(a,b)   a*b
cout<<AREA(1+2,2+2);
```

则编译系统在预处理时，将语句宏扩展为 cout<<1+2*2+2。假如用括号把形参括起来，就不会出现这种现象，例如：

```
#define AREA(a,b)   (a)*(b)
cout<<AREA(1+2,2+2);
```

编译系统在预处理时，将语句宏扩展为 cout<<(1+2)*(2+2);。

（2）在宏定义时，宏名和左括号之间不能有空格。若在宏名后有空格，则将空格后的全部字符都作为无参宏定义的替换正文，而不作为形参。

（3）一个宏定义一般要在一行内定义完，并以换行符结束。当一个宏定义多于一行时必须使用转义字符"\"，即在按换行符之前先输入一个"\"。

（4）宏定义不是C++语句，因此不能随意在末尾再加";"。例如：

```
#define AREA(a,b)   (a)*(b);
cout<<AREA(3,4) <<AREA(5,6);
```

编译系统在预处理时，将语句宏扩展为 cout<<(3)*(4);<<(5)*(6);;，则编译出错。

虽然带参数的宏在宏定义与宏调用时存在形参和实参，与函数有些类似，但本质上是完全不同的。两者的主要区别在于：

（1）两者定义的形式不同。在宏定义时只给出形参，不需说明形参的类型，而函数定义必须指定形参的类型。宏定义后跟的是替换正文，宏定义不能超过一行，若超过一行，则在编写源程序时，须在回车之前加转义字符"\"。而函数的函数体则有{}括起，函数体内的语句行数不受限制。

(2) 宏由编译预处理程序来处理,而函数是由编译程序处理的。宏调用时,仅作简单替换,不做任何计算,并且是在编译之前由预处理程序来完成这种替换的;而函数是在编译后,在目标程序执行期间,依次求出各个实参的值,然后才执行函数的调用。

(3) 函数调用可以有返回值,而宏调用没有。

### 4.8.3 条件编译指令

使用条件编译指令,可以限定程序中的某些内容在一定条件的情况下才能参与编译。因此,利用条件编译可以使同一段源程序在不同的编译条件下产生不同的目标代码。例如,可以在调试程序时增加一些调试语句,以达到跟踪的目的,并利用条件编译指令,限定当程序调试成功后,重新编译,使调试语句不参与编译。常用的条件编译有两种形式:#if 和 #ifdef。

**1. #if 形式**

(1)

```
#if 常量表达式
    程序段                    //当表达式非零时编译本程序段
#endif
```

(2)

```
#if 常量表达式
    程序段 1                  //当表达式非零时编译程序段 1
#else
    程序段 2                  //当表达式为零时编译程序段 2
#endif
```

(3)

```
#if 常量表达式 1
    程序段 1                  // 当表达式 1 非零时编译程序段 1
#elif  常量表达式 2
    程序段 2                  // 当表达式 1 为零,表达式 2 非零时编译程序段 2
    ...
#else
    程序段 n+1                // 其他情况下编译程序段 n+1
#endif
```

**2. #ifdef 形式**

(1)

```
#ifdef 标识符
    程序段 1                  //标识符经#define 定义过且未被#undef 删除,编译程序段 1
#else
    程序段 2                  //标识符未经#define 定义过或已被#undef 删除,编译程序段 2
#endif
```

(2)

```
#ifndef 标识符
    程序段 1             // 标识符未被#define 定义,编译程序段 1
#else
    程序段 2             // 标识符已经被#define 定义过,编译程序段 2
#endif
```

在上述(2)中,如果没有程序段 2,则#else 可以省略。

条件编译指令与宏定义指令一样,可以出现在程序中的任何位置。当把表达式的值作为条件编译的条件时,必须能在编译预处理时求出该表达式的值,也就是说,该表达式中只能包含一些常量的运算。

## 4.9  程序的多文件组织

本书中的大部分程序都是一些功能简单,篇幅短小的程序,可将完整的代码放在一个源程序文件中。在设计复杂的大程序时,常会把程序分为若干个模块,把实现一个模块的程序或数据放在一个文件中,也就是说一个完整的程序被存放在两个或两个以上的文件中时,称为多文件组织。

在多文件组织中,一个程序包含多个源文件。而每个源文件中定义了不同的函数和全局变量。

当一个源文件中的函数,要调用定义在另一个源文件中的函数时,必须在调用该函数的语句前对被调用函数进行原型声明。

当一个文件中的程序要引用定义在另一个源文件中的全局变量时,则需要在引用前用 extern 声明该全局变量。

例如:在 f1.cpp 中有一个全局变量 time,并有一个计算阶乘的函数 f,在 f 中每次调用时将全局变量 time 增 1。

```
//f1.cpp
int time=0;
int f(int n)
{   int s=1;
    for(int i=1; i<=n; i++)
        s*=i;
    time++;
    return s;
}
```

在另一个文件 f2.cpp 中,若要使用全局变量 time 和函数 f 的话,应在使用前对全局变量 time 和函数 f 进行声明。

```
//f2.cpp
#include <iostream.h>
extern int time;                    //全局变量 time 说明
int f(int n);                       //函数 f 声明
void main()
```

```
{   int s=0;
    for(int i=1; i<=5; i++)
        s+=f(i);
    cout<<"1!+2!+3!+4!+5!="<<s<<'\n';
    cout<<"函数 f 被调用的次数为"<<time<<'\n';
}
```

在 Visual C++ 6.0 中,一个应用程序对应一个工程(project)。当一个应用程序包含多个文件时,需将组成程序的所有文件都加到工程文件中,由编译系统自动完成多文件组织的编译和连接。

将文件加到工程文件中有两种方法。

(1) 在创建源文件时直接加入工程。创建源文件时,选择 file→new 命令,弹出如图 4.4 所示对话框,将对话框中的 Add to project 复选框选上即可实现新创建的源文件加入到当前工程中。

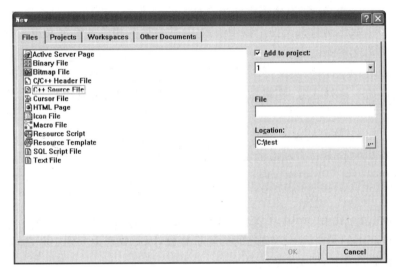

图 4.4　Visual C++ 6.0 新建源文件对话框

(2) 若需将已有的文件加入工程,则选择 project→Add to project→Files 命令,弹出如图 4.5 所示对话框。将准备加入工程的文件选上后,单击"OK"按钮即可。

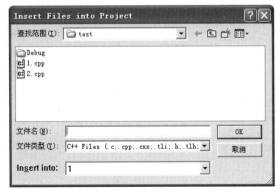

图 4.5　Visual C++ 6.0 将文件加入工程对话框

## 4.10 C++ 库函数

前面的程序中经常用到库函数,即编译系统将一些常用功能的函数作为已知的函数提供给用户,使用者只需按照规定格式调用这些函数即可。这样可以加快程序的开发进度,提高软件生产率,且C++库函数都是经充分测试质量较高的函数,使用系统库函数对提高软件质量也有积极的意义。

C++根据系统库函数的作用和性质将系统库函数的原型声明写在若干个头文件中。ANSI C 标准规定了标准库函数的内容、类型和宏定义。支持标准C的语言编译环境提供这些标准库函数、类型和宏定义,同时还提供与特定环境相关的库函数。这些库函数的原型及类型和宏定义分属于若干个头文件中,主要包括:

- iostream.h:实现输入/输出头文件。
- iomanip.h:输入/输出格式管理头文件。
- math.h:数学函数头文件。数学函数、与数学运算相关的宏定义等。特别注意三角函数中角度用弧度表示。
- stdlib.h:实用函数头文件。系统提供的一系列实用函数,有数字串转化为不同类型数值的一系列函数、随机数产生函数、终止程序函数、数组元素的查找和排序等函数。
- string.h:字符串处理库函数。

在使用库函数时,须包含相应的头文件,请参见附录B。

【例 4.22】 设计一个程序,使之产生 10 个[0,100)之间的随机值,输出这 10 个数并求这 10 个数的平均值。

分析:随机值可由在 stdlib.h 文件中进行原型声明的随机数产生函数 rand()产生。由于 rand()函数产生的是 0 到 32767 之间的随机整数,因此要产生 0 到 100 之间的随机值,可采用对 100 求余的方法,即 rand()%100。

```
#include<iostream.h>
#include<stdlib.h>                    //stdlib.h 为 rand()函数原型声明所在的头文件
void main()
{   int s=0;
    for(int i=0; i<10; i++)
    {   int rand_num=rand()%100;
        s+=rand_num;
        cout<<rand_num<<(i%5==4?'\n':'\t');
    }
    cout<<"十个随机数的平均值为"<<s/10.0<<'\n';
}
```

程序的运行结果为:

```
41  67  34  0   69
24  78  58  62  64
十个随机数的平均值为 49.7
```

细心的读者会发现,上述程序每次运行结果都一样。rand()函数产生的值并不是真正意义上的随机值。

事实上,rand()函数是伪随机函数,其采用相应的数学方法(线性同余法)产生一个伪随机数数列。每次调用 rand()函数,即从该数列中取下一个值,由于该数列的周期特别长,因此该数列中的数可被看成是随机的。该数列的初始值被称为随机数种子(seed),种子相同,则数列完全相同;种子不同,则数列不会相同。默认情况下,伪随机数数列的种子为1,因此程序每次运行结果相同。

要解决上述问题,需每次在生成伪随机数数列前指定不同的种子。C++在 stdlib.h 头文件中声明的 srand(int)函数被用于指定种子的值。为取得不同的种子的值,可使用C++在 time.h 头文件中声明的 time()函数。调用 time(0)将返回1970年1月1日零时零分零秒到调用该函数为止所经过的时间,单位为秒。运行的时间不一样,调用 time(0)的返回值也将不同。修改后的程序如下。

```
#include<iostream.h>
#include<stdlib.h>
#include<time.h>
void main()
{   int s=0;
    int seed;
    seed=time(0);              //返回1970年1月1日零时零分零秒到调用该函数为止
                               //所经过的秒数
    srand(seed);               //将该秒数作为产生随机数列的种子
    for(int i=0; i<10; i++)
    {   int rand_num=rand()%100;
        s+=rand_num;
        cout<<rand_num<<(i%5==4?'\n':'\t');
    }
    cout<<"十个随机数的平均值为"<<s/10.0<<'\n';
}
```

多次运行程序将发现每次的运行结果各不相同,解决了前程序存在的问题。

## 4.11 函数调用与栈

在C++中,分别使用堆(heap)和栈(stack)两种数据结构存放数据。其中栈与函数调用有着密切的联系,每个程序在运行时,都有一个独立的栈。

由栈的定义可知,最先放入栈中的元素在栈底,最后放入的元素在栈顶,而删除元素刚好相反,最后放入的元素最先删除,最先放入的元素最后删除。

事实上,函数的调用、返回的顺序也与栈的生长方式相似,当函数嵌套调用时,最后被调用的函数总是先返回。例如有三个函数 A、B、C,当函数 A 调用函数 B,而函数 B 又调用函数 C,则函数 C 运行结束后,将运行的控制权交给函数 B,而函数 B 运行结束后,将运行的控制权交给函数 A,如图 4.6 所示。

### 4.11.1 参数传递与栈

对于有参函数而言,调用者需要将实参的值传递给被调用函数。在 C/C++ 中,利用栈

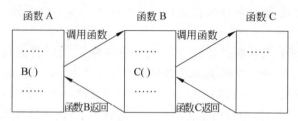

图 4.6　函数调用及返回次序示意图

实现参数的传递。C++ 的参数传递有两种方式：值传递和引用传递。

先介绍值传递方式。函数调用者在调用函数前，将参数的值从右向左压入栈中。例如：若函数有两个参数，则先将第 2 个参数的值压入栈中，再压入第 1 个参数的值。在栈中存放该参数值的内存区域就是被调用的函数的形参所代表的内存，被调用的函数对形参进行操作，其实就是对栈中存放实参值的内存区域进行操作。当函数返回时，函数调用者再负责将原压入栈中的参数弹出。

【例 4.23】　有参函数的调用示例。

```
#include <iostream.h>
void swap(int i,int j)
{   int t;
    t=i; i=j; j=t;
}
void main()
{   int a=10, b=5;
    swap(a,b);
    cout<<a<<b;
}
```

在主函数调用 swap(a,b) 时，首先将第 2 个参数的值即 5 压入栈中，存放该值的内存也是函数 swap 第 2 个形参 j 所代表的内存，接着将第 1 个参数的值即 10 压入栈中，存放该值的内存也是函数 swap 第 1 个形参 i 所代表的内存。swap 函数将 i 与 j 的值互换，其实就是将栈中这两个内存中的数据互换。该过程如图 4.7 所示。

从图 4.7 可以看出，参数在进行值传递时，调用者将实参的值压入栈，而被调函数将栈中存放该值的内存看作是对应的形参变量。因此在上例中 swap 的 i、j 变量和 main 函数的 a、b 变量是完全不同的变量。swap 的 i、j 变量值的交换，并不影响 a、b 的值。

当被调用的函数的参数是引用时，程序将实参变量的地址压入栈中。函数对引用形参操作，其实是对该压入栈的地址所指向的内容进行操作。相关的概念可参考指针这一章节的介绍。

### 4.11.2　自动变量与栈

函数中定义的自动变量也是在栈中定义的。在执行被调用函数时，被调函数以类似于压栈的方式为自动变量分配相应的内存。当函数返回时，被调函数以类似弹栈的方式将自动变量的内存释放。函数返回后，系统可将这些空间分配给其他函数。

由此可见，自动变量在函数执行时分配空间，在函数执行结束时释放空间。这也是当函

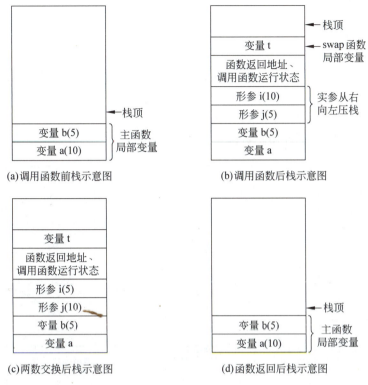

图 4.7 例 4.23 调用函数前后栈变化情况示意图

数返回时,该函数的自动变量自动失效的原因。

因此函数在调用时,对栈的操作和顺序如下。

(1) 将实参压入栈中,供被调函数使用。
(2) 将调用函数的运行状态和返回地址压入栈中进行保护。
(3) 在栈中分配空间存放函数中定义的自动变量。
(4) 运行函数中的语句。
(5) 释放栈中存放函数自动变量的空间。
(6) 从栈中弹出调用函数的运行状态和返回地址,返回主调函数。
(7) 将压入的实参弹栈,释放空间。
(8) 运行调用函数后语句。

每次函数调用时,被调函数使用的栈的空间和调用函数使用的栈的空间是完全独立的,被调函数在返回时将占用的栈的空间返回给系统。因此不同函数的同名变量分配在不同的栈内存空间内,从而不会相互影响。

### 4.11.3 函数递归调用和栈

被调函数使用的栈的空间和调用函数使用的栈的空间是完全独立的,在递归调用时也是如此,同一个函数每次被调用时,都会在栈中分配一段独立的栈空间,用以存放本次函数调用时的参数值和自动变量。

换句话说,每次函数递归时,其参数和局部变量都是独立的。例如有函数 f:

```
int f(int x)
{   int t;
    if((x==0)||(x==1))
        t=1;
    else
        t=x * f(x-1);
    return t;
}
```

当执行 f(3) 时,栈的变化过程如图 4.8 所示。

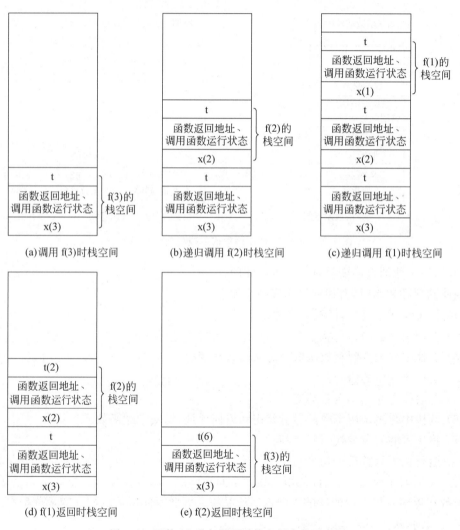

图 4.8　函数 f() 递归调用时栈空间变化示意图

如图 4.8(a)所示,程序在调用 f(3)时,将实参的值 3 压入栈中成为形参变量 x,并在栈中为局部变量 t 分配空间。根据程序,f(3)递归调用 f(2),将实参的值 2 压入栈中成为 f(2)的形参变量 x,并在栈中为 f(2)的局部变量 t 分配空间,如图 4.8(b)所示。可以看出运行 f(2)所用的栈空间和运行 f(3)所用的栈空间是独立的,运行 f(3)时和运行 f(2)时,都有形参变量 x 和局部变量 t,但两组变量分别位于不同的栈空间,因此是两组不同的变量。同样,

f(2)递归调用 f(1),f(1)的栈空间与 f(2)的栈空间和 f(3)的栈空间都是相互独立的。

递归调用结束后,依次返回。首先 f(1)运行结束,将运行结果 1 返回给调用者 f(2),系统将分配给 f(1)的栈空间释放。f(2)中将 f(1)的返回值 1 乘上 x 的值 2 后,将结果 2 返回给调用者 f(3),系统将分配给 f(2)的栈空间释放。f(3)中将 f(2)的返回值 2 乘上 x 的值 3 后,将结果 6 返回给调用者 f(3),系统将分配给 f(2)的栈空间释放。

由上可知,在分析递归调用时,须把握"当前"这一概念。在调用 f(3)时当前的 x 为 3;在调用 f(2)时当前的 x 为 2;在调用 f(1)时当前的 x 为 1。f(1)调用结束,控制权交回给 f(2),当前的 x 变回为 2;f(2)调用结束,控制权交回给 f(3),当前的 x 变回为 3。

# 习　　题

**一、选择题**

1. C++语言中函数返回值的类型是由_____决定的。
   A. return 语句中的表达式类型　　　B. 调用该函数的主调函数类型
   C. 定义函数时所指定的函数类型　　D. 传递给函数的实参类型
2. 在程序执行过程中,对程序的某一个函数 func()中说明的 static 型变量 V 描述正确的有:_____。
   A. V 是局部变量且在栈内分配空间
   B. V 在整个程序执行过程中都存在,是全局变量
   C. V 是局部变量且在堆内分配空间
   D. 以上描述都不正确
3. 设有函数声明 int fun(int &b);,有变量 int j;,下面哪个是对函数的正确调用?_____。
   A. fun(&j)　　　B. fun(j+2)　　　C. fun(j)　　　D. fun(3)
4. 在一个函数内部,以下描述正确的是_____。
   A. 可以定义和调用其他函数　　　　B. 可以调用但不能定义其他函数
   C. 不可以调用但能定义其他函数　　D. 不可以调用也不能定义其他函数
5. 对于一个 Win32 Console Application 工程,以下描述正确的是_____。
   A. 工程中所有的源文件中有并且只能有一个 main 函数
   B. 工程中必定有一个源文件中含有一个 main 函数
   C. 全局变量具有文件作用域,在一个文件内定义的全局变量只能在该文件中使用
   D. 在一个文件内定义的全局变量,工程中的其他文件能直接使用该全局变量
6. 对下述程序描述正确的是_____。

```
int add(int x,int y)
{ return x+y; }
float add(float x,float y)
{ return x+y; }
void main()
{   double f1=1.2, f2=2.3;
```

```
        cout<<add(f1,f2);
    }
```
   A. add 是重载函数,调用 cout<<add(f1,f2);时,程序将执行 int add(int x,int y)函数
   B. add 是重载函数,调用 cout<<add(f1,f2);时,程序将执行 float add(float x, float y)函数
   C. 程序将编译出错
   D. 以上描述都不正确

7. 对下述程序描述正确的是_____。

```
int add(int x,int y)
{  return x+y; }
double add(double x,double y)
{  return x+y; }
void main()
{  float x=1.2, y=2.3;
   cout<<add(x,y);
}
```
   A. add 是重载函数,调用 cout<<add(f1,f2);时,程序将执行 int add(int x,int y)函数
   B. add 是重载函数,调用 cout<<add(f1,f2);时,程序将执行 double add(double x,double y)函数
   C. 程序将编译出错
   D. 以上描述都不正确

8. 若定义函数时未指定函数的返回类型,则函数的返回类型为_____。
   A. void          B. int          C. double          D. 编译出错

9. 宏定义语句格式正确的是_____。
   A. #define PI=3.1415926              B. #define PI=3.1415926;
   C. #define PI 3.1415926              D. #define PI(3.1415926)

10. 若有宏定义语句 #define N 'a',执行语句 char c=N';,则 c 的值为_____。
    A. 'N'          B. 'a'          C. "a"          D. 编译出错

二、填空题

1. 下面程序的输出是_____。

```
#include<iostream.h>
void fun(int a,int &b)
{   int temp;
    temp=a;
    a=b;
    b=temp;
}
void main()
{   int a=3, b=4;
    fun(a,b);
    cout<<a<<' '<<b<<'\n';
}
```

2. 执行下面程序输出的是_____。

```
#include<iostream.h>
void f(int);
void main()
{f(257);}
void f(int n)
{if(n>16)
        f(n/16);
    cout<<hex<<n%16;
}
```

3. 设有宏定义"#define f(x) x*x",执行语句"cout<<f(3+4)<<endl;",则输出是_____。

4. 设有宏定义"#define f(x) x*x,x+x",执行语句 cout<<f(3);,则输出是_____。

5. 程序

```
#include<iostream.h>
int fun(int a,int b)
{  return a+b;}
int fun(int a,int b,int c)
{  return a+b+c;}
void main()
{  cout<<fun(2,(3,4));}
```

输出结果为_____。

6. 程序

```
int i=0;
void main()
{   int i=5;
    {   cout<<i;
        int i=7;
        cout<<i;
        cout<<::i;
    }
}
```

程序的输出是_____。

7. 程序

```
#include<iostream.h>
void main()
{   int f(int a=30, int b=40);
    cout<<f()<<endl;              //A
    int f(int a=100, int b=200);
    cout<<f()<<endl;              //B
}
int f(int a,int b)
```

{ return a+b;}

期望在执行 A 语句时,f() 的默认值为 a=30,b=40;在执行 B 语句时,f() 的默认值为 a=100,b=200。请问上述程序是否正确,若不正确应如何修改：_____。

### 三、完善程序题

1. 求 400 之内的亲密对数。所谓亲密对数,即 A 的所有因子之和等于 B,B 的所有因子之和等于 A。

```
#include<iostream.h>
_____;
void main()
{    for(int i=2; i<400; i++)
         if(_____==i)
             cout<<i<<' '<<_____<<'\n';
}
int fun(int n)
{    int s=0;
     for(int i=2; i<n; i++)
         _____
             s+=i;
     _____;
}
```

2. 求满足 1!+2!+3!+⋯+n!<10000 的 n 的最大值。

```
#include<iostream.h>
int f(int n)
{    if(_____) return 1;
     else return _____;
}
void main()
{    int s=0;
     int n=0;
     while(_____)
     {
         n++;
         _____;
     }
     cout<<"n="<<_____<<endl;
}
```

### 四、编程题

1. 已知组合数：$c(m,r)=m!/(r!(m-r)!)$,其中 $m$、$r$ 为正整数,且 $m>r$。分别求出 $c(5,2)$、$c(8,6)$ 的组合数。阶乘及组合数用函数实现。

2. 设计求 $n!$ 的函数,$n$ 的默认值为 10 的程序。

3. 设计求圆柱体体积的函数的程序,圆柱体高的默认值为 5。

4. 分别用递归函数和非递归函数实现计算 Fibonnaci 数列的第 $n$ 项的值,求出 Fibonnaci 数列第 40 项的值,并比较两种实现方式在时间效率方面的差异。

5. 定义一个宏,求数的绝对值,并求出常量表达式(−4+3)的绝对值。

6. 设计一个程序,用重载函数实现计算数的绝对值,分别实现对整型数和浮点型数的计算。

7. 已知梯形的两条底的边长 $a$、$b$ 与高 $h$,分别用带参数的宏和函数编写求梯形的面积的程序。

8. 设计一个无参函数 int fib(),依次返回 Fibonnaci 数列的各项的值,即第 1 次调用 fib(),返回 Fibonnaci 数列的第一项值;第 2 次调用 fib(),返回 Fibonnaci 数列的第二项值;以此类推。提示:可考虑使用静态变量或全局变量来保存上一次函数调用的运算结果。

# 第 5 章 构造数据类型

## 5.1 本章导读

前面介绍了 C++ 的基本数据类型,这些数据类型是 C++ 已经预定义好的,可以直接使用。基本数据类型是一种简单的数据类型,这些预定义的数据之间是没有任何关系的,即它们是单独存在的。如果要表示成批的或复杂的数据,就需要使用用户定义的构造数据类型。

构造数据类型是根据已定义的一个或多个数据类型用构造的方法来定义的。也就是说,一个构造类型的值可以分解成若干个成员或元素。每个成员都是一个基本数据类型或又是一个构造类型。在 C++ 语言中,构造类型有以下几种:

- 数组类型
- 结构类型
- 枚举类型

本章介绍数组类型。数组类型是使用最广泛的一种构造类型。

在数学计算中,除了一般的变量外,还有一种带有下标的变量,用来处理成组的多个同类型数据。例如,线性方程组可以表示为:

$$A_{1,1}X_1 + A_{1,2}X_2 + \cdots + A_{1,n}X_n = B_1$$
$$A_{2,1}X_1 + A_{2,2}X_2 + \cdots + A_{2,n}X_n = B_2$$
$$\vdots$$
$$A_{m,1}X_1 + A_{m,2}X_2 + \cdots + A_{m,n}X_n = B_m$$

此处的 $A_{1,1}$,$X_1$,$B_1$ 等就是下标变量。

用 C++ 编程处理数据时,经常要处理一批具有内在联系且具有相同属性的数据,例如解上面所述的方程组和第 1 章中所提到的线性数组组织中的数据。为了更好地处理这类数据,参考数学中使用下标变量的做法,引入了一个新的概念——数组。

准确地说,数组是同类型有序数据的集合。数组中的数据称为数组元素,要引用某个数组元素必须给出两个要素,即数组名和下标。使用数组名和下标可以唯一地标识数组中的任一个元素。

数组元素是一种下标变量,由于在C++中不能像数学中那样把下标写在变量的右下角,就将下标放在一对方括号里面,例如数学中的下标变量 $X_1$,在C++中就写成了 $X[1]$。

数组中下标变量的个数必须是确定的,不能是动态的(就是下标变量的个数不能动态确定)。C++规定,下标的序号从0开始。如果一个数组 $A$ 有10个下标变量,这10个下标变量将是 $A[0],A[1],A[2],\cdots,A[9]$。

根据下标个数不同,可以把数组分为一维数组、二维数组和多维数组。根据数组中元素类型不同,可以有整型数组、实型数组、字符数组等。数组必须先定义,后使用,在定义时还可以对其进行初始化。

数组在内存中是连续存放的(也称线性存放),也就是占用一片连续的内存空间。例如一个有10个元素的整型数组,占用40个内存单元(字节),假设其起始地址为3000,则各元素存放地址如图5.1所示。

图 5.1 数组的存储

由于有了数组,可以用相同名字引用一系列变量,并用数字(下标)来识别它们。在许多场合,使用数组可以缩短和简化程序,因为可以利用下标值设计一个循环,高效处理多种情况。数组有上界和下界,数组的元素在上下界内是连续存放的。数组是许多算法和编程技巧的基础,典型的算法有排序和筛法求素数。掌握数组的使用,可以大大提高编程能力,加深对程序的理解。

概括起来,学习数组主要是掌握:
- 数组的概念;
- 一维数组的定义、初始化;
- 数组元素的引用;
- 典型的数组算法;
- 二维数组的定义、初始化;
- 二维数组的应用;
- 字符数组的定义、初始化;
- 字符数组的应用;
- 经典二维、字符数组算法;
- 数组与函数。

## 5.2 一维数组

一维数组就是其元素只有一个下标的数组。这是使用情况最多的数组,一维数组是二维以及更高维数组的基础。

### 5.2.1 一维数组的定义

在C++语言中使用数组必须先进行类型说明(也称数组定义)。数组说明的一般形

式为:

> [<存储类型>] <类型说明符>  <数组名>[常量表达式], …

其中,类型说明符是任一种基本数据类型或构造数据类型。数组名是用户定义的数组标识符。方括号中的常量表达式表示数据元素的个数,也称为数组的长度。

【例 5.1】 数组说明示例。

```
int a[10];                //说明整型数组 a,有 10 个元素。元素的下标从 0 到 9
float b[10],c[20];        //说明实型数组 b,有 10 个元素,实型数组 c,有 20 个元素
char ch[20];              //说明字符数组 ch,有 20 个元素
```

数组说明时须注意以下几点:

(1) 数组的类型实际上是指数组元素的取值类型。对于同一个数组,其所有元素的数据类型都是相同的。

(2) 数组名的书写规则应符合标识符的书写规定。

(3) 数组名不能与其他变量名相同,也不能是C++的关键字。

【例 5.2】 以下程序是错误的。

```
void main(){
    int a;
    float a[10];              //数组名 a 与前面的变量 a 同名
    ⋮
}
```

(4) 方括号中常量表达式表示数组元素的个数,如"int a[5];"表示数组 a 有 5 个元素。元素个数必须大于 0。

(5) 不能在方括号中用变量来表示元素的个数,但是可以是符号常数或常量表达式。所谓常量表达式就是其中可以含有运算符,但是运算对象必须是常量。

【例 5.3】 以下两个程序,一个是正确的,一个是错误的。

```
void main(){
    int n=5;
    int a[n];                 //n 是变量
    ⋮
}
```

是错误的。

```
#define ID 5
void main(){
    int a[3+2],b[7+ID];       //ID 是常量
    ⋮
}
```

是正确的。

(6) 常量表达式的类型不能是实型,数组元素的下标表达式也不能是实型。

【例 5.4】 数组下标示例 1。

```
#define FD 10.1
int a[FD];              //错误,数组元素的个数不能为实型
int b[int(FD)]          //正确,经过强制类型转换,元素个数已经为整型
b[FD]=5;                //错误,数组元素的下标不能为实型
```

(7) 在引用数组元素时,C++通常不检查元素的下标是否超界,遇到超界时不报告有语法错误,但是在运行时有可能发生逻辑错误,甚至是不可预测的、导致系统崩溃的严重错误。

**【例5.5】** 数组下标示例2。

```
int a[10];              //注意,数组 a 的下标区间是[0,9]
a[0]=10;                //正确,下标 0 在区间内
a[-1]=0;                //下标-1 超界(最小为 0),但在编译时不报告错误
a[10]=15;               //下标 10 超界(最大为 9),但在编译时不报告错误
```

## 5.2.2 一维数组的初始化

一般的数组在定义时如果不初始化,其初值是不确定的。所谓的初始化就是在定义数组的同时就给数组元素赋值。

初始化赋值的一般形式为:

[<存储类型>] <类型说明符>　<数组名>[<常量表达式>]={值,值,…,值};

C++语言对数组的初始赋值分为以下几种情况:

(1) 对所有数组元素初始化,其特点是用来初始化的常量与数组元素的个数相等。

例如:

```
int a[10]={0,1,2,3,4,5,6,7,8,9};        //a[0]=0,a[1]=1,…,a[9]=9
```

(2) 可以只给部分元素赋初值。当{ }中值的个数少于元素个数时,只给前面部分元素赋值。未初始化元素的值自动为 0。

**【例5.6】** 数组元素初始化示例。

```
int a[10]={0,1,2,3,4};      //表示只给 a[0]~a[4]5 个元素赋值,而后 5 个元素自动赋 0 值
```

相当于

```
int a[10]={0,1,2,3,4,0,0,0,0,0};
int b[10]={0,0,0,1,2,3};    //初始化 b[3]、b[4]、b[5]为 1、2、3,其余元素的值为 0
int c[5]={1,2,3,4,5,6};     //错误,初值个数多于数组元素个数
```

**提示**:初始化时初值个数不能多于数组元素个数。

(3) 如给全部元素赋值,则在数组说明中,可以不给出数组元素的个数。

例如:

```
int a[5]={1,2,3,4,5};
```

可写为:

```
int a[]={1,2,3,4,5};
```

(4) 当把数组定义为全局或静态变量时,如果对其初始化,也遵守上述规则。如果不对

其初始化，C++编译系统会自动地将所有元素的初值设置为 0。

### 5.2.3 数组元素的引用

数组元素是组成数组的基本单元。数组元素也是一种变量，其标识方法为数组名后跟一个下标。下标表示了元素在数组中的顺序号。

数组元素的一般形式为：

**数组名[下标]**

其中的下标只能为整型常量或整型表达式（也可为字符型表达式）。例如，a[5]，a[i+j]，a[i++]都是合法的数组元素。数组元素通常也称为下标变量。必须先定义数组，才能使用下标变量。在C++语言中只能逐个地使用下标变量，而不能一次引用整个数组。

**【例 5.7】** 数组元素引用示例。

设有：int b[5],a[5]={1,2,3,4,5};如果想要将数组 a 赋值给数组 b,则有：

```
b=a;                //错误,数组不能整体复制,即不能将数组 a 的 5 个元素的值一一
                    //对应的复制给数组 b 的 5 个元素
cin>>b;             //错误,数组不能整体输入,只能逐个元素的输入
cout<<b;            //错误,数组不能整体输出,只能逐个元素的输出
```

**提示**：数值型的数组不能整体输入、输出和赋值。

处理一维数组时，通常总是和一个循环联系在一起。每循环一次处理一个数组元素，一般使用 for 循环。

**【例 5.8】** 定义数组 a 和 b，从键盘给数组 a 赋值，再将数组 a 的值赋给 b，最后将 a 输出到屏幕上。局部程序如下：

```
int a[5],b[5],i;
for(i=0; i<5; i++)
{   cin>>a[i];
    b[i]=a[i];
}
for(i=0; i<5; i++)cout<<a[i]<<'\t';
```

### 5.2.4 一维数组的应用

一维数组的应用非常广泛，这里举几个常见的例子。

**【例 5.9】** 在一个有 10 个元素的数组中找出值最大的元素及其位置。

分析：从若干个数中求最大者的方法很多，这里采用"打擂台"算法。设置一个擂台（变量），先将一个数（通常可以将数组的第 0 个元素）放在擂台上，然后用下一数与擂台上的数进行比较，大者留台上。再将第三个数再与台上的数比较，同样是大者留台上。如此比下去直到所有的数都上台比过为止。最后留在擂台上的就是大者。

将此解题思路写成C++程序就是：

```
#include<iostream.h>
void main()
{   int i,j,max,a[10]={6,9,8,5,2,4,7,3,1,0};    //max 就是擂台变量
```

```
        max=a[0];j=0;                       //将 a[0]放在擂台上
        for(i=1; i<10; i++)
            if(a[i]>max){                   //如果擂台 max 上的数字小
                max=a[i];                   //就将 a[i]留在擂台上
                j=i;                        //记录当前擂台上数字在数组中的
位置
            }
        cout<<"max="<<max<<",其位置为""<<j<<'\n';
}
```

**【例 5.10】** 用冒泡排序法对 5 个输入的整数进行升序排序。

分析：对具有 n 个元素的数组进行升序排序的基本思路是：将数组元素划分成 2 个集合：已排序部分和未排序部分，排序开始时已排序部分元素个数为 0。对数组进行若干趟扫描，每次扫描后，已排序部分元素个数增 1，未排序部分元素个数减 1。在每趟扫描时按某种规律比较各个元素，找出一个值最小的元素，将此元素移动到已排序部分。然后在未排序元素中再找出一个值最小的元素，将其移动到已经排好序的部分去。重复这样的过程，未排好序的元素就会越来越少，直至元素个数为 0；已经排好序的局部就会越来越大，最终包含全部元素。不同的排序方法只是扫描比较的方式不同，形成已经排好序的局部的方式也不同，基本思路都是一样的。

冒泡排序法对存入数组的 5 个数进行若干趟扫描（5 个数排序一般是 4 趟），每趟扫描能将一个"大数"沉入数组底部（下标较大的位置）。每趟扫描要进行若干次比较，每次比较可以使一个较大的数下沉一个位置。冒泡排序的比较总是在相邻的两个数组元素之间进行。

排序程序的主体部分如下：

```
for(j=1; j<=4; j++)                         //j 循环控制比较的趟数,此处比较 4 趟
    for(i=0; i<=4-j+1; i++)                 //i 循环控制每趟循环比较的次数,每趟次数不同
        if (a[i]>a[i+1])                    //比较相邻的两个数(向后比较)
        {   t=a[i];                         //如果前面元素值大,就交换这两个元素
            a[i]=a[i+1]; a[i+1]=t;
        }
```

假设 a 数组中的 5 个整数为：7,9,3,6,5,则排序的过程如图 5.2。

```
7  7  7  7  7      7  3  3  3      3  3  3      3  3
9  9  3  3  3      3  7  6  6      6  6  5      5  5
3  3  9  6  6      6  6  7  5      5  5  6      6  6
6  6  6  9  5      5  5  5  7      7  7  7      7  7
5  5  5  5  9      9  9  9  9      9  9  9      9  9
原始 ─────         原始 ─────      原始 ─────    原始 ──
    第一趟扫描          第二趟扫描         第三趟扫描      第四趟扫描
    循环 4 次           循环 3 次          循环 2 次       循环 1 次
```

图 5.2  冒泡排序过程

这里第四趟扫描时没有任何交换，是因为数据比较特殊。对于一般情况，还是可能需要交换数据的，所以还是要扫描一趟。

冒泡排序的总结如表 5.1 所示。

表 5.1　冒泡排序的总结

| 总　　结 | | | | | |
|---|---|---|---|---|---|
| | 共有 5 个数 | | | | m |
| 趟数 | 1 | 2 | 3 | 4 | j(1~m-1) |
| 次数 | 4 | 3 | 2 | 1 | i(n-j) |

一般的，对 n 个数组元素进行冒泡排序，需要进行 j=n-1 趟比较，每趟需要进行 n-j 次比较。这里面可能有些趟是不需要的(此时已经排好序了)，要视数据的原始分布而定。如果要想在数据排好序时不再进行余下趟的比较，可以对排序算法进行改进。方法是设置一个标识变量，每趟比较前将其置为 1，在本趟的比较时，一旦发生交换数据，就将其置为 0。在本趟比较结束后，检查此标识，如果为 1，就说明所有数据已经排好序，余下的趟可以不再进行，即结束排序。在结束排序时，检查趟数变量 j，就可以知道是否"节省"了趟数。改进后的程序主体部分如下：

```
flag=1;
for(j=1; j<=4&&flag; j++)         //j 循环控制比较的趟数,此处比较 4 趟
{   flag=0;                        //设定未交换数据(结束扫描)标识
    for(i=0; i<=4-j+1; i++)       //i 循环控制每趟循环比较的次数,每趟次数不同
      if (a[i]>a[i+1])             //比较相邻的两个数(向后比较)
    {   t=a[i];                    //如果前面元素值大,就交换这两个元素
        a[i]=a[i+1];
        a[i+1]=t;
        flag=1;                    //发生了数据交换,设置继续下一趟扫描标识
    }
}
```

冒泡排序可以使用"下沉"策略，就是一趟比较结束时，一个元素"下沉"(往下标大的方向移动)到一个合适的位置。也可以使用"上浮"策略，就是一趟比较结束时，一个元素"上浮"(往下标小的方向移动)到一个合适的位置。若要使用"下沉"策略，每趟比较时就"从前向后"，也就是 i 位置和 i+1 位置上的元素比较(i 从小往大变)。若要使用"上浮"策略，每趟比较时就"从后向前"，也就是 i 位置和 i-1 位置上的元素比较(i 从大往小变)。例 5.10 就是使用下沉策略。

【例 5.11】　筛法求 3~100 间的所有素数。

分析：筛法是数学中的一种方法。引用到程序设计中就是把一堆整数放进一个"筛子"中，然后"转动筛子"，将不是素数的那些整数给"筛掉"，这样留在筛子里的整数就都是素数了。在程序中用一个适当大小的数组作为筛子，"转动筛子"是一个"循环检测"。具体算法描述如下：

(1) 定义适当大小(49)的整型数组并赋给适当的整数(3~100 间的奇数)；

(2) 从第 0 个元素开始，逐个扫描每个数组元素 i(i<49)，让该数字作为"筛孔"，去"试筛"其后面的每一个数，如果该"筛孔"为 0(已经被筛掉)就换下一个数组元素作为"筛孔"；

(3) 如果被"试筛"的元素为 0(已经被筛掉)，就换下一个数组元素作为"试筛"元素；

(4) 如果被"试筛"的元素是第 i 个元素(筛孔)的倍数，则这个数可以从此"筛孔"中给

"筛掉"(将该元素置 0);

（5）输出各素数;

（6）算法结束。

按照上述算法所编写的程序代码如下：

```
#include<iostream.h>
void main()
{   int prime[49],i,j=3;
    for (i=0;i<49;i++)                    //将 3～100 间的所有奇数放入筛(数组)中
    {   prime[i]=j; j=j+2;   }
    for(i=0; i<48; i++)                   //用每一个当前位置上的数去"试筛"后面的其他数
        if (prime[i])                     //如果该数字本身还没有在前面的"试筛"中被筛掉
            for(j=i+1; j<49; j++)         //对于当前"筛孔"后面的每一个数
                if (prime[j]&&prime[j]%prime[i]==0) prime[j]=0;
                                          //如果是"筛孔"数的倍数就将其筛掉
    j=0;
    for(i=0; i<49; i++)                   //循环输出各素数
        if (prime[i])                     //如果该位置上的数没有被筛掉,那就是素数
        {   cout<<prime[i]<<'\t';         //输出该素数
            j++;                          //j 作为计数器使用,统计着当前输出的是第几个素数
            if (j%5==0) cout<<'\n';
                                          //如果当前素数的个数是 5 的倍数,就换行
        }
    cout<<'\n';
    cout<<"素数的个数为："<<j<<'\n';      //输出素数的个数
}
```

**【例 5.12】** 在具有 20 个元素的数组中,用产生随机数的方法为其元素赋值,并用顺序查找法在数组中查找指定的元素。

分析：顺序查找是最基本的查找方法。此方法从数组的第 0 个元素开始,逐个地将数组元素与欲查找的数字比较,第一个与被查找数相等的元素就是所找到的元素。

顺序查找的程序如下：

```
#include<iostream.h>
#include<stdlib.h>
#include<time.h>
#define N 20

void research(int y[],int z)                          //顺序查找
{   for(int i=0; i<N; i++)
        if(y[i]==z)
        {   cout<<"在第"<<i<<"位置上找到"<<z<<endl;
            return;
        }
    if(i==N) cout<<"没有找到"<<z<<endl;
    return;
}

void main()
```

```
{   int a[N],i;
    srand(unsigned(time));              //产生一个随机种子
    for(i=0; i<N; i++)
    {   a[i]=rand();                    //a[i]的值取自随机数
        cout<<a[i]<<'\t';
    }
    cout<<"\n请输入要查找的数:";
    cin>>i;
    cout<<"\n\n";
    research(a,i);                      //调用函数 research 查找 i
}
```

顺序查找是最简单的查找,适用于任何数组(其对数组元素无特殊要求),但是其时间特性不好,查找时需要比较多的时间。下面例子中介绍的二分查找(也称折半查找)比顺序查找的时间特性好得多。

【例 5.13】 在具有 15 个元素的数组中,用二分查找法在数组中查找指定的元素。

分析:二分法查找要求数组元素必须是有序的。

二分法查找基本思路是(以升序为例):在一个区间[l,r]中计算中点位置 m=(l+r)/2,如果 a[m]就是要查找的 x,则查找成功!

如果 a[m]>x,说明和 x 相等的那个元素在区间的左半部。此时用中点作右端点,重新构建查找区间,区间的大小缩小了一半。此法的名字由此而得。

如果 a[m]<x,说明和 x 相等的那个元素在区间的右半部。此时用中点作左端点,重新构建查找区间,区间的大小也是缩小了一半。

再重新计算中点 m,重复上述过程,但区间变小了。这样不断缩小区间。如果要找的数存在,就一定能找到。如果要找的数不存在,区间会一直缩小到 0。

二分查找算法的 N-S 图如图 5.3 所示。

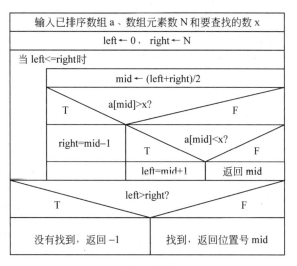

图 5.3 二分查找算法的 N-S 图

按此思路所编写的程序如下:

```
#include<iostream.h>
```

```cpp
#define N 15

int BSearch(int a[],int x)                //二分查找函数
{   int left=0,right=N,mid;               //left为左端点,right为右端点
    while(left<=right)
    {   mid=(left+right)/2;               //mid为中点
        cout<<mid<<',';
        if(a[mid]>x)right=mid-1;          //要查找的数在左半区间,收缩右端点
        else if(a[mid]<x)left=mid+1;      //要查找的数在右半区间,收缩左端点
            else return mid;              //查找成功
    }
    if(left>right)return -1;
    else return mid;
}

void main()
{   int x,pos,data[N]={1,5,8,12,14,18,20,25,35,40,43,37,51,65,80};
    cout<<"请输入要查找的数:";
    cin>>x;
    pos=BSearch(data,x);
    if(pos>=0)
        cout<<" "<<x<<"在数组中的位置:"<<pos<<endl;
    else
        cout<<"数组中无此元素!"<<endl;
}
```

## 5.3 二维数组

二维数组有两个下标。数学中的矩阵和行列式在计算机语言中均可表示为二维数组。二维数组有着广泛的用途,矩阵运算、行列式处理,还有一些游戏,诸如八皇后问题、螳螂走步问题等,都可以使用二维数组来处理。

二维数组以一维数组为基础,处理的难度比一维数组要大一些。

可以把二维数组看成是由若干个一维数组组成的,也就是说数组各维之间的内在关系是一种鲜明的层级关系。把第二维看作第一维下一级数组,也就是数组嵌套。数组引用时需要层层解析,从第一维到第二维。

### 5.3.1 二维数组的定义

二维数组说明的一般形式为:

[<存储类型>]  <类型说明符>  <数组名>[常量表达式1][常量表达式2];

其中,类型说明符是任一种基本数据类型或构造数据类型。数组名是用户定义的数组标识符。方括号中的常量表达式1表示数据元素的行数,称为行下标。常量表达式2表示每行数组元素的个数,称为列下标。数组中共有元素个数为常量表达式1*常量表达式2。

【例5.14】 二维数组说明示例。

int a[3][4];          //整型数组a有3行元素,每行4个元素。

```
float b[2][10];        //说明实型数组 b 有 2 行元素,每行 10 个元素。
```

二维数组在内存中是按行排列的。所以数组 a[3][4]的元素按顺序分别为:

a[0][0],a[0][1],a[0][2],a[0][3],
a[1][0],a[1][1],a[1][2],a[1][3],
a[2][0],a[2][1],a[2][2],a[2][3]

二维数组中常量表达式的规则与一维数组的常量表达式相同。可以含有运算符,但是不能含有变量。常量表达式必须为整型,而且其值应大于 0。

### 5.3.2 二维数组的初始化

二维数组的初始化本质上与一维数组相同,但是由于比一维数组多了一维,在具体做法上要复杂些,下面分情况讨论。

(1) 分行赋值,逐行给二维数组赋初值。例如:

```
int   a[3][4]={{1,2,3,4},{5,6,7,8},{9,10,11,12}};
```

内层的大括号{ }中,{1,2,3,4}四个数字分别赋值给了 a 数组第 0 行(行下标为 0 的行),{5,6,7,8}四个数字赋值给了第 1 行,{9,10,11,12}赋值给了第 2 行,见表 5.2。

(2) 顺序赋值,逐个元素给二维数组赋初值。例如:

```
int   a[3][4]={1,2,3,4,5,6,7,8,9,10,11,12};         //依次赋值
```

本例中把二维数组 a 看成由 12 个元素组成的一维数组,依次为各元素赋初值。a[0][0]值为 1,a[1][1]的值为 6,a[2][0]的值为 9,见表 5.3。

表 5.2 逐行赋初值

| 1 | 2 | 3 | 4 |
|---|---|---|---|
| 5 | 6 | 7 | 8 |
| 9 | 10 | 11 | 12 |

表 5.3 顺序赋初值

| 1 | 2 | 3 | 4 |
|---|---|---|---|
| 5 | 6 | 7 | 8 |
| 9 | 10 | 11 | 12 |

(3) 部分赋值,对数组前面部分元素赋初值。例如:

```
int   a[3][4]={{1},{5},{9}};      // a[0][0]=1, a[1][0]=5, a[2][0]=9,其余元素为 0
```

{1}赋值给第 0 行,{5}赋值给第 1 行,{9}赋值给第 2 行。赋值结果见表 5.4。

```
int   a[3][4]={{0,1},{5}};        // a[0][0]=0, a[0][1]=1, a[1][0]=5
```

{0,1}赋值给第 0 行,{5}赋值给第 1 行,第 2 行全部自动为 0。赋值结果见表 5.5。

表 5.4 部分赋初值方法一

| 1 | 0 | 0 | 0 |
|---|---|---|---|
| 5 | 0 | 0 | 0 |
| 9 | 0 | 0 | 0 |

表 5.5 部分赋初值方法二

| 0 | 1 | 0 | 0 |
|---|---|---|---|
| 5 | 0 | 0 | 0 |
| 0 | 0 | 0 | 0 |

(4) 分行或全部赋值时,可以省略第一维,但第二维不可省。例如:

`int a[ ][4]={{1,2},{5,6,7,8,}{9,10,11,12}};`

在赋值给数组 a 的初值中,有 3 个内层大括号{ },C++编译器就认为 a 数组有 3 行,分别将 3 个{ }中的数字赋值给数组的 3 行元素。

(5) 不能给数组整体赋值,例如:

`int a[2][3]={5};`

不是将 5 赋值给数组的所有元素,而是将 5 赋值给了 a[0][0]。

(6) 用 static 定义的数组不赋初值,系统将赋给其默认值,对于数值型数组,默认值为 0,对于字符数组,默认值为'\0'。例如:

`static int a[2][3];`

a 数组的所有元素的值都默认为 0。

### 5.3.3 二维数组的应用

**【例 5.15】** 从键盘为一个 3×4 的矩阵输入整型数据,再将此矩阵每行倒过来输出到屏幕上。

分析:从键盘为矩阵数组输入数据只能是逐行、逐个元素的进行。输出也是这样,每行倒置输出就是下标从大到小的输出每个元素。程序如下:

```
#include<iostream.h>
void main()
{   int i,j,a[3][4];
    cout<<"请输入 3×4 的数组:\n";
    for(i=0; i<3; i++)                    //输入二维数组,使用二重循环
        for(j=0; j<4; j++)
            cin>>a[i][j];
    for(i=0; i<3; i++)
    {   for(j=3; j>=0; j--)               //行倒置输出,列下标从大到小的变化
            cout<<a[i][j];
        cout<<'\n';                       //换行
    }
}
```

**【例 5.16】** 有一个 3×4 的矩阵,要求编程序求出其中值最大的那个元素,以及其所在的行号和列号。

分析:例 5.9 介绍了在一维数组中如何找最大值。在二维数组中找最大值是在一维数组中找最大值方法的基础上进行的。有两种方法可取。方法一是把二维数组看成是各行首尾相连的一维数组,按一维数组在其中找最大值。方法二是使用二重循环,逐个元素的比较,这样更简单。方法一虽然麻烦些,但是显示了一种一维和二维相互转换的机制,也具有参考价值。

下面的程序按第一种方式实现。这种方式的关键是如何把一个序号换算成一个行号和一个列号。设二维数组 a 有 n 行 m 列,k 为一维数组的下标(序号),i,j 分别为二维数组的

行号和列号,则有转换公式:

i=k/m, j=k-i*m

程序代码如下:

```
#include<iostream.h>
void main()
{   int i,j,k,max,m=4,n=3,row,col;
    int a[3][4]={{4,5,8,9},{1,3,2,0},{10,12,10,11}};
    max=a[0][0],row=0,col= 0;         //设 0 行 0 列的元素 a[0][0]为最小值
    for(k=0; k<12; k++)               //将数组 a 理解为一维数组
    {   i=k/m; j=k-i*m;               //将一维数组下标 k 转换为二维数组下标 i 和 j
        if(a[i][j]>max)
            max=a[i][j],row=i,col=j;
    }
    cout<<"max="<<max<<;
    cout<<",行号"<<row<<",列号"<<col<<endl;
}
```

下面的程序按方式二实现:

```
#include<iostream.h>
void main()
{   int i,j,k,row,col;                //row、col 是行号和列号
    int a[3][4]={{4,5,8,9},{1,3,2,0},{10,12,10,11}};
    row=0, col=0;
    for(i=0; i<3; i++)
        for(j=0; j<4; j++)
            if(a[i][j]>a[row][col])
                row=i,col=j;
    cout<<"max="<<a[row][col];
    cout<<",行号"<<row<<",列号"<<col<<endl;
}
```

【**例 5.17**】 以下程序用于从键盘上输入若干个学生的成绩,统计出平均成绩,并输出低于平均成绩的学生成绩。输入负数结束。

分析:本题要输入数据的个数并没有明确规定,只是规定输入负数表示输入结束。因此在定义数组时就不能精确确定大小。可以定义一个比较合理的较大的元素个数 100,多数情况下,所输入的学生成绩不会超过这个数,浪费的空间不会很大。

可以设计一个 while 循环,一边输入一边计算所输入成绩的总和。输入结束后计算出平均成绩。然后再用一个循环来输出成绩小于平均成绩者。

```
#include<iostream.h>
void main()
{   float x[100],sum=0, ave,a;        //x 数组存放成绩,sum 存放总成绩,ave 为平均成绩
    int n=0,i;
    cout<<"Input score\n";
    cin>>a;                           //所输入的成绩先放进变量 a 中,也可以直接输进数组中
    while(a>=0)                       //检查所输入的数是否为结束标识
```

```
        {   x[n]=a;                        //将刚才输入的数据放进数组元素中
            sum+=a;                        //计算总成绩
            n++;                           //修正下标值
            cin>>a;                        //循环输入下一个成绩
        }
        ave=sum/n;                         //计算平均成绩
        cout<<"ave="<<ave<<endl;           //输出平均成绩
        for( i=0; i<n; i++)                //输出低于平均分的学生成绩
            if(x[i]<ave)
                cout<<"x["<<i<<"]"<<x[i]<<endl;
}
```

**【例 5.18】** 将数组矩阵转置,如图 5.4 所示。

分析:将一个矩阵 *a* 转置为另一个矩阵 *b*,就是将 *a* 矩阵 $(i,j)$ 位置上的元素放置到 *b* 矩阵的 $(j,i)$ 位置上。在程序中可以使用一个二重循环,外循环控制行,内循环控制列。按此思路编写的程序如下:

$$\begin{bmatrix} 1 & 2 & 3 \\ 4 & 5 & 6 \\ 7 & 8 & 9 \end{bmatrix} \Longrightarrow \begin{bmatrix} 1 & 4 & 7 \\ 2 & 5 & 8 \\ 3 & 6 & 9 \end{bmatrix}$$

图 5.4  矩阵的转置

```
#include<iostream.h>
void main()
{   int i,j,b[3][3],a[3][3]={1,2,3,4,5,6,7,8,9};
    for(i=0; i<3; i++)                       //转置过程,将矩阵 a 转置为矩阵 b
        for(j=0; j<3; j++)
            b[j][i]=a[i][j];                 //不同数组的元素之间,直接赋值
    for(i=0; i<3; i++){                      //输出转置后的数组
        for(j=0; j<3; j++)
            cout<<b[i][j]<<'\t';
        cout<<'\n';
    }
}
```

若要求将矩阵数组 a 转置后仍然存放在 a 中,可以将矩阵数组 a 的 $(i,j)$ 位置上的元素和 $(j,i)$ 位置上的元素对调。

```
#include<iostream.h>

void main()
{   int i,j,t,a[3][3]={1,2,3,4,5,6,7,8,9};
    for(i=0; i<3; i++)                       //转置过程
        for(j=0; j<i; j++){                  //注意,此处 j<i,否则又转回原样了
            t=a[i][j];                       //同一数组的元素,采用交换元素的方式赋值
            a[i][j]=a[j][i];
            a[j][i]=t;
        }
    for(i=0; i<3; i++){                      //输出转置后的数组
        for(j=0; j<3; j++)
            cout<<a[i][j]<<'\t';
        cout<<'\n';
    }
}
```

**【例 5.19】** 打印杨辉三角形,如图 5.5 所示。

分析:杨辉三角形可以看成矩阵的一半。此题的关键是计算矩阵数组中元素的值,主要是主对角线下方的元素。根据对杨辉三角形的观察,有如下结论:

(1) 最左一列元素全部为 1。
(2) 主对角线元素全部为 1。
(3) 主对角线以下元素可以计算得到,计算公式为:

a[i][j]=a[i-1][j-1]+a[i-1][j]

根据上述观察,打印杨辉三角形算法的 N-S 图如图 5.6 所示。

```
1
1 1
1 2 1
1 3 3 1
1 4 6 4 1
1 5 10 10 5 1
```

图 5.5 杨辉三角形

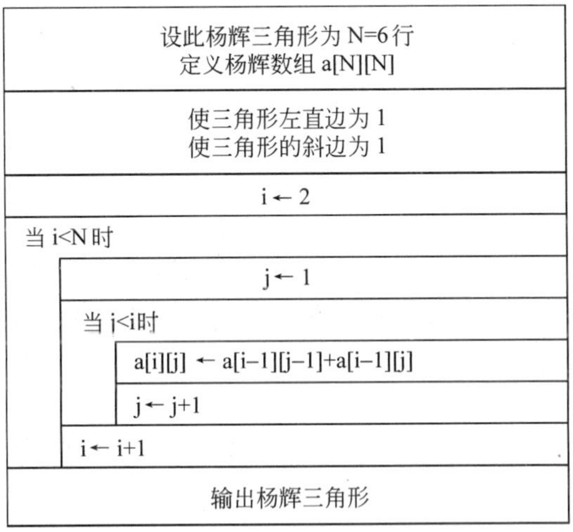

| 设此杨辉三角形为 N=6 行 定义杨辉数组 a[N][N] |
|---|
| 使三角形左直边为 1 使三角形的斜边为 1 |
| i ← 2 |
| 当 i<N 时 |
|     j ← 1 |
|     当 i<i 时 |
|        a[i][j] ← a[i-1][j-1]+a[i-1][j] |
|     j ← j+1 |
| i ← i+1 |
| 输出杨辉三角形 |

图 5.6 打印杨辉三角形算法的 N-S 图

根据此算法,程序如下:

```cpp
//打印杨辉三角形
#include<iostream.h>
#define N 6

void main(void)
{   int a[N][N],i,j;
    for(i=0; i<N; i++){
        a[i][i]=1;              //对角线元素为 1
        a[i][0]=1;              //最左一列元素为 1
    }
    for(i=1; i<N; i++)
        for(j=1; j<i; j++)      //主对角线以下元素计算
            a[i][j]=a[i-1][j-1]+a[i-1][j];
    for(i=0; i<N; i++){         //输出杨辉三角形
        for(j=0; j<=i; j++)
            cout<<a[i][j]<<'\t';
        cout<<endl;
    }
}
```

处理杨辉三角形,可以分为两个阶段,第一阶段是计算数组中各个元素的值(三角区),第二阶段输出此数组元素。

如果要输出的是"倒置"的杨辉三角形,则可以考虑两种方案,一种方案是在数组计算时从最上面一行开始计算,一直计算到最后一行,每行从左向右计算。而输出时则倒着输出,即从最后一行开始输出,每行自右向左,见图 5.7 所示。

```
1                              1  5  10  10  5  1
1  1                              1  4   6  4  1
1  2  1                              1  3   3  1
1  3  3  1                              1  2  1
1  4  6  4  1                              1  1
1  5 10 10 5  1                                1
   正着计算的结果                   倒着输出的结果
```

图 5.7  方案一

第二种方案是倒着计算并倒着输出。倒着计算指从最后一行开始计算,从右向左进行。这两种方案的程序略微复杂一些,主要是正着输出时每行左对齐,而倒着输出时每行是右对齐。右对齐时要求在输出数组元素前向右空出几位,每行空出的位数虽然不等,但是有规律,也不难实现。

## 5.4  数组和函数

数组作为一种重要的数据结构,经常作为函数参数使用。数组作参数使用与普通变量作参数使用有相同的地方,也有不同的地方。在调用函数之前,函数的每个实际参数将被复制,所有的实际参数严格地按值传递。因此,形参实际上所期望得到的,并不是实参本身,而是实参的值或者实参所代表的值。从这个意义上说,数组和普通变量作为函数参数的作用是相同的。

普通变量名代表一个变量在内存中的地址(存储位置),数组名代表的是一组变量在内存中的地址。如果函数形参是一个普通变量,在函数调用发生时,形参所得到的只是一个实参的值,形参在内存中被分配了存储空间。但是如果形参是一个数组,在函数调用发生时,系统就不为其分配内存空间,它从实参那里得到的是一个地址,于是它就和实参共享同一内存空间。在这个意义上,数组和普通变量作为函数参数又是不同的。

### 5.4.1  数组元素用作函数参数

数组元素作函数实参,用法与一般变量作实参相同,是值传递。一般使用数组元素作函数实参,都是"成批"使用的。

不存在数组元素作函数形参的情况,为什么呢? 请读者思考。

【例 5.20】  有两个数据系列分别为:

a:38,2043,232,1665,364,1341,456

b:886,435,552,321,282,243,312

求第三个数据系列 c,要求 c 中的数据是 a、b 中对应数的最大公约数。

```
#include<iostream.h>

//使用欧几里德算法(也称辗转相除法)求最大公约数
int ojld(int m,int n)                           //形参不能是数组元素
{   int r;
    while(r=m%n){ m=n; n=r; }
    return n;
}

void main(void)
{   int a[7]={38,2043,232,1665,364,1341,456};
    int b[7]={886,435,552,321,282,243,312};
    int c[7];
    for(int i=0; i<7; i++)
        c[i]=ojld(a[i],b[i]);                   //对应元素的公约数
    for(i=0; i<7; i++)
    cout<<c[i]<<'\t';
    cout<<endl;
}
```

与此题相对应的,是求最小公倍数。最小公倍数的求法可以以最大公约数为基础,求出 a 和 b 的最大公约数 c 后,a＊b/c 就是 a 和 b 的最小公倍数。

### 5.4.2 数组名用为函数参数

在 C++ 中,每个变量都是要分配内存单元的,每个数组元素也一样分配内存单元,即每个数组元素都有一个内存地址。关于变量的地址,将在下一章详细讨论。数组名被认为是数组在内存中存放的首地址,也就是首个数组元素的地址。在程序运行到数组定义时,该地址就被分配,一旦分配了,在数组空间被收回前就不会改变了,所以说数组名是一个常量。

数组名作函数参数时,形参和实参都必须是数组名。

**【例 5.21】** 编写一个程序,将整数数组中的最大数与第 0 个元素交换,将最小数与最后一个元素交换。求最大(小)数用一个函数实现。

```
#include<iostream.h>
#define N 10

int maxin(int m[],int flag)               //第 1 个形参为数组名,第 2 个形参为标记
{   int j=0,i;                             //j 为最大(最小)数的位置(下标)
    for(i=0; i<N; i++)
        if(flag)                           //flag 为标记,为 1 时求最大值,为 0 时求最小值
            if(m[i]>m[j])j=i;              //j 标记最大数位置
        else
            if(m[i]<m[j])j=i;              //j 标记最小数位置
    return j;
}

void main()
{   int a[N],t,m;
    m=maxin(a,1);                          //求最大数,第一个实参为数组名
```

```
        if(m!=0)t=a[m],a[m]=a[0],a[0]=t;      //交换最大数和第 0 个元素
        m=maxin(a,0);                          //求最小数,第一个实参为数组名
        if(m!=N-1)t=a[m],a[m]=a[N-1],a[N-1]=t; //交换最小数和最后元素
    }
```

在上述例子中,主调函数在调用时,将数组 a 的地址传给被调函数的形参数组 m,两个函数的不同的两个数组共用同一段内存,这两个数组实质上就是同一个数组,只是在不同的函数中使用不同的名字。

【例 5.22】 编写一个程序,将十进制整数 $n$ 转换成二进制数。

采用除基取余法(也称辗转相除法)进行十进制数到二进制数的转换,用一个长度为 20 的一维数组存放该二进制数。程序如下:

```
#include<iostream.h>

void trans(int a[], int n)          //十进制转二进制函数,数组名作形参
{   int i=0;                         //从低位到高位存放二进制数的各位
    while(n!=0)                      //二进制数字在数组中是倒序存放的
    {   a[i]=n%2;
        i++;                         //这里假设转换后的二进制不超过 20 位,即 i<20
        n=n/2;
    }
}

void main()
{   int b[20]={0},n, i;
    cout<<"n=";
    cin>>n;                          //输入待转换的十进制数 n
    trans(b,n);                      //调用函数 trans 转换,数组名 b 作实参
    cout<<"二进制数为: ";
    i=19;
    while(b[i]==0)i--;               //排除数组中没有存放二进制数的元素
    for(;i>=0; i--)                  //从高位到低位输出二进制数的各位
        cout<<b[i];
    cout<<'\n';
}
```

在本例中函数 trans 中的数组 a 和 main 函数中的数组 b 共用同一段内存,在 a 数组中存入二进制数位,就是在数组 b 中存放。因此在主函数中输出的就是在 trans 中转换好的二进制数。

**注意**:由于数组名作实参实际上只是传递了数组的首地址,没有传递数组的大小,因此形参数组的大小可不指定。指定形参数组的大小是没有意义的,其大小是由实参数组决定的。是否指定形参数组的大小,指定为多少,效果都是一样的。通常,可在被调函数的形参表中,增加一个表示实参数组大小的参数,也可不增加。例 5.18、例 5.19 就是这样做的。

【例 5.23】 编写一个程序,处理某班学生 3 门课程(高数、英语和 C++)的成绩。先输入学生人数(最多为 50 个人);调用一个函数按编号从小到大的顺序依次输入学生成绩;然后调用函数统计每门课程全班的总成绩和平均成绩以及每个学生课程的总成绩和平均成

绩；最后调用函数输出学生的成绩。

分析：在主函数中定义一个 score[50][5]数组，score[0]、score[1]、score[2]分别存储 3 门课程（高数、英语和C++）的分数，score[3]和 score[4]分别存储计算出来的总分和平均分。定义四个函数：input 函数负责输入，cut 函数负责计算平均成绩和总成绩，print 函数负责输出成绩，主函数负责定义数组和测试其他函数。程序如下：

```cpp
#include<iostream.h>
#include<iomanip.h>

void input(int a[][5],int n)          //n 是数组 a 第 1 维的大小，由调用函数指定
{   cout<<"请输入"<<n<<"个同学高数、英语和C++ 成绩\n";
    for(int i=0; i<n; i++)
        cin>>a[i][0]>>a[i][1]>>a[i][2];
}

void print(int a[][5],int n)           //形参是二维数组，第 2 维必须指定大小
{   cout<<"高数   英语   C++    总分   平均分\n";
    for(int i=0; i<n; i++)
    {   cout<<setw(4)<<a[i][0]<<setw(6)<<a[i][1]<<setw(5)<<a[i][2];
        cout<<setw(6)<<a[i][3]<<setw(8)<<a[i][4]<<'\n';
    }
}

void cut(int a[][5],int n)             //形参为二维数组，第 1 维大小可以由另一个参数指定
{   for(int i=0; i<n; i++)
    {   a[i][3]=a[i][0]+a[i][1]+a[i][2];     //计算总分
        a[i][4]=a[i][3]/3;                    //平均分不计小数
    }
}

void main()
{   int score[50][5],n;
    cout<<"请输入学生人数:";
    cin>>n;
    input(score,n);         //调用函数 input,输入 n 个学生 3 门课的成绩
    cut(score,n);           //调用函数,计算每个学生的总成绩和平均成绩
    print(score,n);         //调用函数,输出 n 个学生的成绩
}
```

本例中用二维数组作参数。在形参表中，形参数组的第 1 维大小可以不指定，参考一维数组的办法来处理，但是第 2 维必须指定大小，而且必须与实参数组第 2 维相同，否则系统就不能正确理解这个二维数组。

用数组名做参数时，由于形参和实参共用同一段内存，在被调函数中对形参数组的任何处理就是对主调函数中实参数组的处理，所以从被调函数可以同时带回多个变化了的值。这是使用 return 语句所做不到的。这也是用数组名作参数的真正意义。

## 5.5 字符数组

用来存放字符数据的数组是字符数组,字符数组中的一个元素存放一个字符。字符数组也有一维数组和二维数组之分。

与数值型数组相比,字符数组不仅仅是存放数据内容不同,还有许多自己的特性,不可直接套用上述对数值型数组的讨论。

字符数组可以与整型数组相通,相互转换。字符数组也有许多独特的应用。

### 5.5.1 字符数组的定义和初始化

**1. 字符数组的定义**

一维字符数组说明的一般形式为:

[<存储类型>] char <数组名>[常量表达式];

例如:

char a[10];

定义了字符数组 a,可以存放 10 个字符。

二维字符数组说明的一般形式为:

[<存储类型>] char <数组名>[常量表达式 1] [常量表达式 2];

例如:

char str[5][10]

定义了二维字符数组 str,有 5 行,每行可以存储 10 个字符。

**2. 字符数组的初始化**

字符数组的初始化与数值数组的初始化有许多不同。可以分为以下几种情况:

1) 用字符序列初始化

例如:

char a[10]={'I',' ','a','m',' ','a',' ','b','o','y'};

a 数组 | I |   | a | m |   | a |   | b | o | y | 随机 | 中

2) 用 ASCII 码初始化

例如:

char b[]={65,66,67};

B 数组 | A | B | C | 随机 | 中

3) 用字符串初始化

例如:

char c[15]={"I am a student"};

c 数组 | I |   | a | m |   | a |   | s | t | u | d | e | n | t | \0 | \0 | 中

例如：

`char d[15]="I am a student";`

d 数组中的情况同 c 数组。

字符数组初始化须注意以下几点：

（1）初始化字符序列中的字符个数不可以多于字符数组的元素数。

（2）如果初始化字符序列中的字符个数少于字符数组的元素数，则多出来的元素值均为'\0'。

（3）如果缺省字符数组的大小，就必须要初始化。系统按照初始化字符序列中的字符个数来确定数组大小。

（4）如果使用字符序列来初始化字符数组，当字符个数少于元素个数时，没有初值的元素的值是随机的，不是'\0'。

（5）如果使用字符串来初始化字符数组，系统会在字符串的结尾处自动添加字符串结束符'\0'。

（6）在对字符数组进行处理时，一般只处理到字符串结束符为止，而不理会数组的大小。

### 5.5.2 字符数组的赋值、输入和输出

**1. 字符数组的赋值**

字符数组不能整体赋值，只能逐个元素的赋值。

**【例 5.24】** 数组复制。将字符数组 s1 拷贝到字符数组 s2 中去。

```
#include<iostream.h>

void main()
{   char s1[]={"I am a student"},s2[20];
    int i=0;
    while(s1[i])
       {   s2[i]=s1[i];              //将 s1 的元素逐个复制到 s2 中去
           i++;
       }
    s2[i]='\0';                      //s1 中的字符串结束符没有复制过来，需要人工补一个
}
```

**提示**：不能用赋值语句为字符数组整体赋值。例如：

```
char s[20];
s="I am a student";
```

是非法的。s 为字符数组在内存中存储的地址，一经定义，便成为常量，常量不可被赋值。

**2. 字符数组的输入输出**

字符数组的输入输出有两种方法。一种是逐个字符的处理，通常使用循环语句来实现。

另一种是作为字符串整体输入输出。

(1) 逐个字符的输入输出。这种输入输出的方法通常采用循环语句来实现。例如：一个 for 循环将输入的 10 个字符依次送给数组 str 中的各个元素。

【例 5.25】 一次输入一个字符。

```
char s[10];
int i;
for(i=0; i<10; i++)cin>>s[i];
```

(2) 把字符数组作为字符串输入输出。对于一维字符数组的输入，在 cin 中仅给出数组名；输出时在 cout 中也只给出数组名。

【例 5.26】 用 cin、cout 输入和输出字符数组。

```
char s1[20],s2[20];
cin>>s1>>s2;
cout<<s1<<'\t'<<s2<<endl;
```

假设在输入时从键盘上键入的是：

```
computer language
```

则 s1 接收到的是 computer，s2 接收到的是 language。

**提示**：使用 cin 输入字符串时，系统遇到空格、回车时，认为是一个字符串的输入结束，接下来的第 1 个非空格字符，被认为是新字符串的开始。

在整体输出字符数组时，遇到字符串结束符'\0'，系统就认为是字符数组的结束。

字符数组可以整体输入输出，但数值数组不能这样，只能逐个元素的输入输出。

**提示**：要想把输入的一行字符(到回车为止)，其中包括空格等字符，都输入给一个字符数组，则需要使用函数 cin.getline()。

cin.getline()可以使用 2 个参数，第 1 个参数为一数组名，第 2 个参数为允许输入的最多字符数。

【例 5.27】 使用 cin.getline()函数输入字符数组。

```
char s1[20],s2[20];
cin.getline(s1,20);
cin.getline(s2,20);
```

### 5.5.3 字符串与字符数组

C++语言将字符串作为字符数组来处理。

字符串常量"COMPUTER"在机内被处理成一个无名的字符型一维数组。

| C | O | M | P | U | T | E | R | \0 |

C++语言中约定用'\0'作为字符串的结束标识，它占内存空间，但不计入串长度。有了结束标识'\0'后，程序将依据它判断字符串是否结束，而不是根据定义时设定的长度来判断。

C++语言用字符数组来保存一个字符串,这样使用字符串就变成了使用字符数组。在字符数组中,字符串以字符串结束符'\0'结束。

关于如何使用字符串,将在本章的 5.6 节详细介绍。

### 5.5.4 字符数组的应用

**【例 5.28】** 编写一个程序,实现两个长整数相加的过程。

分析:这里的长整数是指无法用 long 型存储的数,为此用两个字符数组 add1 和 add2 进行存储,其和放在字符数组 sum 中。相加时,各位对齐,对应位相加,相加前将每位字符转换成数字,加后再转换回字符,用一个数字记录进位。过程如下:

```
#include<iostream.h>
#include<string.h>

void main()
{   char add1[40],add2[40],sum[50]={'0'};
    int jw=0,len,len1,len2,i,j,k1,k2;                //jw 为进位
    cout<<"被加数: "; cin>>add1;                     //输入被加数
    cout<<"加数: ";   cin>>add2;                     //输入加数
    len1=strlen(add1);                               //被加数的位数
    len2=strlen(add2);                               //加数的位数
    len=len1>len2?len1:len2;                         //和的位数
    k1=len-len1;              //为了加数和被加数的个位能对齐相加,修正被加数的偏移位数
    k2=len-len2;              //为了加数和被加数的个位能对齐相加,修正加数的偏移位数
    for(i=len-1; i>=0; i--)
    {    if(i>=k1&&i>=k2)
             j=(add1[i-k1]-48)+(add2[i-k2]-48)+jw;   //从个位加起
         else if(i>=k1)
             j=add1[i-k1]-48+jw;                     //当加数的位数已经用完
         else
             j=add2[i-k2]-48+jw;                     //当被加数的位数已经用完
         if(j>9){
             jw=1; sum[i+1]=j+38;                    //有进位的情况
         }
         else{
             jw=0; sum[i+1]=j+48;                    //无进位的情况
             }
    }
    sum[0]=jw+48;                                    //最高位的进位
    sum[len+1]='\0';                                 //设置和的字符串结束符
    cout<<"相加结果: "<<sum<<'\n';
}
```

本程序的一次执行结果如下:

被加数:123456789123456789
加 数:555555555555555555
相加结果:0679012344679012344

**【例 5.29】** 有一行字符,现要求从其中删去某个指定字符(如输入 n,表示要从此行文

字中删去所有是 n 的字符),要求该行文字和待删的字符均由键盘输入。

分析:用字符数组 str 存放一行文字,nstr 存放删去字符 ch 后的新串。扫描 str,若当前字符不等于 ch,则将该字符复制到 nstr 中,如此循环直到 str 扫描完毕。程序如下:

```
#include<iostream.h>
#define N 50

void main()
{   char str[N],nstr[N],ch;
    int i=0,j=0;
    cout<<"文字: ";
    cin.getline(str,N);                //输入一行字符
    cout<<"字符: ";
    cin>>ch;                           //输入待删除的字符
    while(str[i]!='\0'){
        if(str[i]!=ch){                //如果不是要删除的字符
            nstr[j]=str[i];            //就复制到新字符串
            j++;
        }
        i++;
    }
    nstr[j]='\0';
    cout<<"新串: "<<nstr<<endl;
}
```

【例 5.30】 编写一个程序,将字符串 s1 中所有出现在字符串 s2 中的字符删去。

分析:本程序设置 3 个函数,函数 in(char ch,char str[]),用于判断字符 ch 是否在字符串 str 中,若在,该函数返回 1,否则返回 0;在函数 del(char s1[],char s2[])中,从前向后扫描字符串 s1,调用 in 函数判断 s1 当前字符是否在字符串 s2 中,并用 k 记录下在字符串 s2 中的元素个数。当 k 大于 0 时,则将其后的所有元素前移 k 个位置。主函数定义数组,输入字符串,控制调用。程序如下:

```
#include<iostream.h>

int in(char ch,char str[])              //判断字符 ch 是否在字符串 str 中
{   int i=0;
    while(str[i]!='\0')
    {   if(str[i]==ch)
            return 1;
        i++;
    }
    return 0;
}

void del(char s1[],char s2[])            //从 s1 中删除所有的 s2
{   int i=0,k=0;
    while(s1[i]!='\0')
    {   if(in(s1[i],s2)==1)
            k++;
```

```
        else
            s1[i-k]=s1[i];
        i++;
    }
    s1[i-k]='\0';                        //s1缩短,字符串结束符前移
}

void main()
{   char str1[50],str2[10];
    cout<<"请输入字符串: ";
    cin.getline(str1,50);
    cout<<"请输入要删除的字符串: ";
    cin.getline(str2,10);
    del(str1,str2);
    cout<<str1<<endl;
}
```

## 5.6 字符串函数

C++中没有对字符串变量进行赋值、合并、比较的运算符,但提供了许多字符串处理函数,这些函数包含在头文件 string.h 中,用户可以使用语句♯include <string.h>来包含这些函数。

所有字符串处理函数的第一个实参都是字符数组名。

### 5.6.1 常用字符串处理函数

常用的字符串处理函数有 6 个,在使用前,程序中必须含有头文件 string.h,下面分别介绍。

**1. 字符串复制函数 strcpy**

原型：strcpy(char to[], const char from[]);

功能：将字符串 from 复制到字符串 to 中。

【例 5.31】 字符串复制。

```
#include <iostream.h>
#include <string.h>
void main(void)
{   char str1[10]={ "database"};
    char str2[10]={ "Computer"};
    cout <<strcpy(str1,str2)<<endl;
}
```

运行结果是：

```
Computer
```

提示：

(1) 第 2 个字符串将覆盖第 1 个字符串的所有内容。

(2) 在定义数组时,字符数组 1 的字符串长度必须大于或等于字符串 2 的字符串长度。

**2. 字符串部分复制函数 strncpy**

原型：strncpy(char to[], const char from[], int numchars);

功能：将字符串 from 中前 numchars 个字符复制到字符串 to 中。

【例 5.32】 复制部分字符串。

```
#include <iostream.h>
#include <string.h>

void main(void)
{   char str1[10]={"database"};
    char str2[10]={"Computer"};
    cout<<strncpy(str1,str2,4)<<endl;
}
```

运行结果：

```
Compbase
```

使用此函数,字符串 from 中前 numchars 个字符将覆盖字符串 to 中前 numchars 个字符。

**3. 字符串拼接**

原型：strcat(char target[], const char source[]);

功能：将字符串 source 接到字符串 target 的后面。

【例 5.33】 字符串拼接。

```
#include <iostream.h>
#include <string.h>
void main(void)
{   char str1[30]={"Computer "};
    char str2[]={"database"};
    cout<<strcpy(str1,str2)<<endl;
}
```

运行结果：

```
Computer database
```

提示：在定义字符数组 1 的长度时应该考虑字符数组 2 的长度,因为连接后新字符串的长度为两个字符串长度之和。进行字符串连接后,字符串 1 的原来字符串结束符将自动被去掉,在末尾保留拼接来的新字符串后面的字符串结束符。

**4. 字符串部分拼接**

原型：strncat(char target[], const char source[], int numchars);

功能：将字符串 source 的前 numchars 个字符接到字符串 target 的后面。

【例 5.34】 字符串部分拼接。

```
#include <iostream.h>
#include <string.h>

void main(void)
```

```
{   char str1[30]={ "database "};
    char str2[]={ "Computer"};
    cout << strncat(str1,str2,3)<<endl;
}
```

运行结果:

```
database Com
```

**5. 字符串比较**

原型:int strcmp(const char first[], const char second []);

功能:比较两个字符串 first 和 second。如果 first 大于 second,函数值就为 1,如果两个字符串相同,函数值就为 0,如果 first 小于 second,函数值就为 −1。如何比较字符串大小,请参考第 2 章。

【例 5.35】 两字符串比较。

```
#include <iostream.h>
#include <string.h>

void main(void)
{   char str1[]="basic";
    char str2[]="fortran";
    char str3[]="c++";
    int ptr;
    ptr=strcmp(str2,str1);
    if(ptr>0)
        cout<<"string 2 is greater than string 1"<<endl;
    else
        cout <<"string 2 is less than string 1"<<endl;
    ptr=strcmp(str2,str3);
    if(ptr>0)
        cout <<"string 2 is greater than string 3"<<endl;
    else
        cout <<"string 2 is less than string 3"<<endl;
}
```

运行结果是:

```
string 2 is less than string 1
string 2 is greater than string 3
```

**6. 求字符串长度**

原型:strlen(const char string[]);

功能:统计字符串 string 中字符的个数。

【例 5.36】 求字符串长度。

```
#include<iostream.h>
#include<string.h>
void main(void)
{   char str[100];
    cout<<"请输入一个字符串:";
```

```
        cin.getline(str,100);
        cout<<"The length of the string is :"<<strlen(str)<<"个"<<endl;
}
```

运行结果：

```
The length of the string is x (x 为你输入的字符总数字)
```

strlen 函数的功能是计算字符串的实际长度，不包括'\0'在内。另外，strlen 函数也可以直接测试字符串常量的长度，如：strlen("Welcome")。

## *5.6.2 字符串类变量及其应用

以上有关字符串的介绍，都是基于 C 语言风格的。正是因为 C 语言字符串（以字符串结束符结尾的字符数组）太过复杂难于掌握，不适合大程序的开发，所以C++标准库在头文件<string>中定义了一种 string 类。

**1. 名字空间**

使用C++标准的头文件<string>，需要使用名字空间。名字空间是随标准C++而引入的，它相当于一个更加灵活的文件域（全局域），可以用"{ }"把文件的一部分括起来并以关键字 namespace 开头给它起一个名字，这就是名字空间。例如：

```
namespace Cstring
{    int m,n;
     void sort(){…}
     …
}
```

其中，"{ }"括起来的部分称为声明块，声明块中可以包括变量（带初始化）、函数（带有定义）等。

在域外使用该域内的成员时，需要加上名字空间作为前缀，后面加上域操作符"∷"，如Cstring∷m、Cstring∷sort()等。

名字空间可以分层嵌套，有分层屏蔽作用。最外层的名字空间称为全局名字空间域，即文件域。例如：

```
namespace Cstring
{    namespace array{
         void sort(){…}
     }
}
```

使用嵌套的名字空间时，一连串的限定修饰名非常不方便，如访问 sort 时，每次都要写上 Cstring∷array∷sort()。

一个解决办法是使用 using 指示符，它可以一次性的使名字空间中的所有成员都直接使用。使用方法例如：

```
using namespace Cstring;
```

这里关键字 using namespace 不能缺少。

**2. 使用字符串类**

使用标准的C++ string 类前要使用：

```
#include<string>
using namespace std
```

来指示 string 头文件的名字空间。头文件＜string＞包含在名字空间 std 中。

(1) 用以下 3 种办法定义字符串变量。

```
string str;                    //定义空串
string str1("computer");       //采用 C 字符串来初始化字符串变量
string str2(str1);             //使用复制办法来定义并初始化字符串变量
```

(2) 字符串类字符元素的访问比 C 字符串有所增强。

```
str1[i];                       //返回 str 中 i 位置处字符的引用,不检查是否出界
str1.at(i);                    //返回 str 中 i 位置处字符的引用,检查是否出界
```

(3) 字符串可以赋值,可以运算。例如:

```
str1=str2;                     //字符串赋值
str1+=str2;                    //字符串 str2 连接到 str1 的尾部
str1+str2;                     //返回一个字符串连接,它将 str2 连接到 str1 的尾部
str1==str2;                    //比较字符串是否相等,返回布尔值
str1>str2;                     //基于字典顺序的比较,返回布尔值
```

**提示**:在赋值和连接等运算中,当目标字符串较小,无法容纳新的字符串时,系统会自动扩充目标字符串的空间,不必考虑出界。

(4) string 字符串的输入和输出。

```
cin>>str;                      //用 C 方式提取运算符输入字符串
cout<<str;                     //用 C 方式插入运算符输出字符串
getline(cin,str);              //用函数 getline 输入,以回车符结束
getline(cin,str,ch);           //用函数 getline 输入,以 ch 结束
```

**提示**:这里使用 getline 的方式不同于前面,前面使用方式为:cin.getline();。

(5) string 有以下一些常用的函数可以处理字符串。

```
str.substr(pos,length1);       //返回 str 的一个子串,从 pos 开始的 length1 个字符
str.empty();                   //检查 str 是否为空串
str.insert(pos,str2);          //将 str2 插入到 str 的 pos 位置
str.remove(pos,length1);       //从 str 的 pos 位置起,删除 length1 个字符
str.find(str1);                //返回 str1 首次在 str 中出现的位置
str.find(str1,pos);            //返回 str1 首次在 str 中出现的位置,从 pos 起查找
str.length();                  //返回串长度
```

## 5.7 数组应用

数组的应用很广,数组应用几乎都和循环有关系。

### 5.7.1 选择法排序

排序是计算机理论和实践的重要内容,美国科学家 D. E. 克努特在他的长篇巨著《计算机程序设计技巧》的第三卷(排序和查找)中,用了 300 多页的篇幅来讨论排序。"选择排序

法"是基本的排序法之一,是现代大学生必须要掌握的算法。

排序有升序和降序之分,下面以升序为例。

分析:与冒泡排序一样,选择排序也要经过若干趟比较,通常,n 个数据排序要经过 n-1 趟比较。与冒泡排序"相邻元素比较"不同,选择排序是"逐个比较",即一个数组元素和数组中的其他元素逐个比较。

每一趟完成后,就收缩左端点(下标加 1),再重复找最小值并交换,直到区间只有一个数组元素为止。

按照上述思路,程序如下:

```
#include<iostream.h>
#define N 10

void main()
{   int a[N],i,j,temp;
    cout< < "请输入"< < N< < "个整数:\n";
    for(i= 0;i< N;i+ + ) //输入数组
        cin> > a[i];
//首趟比较,下标区间为 0~(N-1),左端点为 0,在比较前,将 a[0]假设为本区间
//的最小值。以后的每趟在比较前,也都将左端点元素假设为最小值。
    for(i=0; i<N-1; i++)          //i 为每趟的左端点下标,每循环一次,左端点右移 1 个元素
        for(j=i+1; j<N; j++)       //j 为与最小值比较的元素下标
            if(a[j]<a[i])           //如果 a[j]小于左端点的元素 a[i],就交换之
            {   temp=a[i];
                a[i]=a[j];
                a[j]=temp;
            }
    cout<<"排序后的数据为:\n";
    for(i=0; i<N; i++)
        cout<<a[i]<<'\t';
    cout<<'\n';
}
```

该程序虽然可以实现排序,但是数据交换的次数可能比较多,可以对该算法加以改进,以减少交换的次数。改进的方法是在发现有比左端点小的元素时,不立即进行数据交换,而是记下此元素的下标,此后与这个元素进行比较,本趟比较结束时再将此元素和左端点的元素进行交换。

按照这个思路编写的程序如下:

```
#include<iostream.h>
#define N 10

void main()
{   int a[N],i,j,k,temp;
    cout<<"请输入"<<N<<"个整数:\n";
    for(i=0; i<N; i++)              //输入数组
        cin>>a[i];
//首趟比较,下标区间为 0~(N-1),左端点为 0,在比较前,将左端点元素 a[0]假设
//为本区间的最小值,记下其下标值为 k。往下去的比较就是和这个 a[k]比较。
```

```
for(i=0; i<N-1; i++)
{   k=i;                              //假设左端点的元素是最小值,记下其下标 i
    for(j=i+1; j<N; j++)
      //区间里的每个元素都与这个最小元素 a[k]比较
        if(a[j]<a[k])k=j;             //如果当前元素比最小值小,记下其下标 j
    if(k!=i)                          //如果最小值不是左端点元素,就将其和左端点元素交换
    {   temp= a[i];
        a[i]=a[k];
        a[k]=temp;
    }
}
cout<<"排序后的数据为: \n";
for(i=0; i<N; i++)
    cout<<a[i]<<'\t';
cout<<'\n';
}
```

假设有 10 个元素欲排序,其值分布如下图所示。

| a[0] | a[1] | a[2] | a[3] | a[4] | a[5] | a[6] | a[7] | a[8] | a[9] |
| --- | --- | --- | --- | --- | --- | --- | --- | --- | --- |
| 3 | 2 | 4 | 5 | 8 | 9 | 7 | 0 | 1 | 6 |

第 1 趟比较　左端点 i＝0,j＝1,右端点 i＝9,k＝0,比较区间为[0,9]
第 1 次比较:a[j]＜a[k],就是 a[1]＜a[0],k＝j＝1
第 2 次比较:a[j]＞a[k],就是 a[2]＞a[1],k 不变
⋮
第 7 次比较:a[j]＜a[k],就是 a[7]＜a[1],k＝j＝7
第 9 次比较:a[j]＞a[k],就是 a[9]＞a[7],k 不变
第 1 趟比较结束时,交换 a[i]和 a[k],就是交换 a[0]和 a[7]。交换后的数组为:

| a[0] | a[1] | a[2] | a[3] | a[4] | a[5] | a[6] | a[7] | a[8] | a[9] |
| --- | --- | --- | --- | --- | --- | --- | --- | --- | --- |
| 0 | 2 | 4 | 5 | 8 | 9 | 7 | 3 | 1 | 6 |

第 2 趟的区间为:[1,9],比较完时,a[1]和 a[8]交换,交换后数组为:

| a[0] | a[1] | a[2] | a[3] | a[4] | a[5] | a[6] | a[7] | a[8] | a[9] |
| --- | --- | --- | --- | --- | --- | --- | --- | --- | --- |
| 0 | 1 | 4 | 5 | 8 | 9 | 7 | 3 | 2 | 6 |

第 3 趟的区间为:[2,9],比较完时,a[2]和 a[8]交换,交换后数组为:

| a[0] | a[1] | a[2] | a[3] | a[4] | a[5] | a[6] | a[7] | a[8] | a[9] |
| --- | --- | --- | --- | --- | --- | --- | --- | --- | --- |
| 0 | 1 | 2 | 5 | 8 | 9 | 7 | 3 | 4 | 6 |

第 8 趟的区间为:[7,9],比较完时,a[7]和 a[9]交换,交换后数组为:

| a[0] | a[1] | a[2] | a[3] | a[4] | a[5] | a[6] | a[7] | a[8] | a[9] |
| --- | --- | --- | --- | --- | --- | --- | --- | --- | --- |
| 0 | 1 | 2 | 3 | 4 | 5 | 6 | 7 | 8 | 9 |

这个程序比第一个有所改善,但是还存在不足。主要是比较的趟数可能会过多(已经没有数据交换了),改善的办法同前面的冒泡排序法。

### 5.7.2 矩阵运算

使用数组进行矩阵运算,是数组应用中常见的情形。常见的矩阵运算有矩阵转置、矩阵加减和矩阵乘积等。前面已经介绍过矩阵转置程序,下面讨论矩阵乘积。

从数学知识知道,如果有两个矩阵(数组)$a[n][k]$ 和 $b[k][m]$,则有:
$$c[n][m]=a[n][k]*b[k][m]$$
在求乘积时,用 $a$ 数组的第 $i$ 行去乘 $b$ 数组的每一列,$i=0,1,\cdots,n-1$。

$a$ 数组的第 $i$ 行乘 $b$ 数组的第 $j$ 列,就是 $c[i][j]=\sum_{l=0}^{k}a[i][l]*b[l][j]$。

按照此数学方法,需要使用 3 重循环($i$ 循环,$j$ 循环,$l$ 循环)来完成乘积。

```cpp
#include<iostream.h>
#define N 3
#define M 3
#define K 3

void main()
{   int a[N][K],b[K][M],c[N][M];
    int i,j,l;
//-----输入 a 数组
    cout<<"请输入 a 数组 ("<<N<<"行"<<K<<"列): \n";
    for(i=0;i<N;i++)
        for(j=0;j<K;j++)
            cin>>a[i][j];
//-----输入 b 数组
    cout<<"请输入 b 数组 ("<<K<<"行"<<M<<"列): \n";
    for(i=0;i<K;i++)
        for(j=0;j<M;j++)
            cin>>b[i][j];
//-----计算乘积
    for(i=0;i<N;i++)
        for(j=0;j<M;j++)
        {   c[i][j]=0;
            for(l=0;l<K;l++)
                c[i][j]+=a[i][l]*b[l][j];
        }
//-----输出乘积结果
    for(i=0;i<N;i++)
    {   for(j=0;j<M;j++)
            cout<<c[i][j]<<'\t';
        cout<<'\n';
    }
}
```

# 习 题

**一、选择题**

1. 以下关于C++语言中数组的描述正确的是_____。
   A. 数组的大小是固定的,但可以有不同的类型的数组元素
   B. 数组的大小是可变的,但所有数组元素的类型必须相同
   C. 数组的大小是固定的,所有数组元素的类型必须相同
   D. 数组的大小是可变的,可以有不同的类型的数组元素

2. 以下一维数组 a 的正确定义是_____。
   A. int n=10,a[n];
   B. int a[10.5];
   C. ♯define size 10
      int a[size];
   D. int n;
      cin>>n;
      int a[n];

3. 以下对二维数组 *a* 进行不正确初始化的是_____。
   A. char word[]='Turbo\0';
   B. char word[]={'T','u','r','b','o','\0'};
   C. char word[]={"Turbo\0"};
   D. char word[]="Turbo\0";

4. 以下对二维数组 *a* 进行正确初始化的是_____。
   A. int *a*[2][3]={0,1,2,3,4,5,6};
   B. int *a*[3][]={{1,2},{0},'a'};
   C. int *a*[2][3]={{1,2},{3,4},{5,6}};
   D. int *a*[][3]={0,1,2,3,4,5,6};

5. 在定义 int a[2][3];之后,对 *a* 的引用正确的是_____。
   A. *a*[-1][2]     B. *a*[1,3]     C. *a*[1>2][!1]     D. *a*[2][0]

6. 若有定义"float *a*[m][n];",且 *a*[1][1]的地址为 $x$,每个 float 元素占用 4 个字节,则 a[i][j]的地址为_____。
   A. $x+4*(i-1)*n+4*(j-1)$
   B. $x+(i-1)*n+(j-1)$
   C. $x+4*(i-1)*j+(j-1)$
   D. $x+4*i*j+4*j$

7. 以下程序的输出结果是_____。
   cout<<strlen("china\012\1\0\\");
   A. 11     B. 7     C. 9     D. 8

8. 设有说明语句 char str[30];,如果想从键盘上把字符串"computer language"输入到数组,正确的做法是_____。
   A. cin>>str;
   B. cin>>str[30];
   C. cin.getline(str,30);
   D. getline(str,30)

9. 在定义 int a[3][6];后,第 10 个元素是_____。

A. *a*[2][4]　　　B. *a*[1][3]　　　C. *a*[3][1]　　　D. *a*[4][2]

10. 定义如下变量和数组：

```
int i;
int x[3][3]={1,2,3,4,5,6,7,8,9};
```

则以下语句的输出结果是_____。

```
for(i=0; i<3; i++)
    cout<<x[i][2-i];
```

A. 159　　　　　B. 147　　　　　C. 357　　　　　D. 369

## 二、填空题

1. 如果将下列矩阵放入名为 s 的数组中，应该使用什么数据定义语句_____。

$$\begin{matrix} 1 & 3 & 5 \\ 2.0 & 4.5 & 6.3 \end{matrix}$$

2. 如果使用"冒泡排序法"使 5 个元素升序排列，则"相邻两数比较"的总次数是_____次。

3. 如果形参是数组，则传递的方式称为_____，相应的实参也是_____，实参数组和形参数组_____。

4. 若有数组定义：char str[5]={97,99,106,'\0',65};则 cout<<str<<endl;的结果是_____。

5. 在数组初始化时，若初始化的元素比数组中的元素少，则其余数组元素自动初始化为_____。若有"int a[3]={3};"，则 a[2]=_____。若有"static int b[5];"，则 b[3]=_____。

6. 声明长度为 10 的 float 型数组 x，其下标为 3 的元素的值初始化为 3，其余元素初始化为 0 的语句是_____。

## 三、阅读程序，回答问题

1. 阅读下列程序，如果输入的字符串是"abcdefg"，指出程序运行结果。

```
#include<iostream.h>
void main()
{   char s1[20],s2[20];
    int i,j;
    cout<<"输入字符串:";
    cin>>s1;
    for(i=0; s1[i]!='\0'; i++);
    for(j=0; s1[j]!='\0'; j++)
        s2[i-j-1]=s1[j];
    s2[i]='\0';
    cout<<"处理后的字符串:"<<s2;
}
```

2. 阅读下列程序，指出程序运行结果。

```
#include<iostream.h>
#include<string.h>
```

```
void main(){
    char str[]="computer";
    int i;
    for(i=0; i<strlen(str); i+=2)
        cout<<str[i];
    cout<<"\n";
}
```

3. 阅读程序回答问题。

```
#include<iostream.h>
void main()
{   int a[10]={1,3,5,2,4,11,22,33,44,55};
    int b[10];
    int i,m,n,s=1;
    m=0;n=9;
    cout<<"第"<<s++<<"次打印:"<<'\t';
    for(i=0;i<10;i++)
    {   cout<<a[i]<<',';
        if(a[i]%2!=0)                    //A
            b[m++]=a[i];
        else
            b[n--]=a[i];
    }
    cout<<endl;
    cout<<"第"<<s++<<"次打印:"<<'\t';
    for(i=9;i>=0;i--) cout<<b[i]<<',';
    cout<<endl;
    cout<<"打印次数="<<s<<endl;
}
```

问题一：A 行 if 语句的作用是_____；
问题二：本程序共_____行输出，依次是_____。

4. 定义如下变量和数组：

```
int i;
int x[3][3]={1,2,3,4,5,6,7,8,9};
```

则以下语句的输出结果是_____。

```
for(i=0;i<3;i++)
    cout<<x[i][2-i];
```

5. 以下程序输出的第一行是_____，第二行是_____。

```
#include<iostream.h>
float f(float sum,float x[],int n)
{   for(int i=0;i<n;i++)sum+=x[i];
    return sum/n;
}
void main(void)
{   float x[]={2,4,6,8},sum=0,y;
```

```
        y=f(sum,x,4);
        cout<<"sum="<<sum<<'\n';
        cout<<"y="<<y<<'\n';
}
```

**四、完善程序**

1. 下面的函数 FindMax(int str[],int n)返回数组 str 中最大元素的下标,n 为数组元素的个数。

```
int FindMax(int str[],int n)
{   int k=0,i;
    for(i=1;i<n;i++)
        if(str[i]>str[k])_____;
    return k;
}
```

2. 下面程序的作用是将以下给出的字符按其格式读入数组 S 中,然后输出行列号之和为 3 的数组元素,请完善之。

```
        A   a   f
        C   B   d
        e   b   C
        g   f   D
#include<iostream.h>
void main()
{   char s[4][3]={'A','a','f','C','B','d','e','b','C','g','f','D'};
    int x,y,z;
    for(x=0; ①  ; x++)
        for(y=0; ②  ;y++)
        {   z=x+y;
            if( ③  )cout<<s[x][y];
        }
}
```

3. 函数 squeeze(s1,s2)的功能是将字符串 s1 中所有出现在字符串 s2 中的字符删去。请完善之。

```
int in(char ch,char str[]){         //判断字符 eh 是否在字符串 str 中
int i=0;
while(str[i]!='\0')
{   if(str[i]== ①  )return 1;       //ch
    i++;
}
    ②  ;                            // return 0
}
void squeeze(char s1[], char s2[])
{   int i=0, k=0;
    while(s1[i]!='\0'){
        if(in(s1[i], s2)==1)k++;
        else s1[i-k]=s1[i];
         ③  ;                       // i++
```

```
        }
        s1[i-k]='\0';                          //s1缩短,置字符串结束符
}
```

4. 下列函数用于确定一个给定字符串 str 的长度,请填空。

```
int strlen(char str[])
{   int num=0;
    while(___①___) ++num;
    return(___②___);
}
```

5. 下列程序用于判断字符串 S 是否对称,对称时返回 1,否则返回 0。如 f("abba")返回 1,而 f("abab")返回 0。请填空。

```
int f((___①___))
{   int i=0, j=0;
    while(s[j++]);
    for(j--;i<j&&s[i]==s[j];i++,j--);
    return((___②___));
}
```

**五、程序设计题**

1. 编写一个程序,将一个子字符串 $s2$ 插入到主字符串 $s1$ 中,其起始插入位置为 $n$。
2. 输入一个字符串,编程统计其单词个数及字母个数。
3. 编程序按下列公式计算 $s$ 的值:(其中 $n, x_1, x_2, \cdots, x_n$ 由键盘输入)

$$S = \sum_{i=1}^{n}(x_i - x_0)^2 \quad (其中 x_0 是 x_1, x_2, \cdots, x_n 的平均值)$$

4. 编一个程序,输入一个 5 行 5 列的整数矩阵,判断该矩阵是否对称,是则输出"yes!",否则输出"no!"。(对于对称矩阵 $a$,有 $a_{i,j} = a_{j,i}$)

5. 编写程序,用随机数产生一个 5 行 5 列的整数数组,每个元素均为 3 位数,输出该数组,计算该数组非对角线元素值的和。

6. 找出一个 5 行 5 列的二维数组的鞍点,即该位置上的元素在该行元素中最大,在该列元素中最小。二维数组也可能没有鞍点。函数 find 判断数组 a 是否具有鞍点,如果有,则输出鞍点的坐标及鞍点上元素的值;如果没有,则输出"No!"。数组用随机数生成。

7. 编程将序列 $\{1,2,\cdots,n\}$ 中的数,对 $n$ 个元素组成的环形数组赋值。初始时数组中元素值均为 0。赋值规则是:从 0 号单元($a[0]$元素是第 1 个空单元)开始,顺时针数到第 $m$ 个空单元,填入序列中的第一个数,然后继续向后数空单元,再次数到第 $m$ 个空单元时,填入序列中的下一个数,直到初始序列被填完,此时数组也被填满。最后输出填满后的数组元素。注意,数组是环形的,当数到数组最后一个元素,折回数组首部继续往后数。

例如,若 $n$、$m$ 的值分别为 5、3,则正确的输出结果应为 2、4、1、5、3。

# 第 6 章 其他构造数据类型
## ——结构、联合、枚举和类

## 6.1 本章导读

数组的引入解决了大量同类型数据的组织问题，使得很多问题的程序编写得以实现。数组是最重要的构造数据类型之一，但是数组也有局限性，数组是同类型数据的有序集合，但很多现实问题中的数据并不是同一类型的，例如一个学生的数据，有学号、姓名、性别、年龄、成绩等数据项，这些数据项并不是同一类型的；一张发票的数据，有日期、客户名称、商品名称、数量、单价、金额等，也不是同一类型的。结构体是不同数据类型数据的集合，可以表述上述数据。结构体的引入可以解决这类类型不完全相同数据的组织问题。

在计算机应用的早期，内存资源颇为紧缺，人们在编程时需要千方百计地节省使用内存，共同体（也称联合体）数据应运而生，它使几个数据共享同一内存空间，在某一时刻，只有一个数据是有意义的。现在计算机的内存已经进入 GB 时代，联合体所节省的几个字节已经无关紧要了。

在现实社会中，还存在许多可以"枚举"的数据，例如一周有 7 天，周一到周日；月份有 12 个，1 月～12 月；性别有男女等。这些数据的存储和使用有别于整型、字符型等数据，为表述这类数据，C++ 引入了枚举类型。

在 C++ 中引入结构体类型时，初始的原因只是弥补数组单一类型的不足，引入结构体只是为了更好的组织数据。随着计算机应用的不断深入，人们发现组织数据还只是停留在一个初始的阶段。应当在组织数据时考虑到对数据的处理，并且把数据的组织和数据的处理有机地结合起来。于是，类就应运而生了。类由数据和处理数据的函数封装而成。类是一种可以"发展"的数据类型，即一个类可以派生出另外一个类，派生出的类不仅可以具有原类的一切特征，还可有扩充的新特征。类的引入是程序设计语言发展的一个重要里程碑！

概括起来，学习本章主要是掌握：
- 结构体类型的概念、定义、初始化；
- 结构体成员的引用；

- 共同体类型、变量的概念；
- 枚举类型的概念、定义、初始化；
- 枚举类型变量的应用；
- 类的概念及其定义；
- 类成员的访问属性；
- 类成员函数的特点；
- 类与结构体类型的异同点。

## 6.2 结构体类型

使用结构体变量，不同于使用数组。数组可以直接定义，结构体变量必须在定义了结构体类型的基础上才能定义。定义数组，并没有新的数据类型出现，定义结构体类型，会导致新的数据类型的出现，只是这种数据类型的使用局限于定义它的程序内部。不能直接定义结构体变量，必须遵守结构体类型定义在前，结构体变量定义在后的原则。

### 6.2.1 结构体类型定义

定义一个结构体类型的一般格式为：

```
struct <结构体类型名>
{
    <类型名><变量 1>;
    [<类型名><变量 2>…]
};
```

结构体类型定义由两部分组成：结构体类型头部和结构体成员描述。

结构体类型头部由关键字 struct 开始，后跟一个符合 C++ 标识符规定的结构体类型名。结构体成员描述是由一对大括号"{}"括起来的成员列表。

【例 6.1】 定义结构体类型 student。

```
struct student
{   int num;                    //学号
    char name[20];              //姓名
    char sex;                   //性别
    float score[5];             //成绩数组,可以存储 5 门课的成绩
};
```

【例 6.2】 定义结构体类型 fp。

```
struct date                     //定义日期结构体类型
{   int year,month,day;};

struct fp
{   char khmc[40];              //客户名称
    struct date kprq;           //开票日期
    int pzs;                    /商品品种数
    float zje;                  //发票总金额
```

```
        char kpr[20];                   //开票人
};
```

此例表明,结构体类型可以嵌套使用(不是嵌套定义)。

关于结构体类型的定义,须注意:

(1) 结构体类型的定义是以分号";"结束的。定义结构体类型后才可以定义结构体类型的变量。

(2) 结构体的成员可以是另一个结构体类型。

### 6.2.2 结构体类型变量的定义及其初始化

定义了结构体类型后,就可以定义结构体变量了。

定义结构体变量有三种方式:

- 先定义结构体类型,后定义结构体变量。这是使用最多的方式。
- 在定义结构体类型的同时定义结构体变量。这种方式也常使用。
- 定义结构体类型时省略类型名,直接定义结构体变量。这种方式只能一次性的定义变量,使用得较少。

【例 6.3】 用第 1 种方式定义结构体变量。

```
struct student
{   int num;                        //学号
    char name[20];                  //姓名
    float score[5];                 //成绩数组,可以存储 5 门课的成绩
    char sex;                       //性别
};
struct student stu1,stu2;           //定义了两个 student 类型的变量
```

变量 stu1 和 stu2 所占用的内存为 4(num)+20(name)+20(score)+1(sex)=65 字节。

**提示**:结构体变量所占内存的字节数为其每个成员所占内存字节的总和。

【例 6.4】 用第 2 种方式定义变量。

```
struct date                         //定义日期结构体类型
{   int year,month,day;};

struct fp
{   char khmc[40];                  //客户名称
    date kprq;                      //开票日期
    int pzs;                        //商品品种数
    float zje;                      //发票总金额
    char kpr[20];                   //开票人
}fp1,fp2;                           //定义了两张发票
```

在使用第 2 种方式定义了变量后,还可以使用第 1 种方式继续定义结构体变量。

【例 6.5】 使用第 3 种方式定义结构体变量。

```
struct                              //图书的结构体类型
{   int shuh;                       //书号
```

```
    char shum[40];              //书名
    char zuoz[40];              //作者
    char chubs[20];             //出版社
    int zis;                    //字数
}book1,book2;                   //定义了两本书
```

例 6.5 中图书的结构体类型由于没有名字,在后面的程序中,不能使用第 1 种方式继续定义变量。

和定义数组等一样,在定义结构体变量时也可以对结构体变量初始化,初始化的形式也与数组相同。

【例 6.6】 初始化嵌套的结构体变量。

```
#include<iostream.h>

struct date                     //定义日期结构体类型
{   int year,month,day;};

struct fp
{   char khmc[40];              //客户名称
    date kprq;                  //开票日期
    int pzs;                    //商品品种数
    float zje;                  //发票总金额
    char kpr[20];               //开票人
};

void main()
{   fp fp1={"宇宙公司",{2008,07,10},3,200,"马犇"};
    cout<<fp1.kprq.year<<endl;
}
```

在对 fp1 的初始化中,客户名称是"宇宙公司",开票人是"马犇",品种数为 3,金额为 200。因为开票日期也是一个结构体变量,所以用一对"{ }"括起来。本例的输出结果为 2008。

本例中的初始化语句也可写成"fp fp1={"宇宙公司",2008,07,10,3,200,"马犇"};",把日期的大括号去掉,结果也是一样的。

在定义结构体类型时,有以下注意事项:

(1) 在结构体类型的定义中,不可以限定其成员的存储类型为 auto、extern 和 register。这些存储类型是对变量分配内存单元时的限定,在定义结构体类型时,这些成员还不是变量,系统不为其分配内存单元。

(2) 系统只为结构体变量分配内存单元,不为结构体类型(包括其成员)分配内存单元。

【例 6.7】 定义"点"结构体类型,包含有数据成员和函数成员。

```
struct point
{   int x,y;
public:
    void init(int a,int b)
    {   x=a;y=b;}
```

};

本例中的结构体类型 point，包含有两个整型数据成员 x 和 y，还包含有一个初始化函数 init，函数的功能是初始化两个数据成员。

关于关键字 public 和函数成员，本章第 6 节详细介绍。

### 6.2.3 结构体类型变量的引用

结构体变量定义后，就可以引用了。

结构体变量的引用主要是输入输出、赋值。多数情况下只能引用结构体变量的成员，而不能直接引用结构体变量。结构体变量成员的使用与一般变量的使用相同。使用的格式为：

**结构体变量名.成员名**

其中的"."称为成员选择运算符，是双目运算符，左操作数是结构体变量名，右操作数是这个结构体的成员名。

**【例 6.8】** 引用结构体变量成员。

```
struct book
{    long shuh;                              //书号
     char shum[50];                          //书名
     char zuoz[20];                          //作者
}b1,b2;
b1.shuh=100001;                              //为书号赋值
strcpy(b1.shum,"从 0 到无穷大");              //为书名赋值
cin.getline(b1.zuoz,20);                     //输入作者
b2={100001," 从 0 到无穷大","盖莫夫"};        //结构体变量不能整体赋值
```

**提示**：不能对结构体变量整体赋值或输出，只能分别对各个成员引用。但是可以将一个结构体变量整体赋值给另外一个相同类型的结构体变量。例如：b2=b1;。

**【例 6.9】** 嵌套结构体变量成员的引用。

```
struct date{int year,month,day;};            //定义日期结构
struct student                               //定义学生结构
{    long num;                               //学号
     char name[20];                          //姓名
     date birthday;                          //生日
}s1;
s1.num=210001;
s1.birthday.year=1990;
s1.birthday.month=10;
s1.birthday.day=1;
```

**提示**：嵌套的结构体变量必须逐层引用。

**【例 6.10】** 结构体变量成员的运算。

```
struct student
{    long num;
     float score[4];                         //四门课成绩
```

```
}s1={210001,{80,85,70,90}};
s1.score[3]++;
cout<<s1.score[3]<<'\n';
```

输出结果是:

91

关于结构体成员的引用,注意下列事项:
(1) 结构体变量中的成员可以像同类型的变量一样进行运算。
(2) 同类型的结构体变量之间可以直接赋值。这种赋值等同于各个成员的依次赋值。
(3) 结构体变量不能直接进行输入输出,它的每一个成员能否直接进行输入输出,取决于其成员的类型,若是基本类型或是字符数组,则可以直接输入输出。而例 6.9 中的成员 birthday 不能直接输入和输出。

### 6.2.4 结构体与数组

如果数组中的每个元素都是一个结构体类型的数据,则称为结构体数组(或简称为结构数组)。数组的各元素在内存中仍然连续存放。

结构体数组不能整体引用,只能按引用结构体变量那样引用结构体数组的元素。

【例 6.11】 定义结构体数组并初始化。

```
struct student
{   long num;
    float score[4];                    //四门课成绩
};
student stu[30]={{210001,80,85,70,90},{210002,{85,90}}};
```

此例中定义了具有 30 个元素的数组 stu[30],并初始化其中的前两个元素。请注意此例的初始化做法。

【例 6.12】 定义结构数组,并从键盘为其输入数据。

```
#include<iostream.h>

struct student
{   long num;
    char name[20];                     //可能是由几个单词组成
    char sex;                          //性别,W 表示女,M 表示男
    char addr[40];                     //地址,连续的字符
    float score[4];
};

void main()
{   student stu[30];
    int i;
    cout<<"请输入 30 个学生的学号、姓名、性别(W/M)、地址和 4 门课成绩: \n";
    for(i=0; i<30; i++)
    {   cin>>stu[i].num;
        cin.getline(stu[i].name,20);
```

```
        cin>>stu[i].sex;
        cin>>stu[i].addr;
        cin>>stu[i].score[0]>>stu[i].score[1];
        cin>>stu[i].score[2]>>stu[i].score[3];
    }
}
```

在这个例子中,针对不同结构体成员,使用了不同的输入方式。为结构体数组输入数据时,程序中宜给出提示。例如提示输入的结构体数组有多大,每个结构体数组元素输入哪些成员,这些成员的输入顺序以及输入时的注意事项等。

### 6.2.5 结构体类型与函数

结构体变量可以作为函数的参数,函数也可以返回结构体类型的值。

【例6.13】 结构体变量作为函数参数,函数返回值也为结构体类型。

```
#include<iostream.h>

struct date{int year,month,day;};        //日期结构
struct student
{   long num;
    char name[20];                        //可能是由几个单词组成
    date birthday;                        //生日
};

struct student input()                    //结构体变量输入函数,返回值为结构体
{   student s;
    cin>>s.num;
    cin.getline(s.name,20);
    cin>>s.birthday.year>>s.birthday.month>>s.birthday.day;
    return s;
}

void print(student s)                     //结构体变量作函数形参
{   cout<<s.num<<'\t'<<s.name<<'\t';
    cout<<s.birthday.year<<'/'<<s.birthday.month<<'/';
    cout<<s.birthday.day<<'\n';
}

void main()
{   student stu[30];
    int i;
    cout<<"请输入 30 个学生的学号、姓名和生日:\n";
    for(i=0; i<30; i++){
        stu[i]=input();
        print(stu[i]);
    }
}
```

【例6.14】 调用函数输入结构体数组,计算平均成绩并输出学生资料。

```
#include<iostream.h>
```

```cpp
struct student                                    //结构体类型定义
{   long num;
    char name[20];                                //可能是由几个单词组成
    float score[4],ave;                           //四门课成绩和平均成绩

};

void input(student s[],int n)
{   //结构体数组输入函数,形参为结构体数组,可以带回输入结果
    int i;
    cout<<"请输入"<<n<<"个学生的学号、姓名和四门课成绩:\n";
    for(i=0; i<n; i++){
        cin>>s[i].num;
        cin.getline(s[i].name,20);
        cin>>s[i].score[0]>>s[i].score[1];
        cin>>s[i].score[2]>>s[i].score[3];
    }
}

void print(student s[],int n)
{                                                 //结构体数组输出函数,形参为结构体数组
    int i;
    cout<< "学号   姓名    高数 英语 物理 C++  平均成绩\n";
    for(i=0; i<n; i++)
    {   cout<<s[i].num<<' '<<s[i].name<<' ';
        cout<<s[i].score[0]<<' '<<s[i].score[1]<<' ';
        cout<<s[i].score[2]<<' '<<s[i].score[3]<<' ';
        cout<<s[i].ave<<'\n';
    }
}

void main()
{   student stu[30];
    int i,j;
    float sum;
    input(stu,30);                                //调用函数输入 30 个学生资料
    for(i=0; i<30; i++)
    {   sum=0;
        for(j=0; j<4; j++)                        //计算每个学生的总分
            sum+=stu[i].score[j];
        stu[i].ave=sum/4;                         //计算并保存平均成绩
    }
    print(stu,30);                                //调用函数,输出结构体数组
}
```

当函数的形参与实参为结构体类型的变量时,这种结合方式属于值调用方式,即属于值传递。结构体数组作函数参数和普通数组并没有什么差别,属于传地址调用。

## 6.3 共同体类型

共同体(union)也是一种构造数据类型,同样属于用户自定义数据类型,它与结构体类型比较相像,都是由若干个数据成员组成,并且引用成员的方式也一样。它们的区别在于,结构体定义了一组相关数据的集合,这些数据是相互独立的;而共同体定义了一块为所有数据成员共享的内存空间,数据之间是不独立的。在某一时刻,结构体成员均可以被正确访问。而在某一时刻,共同体中只有一个成员可以被正确访问,虽然也可以访问其他成员,但是访问结果一般是错误的。

使用共同体和使用结构体一样,需要先定义共同体类型,然后才能定义共同体变量。从形式上看,只是使用的关键字不同。

定义共同体类型的格式为:

**union <共同体类型名>**
{    <成员类型 1> <成员名 1> ;
     <成员类型 2> <成员名 2> ;
        ⋮
     <成员类型 n> <成员名 n> ;
};

其中,union 是定义共同体类型的关键字。共同体类型名是用户自己命名的标识符。union 与<共同体类型名>组成特定的共同体类型名,用它们定义变量就像用结构体类型定义变量一样。

花括号{}内的部分称为共同体。共同体是由若干成员组成的。每个共同体成员有自己的名称和数据类型,成员名是用户自己定义的标识符,成员类型既可以是基本数据类型,也可以是已定义过的某种数据类型(如:数组类型、结构体类型等)。共同体对象所占存储空间的大小为所有成员中所占空间的最大值。

【例 6.15】 定义共同体类型。

```
union un              //定义了一个包括 4 个成员的共同体类型 un
{    int m;
     float x;
     char c;
     char ch[10];
};
```

在定义了共同体类型后,就可以定义共同体变量了。与定义结构体变量类似,定义共同体变量也有三种方法:

(1) 先定义共同体类型,后定义共同体变量。
(2) 在定义共同体类型的同时定义共同体变量。
(3) 不定义共同体类型的名字,直接定义共同体变量。

【例 6.16】 用三种方法定义共同体变量。

```
union ID{              union ID{              union{
    long nnum;             long nnum;             long nnum;
    char cnum[10];         char cnum[10];         char cnum[10];
};                     }ID id2;               } ID id1;
ID id1;
```

  第一种方法定义    第二种方法定义    第三种方法定义

  同样可以在定义共同体变量时对其初始化。初始化时，只能对第一个成员赋初值，初值放在一对花括号{}中，其类型必须与第一个成员的类型一致。不能试图对第一个成员以外的成员初始化，也不能试图对所有成员初始化。

**【例 6.17】** 下面共同体变量的初始化是错误的。

```
union un{              union un{              union un{
    char c;                char c;                char c;
    int i;                 int i;                 int i;
    float f;               float f;               float f;
}un1={20.0};           }un1={,100};           }un1={'a',100,20.0};
```

 错误，类型不对  错误，试图对第2个成员初始化  错误，试图对所有成员初始化

## 6.4 枚举类型

### 6.4.1 枚举类型数据的定义

  在实际工作中，常常需要用一些整型常量来表示某个数据的范围。例如表示一周的星期几：

```
const int Mon =1;
const int Tue =2;
    ⋮
const int Sun=7;
```

如果定义一个变量来表示星期几：

```
int weekday;
```

显然，无法限定这个变量只在 1～7 之间取值。

枚举类型的引入正是为了解决这类问题的。

枚举类型是一种用户定义的数据类型，其一般定义形式为：

```
enum 枚举类型名
{
    标识符[= 整型常数],
    标识符[= 整型常数],
        ⋮
    标识符[= 整型常数]
};
```

  枚举类型定义由两部分构成，第一部分是枚举定义头部，由关键字 enum 和自定义的枚

举类型名组成;第二部分是用一对大括号"{}"括起来的枚举表,枚举表中的标识符称之为枚举成员,枚举成员是常量。也就是说,枚举表是整型常量的集合。枚举成员之间用逗号隔开,方括号中的"整型常数"是枚举成员的"初值"。

定义枚举类型时,枚举表的右大括号后面的分号";"是不能缺少的。

如果不给枚举成员赋初值,即省掉了标识符后的"=整型常数"时,则编译器为每一个枚举成员给一个不同的整型值,第一个成员为 0,第二个为 1,等等。当枚举类型中的某个成员赋值后,其后的成员则按依次加 1 的规则确定其值。

虽然这里称定义枚举类型时给标识符所赋的值为"初值",但因为这里的标识符是常量,以后不能再给其赋值,所以这个初值也就是"终值"。

【例 6.18】 定义枚举类型星期。

```
enum weekday
{ Mon,Tue,Wed,Thu,Fri,Sat,Sun};
```

此例定义了名为 weekday 的枚举类型,此类型的取值范围为 Mon、Tue、Wed、Thu、Fri、Sat、Sun 等 7 个值。这 7 个枚举成员的值分别是 0~6。

【例 6.19】 定义月份枚举类型。

```
enum Month
{ Jan=1,Feb,Mar,Apr,May,Jun,Jul,Aug,Sep,Oct,Nov,Dec};
```

此例定义的名为 Month 的枚举类型,有 12 个枚举成员,这 12 个枚举常量的值依次是 1~12。

【例 6.20】 枚举成员的值可以"乱序"。

```
enum mj{m1=5,m2,m3=3,m4=8};
```

此枚举类型 mj 有 4 个枚举成员:m1、m2、m3 和 m4,这四个枚举成员的值依次是 5、6、3、8。

提示:枚举成员的值可以没有顺序,也就是枚举成员在"枚举量表"中的位置和其值无关。即枚举成员的值可以乱序(排列在前面的枚举元素的值可以小于后面枚举元素的值),而且不同枚举成员的值可以相同。

定义了枚举类型后,就可以定义枚举变量了。定义枚举变量的方法类似结构体和共同体,也有三种方法:

(1)先定义枚举类型,然后再定义枚举变量。
(2)在定义枚举类型的同时定义枚举变量。
(3)不定义枚举类型的名字,直接定义枚举变量。

【例 6.21】 先定义枚举类型,再定义枚举变量。

```
enum weekday{ Mon,Tue,Wed,Thu,Fri,Sat,Sun};
weekday workday;
```

这个例子中定义了枚举类型变量 wookday,其取值只能是 Mon、Tue、Wed、Thu、Fri、Sat、Sun 之一。

【例 6.22】 在定义枚举类型的同时定义枚举变量,并初始化。

```
enum weekday
{   Mon,Tue,Wed,Thu,Fri,Sat,Sun
}workday=Wed,weekend;
weekend=weekday(5);
cout<<wookday<<'\t'<<weekend<<'\n';
```

输出的结果是：

2 5

**提示**：可以直接给枚举变量赋值为枚举成员，也可以给枚举变量赋一个整数的值。在赋整数的值时，需要进行强制类型转换。这个整数值可以不是枚举成员的值。例如上例中可以：weekend＝weekday(15);。

【例 6.23】 不定义枚举类型的名字，直接定义枚举变量。

```
enum
{   Mon,Tue,Wed,Thu,Fri,Sat,Sun
}wookday=Mon;
cout<<wookday<<endl;
```

输出结果为：

0

**提示**：在输出枚举变量时，输出的是枚举成员的值。如果想要输出枚举成员本身，则需要输出枚举成员对应的字符串常量。

【例 6.24】 输出枚举成员的名字。

```
enum weekday
{   Mon,Tue,Wed,Thu,Fri,Sat,Sun
}wookday=Wed;
switch(wookday)
{   case 0:                                 //或 case Mon:
        cout<<"Mon"<<'\n'; break;
    case 1:                                 //或 case Tue:
        cout<<"Tue"<<'\n'; break;
    case 2:                                 //或 case Wed:
        cout<<"Wed"<<'\n'; break;
    case 3:                                 //或 case Thu:
        cout<<"Thu"<<'\n'; break;
    case 4:                                 //或 case Fri:
        cout<<"Fri"<<'\n'; break;
    case 5:                                 //或 case Sat:
        cout<<"Sat"<<'\n'; break;
    case 6:                                 //或 case Sun:
        cout<<"Sun"<<'\n';
}
```

### 6.4.2 枚举类型的应用

现在来考虑一种扑克牌游戏，从 1～13 共 13 张扑克牌中依次抽出 3 张牌，计算出所有不同的抽法。

分析：假设共有 13 张不同的扑克牌，先抽取 1 张，再从余下的 12 张中抽取 1 张，最后从余下的 11 张中抽取 1 张。所抽取的这 3 张牌肯定是不同的，考虑 3 张牌抽取的顺序，抽牌问题就转换为排列问题，有多少种不同的排列（抽取）？是哪些排列？

在程序中可以使用枚举量表示扑克牌，枚举成员的名字要符合 C++ 标识符的规定，不能使用数字。所以不能直接使用 2、3 等作成员的名字，但在数字前加个字母就是合法的枚举成员名，而这些枚举成员的值正好是数字本身。

排列问题在 C++ 中是个穷举问题，把所有可能的组合逐个测试，找出其中符合要求的组合（要求 3 张牌不重复）并输出。按此思路编写的程序如下：

```
#include<iostream.h>
enum puke{
    A=1,B2,B3,B4,B5,B6,B7,B8,B9,B10,J,Q,K
};
//枚举成员 A 是扑克中的 A,B2、…、B10 为扑克中的 2～10
void print(puke p){                    //输出函数
    switch(p){
        case A: cout<<'A'; break;
        case J: cout<<'J'; break;      //对用字母表示的枚举成员,输出它们的名字
        case Q: cout<<'Q'; break;
        case K: cout<<'K'; break;
        default:cout<<p;               //对字母加数字作名字的成员,输出它们的值
    }
}

void main(){
    puke l,m,n;                        //枚举变量
    int i=0;                           //整形变量用于计数
    for(l=A; l<=K; l=puke(int(l)+1))
    //l 是枚举变量,不能进行算术运算,需转换后再运算,m、n 相同
        for(m=A; m<=K; m=puke(int(m)+1))
            for(n=A; n<=K; n=puke(int(n)+1))
                if(l!=m&&m!=n&&l!=n)
                {   cout<<++i<<'\t';
                    print(l);print(m);print(n);
                    cout<<'\n';
                }
}
```

程序输出的结果是：

```
1       A23
2       A24
3       A25
⋮
1714    KQ9
1715    KQ10
1716    KQJ
```

## 6.5　类型定义语句 typedef

为了增加程序的可读性和可移植性，C++语言提供了可定义新的类型标识符的功能，定义新类型标识符的一般格式为：

**typedef<类型><标识符 1> [,<标识符 2>…];**

typedef 顾名思义就是"类型定义"，可以解释为：将一种数据类型定义为某一个标识符，在程序中使用该标识符来实现相应数据类型变量的定义。

【例 6.25】 定义新的类型标识符 real。

```
typedef float real;
```

此语句将类型 float 定义成了新的类型标识符 real，real 实际上就是 float。

类型定义语句并不产生新的数据类型，只是为现有的数据类型再起一个新的名字。定义后可以交替使用这两个名字来定义变量。类型定义是为了增加程序的可读性和可移植性。

如果仅仅像用 real 代替 float 这样来使用类型定义语句，那也就太简单了。这不是 typedef 的全部，typedef 主要用在定义复杂数据类型方面。

【例 6.26】 定义结构体类型。

```
typedef struct student
{   int num;
    char name[20];
    char sex;
    int zge;
}stu;
stu s1,s2;
```

此例把自定义的结构体类型 struct student 定义成 stu，这样在后面的语句中就可以使用 stu 来定义变量了。

上面的例子也可以写成：

```
struct student
{   int num;
    char name[20];
    char sex;
    int zge;
};
typedef student stu;
stu s1,s2;
```

在大型程序中，自定义的数据类型很多，为了区分和可读性好，一般将名字取得很长，但是名字长了使用不方便，还容易写错。于是可将这个长名字再定义成一个缩写的、好用好记的短名字。类型定义语句在这种情况下就可发挥作用了。

【例 6.27】 定义数组类型。

与定义结构体类型相似,可以使用 typedef 来定义数组类型

```
typedef int IntArray[100];
IntArray Mya;                    //定义了数组 int Mya[100]
IntArray s;                      //定义了数组 int s[100]
```

## 6.6 类

类(class)是 C++ 中十分重要的概念,它是实现面向对象程序设计的基础。那么,什么是类呢? 类是对某一事物的抽象描述,具体地讲,类是 C++ 语言中的一种自定义的数据类型,它既可包含描述事物的数据,又可包含处理这些数据的函数(方法)。它与结构体类似,所不同的是增加了对数据进行处理的函数(方法)。

### 6.6.1 类类型的定义

C++ 中声明类类型的方法与声明一个结构体类型是相似的,下面是已熟悉的声明一个结构体类型的方法:

```
struct student
{   int num;                     //学号
    char name[20];               //姓名
    char sex;                    //性别
    float score[5];              //成绩数组,可以存储 5 门课的成绩
};
student stu1, stu2;
```

这里声明了一个名为 student 的结构体类型并定义了两个结构体变量 stu1 和 stu2。可以看到它只包括数据(变量),没有包括处理这些数据的函数(方法)。现在声明一个类。

**【例 6.28】** 类的声明示例。

```
class student
{   int num;
    char name[20];
    char sex;
    float score[5];
    void setstud()
    {   cin>>num>>name>>sex;
        cin>>score[0]>>score[1]>>score[2]>>score[3]>>score[4];
    }
};
student stu1,stu2;
```

可见,class 是声明类时必须使用的关键字,类名是 student,由一对花括号("{}")包围起来的部分是类体,其中所包含的数据和函数称为类的成员,又叫类成员列表(class member list),它列出类中的全部成员。类的声明必须以分号结束。成员列表除了数据部分外,还包括了对这些数据进行操作的函数,如 setstud() 的功能是实现对学生的学号、姓名、性别和成绩的输入。由此可见,类也是一种数据类型,它是一种广义的数据类型,之前所

接触到的数据类型则是狭义的,只包含数据本身,如结构体类型中的成员都只是数据,而类这种数据类型中的数据既包括数据,也包含对数据操作的函数(方法)。

定义一个类类型的一般格式为:

```
class <类名>
{    [[private:]
       <私有成员数据和成员函数;>]
     [[public:]
       <公有成员数据和成员函数;>]
     [[protected:]
       <保护成员数据和成员函数;>]
};
```

其中关键字 public、private 和 protected 称为成员访问限定符(member access specifier),用来声明各成员的访问属性。public 限定的成员称为公有成员,这种成员不仅允许该类中的成员函数存取公有成员数据,而且还允许该类之外的函数存取公有成员数据,公有成员函数不仅能被该类的成员函数调用,而且能被其他函数调用;private 限定的成员称为私有成员,私有成员被限定在该类的内部使用,即只允许该类中的成员函数存取私有成员数据,对于私有成员函数,只能被该类中的成员函数调用;protected 所限定的成员称为保护成员,它允许该类的成员函数存取保护成员数据,或调用保护成员函数,也允许该类的派生类的成员函数存取保护成员数据或调用保护成员函数,但其他函数不能存取该类的保护成员数据,也不能调用该类的保护成员函数。

关于公有的(public)、私有的(private)和保护的(protected)概念可以打个比方:在一个家庭里,客厅一般是允许访客进入的区域,是公用的区域,而卧室通常不允许访客进入,只允许自家人进入,是私用的区域。同时,如果家里有件祖上传下来的宋代瓷器,那就应该算是保护成员了,它可以在你的家族中世代传递下去,它属于这个家族,这个家族之外的人是不可以占有它的,这就是派生的概念。关于派生将在第 9 章中详细介绍。

在声明类时,public、private 和 protected 3 个关键字的作用是限定成员的访问权限,它们在类体中使用的先后顺序无关紧要,可以先出现 private 关键字,也可以先出现 public 关键字,并且每一个关键字在类体中可以多次使用。在定义一个类时,类体中定义成员的顺序也无关紧要,可先定义成员数据,也可先定义成员函数,还可将成员数据与成员函数混合定义。但为了使程序结构清晰,建议成员数据集中在类体的前半部定义,成员函数集中在类体的后半部定义,并尽量使每一种成员访问限定符在类定义体中只出现一次。

【例 6.29】 定义一个类用来描述一个矩形的基本特性。

分析:描述一个矩形的特征通常用矩形的四个顶点来表示。可以用函数 SetPoint()来设置矩形的四个顶点坐标,用 Display()函数获得矩形的面积。为此,可以将这个矩形类定义为:

```
class CRect{
private:
    int left,top,right,bottom;
public:
    float area;
    void SetPoint(int L,int T,int R,int B);
    float Display();
```

};

在类 CRect 中,把成员数据 left、top、right 和 bottom 定义为私有成员,把成员数据 area 定义为公有成员,把成员函数 SetPoint()和 Display()也定义为公有成员。在类体定义中,当省略访问限定符 private 时,系统默认这些成员的定义为私有成员。因此,类 CRect 还可以有以下的定义形式:

```
class CRect
{   int left,top,right,bottom;
public:
    float area;
    void SetPoint(int L,int T,int R,int B);
    float Display();
};
```

但是,当把类 CRect 按如下方式定义时,访问限定符 private 不可省略。

```
class CRect{
public:                                              //A
    float area;
    void SetPoint(int L,int T,int R,int B);
    float Display();                                 //B
private:                                             //C
    int left,top,right,bottom;
};
```

在类体中,访问限定符 public、private 和 protected 存在一个作用域,每一个访问限定符的作用域从紧跟其后的第一个成员开始,到另一个访问限定符关键字或类体结束时为止,在其作用域内所定义的成员的访问权限,均由该关键字限定。如上面声明的类体中,public 的作用域从 A 行开始,到 B 行结束。private 作用域从 C 行开始,到类体结束时结束。

在定义一个类时,须注意如下几点:

(1) 定义一个类只是定义了一种数据类型,系统并不会为这种类型分配存储的空间,因此,在定义类的数据成员时不能使用关键字 extern、auto 或 register,也不能对其进行初始化操作。例如,下面的定义是错误的。

```
class Btest
{   int bx=5,by=10;
    extern double x;
    ⋮
};
```

(2) 通常对类定义中成员指定访问权限的原则是:若定义的成员只限于该类的成员函数使用,就指定其为私有成员;若希望成员数据在类外也可使用,应将其定义为公有成员。

### 6.6.2 类的成员函数

类的成员函数也是函数的一种,它的用法与一般函数基本相同,也有返回值和函数类型。它与一般函数的区别在于,类的成员函数出现在类体中,它属于一个类。与一般函数一样,成员函数在使用前也必须进行定义,定义一个类的成员函数的一般格式为:

```
<type> <classname>::<funcname>(<参数表>)
{ 函数体;}
```

其中,type 是所定义函数的返回值的类型,classname 是类名,funcname 是成员函数名,而运算符"::"称为作用域运算符,用来声明函数是属于哪个类的。

**【例 6.30】** 定义类 CRect 的两个成员函数。

```
void CRect::SetPoint(int L,int T,int R,int B)
{   left=L;
    top=T;
    right=R;
    bottom=B;
}
float CRect::Display()
{   area=fabs(right-left) * fabs(bottom-top);
    return area;
}
```

成员函数 SetPoint()实现将矩形坐标数据传递给 CRect 类中的成员数据,Display()实现求取矩形面积并传递给成员数据 area。

一般情况下,成员函数在类体中先作原型声明,如例 6.29 所示,然后在类外定义,也就是说类体的位置应在函数定义之前,否则编译时会出错。在类的内部对成员函数进行声明,在类体外定义成员函数,这是程序设计的一种良好习惯,可以使得类体定义结构清晰,有助于把类的接口和类的实现细节分离。从类的定义体中用户看到的是函数的原型,不必了解函数执行的细节,这是软件工程化设计所提倡的方法。

### 6.6.3　inline 成员函数

类的成员函数也可以被指定为内联(inline)函数。当定义一个类时,如果成员函数的函数体比较小,并且不包括循环等控制结构,则可以在类体定义时直接定义这些成员函数,此时,C++ 系统会自动将它们作为内联函数来处理。当程序调用这些成员函数时,并不是真正地执行函数的调用过程,而是把函数代码直接嵌入到程序调用处,这样可以大大减少调用成员函数的时间开销。

**【例 6.31】** 在类体中直接定义成员函数的函数体。

```
class CRect
{   int left,top,right,bottom;
public:
    float area;
    void SetPoint(int L,int T,int R,int B)              //内联成员函数
    {   left=L;
        top=T;
        right=R;
        bottom=B;
    }
    float Display()
    {   area=fabs(right-left) * fabs(bottom-top);       //内联成员函数
        return area;
```

}
};

定义内联函数的另一种方法是,在类体中只给出成员函数的原型说明,在类体外定义成员函数时,与定义一般的内联函数一样,在成员函数的定义前面加上关键字 inline。

**【例 6.32】** 在类体外定义内联成员函数。

```
class CRect
{   int left,top,right,bottom;
public:
    float area;
    void SetPoint(int L,int T,int R,int B)         //内联成员函数
    {   left=L;
        top=T;
        right=R;
        bottom=B;
    }
    float Display();
};
inline float CRect::Display()                       //在类外定义 Display 函数为内联成员函数
{   area=fabs(right-left) * fabs(bottom-top);
    return area;
}
```

需要注意的是,如果在类体外定义内联成员函数,则必须将类定义和成员函数的定义都放在同一个头文件中(或放在同一个源文件中),否则编译时无法将函数代码置换到函数调用处。内联的方法虽然提高了程序的执行效率,但不利于类的接口与类的实现的分离,因此,并不是软件工程化设计所提倡的方法。

### 6.6.4 类与结构体的异同

从结构体定义的描述可以看出,类与结构体类型是相似的。C++ 增加了 class 类型后,仍然保留了结构体(struct)类型,但是 class 类型的功能有了很大的扩展。实际上,结构体中也可以包含成员数据与成员函数,并且,也可以使用关键字 public、private 和 protected 限定其中的成员属性和访问权限。

**【例 6.33】** 定义一个三角形的结构体,结构体中包含成员函数。

```
#include<iostream.h>
#include<math.h>
struct tria
{   float a,b,c;
    float area;
    void Setsides(float x,float y,float z)
    {   if(x+y>z && y+z>x && x+z>y)
        {   a=x; b=y; c=z;
            float k=(x+y+z)/2;
            area=(float)sqrt(k * (k-x) * (k-y) * (k-z));
        }
        else
            a=y=c=area=0.0;
```

```
            }
    void Display(void)
    {   cout<<"三角形的三条边长分别是：";
        cout<<a<<'\t'<<b<<'\t'<<c<<'\n';
        cout<<"三角形的面积为："<<area<<'\n';
    }
};
void main(void)
{   tria t1,t2;
    t1.Setsides(4,5,6);                          //A
    t1.Display( );                               //B
    t2.Setsides(9,7,7);                          //C
    t2.Display( );
}
```

执行程序后的输出：

三角形的三条边长分别是：4 5 6
三角形的面积为：9.92157
三角形的三条边长分别是：9 7 7
三角形的面积为：24.1286

在结构体 tria 中定义了四个成员变量 a、b、c 和 area，定义了两个成员函数。A 行调用了结构体变量 t1 的成员函数 Setsides( )，C 行调用了结构体变量 t2 的成员函数 Setsides( )。调用成员函数的方法与使用结构体变量的成员数据的方法相同。

由此可见，类与结构体类型的作用基本相同。在 C++ 中，结构体类型只是类的一个特例。用 struct 声明的结构体类型实际上也是就是类。结构体类型与类的唯一区别在于：用 struct 声明的类（结构体），如果对其成员不作访问限定符的声明，系统将其默认为公有成员（public），而用 class 声明的类，如果不作访问限定符的声明，系统将其默认为私有成员（private）。

实际上 C++ 语言在设计时就有这样一项原则：C++ 必须兼容 C。这样才可以保证原先大量使用 C 语言编写的程序可以在不加修改的情况下也能在 C++ 环境下正常使用。因此，尽管类（class）的功能已经完全包含了 struct 结构体的所有功能，C++ 依然保留了 struct，但 C++ 不是简单地继承 C 的结构体，而是使它具有了新的特点（封装性），以便于面向对象的程序设计。

关于使用 struct 和 class 的选择有两种观点，观点一是既然结构体类型是类的特例，且类具有更好的封装性，用类完全可以替代结构体，所以在程序设计中只使用类而不必使用结构体类型。观点二是仅需要描述数据结构类型时使用结构体，而既要描述数据类型又要描述对数据的处理方法时使用类。作者认为第二种观点比较好。

### 6.6.5　类的对象及其定义

类与对象的关系就如同结构体类型与结构体变量的关系一样，类的对象是具有该类类型的某一特定实体。换句话说，就是类型与变量之间的关系。类是用户定义的一种类型，程序设计中可以使用这种类型名来说明变量，具有类类型的变量也称为对象，又称为类的实例。例 6.28 中，最后一行用已声明的 student 类来定义了对象 stu1 和 stu2，经过定义后，stu1 和 stu2 就成为具有 Student 类特征的对象。stu1 和 stu2 这两个对象都分别包括了

student 类中定义的数据和函数。在 C++ 中,定义对象的一般格式为:

**[存储类型]classname object1[,object2,...]**

其中,存储类型是指定对象的存储类别;classname 是一个已经定义的类名;object1...是对象名称,当然都要符合标识符命名规则。

【例 6.34】 将例 6.33 改为用类定义一个三角形及其中的成员。

```
#include<iostream.h>
#include<math.h>
class tria
{   float a,b,c;
    float area;
public:
    void Setsides(float x,float y,float z);      //函数体定义省略
    void Display(void);                          //函数体定义省略
};
void main(void)
{   tria t1,t2;                                  //定义三角形类的对象 t1、t2
    t1.Setsides(4,5,6);
    t1.Display();
    t2.Setsides(9,7,7);
    t2.Display();
}
```

程序中用三角形类 tria 定义了两个对象 t1 和 t2,或者说,t1 和 t2 是三角形类 tria 的两个实例。如同结构体一样,系统并不为类分配存储空间,类只是一种数据类型,只有当说明对象时,系统才为对象分配相应的存储空间,其大小取决于在定义类时所定义的成员类型和成员的多少。在程序执行时,类被作为样板,通过为对象分配存储空间来创建对象。表 6.1 给出了类 tria 的两个实例 t1 和 t2 的示意说明。

表 6.1 类 tria 的两个实例 t1 和 t2

| 对象 t1 | 对象 t2 | 对象 t1 | 对象 t2 |
| --- | --- | --- | --- |
| t1.a | t2.a | t1.area | t2.area |
| t1.b | t2.b | t1.Setsides( ) | t2.Setsides( ) |
| t1.c | t2.c | t1.Display( ) | t2.Display( ) |

可见,不同对象 t1 和 t2 分别占据各自独立的内存区域,对象 t1 的数据成员 t1.a、t1.b、t1.c 和 t1.area 与对象 t2 的数据成员 t2.a、t2.b、t2.c 和 t2.area 的数据也各不相同。但不同对象的成员函数的代码是相同的,不论调用哪一个对象的函数的代码,其代码内容是相同的,只是处理的数据有所不同。为此,C++ 编译系统在建立对象时,只为对象分配用于保存成员数据内容的空间,而成员函数的代码被放在计算机内存的一个公用区域中,供该类的所有对象共享,如图 6.1 所示。

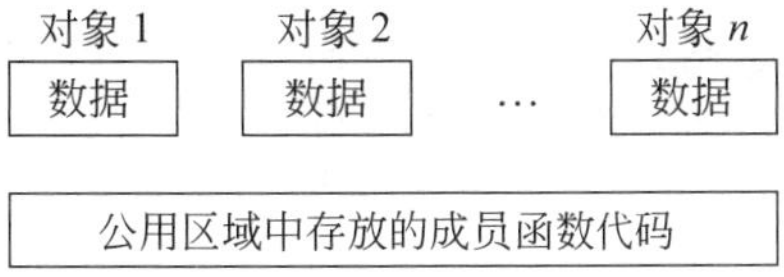

在例 6.34 中,可以在 main 函数中增加一条语句来输出该类对象所占的字节数:

图 6.1 对象的成员存储方式

```
cout<<sizeof(t1)<<endl;
```

程序运行后输出值为 16。从而证明了一个对象所占的空间大小只取决于该对象中数据成员所占的空间。需要说明的是,尽管从物理的角度而言,成员函数是存储在公有区域中并为所有对象所共享,但从逻辑的角度而言,成员函数是封装在一个对象中的,我们仍然应该将每一个对象理解为由独立的成员数据和各自的成员函数代码组成。

提示:

(1) 成员函数无论是在类中定义还是在类外定义,并不影响其代码的存放形式。也就是说,不要误认为在类内定义的成员函数的代码占用对象的存储空间,而在类外定义的成员函数的代码不占用对象的存储空间。

(2) 用 inline 声明的内联成员函数,其代码同样不占用对象的存储空间。inline 声明的作用是在调用该函数时,将函数的代码复制插入到函数调用点,而非内联函数在被调用时是控制流程转去函数代码段所在的入口地址,执行函数程序后,流程再返回到函数调用点。

### 6.6.6 类和对象的简单应用

从结构体类型与类类型的比较可以知道,类对象的使用方法与结构体变量的使用方法基本相同,但类的成员有公有、私有和保护成员之分,因此在使用上是有差异的。下面通过几个例子来说明。

【例 6.35】 一个描述矩形对象的最简单示例。

```
#include<iostream.h>
#include<math.h>
class CRect                                //定义矩形类,所有成员数据为公有的
{   public: int left,top,right,bottom;
    float area;
};
void main(void)
{   CRect t1;                              //定义矩形类的对象 t1
    cin>>t1.left;                          //输入对象 t1 的所有成员数据
    cin>>t1.right;
    cin>>t1.top;
    cin>>t1.bottom;
    cout<<"t1:"<<t1.left<<'\t'<<t1.right;  //输出对象 t1 的成员数据
    cout<<'\t'<<t1.top<<'\t'<<t1.bottom<<'\n';
    t1.area=(float)fabs((t1.right-t1.left) * (t1.bottom-t1.top));
    cout<<"area:"<<t1.area<<endl;          //计算对象 t1 的 area,并输出
}
```

在这个例子中,矩形类 CRect 的所有成员数据被定义为公有的,这样,在类的外部可以对这些公有成员进行操作。在 main 函数中,定义了矩形类的对象 t1,并实现了对 t1 对象中所有成员数据的输入和计算 area 的值,然后输出这些值。程序的运行结果如下:

```
0   10  0   20
t1: 0   10  0   20
area:200
```

**注意**：引用数据成员时不要忘记指定对象名称，如 t1.right、t1.bottom。也不能将对象名错写为类名，如写成 CRect.right、CRect.bottom。对象的各个成员在没有赋值前其值是不确定的。

【**例 6.36**】 在上例的基础上，改用函数实现成员数据的输入和输出。

```
#include<iostream.h>
#include<math.h>
class CRect{
public:
    int left,top,right,bottom;
    float area;
};
void SetCoord(CRect &t)                    //定义函数,形参 t 是 t1 引用变量
{   cin>>t.left;
    cin>>t.right;
    cin>>t.top;
    cin>>t.bottom;
}
void Display(CRect &t)                     //定义函数,形参 t 是 t1 引用变量
{   cout<<"t:"<<t.left<<'\t'<<t.right;
    cout<<'\t'<<t.top<<'\t'<<t.bottom<<'\n';
    t.area=(float)fabs(t.right-t.left) * fabs(t.bottom-t.top);
    cout<<"area:"<<t.area<<endl;
}
void main(void)
{   CRect t1;
    SetCoord(t1);                          //调用函数实现对象成员数据的输入
    Display(t1);                           //调用函数实现对象成员数据的输出
}
```

程序的运行过程与结果与上例相同。

该例在类外定义了普通函数 SetCoord() 和 Display() 来实现成员数据的输入和输出。函数的形参 t 是 CRect 类对象的引用，在函数调用发生时，它与实参 t1 共占同一段存储单元，因此，在函数 SetCoord() 和 Display() 中对形参 t 的操作，实现上就是对实参对象 t1 的操作。

前已述及，在定义结构体变量时，允许对它的成员数据进行初始化。同样，当类中的成员数据的访问权限指定为公有时，定义对象时允许对它的成员数据进行初始化。因此，例 6.36 还可以进行如例 6.37 的改写。

【**例 6.37**】 利用对象公有成员数据初始化方法实现成员数据输入。

```
#include<iostream.h>
#include<math.h>
class CRect{
public:
    int left,top,right,bottom;
    float area;
} t1={0,0,10,20};                          //公有成员数据允许进行初始化
void Display(CRect &t)
{   cout<<"t:"<<t.left<<'\t'<<t.right;
```

```
        cout<<'\t'<<t.top<<'\t'<<t.bottom<<'\n';
        t.area=(float)fabs(t.right-t.left) * fabs(t.bottom-t.top);
        cout<<"area:"<<t.area<<endl;
}
void main(void)
{   Display(t1);}
```

该例的类定义中只定义了成员函数,并且成员数据均为公有的,也没有成员函数,这显然没有体现出使用类的优越性。下面例 6.38 中将成员数据定义为私有的,并定义公有成员函数来实现输入和输出。

【例 6.38】 定义公有成员函数来实现矩形类的输入和输出。

```
#include<iostream.h>
#include<math.h>

class CRect
{   int left,top,right,bottom;              //定义成员数据为私有的
    float area;
public:                                      //定义成员函数为公有的
    void SetCoord(int,int,int,int);
    void Display();
};

void CRect::SetCoord(int L,int R,int T,int B)
{   left=L;
    right=R;
    top=T;
    bottom=B;
}
void CRect::Display()
{   cout<<"t1:"<<left<<'\t'<<right;
    cout<<'\t'<<top<<'\t'<<bottom<<'\n';
    area=(float)fabs(right-left) * fabs(bottom-top);
    cout<<"area:"<<area<<endl;
}
void main(void)
{   CRect t1,t2;
    t1.SetCoord(0,10,0,20);                  //通过参数传递完成对数据成员的输入
    t1.Display();
    t2=t1;
    t2.Display();
}
```

运行结果与上例相同。

本例中要注意以下几点:

(1) 在类定义之外要访问类对象的私有成员或保护成员,必须借助于类的公有成员函数。例如,在 main 函数中不能出现如下语句:

```
t1.right=L;
t1.bottom=B;
```

这些语句都会产生编译错误,因为 right 和 bottom 等都是私有成员。

(2) 与结构体类型变量一样,同类型的对象之间可以整体赋值。例如:

```
t2=t1;
```

该语句将对象 t1 的所有成员依次赋给对象 t2 的成员。这种赋值与成员数据的访问权限无关。

(3) 主函数中 t1.Display()和 t2.Display()虽然都是调用同一个 Display 函数,并且输出的数据值相同,但却是分属于不同的对象的。函数 t1.Display()只能引用对象 t1 中的数据成员,t2.Display()只能引用对象 t2 中的数据成员。

# 习 题

## 一、选择题

1. 已知有结构类型定义如下:

```
struct book
{   char qname[10];
    float price;
    int quantity;
};
```

在 main 函数中定义了结构变量 book mybk;程序中需修改该结构变量成员 gname 的值为"CD_spring",则正确的赋值语句为_____。

A. mybk.gname="CD_spring";

B. book.mybk.gname="CD_spring";

C. mybk.gname={"CD_spring"};

D. strcpy(mybk.gname,"CD_spring");

2. 为共同体变量

```
union
{   char s1[10];
    char s2[12];
}ux;
```

分配的存储空间是_____字节。

A. 10　　　　　　B. 12　　　　　　C. 22　　　　　　D. 与具体系统相关

3. 若在某程序中有枚举类型定义和变量定义如下:

```
enum city{BeiJing, ShangHai, NanJing, GuangZhou};
city w;
int k;
```

则以下给出的循环语句中能够通过编译并执行的是_____。

A. for(k=Beijing;k<Guangzhou;k++);

B. for(w=k,w<4;w++);

C. for(w="Beijing";w<"Guangzhou"; w=city(int(w)+1));

D. for(w=BeiJing;w<GuangZhou;w=city(int(w)+1));
4. 设有说明 enum color{red,blue=100,yellow,black}，括号中每个元素的实际值依次是_____。

　　A. 0,100,101,102　　　　　　B. 100,101,102,103
　　C. 0,1,2,3　　　　　　　　　D. 1,2,3,4
5. 有关类和对象的说法不正确的是_____。
　　A. 对象是类的一个实例
　　B. 任何一个对象只能属于一个具体的类
　　C. 一个类只能有一个对象
　　D. 类与对象的关系和数据类型与变量的关系相似
6. 面向对象程序设计的核心是类和对象。类=_____。
　　A. 数据+对数据的操作　　　　B. 对象+对象+…+对象
　　C. 对象+算法　　　　　　　　D. 算法+数据结构

## 二、问答题

1. 分配给一个结构体变量的字节数等于_____。
2. 分配给一个共同体变量的字节数等于_____。
3. 能直接赋值给枚举变量的只能是____①____，枚举类型变量输出的是____②____。
4. 结构体类型与数组不同,数组中的数据的类型是____①____的,结构体的成员的数据类型是____②____,共用体类似于结构体,但是共用体的部分成员是____③____,枚举类型是的集合。

## 三、阅读程序，回答问题

1. 下列程序的输出结果是_____。

```cpp
void main(){
    struct student
    {
        int id;char name[9];
    };
    student person[5]={ 1,"zhu",2,"wang"};
    cout<<person[1].name[1];
}
```

2. 阅读下面程序并回答问题。

```cpp
void main()
{   enum w{mon,tues,wednes=3 };
    w week; int k;
    for(k=mon; k<=wednes; k++)
    {   switch(k)
        {   case 0: week=mon; break;
            case 1: week=tues; break;
            case 2: week=wednes; break;
        }
```

```
            switch(week)
            {   case mon: cout<<(int)mon;break;
                case tues: cout<<(int)tues;break;
                case wednes:cout<<(int)wednes;break;
            }
        }
}
```

问题一：枚举元素 mon,tucs,wednes 的值依次是： ___(1)___ 。
问题二：运行程序的输出结果是： ___(2)___ 。
问题三：程序运行结束时，变量 k 的值是： ___(3)___ 。

**四、完善程序**

1. 下面程序中的结构体类型有两个成员：name[9]（姓名）和 score（成绩）。在主函数中定义了一个具有 10 个元素的结构体数组，每个元素存放一位同学的资料。函数 nsort 的作用是按姓名对结构体数组排序，实现结构数组中学生按字典顺序排序。每行输出 3 个同学。提示：本题采用冒泡升序排序。

```
#include<iostream.h>
    ①
struct student{
        char name[9];
        int score;
};
void nsort(student s[],int);
void main(){
    int i;
    student stu[10]={
        {"徐建亮",85},{"孙蕊",79},{"尚漪",71},
        {"陶鹏",68},{"仇建红",90},{"夏旋",80},
        {"高晶",75},{"左炜恒",89},{"许婷",69},
        {"李训东",91}};
    cout<<"排序前的顺序是："<<endl;
    for(i=0; i<10; i++)            //A
    {   cout<<stu[i].name<<'\t'<<stu[i].score<<'\t';
        if((i+1)%3==0)cout<<'\n';
    }
    cout<<'\n'<<'\n';
    nsort(stu,10);
    cout<<"排序后的顺序是："<<endl;
    for(i=0; i<10; i++)
    {   cout<<stu[i].name<<'\t'<<stu[i].score<<'\t';
        if(  ②  )cout<<'\n';
    }
    cout<<endl;
}
void nsort(student s[],  ③  )
{   int flag=1,i,cj;
    char temp[9];
```

```
        while(  ④  )
        {   flag=0;
            for(i=0; i<row-1; i++)
                if(strcmp(s[i].name,s[i+1].name)>0){
                    strcpy(temp,s[i].name);
                      ⑤  ;
                    strcpy(s[i].name,s[i+1].name);
                    s[i].score=s[i+1].score;
                    strcpy(s[i+1].name,temp);
                    s[i+1].score=cj;
                    flag=  ⑥  ;
                }
        }
    }
```

2. 定义一个表示复数的结构数组,再定义一个完成复数加、减运算的函数。在主函数中测试所定义的复数运算。试完善程序。

```
#include<iostream.h>
struct complex                            //复数结构
{   double real;
    double imag;
};
complex add(complex x,complex y)
{   complex z;
    z.real=x.real+y.real;
      ①  ;
    return z;
}
complex sub(complex x,  ②  )
{   complex z;
    z.real=x.real-y.real;
    z.imag=x.imag-y.imag;
      ③  ;
}

void main()
{   complex x={3.2,2.0};
    complex y={2.1,1.3},z,s;
    z=add(x,y);                           //实参为结构类型,调用方式为值调用
    s=sub(x,y);
    cout<<'('<<x.real<<'+'<<x.imag<<"i)+("<<y.real<<'+'<<y.imag<<"i)=";
        cout<<'('<<z.real<<'+'<<z.imag<<"i)"<<endl;
        cout<<'('<<s.real<<'+'<<s.imag<<"i)"<<endl;
}
```

**五、程序设计题**

1. 编写程序,定义描述二维坐标点的结构体类型变量,完成坐标点的输入和输出,并求以两个对顶点构成的矩形面积。

2. 编写程序,定义描述一年12个月的枚举类型,并定义函数根据月份输出本月天数。2月份按28天计算。

3. 编写程序,定义一个Book类,数据成员包括书号、书名、作者、出版社4项,函数成员包括4个数据成员的输入和输出两个函数。在主函数中定义一个book类对象,完成输入、输出函数的测试。

# 第 7 章　指　针

## 7.1　本章导读

　　指针是C++语言编程中最重要的概念之一,也是最容易产生困惑并导致程序出错的问题之一。用于存储数据和函数的地址,这是指针的基本功能。利用指针编程可以表示各种数据结构,进行各种奇妙有效的运算;通过指针可使主调函数和被调函数之间共享变量或数据结构,便于实现双向数据通信;并能像汇编语言一样处理内存地址,从而编写出精练而高效的程序。指针极大地丰富了 C 和C++语言的功能。

　　学习指针存在不少困难,首先是指针牵涉到地址的概念,初学者不够了解;其次是指针太抽象,有些读者缺少足够的想象力;再者是指针使用太灵活,没有经验的人不容易驾驭。

　　指针是指针变量的简称,它是变量,但又是一种特殊的变量。它存放的是所指对象的地址,而所指对象可以是简单变量、结构类型变量,也可以是函数,甚至是指针。

　　指针的主要作用就是"指向",它可以指向普通的变量、数组、结构体、函数、类对象,还可以指向指针。

　　指针有级别之分,有:一级指针,指向普通变量或一维数组;二级指针,指向一级指针或者二维数组;多级指针,指向二级指针或更复杂的数据类型。

　　指针也是变量,它可以运算。指针的运算主要是在它指向数组时,可以进行赋值、算术运算和比较运算,这些运算有着一定的意义。

　　在程序中往往要处理大量的字符串。没有指针时只能依靠字符数组来存储字符串,有了指针,字符串处理变得灵活、简单起来。不用指针而处理字符串是不可想象的。

　　有一些对指针有特殊要求的场合,比如指针不允许改变。常指针和 void 指针就应运而生,在许多情况下它们起着关键的作用。

　　有了指针,就诞生了"动态数据"。前面所介绍的数据都称之为"静态数据"。静态数据是指程序在编译时要为之分配内存空间的数据,动态数据是指在程序执行阶段才分配内存空间的数据。动态数据的使用意义重大。

有了指针,第 6 章所介绍的类才有了"动态多态性",面向对象的程序设计才成为可能。

引用(变量的别名)和指针是密切相关的,为一个变量起一个别名(引用)乍看起来似乎不是很重要,但是在引用和函数结合后,开启了函数使用的新方式。当函数的返回值为引用时,函数调用可以作为左值,也可以作为右值。程序设计有了本质性的进展。

链表是指针应用的重要体现,也是一种重要的数据结构,建立在其上的程序设计技术,是许多软件的基础。线性表也是指针的重要应用之一。

概括起来,学习指针主要须掌握:

- 变量地址的概念;
- 一级及多级指针的概念;
- 指针的定义与引用;
- 一维数组与指针的关系;
- 二维数组与指针的关系;
- 字符串和指针的关系;
- 特殊指针——常指针和 void 指针;
- 指针作为函数的参数;
- 引用;
- 动态数据的申请和释放;
- 指针的重要应用——链表和线性表。

## 7.2 指　　针

内存是由一个个单元组成的,每个单元都有一个唯一编号,称为单元地址。就像每间宿舍都有一个门牌号一样。C++ 为每个变量分配内存单元,不同类型的变量所分配的内存字节数有所不同。例如,一个字符类型变量分配 1 个字节(有 1 个单元地址),一个整型变量分配 4 个字节(有 4 个单元地址)。在为变量所分配的这一组字节中,选取首字节的单元地址作为这个变量的地址,称为变量地址。C++ 系统在内存中使用一张"变量与地址对照表"来记录变量的名称、类型和地址。在对源程序进行编译时,编译系统每遇到一个变量,就为它分配内存单元,同时在"变量与地址对照表"中进行登记。

设有说明语句:

```
char ch=65;
int i=8;
float x=3.14;
```

系统在编译或执行这些说明语句时,要为变量 ch、i 和 x 分配内存单元。设内存单元分配如图 7.1 所示,变量与地址对照表如表 7.1 所示。

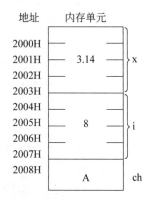

图 7.1　变量的值和变量的地址

表 7.1 变量与地址对照表

| 变量名 | 数据类型 | 变量地址 |
| --- | --- | --- |
| ch | char | 2008H |
| i | int | 2004H |
| x | float | 2000H |

一般的变量所保存的都是普通的数据。变量的地址是一种特殊的数据,也可以定义变量来保存它。用来保存某个变量地址的变量,就称为指针变量,简称为指针。系统也要为指针变量分配内存。为不同类型指针变量所分配的内存单元数都是相同的,通常都是 4 个字节。

在程序中如果遇到变量运算,例如上例中的 i++,系统先从变量与地址对照表中查到变量 i 的地址,再到该地址中取出 i 的值 8,加 1 后再放回去。这就是对变量的直接操作。也可以将 i 的地址保存到某一个指针变量中,需要运算时,从该指针变量中取出 i 的地址,再对 i 操作。这是对变量的间接操作。间接操作比直接操作复杂,但可以使程序更通用一些。

### 7.2.1 指针变量的定义

指针变量定义的一般形式为:

[<存储类型>] <数据类型> * <指针变量名>[= {初值}];

这里,<数据类型>是指针的类型,也就是指针所指变量的类型。该类型可以是简单数据类型,也可以是构造数据类型。* 说明其后面的变量是指针变量。

【例 7.1】 定义指针变量。

```
int m,n,* p1,* p2;      //定义了2个整型变量 i 和 j,两个整型指针变量 p1 和 p2
float x1,* p3;          //定义了实型变量 x1 和实型指针变量 p3
char c,* p4;            //定义了字符型变量 c 和字符型指针 p4
```

此例中指针变量 p1 和 p2 只能指向整型变量,p3 只能指向实型变量,p4 只能指向字符型变量。

定义指针变量和定义其他变量一样,可以在定义时对其进行初始化,使其指向一个同类型的变量。所谓指向变量就是将该变量的地址赋值给指针变量。

【例 7.2】 定义指针变量并初始化。

```
int i=5,* p=&i;
```

定义了指针变量 p,并初始化使其指向变量 i,如图 7.2 所示。

在语句"int i=5,* p=&i;"中,"*"是指针说明符,说明其后面的变量 p 是一个指针变量,它本身并不是变量名的一部分;"&"是取地址运算符,运算结果是取其后变量的地址,本例中是取 i 的地址。

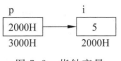

图 7.2 指针变量

指针变量只能指向和其同类型的变量,不能指向其他类型的变量,也不能指向常量和表达式。C++允许将一个常量经强制类型转换后赋值给指针变量。例如:

```
int * p=(int * )0x2000;          //初始化指针变量 p,使其值为 0x2000
float * f=(float * )100;         //初始化指针变量 f,使其值为 100
```

指针 p 的值初始化为 0x2000,意为指针 p 指向存储单元 0x2000(此存储单元一般不是某变量地址,而且含义不明确)。这种指向在语法上虽然合法,但一般没有什么意义。只有明确这些地址的含义时,才是有意义的。在设计系统软件和硬件驱动程序时经常会这样使用指针。

如果在定义指针变量时没有初始化,其值是随机的、不确定的(静态存储类型、文件作用域类型的除外)。这时还不能使用它,如果使用,后果不可预料。只有对指针变量赋值后,才能正确使用指针。

**【例 7.3】** 定义指针变量,使其指向另一个变量。

```
int i,* p;                       //指针 p 的值是随机的、不确定的
p=&i;                            //指针赋值,使其指向变量 i
```

此例先定义指针变量 p,然后使其指向变量 i。

下面的示例表示定义结构体变量指针的方法。结构体变量的指针是指结构体变量的首地址,而不是变量中某成员的地址。指向结构体的指针变量不能指向结构体的成员。

**【例 7.4】** 定义指向结构体变量的指针。

```
struct student{
    int num;
    char name[20];
}stu, * ps=&stu;
```

此例中定义了结构体类型指针 ps,它指向结构体类型变量 stu。

引入指向结构体的指针变量后,为了书写方便和直观使用,C++ 语言提供结构体成员指向运算符"->"来引用结构体的成员。"->"运算符优先级与"."运算符相同。

### 7.2.2 指针变量的引用

指针变量只能存放地址,不能将非地址数据赋给指针变量。
例如:

```
int   * p;
p=100;                           //错误,将非地址数据赋值给指针
```

**【例 7.5】** 通过指针变量,输入输出数据。

```
#include<iostream.h>
void main(void)
{   int  a,b,* p1,* p2;
    p1=&a; p2=&b;                //指针 p1 指向 a,p2 指向 b
    cin>> * p1>> * p2;            //通过指针为变量 a、b 输入
    cout<<a<<'\t'<<b<<endl;       //直接输出 a、b
    cout<< * p1<<'\t'<< * p2<<endl; //通过指针输出 a、b
}
```

这里指针定义"int a,b, * p1, * p2;"中的" * "号和输入语句"cin>> * p1>> * p2;"

中的"*"号含义不同,前者是一个标记,说明后面的变量(例中是 p1 和 p2)是指针变量,后者称为"指向"运算符,*p1 表示 p1 所指向的变量(例中是 a)。假设输入的是 5 和 10,则 *p1(就是 a)为 5,*p2(就是 b)为 10,而 p1 与 p2 的值为形如 0x0012FF7C 的地址。

【例 7.6】 指针必须指向某变量后才能正确引用。

```
void main(void)
{   int x,y;
    int *p1,*p2;
    *p1=5;*p2=10;          //错误!p1 和 p2 未指向任何变量
    cout<<x<<'\t'<<y<<endl;
    cout<<*p1<<'\t'<<*p2<<endl;
}
```

本例在编译时并不出现错误提示,而是给出了许多警告,警告 p1、p2 未指向任何变量就被引用。在运行时将出现错误并终止运行。

【例 7.7】 通过指针交换变量。输入 a,b 两个整数,按大小输出这两个数。

```
void main(void)
{   int *p1,*p2,*p,a,b;
    cin>>a>>b;                 //输入 a、b
    p1=&a;p2=&b;               //p1、p2 分别指向 a、b
    if(a<b)
    {  p=p1; p1=p2; p2=p;}     //交换指针 p1 与 p2 的指向,即 p1 指向 b,p2 指向 a
    cout<<a<<'\t'<<b<<endl;
    cout<<*p1<<'\t'<<*p2<<endl;
}
```

程序中指针变量的变化情况如图 7.3 所示。

图 7.3 指针变量交换

### 7.2.3 多级指针及其定义

对于指针变量,同样可以定义一个变量来存放其地址。由于指针型变量的类型是指针型,存放其地址的变量就不能是普通的指针变量。在 C++ 语言中,把这种指针型变量称为"指针的指针",意为这种变量是指向指针变量的指针变量,也称多级指针。通常使用的多级指针是二级指针,相对来说,前面介绍的指针变量可以称为"一级指针变量"。

二级指针变量的定义和赋初值方法如下:

[<存储类型>] <数据类型>  **<指针变量名>[={初值}];

该语句定义指向"数据类型"指针变量的二级指针变量,同时给二级指针变量赋初值。这些二级指针变量具有指定的"存储类型"。这里的"赋初值"是可以缺省的。

指针变量前面的"**"表示指针变量的级别是二级,类似地可以定义三级指针和更高级的指针变量。

**【例7.8】** 定义二级指针变量。

```
int i,*p,**pp;          //定义整型变量 i、一级指针变量 p 和二级指针变量 pp
*p=&i,**pp=&p;          //一级指针 p 指向 i,二级指针 pp 指向一级指针 p
```

**提示**：定义二级指针时的"初值"必须是某个一级指针变量的地址,通常是"& 一级指针变量名",对应的一级指针变量必须在前面已定义,而且要与二级指针类型相同。

二级指针变量定义后,还可以通过赋值方式指向某个一级指针变量。赋值的格式如下：

二级指针变量=& 一级指针变量;

当某个二级指针变量已指向某个一级指针变量,而这个一级指针变量已指向某个普通变量,则下列的引用格式都是正确的。

* 二级指针变量　　　代表所指向的一级指针变量
* * 二级指针变量　　代表所指向的一级指针变量指向的变量

例如,设有定义语句"int a,*p1=&a,**p2=&p1;",则下列引用都是正确的：

* p1　　　　　　　代表变量 a
* p2　　　　　　　代表指针变量 p1
* * p2　　　　　　代表变量 a

## 7.3　指针与数组

数组元素的存取是通过下标来处理的。为了提高程序的执行效率,可改用指针来存取数组中的某个数据。这主要是由于指针是简单变量,通过它可以直接找到数组中的某个数据。使用指针可以简化程序,使数组操作更为方便,但是程序的可读性会有所下降。

### 7.3.1　指针与一维数组

一级指针与一维数组的关系十分密切。指向一维数组的指针变量,实际上是指向一维数组元素的指针变量。可以利用指向一维数组的指针变量,完成对数组数据的操作处理。

**【例7.9】** 定义一维数组和指针变量,使指针指向该数组。

```
int a[10],*p,*p1;
p=&a[0];                //指针 p 指向数组 a 的元素 a[0],就是指向数组 a
p1=a;                   //指针 p1 指向数组 a,数组名 a 就是一个指针(地址)
```

**【例7.10】** 定义指针变量指向一维数组,引用指针为数组元素赋值。

```
int a[10],*p;
p=&a[4];                //指针 p 指向数组 a 的元素 a[4],也是指向数组 a
*p=4;                   //*p=4 等同于 a[4]=4
```

**【例7.11】** 数组名与指针。

```
int a[10];
a++;                    //A 错误,数组名不能赋值
```

因为数组名为一个常指针(指针常量),不能对指针常量进行赋值,所以 A 行错误。

## 7.3.2 指针的运算

指针变量的运算主要有 3 种:赋值运算、算术运算和关系运算。

**1. 赋值运算**

把一个变量的地址赋予指向相同数据类型的指针变量,例如:

```
int a,*pa;
pa=&a;
```

也可以把一个指针变量的值赋予指向相同类型变量的另一个指针变量,例如:

```
int a,*pa=&a,*pb;
pb=pa;              //相同类型指针赋值,把变量 a 的地址赋予指针变量 pb
```

把数组的首地址赋予指向数组的指针变量,例如:

```
int a[5],*pa;
pa=a;               //把数组 a 的地址赋予指针变量 pa
```

把字符串的首地址赋予指向字符类型的指针变量,例如:

```
char *ptr;
ptr="I love you!";
```

但是下面的字符串输入是错误的,因为指针变量 str 未赋值,指向不确定。

```
char *str;
cin.getline(str);   //错误
```

可以对指针变量赋 0 值。指针变量赋 0 值后称为空指针,空指针不指向任何地方。

```
int p1=0;           //p1 不指向任何地方
```

或

```
#define NULL 0
int *p=NULL;        //p 不指向任何地方
```

**注意**:对指针变量赋 0 值和不赋任何值是不同的。指针变量未赋值时,其值是随机的,这时指针是不能使用的,否则将造成意外错误。而指针变量赋 0 值后,则可以使用,只是它不指向具体的变量而已。

**2. 指针加减一个整数的算术运算**

一般的,在指针指向一个数组后,指针加减一个整数的算术运算才有实际意义。指针变量加减一个整数 n 的含义是将指针指向的当前元素向前或向后移动 n 个元素。例如:

```
int a[5],*pa;
pa=a;               //pa 指向数组 a,也就是指向 a[0]
pa=pa+2;            //pa 指向 a[2],即 pa 的值为 &pa[2]
```

一般的,当有了定义"int a[10],*p=a;"后,有:

```
  *p=1;              //通过指向运算符*赋值
  a[0]=1;            //直接对数组元素赋值
  p[0]=1;            //指针名作数组名用
```

这些行是等价的,都是使 a[0] 为 1。

```
  *(p+1)=2;          //p+1 为 a[1]地址
  *(a+1)=2;          //a+1 为 a[1]地址
  *++p=2;            //++p 为 a[1]地址
  p=p+1;*p=2;        //p=p+1 与++p 等价
  a[1]=2;            //直接对数组元素赋值
  p[1]=2;            //指针名作数组名用
```

这些行是等价的,都是使 a[1] 为 2。

当指向运算符"*"与"++"、"--"运算符结合运算时,要注意它们的结合规律。

设有:

```
  int c=7,b=5,a=3,*p;
  p=&a;              //假设 a 的地址为 2000H
```

如图 7.4 所示。

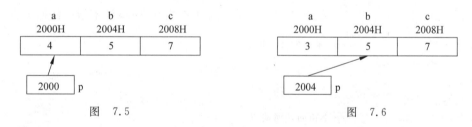

图 7.4　指针运算

则有:

```
  (*p)++;            //相当于 a++。表达式为 3,a=4,如图 7.5 所示
  *p++;              //*p++首先*p,然后 p=p+1,指针指向 b,表达式为 3,p=2004H
                     //如图 7.6 所示
  ++*p               //++*p 相当于++(*p),就是*p=*p+1,即 a=4
  *++p               //相当于*(++p),首先 p=p+1,然后取*p,即 p 先指向 b,
                     //再取 b 的内容。表达式为 5,p=2004H
```

图　7.5           图　7.6

这些表达式运算后的值,在不同的场合有不同的应用,在此没有体现出来。通常在指针指向数组后,对指针的算术运算才有使用意义,它可以使得对数组的操作变得更为方便。

**3. 两个指针变量之间的算术运算**

两个指针变量之间只能做减法算术运算。只有指向同一数组的两个指针变量之间的减法才有意义。两指针相减所得之差是两个指针所指数组元素之间相差的元素个数。

设有:

```
  int a[10],*p1,*p2;
  p1=&a[2];p2=&a[5];
```

则 p2-p1 的值为 3,就是 p2、p1 所指数组元素下标的差。

两个指向普通变量的指针之间也可以做减法,这在语法上是正确的,但在逻辑上意义不大。而任何时候指针做加法运算都是错误的。

**4. 两个指针变量之间的关系运算**

指向同一数组的两指针变量进行关系运算可表示它们所指数组元素之间的关系。

设有：

int a[10],*p1=&a[0],*p2=&a[5];

则有：

```
p2>p1        //值为真,因为 p2 的值(地址)大于 p1 的值
p2==p1       //值为假,因为 p1 和 p2 不是指向同一个变量(值不同)
p1!=0        //值为真,因为 p1 指向了数组元素 a[0],不是空指针
```

【例 7.12】 定义指针指向一维数组,通过指针输出数组元素。

```
void main(void){
    int a[10], i;
    int * p;
    for(i=0;i<10;i++)
        cin>>a[i];
    for(p=a;p<=a+9;p++) cout<<* p<<'\t';        //A
}
```

A 行的 p＝a 使 p 指向数组 a;a＋9 为一个常指针,指向数组 a 的最后一个元素,p＜＝a＋9 表示指针 p 指向移动时,不能超出数组最后一个元素。

本例表明,常指针 a 可以参加运算,但是不能被赋值。

p＋＋使指针 p 指向下一个数组元素。 *p 为 p 所指向的数组元素。

指针移动的过程如图 7.7 所示。图中实线箭头为指针的初始指向,虚线箭头表示指针随后的指向。每个箭头代表指针不同时刻的指向,从左向右依次变化。

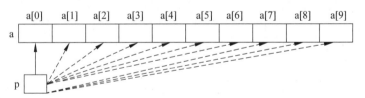

图 7.7 指针指向移动的过程

【例 7.13】 输入 n(不大于 20)个实型数存入一维数组,用指针变量处理数组元素的方式将其逆序存放后输出。n 从键盘输入。

用指针处理数组逆序,需要定义两个指针,具体的思路为：

首先设置两个指针变量,分别指向数组的首地址(第 0 个元素,首指针)和数组的尾地址(最后一个元素,尾指针)。

然后用循环处理,每次交换首、尾指针指向的两个元素,再令首指针后移一个元素;尾指针前移一个元素,为下一次交换做好准备。

按此思路编写的程序如下：

```
#include<iostream.h>
```

```
void main(){
    float a[20],x,*pb=&a[0],*pe;    //定义数组a和指针变量pb、pe
    int n;
    cout<<"请输入数据个数(最大20):";
    cin>>n;                         //输入n
    pe=&a[n-1];                     //指针变量pb指向数组a的首元素,pe指向尾元素(有值的)
    while(pb<=pe)                   //输入n个单精度数存入数组a
        cin>>*pb++;                 //先输入*pb,再pb++
    for(pb=a;pb<pe;pb++,pe--)       //循环移动首、尾指针在数组中间汇合
        x=*pb,*pb=*pe,*pe=x;        //交换pb和pe所指向的两个元素
    for(pb=a;pb<a+n;pb++)           //输出逆序存放后的数组
        cout<<*pb<<'\t';
    cout<<endl;
}
```

在语句"for(pb=a;pb<pe;pb++,pe--)"中,pb<pe是必需的,否则在pb>pe时,就会把在pb<pe时交换了的数组元素再交换回原位置。

假设n=10,输入的数字为1.0~10.0,则交换的过程如图7.8所示。图中pb、pe所示箭头表示指针的变化:pb由左向右,pe由右向左。

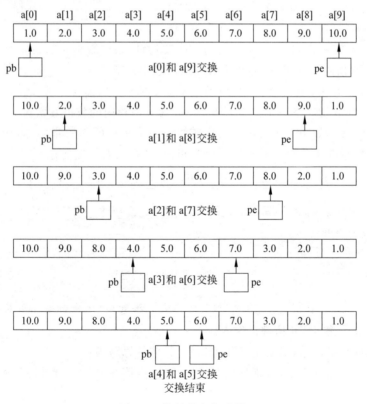

图7.8 指针的交换过程

### 7.3.3 指针与二维数组

用指针变量也可以指向二维数组,同样是表示二维数组的首地址。指针指向二维数组

比指向一维数组要复杂得多。一维数组名是一个地址,二维数组名也是一个地址。可以将一个一维数组名赋值给一个一级指针变量,使指针变量指向一维数组。但是二维数组名既不能赋值给一级指针变量,也不能赋值给二级指针变量。可以将二维数组名赋值给一种特殊的指针变量,7.3.5节将详细讨论这个问题。

二维数组是"数组的数组",即二维数组是由若干个一维数组组成的。

二维数组有3种地址:数组地址、行地址和元素地址。

设有定义"int a[4][4], *p;",则3种地址为:

数组首地址:a

行地址:a[0]、a[1]、a[2]和a[3]

元素地址:a[0]+1 或 &a[0][1]等

【例7.14】 二维数组及其地址。设有数据说明语句:

int a[3][4];    //假设数组a的首地址是2000H

其各种地址的理解如图7.9所示。

|  | a | 2000H | 2004H | 2008H | 200CH |
|---|---|---|---|---|---|
| 2000H | a[0] | a[0][0] | a[0][1] | a[0][2] | a[0][3] |
| 2010H | a[1] | a[1][0] | a[1][1] | a[1][2] | a[1][3] |
| 2020H | a[2] | a[2][0] | a[2][1] | a[2][2] | a[2][3] |

图7.9 二维数组各种地址(指针)的理解

数组首地址是2000H,3个行地址分别是2000H、2010H和2020H,各数组元素的地址从2000H到202CH连续分布。

对例中的数组a,可以这样理解:二维数组a是一个由3个元素组成的特殊一维数组,每个元素都是一个有4个元素的一维数组。这种理解很重要,使用户可以利用一维数组的概念和写法来表述二维数组。

a[0]、a[1]、a[2]为组成二维数组a的3个一维数组名字。

a[0]的4个元素是:a[0][0]、a[0][1]、a[0][2]、a[0][3]。

同理可以写出a[1]和a[2]的各4个数组元素。

按上述理解,例中数组和行之间的关系可以表述为:

a+0 为 a[0]的地址 &a[0],其值为2000H,即 a+0=&a[0] 或者 a[0]=*(a+0)

a+1 为 a[1]的地址 &a[1],其值为2010H,即 a+1=&a[1] 或者 a[1]=*(a+1)

a+2 为 a[2]的地址 &a[2],其值为2020H,即 a+2=&a[2] 或者 a[2]=*(a+2)

例中行和元素(列)之间的关系可以表述如下:

a[0]+0 为 a[0][0]的地址 &a[0][0],即 a[0]+0=&a[0][0] 或者 a[0][0]=*(a[0]+0)

a[0]+1 为 a[0][1]的地址 &a[0][1],即 a[0]+1=&a[0][1] 或者 a[0][1]=*(a[0]+1)

……

a[2]+2 为 a[2][2]的地址 &a[2][2],即 a[2]+2=&a[2][2] 或者 a[2][2]=*(a[2]

+2)

　　a[2]+3 为 a[2][3]的地址 &a[2][3],即 a[2]+3=&a[2][3] 或者 a[2][3]=*(a[2]+3)

其中的行地址(例如 a[0])也称行指针,列地址(例如 a[0]+1)也称列指针。

使用二维数组名、指向运算符和取地址运算符,二维数组元素有多种表示方法,例如:

```
*(a+1)+2=&a[1][2]
*(*(a+1)+2)=a[1][2]
**(a+1)=*(a[1])=*(*(a+1)+0)=a[1][0]
(*(a+1))[1]=*(*(a+1)+1)=a[1][1]
*(a+1)[1]=*((a+1)[1])=*(*((a+1)+1))=**(a+2)=a[2][0]
```

【**例 7.15**】 使用指针求 3×5 整数矩阵中的最大元素、最小元素、所有元素的平均值。

分析:在输入数据时将二维数组看成一个一维数组,借助指针从数组的首个元素开始,逐次移动指针输入数据,直到最后一个元素。

在数据处理阶段,指针指向二维数组的首个元素不动,使用二维数组的行号和列号计算数组元素的偏移量,和指针一起表示数组元素,实现对数组元素的处理。

程序清单如下:

```
#include<iostream.h>
void main(){
    int a[3][5],*p=a[0],*p2=a[2]+4,max,min,i,j;
    float ave=0.0;
    while(p<=p2)                      //p1 和 p2 分别指向二维数组的第 1 个和最后一个元素
        cin>>*p++;                    //逐次移动指针 p1 输入,直到最后一个元素
    p=a[0];                           //让指针变量 p 重新指向数组 a 首地址
    max=min=*(p+0*5+0);               //设 a[0][0]是当前最小数,也是当前最大数
    for(i=0;i<3;i++)                  //用两重循环依次处理二维数组元素
        for(j=0;j<5;j++){
            if(*(p+i*5+j)>max)max=*(p+i*5+j);
                //当前元素 a[i][j]大于当前最大数则重新记录最大数
            if(*(p+i*5+j)<min)min=*(p+i*5+j);
                //当前元素 a[i][j]小于当前最小数则重新记录最小数
            ave+=*(p+i*5+j);          //将 a[i][j]加到求和变量中
        }
    cout<<"max="<<max<<'\n';          //输出最大数
    cout<<"min="<<min<<'\n';          //输出最小数
    cout<<"ave="<<ave/15.0<<'\n';     //输出平均值
}
```

程序的数据处理部分也可以使用数据输入的方式,将二维数组按一维数组处理。还可以借助行指针和列指针的概念来输入和处理数组元素。

### 7.3.4 指针数组

由同类型指针所组成的数组称为指针数组,或者当某个数组被定义为指针类型,就称这样的数组为指针数组。指针数组的每个元素都是一个指针变量。

指针数组的定义、赋初值、数组元素的引用与赋值等操作和一般数组的处理方法基本相

同。注意,指针数组是指针类型的,对其元素所赋的值必须是地址值。

定义指针数组的一般格式为：

**[<存储类型>] <数据类型> * <指针数组名>[<长度>];**

提示：

(1) 指针数组名是标识符,前面必须有"*"号。

(2) 可以给指针数组赋初值,赋初值有多种方式,方式与普通的数组相同。

(3) 定义指针变量时的"数据类型"可以选取任何基本数据类型,也可以是结构体类型、枚举类型或类类型。

例如有定义语句"int a,b,c,*p[3]={&a,&b,&c};",它定义了一个名为 p 的指针型数组,其 3 个元素 p[0]、p[1]、p[2]分别指向 3 个整型变量 a、b、c,如图 7.10 所示。

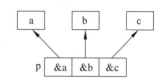

图 7.10 指针数组指向变量

【例 7.16】 定义一个实型数组和指针数组,通过指针数组来输出实型数组。

本例比较简单,不作分析,直接给出如下程序：

```
#include<iostream.h>
void main(void)
{   float a[]={10.0,20.0,30.0,40.0,50.0,60.0};
    float  *p[]={&a[0],&a[1],&a[2],&a[3],&a[4],&a[5]};
    //初始化指针数组,每个指针数组元素指向一个实型数组元素
    int i;
    for(i=0;i<6;i++)
        cout<<*p[i]<<'\t';       //通过指针数组来输出实型数组元素
    cout<<endl;
}
```

例中实型数组和指针数组之间的关系如图 7.11 所示。

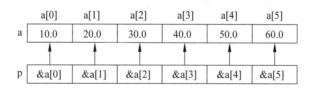

图 7.11 实型数组和指针数组之间的关系

### 7.3.5 指向数组的指针

前面曾经提到,不能将二维数组名赋值给一级或二级指针变量,但是可以将其赋值给一个特殊的指针变量。通常,对于 int a[8][9]这个二维数组,可以这样定义一个指向它的指针："int (*p)[9];"。然后就有："p=a;"。这里的指针 p 称为"指向数组的指针"。

定义指向数组的指针的一般形式为：

**<数据类型>(*<指针名>)[<长度>]**

定义一个指向二维数组的指针时,所指向二维数组的列数必须和定义指针时的"长度"

相同,二维数组的行数不限。

该定义的格式比较特殊,但是含义清楚。"*＜指针名＞"表示一个指针,后面的"[＜长度＞]"表示是一个数组。"()"的作用是改变"*"号的优先级,使"*"和"变量名"先结合。如果没有这对"()",则"变量名"先和"[＜长度＞]"结合,就变成定义指针数组了。

【例 7.17】 使用指向二维数组的指针输出二维数组中的元素。

```
#include<iostream.h>

void main(){
    int a[3][4]={0,1,2,3,4,5,6,7,8,9,10,11};
    int (*p)[4],i,j;          //定义指针,指向列数为 4 的二维数组
    p=a;                      //指针 p 指向二维数组 a(起始地址)
    for(i=0;i<3;i++)          //用行号、列号计算相对于 a 数组起始地址的偏移量
        for(j=0;j<4;j++){     //用指针+偏移量生成临时指针(地址)
            cout<<*(*(p+i)+j)<<'\t';   //使用行指针 p+偏移量
            cout<<*(p[i]+j)<<'\t';     //使用列指针 p[i]+偏移量
            cout<<*(*(a+i)+j)<<'\t';   //使用行指针 a+偏移量
            cout<<*(a[i]+j)<<'\n';     //使用列指针 a[i]+偏移量
        }
}
```

程序中 *(*(p+i)+j)、*(p[i]+j)、*(*(a+i)+j)、*(a[i]+j)表示的都是a[i][j]。

程序中指针 p 本身始终指向 a 的起始地址,通过行号、列号和指针 p 计算出数组各元素地址,输出该元素的值。

指针 p 是一个行指针,p+i 是指向 a 数组 i 行的行指针,*(p+i)为指向 a 数组 i 行 0 列元素的指针,*(p+i)+j 为 a 数组 i 行 j 列元素的指针,*(*(p+i)+j)就是 a[i][j]的值。

## 7.4 指针与函数

在C++中,指针与函数的关系密切复杂,初学者理解时会有些困难。与数组名一样,函数名也是一个常指针。函数的参数可以是指针,函数的返回值也可以是指针。还可以定义指向函数名的指针。

### 7.4.1 指针作为函数参数

指针作函数参数,形参要求是指针变量,实参要求分为以下几种情况。

(1) 实参为数组名;
(2) 实参为地址;
(3) 实参为指针。

下面分别讨论。

**1. 形参为指针变量,实参为数组名**

因为数组名是一个常指针,数组名作实参传递给形参的是数组的首地址,形参和实参结合后,形参指针就指向了主调函数中的实参数组。在被调函数中可以通过指针运算来处理

实参数组,也可以将指针名当作数组名用,"直接"操作实参数组。

**【例 7.18】** 用数组名作实参调用函数进行选择排序。

分析:先定义选择排序函数 sele_sort,用指针作形参,在函数中将指针作数组名使用,主调函数用数组名作实参,主调函数负责数据定义、输入、函数调用和数据输出等。按此思路所编程序如下:

```
#include<iostream.h>
#define N 10

void sele_sort(int * p){          //形参为指针,指向实参数组
    int i,j,k,temp;
    for(i=0;i<N-1;i++){
        k=i;                      //假设左端点的元素是最小值,记下其下标 i
        for(j=i+1;j<N;j++)        //区间里的每个元素都与这个最小元素 a[k]比较
            if(p[j]<p[k])k=j;     //如果当前元素比最小值小,记下其下标 j
        if(k!=i){                 //如果最小值不是左端点元素,就将其和左端点元素
交换
            temp=p[i];
            p[i]=p[k];
            p[k]=temp;
        }
    }
}

void main(){
    int a[N],i;
    cout<<"请输入"<<N<<"个整数:\n";
    for(i=0;i<N;i++)              //输入数组
        cin>>a[i];
    sele_sort(a);                 //数组名作实参调用排序函数
    cout<<"排序后的数据为:\n";
    for(i=0;i<N;i++)              //输出排序后的数组
        cout<<a[i]<<'\t';
    cout<<'\n';
}
```

例中主调函数将数组名实参传递给被调函数指针形参,使被调函数的指针形参指向主调函数中的数组。被调排序函数中将指针当作数组名使用,简单且容易理解。也可以在排序函数中直接使用指针来操作,使用指针方式的排序函数如下:

```
void sele_sort(int * p){          //形参为指针,指向实参数组
    int temp, * p1, * p2, * p3;
    for(p1=p;p1<p+N-1;p1++)
    {   p3=p1;                    //p3 指向左端点的元素,假设这个元素最小
        for(p2=p1+1;p2<p+N;p2++)  //p2 指向的元素与 p3 指向的最小元素比较
            if(* p2< * p3)p3=p2;  //如果当前元素比最小值小,记下其地址
        if(p3!=p1)                //如果最小值不是左端点元素,就将其和左端点元素
交换
        {   temp= * p1;
            * p1= * p3;
```

```
            * p3=temp;
        }
    }
}
```

在指针方式中,被调函数中看不到数组,只是在做指针处理。因为指针指向的是实参数组,实际上处理的还是主调函数中的数组。

**2. 形参为指针变量,实参为地址**

实参为地址时一般传递的是单个变量(包括数组元素)的地址,此时被调函数的形参指针指向主调函数中的单个变量,通过形参指针处理实参变量。

【例7.19】 将两个整数按从小到大的顺序输出。

分析:先定义一个函数,用指针变量作形参,实现两个数的交换,然后在主函数中调用它,完成两个整数从小到大的顺序输出,如图7.12所示。

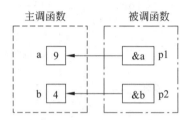

图7.12 传递地址参数

```
#include<iostream.h>
void exchang(int * p1,int * p2)
{   //交换两个数函数,指针作形参
    int p;
    p= * p1; * p1= * p2; * p2=p;
    //p1、p2所指向的实参变量交换数据
}
void main()
{   int a,b;
    cin>>a>>b;
    if(a>b)exchang(&a,&b);      //A
    cout<<a<<'\t'<<b<<'\n';
}
```

输入数据:9,4

运行结果:4,9

此例中A行处变量地址作实参调用函数。

**3. 形参和实参均为指针变量**

形参和实参均为指针时,实参向形参传递的是实参指针的值,也就是值传递。

【例7.20】 输入10个整数,将其中最小的数与第一个数对换,把最大的数与最后一个数对换。

分析:因为数据比较多,应当有一个数组来存储,用一个指针指向这个数组,并把该指针作为实参传递给被调函数。被调函数在数组中找出最大和最小值,并按要求交换。

```
#include<iostream.h>

void exchang(int * p,int n){           //指针作形参,查找最大和最小值,并交换
    int i,j,k,t;
    j=k=0;
    for(i=0;i<n;i++){
        if(p[i]>p[j])j=i;              //j为最大值位置
        if(p[i]<p[k])k=i;              //k为最小值位置
```

```
        }
        if(k!=0){t=p[0];p[0]=p[k];p[k]=t;}         //交换最小值和p[0]
        if(j!=n-1){t=p[n-1];p[n-1]=p[j];p[j]=t;}   //交换最大值和p[n-1]
}
void main(){
    int a[10]={4,3,5,7,2,6,1,9,8,0},*pa,i;
    pa=a;
    exchang(pa,10);
    for(i=0;i<10;i++)
        cout<<a[i]<<'\t';
    cout<<'\n';
}
```

在函数调用时,实参传递给形参的是实参指针的值。在被调函数中对形参指针的任何修改都不会影响实参指针的值。

**提示**：利用指针作函数参数实现数据的双向传递不是指指针参数本身,而是指隐藏在指针后面的指针指向变量,指针参数本身依然是单向传递。

【**例 7.21**】 用指向数组的指针计算并输出二维数组各行元素的和。

```
#include<iostream.h>
void print(int (*p)[4]){
    int i,j,sum;
    for(i=0;i<3;i++){
        sum=0;
        for(j=0;j<4;j++)
            sum+=*(*(p+i)+j);
        cout<<sum<<'\t';
    }
    cout<<endl;
}
void main(){
    int a[3][4]={2,4,6,8,10,12,14,16,18,20,22,24};
    print(a);
}
```

运行结果如下：

20    42    84

例中,因为实参是二维数组名,函数 print 的形参要定义为指向数组的指针"int (*p)[4]",不能定义为"int *p"或"int **p",这两种指针都和实参的二维数组名不匹配。

### 7.4.2 返回值为指针的函数

一个函数可以带回一个整型值、字符值、实型值等,也可以带回指针型的数据,即地址。其概念与以前类似,只是带回值的类型是指针类型而已。返回指针值的函数简称为指针函数。

定义指针函数的一般形式为：

**<类型名> * <函数名>(<参数表列>);**

例如：

int * a(int x,int y);

【例 7.22】 使用函数求两个变量的最大值。

```
#include<iostream.h>

void main(){
    int a,b,*pmax;            //指针 pmax 指向最大值变量
    int * max(int *,int *);   //说明函数 max 的返回值为指向整型的指针
    cout<<"Enter a b:";
    cin>>a>>b;
    pmax=max(&a,&b);          //调用 max 时实参为变量 a 和 b 的地址
    cout<<"max="<<*pmax<<endl;
}

int * max (int * a, int * b)
//函数 max 的返回值为指向整型的指针,函数的形式参数为整型指针
{   int * p;
    p= * a> * b?a:b;          //p 为指向最大值的指针
    return p;                 //返回指针 p
}
```

例中被调函数返回的指针是指向了主调函数中定义的变量,主调函数可以正确引用返回的指针。

【例 7.23】 设有一结构体,包含学号、姓名和年龄,用返回值为指针的函数完成结构体数据输入。

```
#include<iostream.h>

struct student{               //定义结构体类型
    int num;
    char name[20];
    int age;
}stu;                         //定义结构体变量 stu

student * input(){            //输入函数,返回值为指向结构体变量的指针
    student * ps=&stu;        //结构体类型指针要指向一个变量
    cout<<"请输入学号、姓名和年龄：\n";
    cin>>ps->num>>ps->name>>ps->age;
    return ps;                //返回的指针指向变量不能是局部变量
}

void main(){
    student * p;
    p=input();                //调用函数输入一个结构体数据
```

```
        cout<<"学号："<<p->num<<",姓名："<<p->name;
        cout<<",年龄："<<p->age<<'\n';
}
```

该例中被调函数返回的指针指向了全局结构体变量 stu，主调函数可以正确引用返回的指针输出 stu 的各个成员。

**提示**：函数所返回的指针必须是指向一个在主调函数中可以访问的变量，不能是指向被调函数中的局部变量。否则，引用返回的指针就不能得到正确的结果。

### 7.4.3 指向函数的指针

函数虽然不是变量，但是它在内存中占有一定的空间。函数的首地址就是该函数的入口地址，它可以赋给指针变量，使指针变量指向函数，指向函数的指针简称为函数指针。利用指向函数的指针变量，可以代替函数名，也可以作为函数的参数传递给其他函数。

函数指针可以用如下形式说明：

**<类型>(*指针变量名)(<参数表>);**

例如：

```
int (*fun)();
```

表示指针 fun 被定义为指向一个返回值是整型的函数。

以上说明中，第一对圆括号是必须要的。如果没有"int(*fun)();"中的第一对括号，就变成了"int * fun();"，其含义是返回值为指针的函数。

为进一步理解函数指针，读者可以比较说明语句"int(*p)();"和说明语句"int(*fun())();"，前者定义了一个函数指针 p，p 所指向的函数是一个不带任何参数，并且返回值为 int 的一个函数，后者只是用 fun()代替了前一个语句中的 p，而 fun()是一个函数，所以可以看成是 fun()函数执行之后，它的返回值是一个函数指针，这个函数指针（其实就是上面的 p）所指向的函数是一个不带任何参数，并且返回值为 int 的一个函数。

**【例 7.24】** 引用指向函数的指针调用函数完成加法。

```
#include<iostream.h>

int func(int a,int b){              //func用于打印一个整数
    return a+b;
}

void main(){
    int (*p)(int a,int b);
    //定义指向函数的指针,该函数返回值为整型,有两个整型参数
    p=func;                          //使指针指向函数
    cout<<(*p)(100,200)<<'\n';       //引用指针调用函数
}
```

程序运行结果：

**提示**：指向函数的指针指向的是一种特定函数，引用时，该指针所指向函数的返回值类型、参数个数、参数类型以及顺序，须与定义指针时一致。

### 7.4.4 用函数指针调用函数

函数的指针变量作为参数传递到其他函数中，是函数指针的重要用途之一，其基本思想是：设有函数 func(p1, p2)，其中有两个形参 p1 和 p2，它们被说明为指向函数的指针变量，则在调用 func 函数时，实在参数用 f1 和 f2 两个函数名给形式参数 p1 和 p2 传递函数地址，这样在函数 func 中就可以调用函数 f1 和 f2。程序如下：

```
int f1(int a){…}              //整型函数 f1,要求 1 个整型实参
int f2(int a,int b){…}        //整型函数 f2,要求 2 个整型实参
void func(int (*p1)(int), int (*p2)(int,int))
{//函数有两个形参,均为指向函数的指针
    int a, b, i, j;
    a=(*p1)(i);               //调用函数 f1,i 作实参
    b=(*p2)(i, j);            //调用函数 f2,i,j 作实参
    ……
}
void main()
{     ⋮
    func(f1, f2)              //将两个函数名 f1,f2 传递给 func 函数
      ⋮
}
```

其中 i 和 j 是函数 f1 和 f2 所要求的参数。(*p1)(i)等价于 f1(i)，(*p2)(i, j)等价于 f2(i, j)。利用这一基本思想，可以实现同一段程序调用不同的函数进行操作的目的。

【**例 7.25**】用牛顿迭代法求方程的根。并求 $f1(x)=2x^2-8$ 和 $f2(x)=x^2-3x-3$ 的一个根。

**分析**：牛顿迭代法的思想是，假定有一个函数 $y=f(x)$，方程 $f(x)=0$ 在 $x=r$ 处有一个根，为求此根，先估计一个初始值 x0(可以是猜测的)，由它得到一个更好的估计值 x1。方法是在 $f(x)=x0$ 处作该曲线的切线，并将其延长与 x 轴相交。切线与 x 轴的交点通常很接近 r，用它作为下一个估计值 x1，计算出 x1 后，用 x1 代替 x0。重复上述过程，在 x=x1 处作曲线的另一条切线，并将其延长至与 x 轴相交，用切线的 x 轴截距作为下一个近似值 x2……这样继续下去，所得出的这个 x 轴截距的序列通常迅速接近根 r。

具体做法是：

(1) 任选一 x 值 x1，在 y1=f(x1)处作切线与 x 轴相交于 x2 处。

(2) $x2 = x1 - \dfrac{f(x1)}{f'(x1)}$。

(3) 若|x2−x1|或|f(x2)|小于指定的精度，则令 x1=x2，继续做 1。当其满足所需的精度时，x2 就是方程的近似解。

如图 7.13 所示。

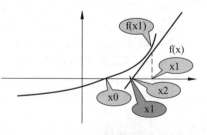

图 7.13　牛顿迭代法

```
#include<iostream.h>
#include <math.h>

float newton(float (*fun)(float,int))      //牛顿迭代函数
{   float x1,x2;
    x2=1.0;                                //迭代从初值 1.0 开始
    do{
        x1=x2;
        x2=x1-fun(x1,1)/fun(x1,0);         //切线与 x 轴的交点
    }while(fabs(x2-x1)>=1e-5);
    return x;
}

float f1(float x,int flag)                 //f(x)=2x²-8
{   if(flag)
        return 2*x*x-8;                    //flag 为 1,返回函数值
    else
        return 4*x;                        //flag 为 0,返回导函数值
}

float f2(float x,int flag)                 //f(x)=x²-3x-3
{   if(flag)
        return x*x-3*x-3;                  //flag 为 1,返回函数值
     else
        return 2*x-3;                      //flag 为 0,返回导函数值
}

void main()
{   float y1,y2;
    y1=newton(f1);
    y2=newton(f2);
    cout<<"y1="<<y1<<"\ty2="<<y2<<endl;
}
```

因为牛顿迭代法对函数切线与 x 轴的每个交点(x1)需要计算函数值和导函数值,而函数的返回值只有一个,为此给函数设计两个返回语句,一个返回函数值,一个返回导函数值,由一个标记开关来控制返回语句的使用。

## 7.5　const 指针

从前面对指针变量的学习可以知道,使用一个指针变量牵涉到两个变量,一个是指针变量自身,另一个是指针变量所指的变量。例如:int a=1,b=3,*p=&a;
引用指针可以修改这两种变量,如:

```
p=&b;       //修改了指针变量 p 的值,从指向 a 改成指向 b
*p=10;      //修改了 p 所指变量 b 的值,b 的值从 3 变成了 10
```

在某些情况下,这些变量的值是不允许修改的。为了防止可能发生的修改,C++ 引入关键字 const,指定定义的指针(变量)为常量,从编译器层面上加以禁止。C++ 把使用 const

定义的指针称为常指针(或指针常量)。

常指针有 3 种情况,下面分别讨论。

**1. 第一种 const 指针**

其一般格式为:

`const <数据类型> * <指针变量>=<常量>`

或

`const <数据类型>const * <指针变量>=<常量>`

在这种类型的定义中,const 放在 * 左边,表示指针指向的内存的内容不能通过指针来修改。

例如:

```
const int * p=0;
* p=5;              //错误,不能通过常指针 p 修改 p 所指向的值
```

const 变量的地址只能赋给 const 指针。

例如:

```
const float a=3.14;
int const * pi=&a;
* pi=2.71;          //错误,不能通过常指针 pi 修改 a 的值
```

但是 const 指针也可以指向非 const 变量。这时仍然不能通过常指针修改变量的内容,但不通过常指针变量还是可以修改普通变量的值。

例如:

```
double pi=3.14;        //定义普通变量 pi
const double * p=&pi;  //定义常指针 p
pi=3.14159;            //正确,pi 是可以修改的
* p=3.14159;           //错误,不能通过常指针 p 修改 pi 的值
```

**2. 第二种 const 指针**

其一般格式为:

`<数据类型> * const <指针变量>=<常量>`

在这种类型的定义中,const 放在了 * 和指针变量名之间,表示指针变量的指向不可改变。

例如:

```
int num=0,k;
int * const p=&num;
* p=5;              //正确,可以通过常指针变量修改普遍变量的值
p=&k;               //错误,常指针 p 不能改指向其他变量
```

注意,这种指针在定义后只能指向初始化地址,不能指向其他地址。

**3. 第三种 const 指针**

其一般格式为:

**const <数据类型> * const <指针变量>=<常量>**

这种 const 指针是前两种的结合,作用是使指向的内容和地址都不能发生变化。

例如:

```
const double pi =3.14159;
const double * const ptr =&pi;
```

这时,既不能修改 pi 的值(无论何种方式),也不能改变常指针 ptr 的指向。这种类型的指针是没有实际应用价值的。

C++ 中关键字 const 的用法非常灵活,使用 const 将大大改善程序的健壮性。

另外,const 的一些强大的功能在于它在函数声明中的应用。在一个函数声明中,const 可以修饰函数的返回值,或某个参数;对于类的成员函数,还可以修饰整个函数。

例如:

```
void fun(const char * s1);      //形参 s1 为常指针
void fun1() const;              //类成员函数 fun1()为常函数
const int fun2();               //常返回值
```

类的常成员函数将在后面的章节中详细讨论。

形如"const int fun2();"的常返回值,是为了保护返回值不被修改,或者说返回值不能作左值。特别当返回值为地址时,有着一定的保护意义。

## 7.6　void 指针

C++ 有很多类型的指针,除了整型、实型、字符型这些常见类型外,还有着一种"万能指针",就是 void *。它可以转化为其他类型,也就是 void * 指针可以容纳任何类型的指针,也能够把一个 void * 指针强制类型转换成任何类型(比如 char *)的一个指针。

前已述及,如果指针 p1 和 p2 的类型相同,可以直接在 p1 和 p2 间互相赋值;如果 p1 和 p2 指向不同的数据类型,则必须使用强制类型转换运算符把赋值运算符右边的指针类型转换为左边指针的类型。

例如:

```
float * p1;
int * p2;
p1=p2;                  //错误,类型不同,编译不能通过
p1=(float * )p2;        //正确,强制类型转换后赋值
```

而 void * 则不同,任何类型的指针都可以直接赋值给它,无需进行强制类型转换。

例如:

```
void * p1;
int * p2;
p1=p2;                  //正确,虽然类型不同,但是 void 类型可以包容其他类型
```

虽然 void 类型指针可以接受其他类型指针的赋值,但反之却不正确。这意味着,void * 也需要强制类型转换后赋给其他类型的指针。因为"无类型"可以包容"有类型",而

"有类型"则不能包容"无类型"。例如:

```
void * p1;
int * p2;
p2 =p1;                    //错误,不能将 void 类型指针直接赋值给整型指针
p2= (int * )p1;            //正确,强制类型转换后 void 类型指针可以赋值给整型指针
```

ANSI 标准规定,不能对 void 指针进行算术运算操作,即下列操作都是不合法的:

```
void * p;
p++;                       //错误
p+=1;                      //错误
```

在程序中,如果函数的参数可以是任意类型指针,那么应声明其参数为 void *。这样,任何类型的指针都可以传入函数中。这也是一种"通用"。在 C++ 有关内存处理的函数中,就巧妙地使用了这种类型指针,灵活地进行了各种内存处理。

## 7.7 指针与字符串

字符指针是处理字符串的最佳手段,字符串和指针是密不可分的一对。使用指针处理字符串,形式多样,充满技巧,但有时会较难理解。

### 7.7.1 字符串的表示形式

在第 5 章已经介绍过,字符串可以用字符数组表示。借助字符数组和字符串处理函数,可以很好地存储和处理字符串。

存储和处理字符串还可以用指针,使用指针比用字符数组处理字符串更容易。

**【例 7.26】** 用字符指针处理字符串。

```
char * str="I am a student";
cout<<str<<'\n';
str="Nanjing is a beautiful city"
cout<<str<<'\n';
```

例中第 1 个语句将内存中字符串常量的首地址赋给一个指针变量,如图 7.14 所示。

图 7.14 指针指向字符串

**【例 7.27】** 将字符串 a 复制到字符串 b。

```
void main(void){
    char a[]="I am a student", b[20];
    char * p1=a, * p2=b;
    while(* p2++=* p1++);      //A,循环赋值,每次赋值一个字符
    cout<<a<<endl;
    cout<<b<<endl;
}
```

程序中 A 行语句的执行较为复杂,其过程为:

第 1 步,执行 *p2＝*p1 进行赋值,得到表达式 *p2++＝*p1++ 的值,即 *p2 的值;

第 2 步,执行 p1++,p2++,即移动两个指针,为下次循环做准备;

第 3 步,判断第 1 步获得的表达式的值是否为'\0',如果不是,就执行空语句";",并继续循环;如果是,就结束 A 行语句的执行。

【例 7.28】 输入 5 个字符串,从中找出最大的字符串并输出。要求用二维字符数组存放这 5 个字符串,用指针数组元素分别指向这 5 个字符串,用一个二级指针变量指向这个指针数组。

分析:本例处理的是字符串,需要用到字符串处理函数中的字符串输入、字符串输出、字符串比较等标准函数。

程序清单如下:

```
#include<iostream.h>
#include<string.h>

void main()
{   char a[5][80],*p[5],**q,**max;  //定义数组、指针数组二级指针变量
    int i;
    for(i=0;i<5;i++)              //让指针数组元素p[i]指向字符数组a的第i行
        p[i]=a[i];                //注意a[i]不是数组元素,而是第i行的首地址
    for(i=0;i<5;i++)              //输入5个字符串存入字符数组a
        cin.getline(p[i],80);
    max=&p[0];                    //设当前最大字符串是字符组中第1行
    q=&p[1];                      //让二级指针变量q指向指针数组第2行
    for(i=1;i<5;i++,q++)
        if(strcmp(*max,*q)<0)max=q;
        //如果当前最大字符串小于二级指针q指向的指针数组元素指向的
        //字符串,则重新记录最大字符串
    cout<<*max<<endl;             //输出最大字符
}
```

例中使用了指针数组和二级指针,请注意它们之间的关系。

用字符数组和字符指针变量都可实现字符串的存储和运算,但是两者是有区别的。在使用时应注意以下两个问题:

(1) 字符串指针变量是一个变量,用于存放字符串的首地址。而字符串本身是存放在以该首地址为首的一块连续的内存空间中并以'\0'作为串的结束。字符数组是由若干个数组元素组成的,它可用来存放整个字符串。

(2) 对字符串指针方式:

char *ps="C++Language";

可以赋值:

char *ps;   ps="C++Language";

而对数组方式:

```
char st[]={"C++Language"};
```

不能赋值：

```
char st[20]; st={"C++Language"};
```

而只能对字符数组的各元素逐个赋值。

**提示**：数值类型指针和字符类型指针在未初始化(未指向变量)时,有不同的特性。

数值类型指针(整型、实型和双精度等)和字符类型指针不同,没有指向任何变量的数值类型指针不能对其赋常数值。

例如：

```
int * pi=5;      //错误,整型指针 pi 没有初始化,不能对其赋常数值
```

前已述及,当一个指针变量在未取得确定地址前使用是危险的,容易引起错误。但是对字符型指针变量是可以直接赋值字符串的,因为字符串有确定的地址。因此,

```
char * ps="C++Langage";
```

或者

```
char * ps; ps="C++Language";
```

都是合法的。

### 7.7.2 字符串指针与函数

**【例 7.29】** 函数 featch_int(char * ps,int pi[])的功能是：将 ps 所指向的字符串中连续的数字作为一个整数,依次取出整数并存放到整型数组 pi 中,函数返回从字符串中取出的整数个数。主函数中完成字符串的输入,并输出提取出的所有整数。例如,输入字符串"sfs345 fds456 af56j",则输出：345 456 56。

```
#include<iostream.h>

int find(char * ps,int fi[])
{   //找出 ps 字符串中的数字,存放在数组 fi[]中
    int len=0,num;                          //len 为找到的整数个数
    while(* ps)                             //当串中字符不为串结束符时循环
      if(* ps>='0'&& * ps<='9')             //如果当前字符为数字
      {   num=0;                            //num 用来存放当前取出的数字
          while(* ps>='0'&& * ps<='9')      //对于连续的数字字符
          {   num=num * 10+ * ps-'0';       //将数字字符转换为数值
              ps++;                         //指针继续指向下一个字符
          }
          fi[len]=num;                      //将当前取出来的数字保存到数组
          len++;
      }
      else ps++;                            //当前字符不是数字,指针指向下一个字符
    return(len);
}
```

```
void main(void)
{   char str[300];
    int b[50],n,i;
    cout<<"请输入一个含有数字的字符串：\n";
    cin.getline(str,200);
    n=find(str,b);
    cout<<"其中有"<<n<<"个整数,它们分别是：\n";
    for(i=0;i<n;i++)                       //输出保存在数组中的数字,每5个一行
    {   cout<<b[i]<<"\t";
        if((i+1)%5==0)cout<<'\n';
    }
    cout<<endl;
}
```

### 7.7.3 字符串指针与数组

【**例 7.30**】 将 5 个计算机语言名字符串按字母顺序升序排序并输出,如图 7.15 所示。

```
#include<iostream.h>
#include<string.h>

void main(void)
{   char * cname[]={"Fortran","Basic","Java","C++","Pascal"};
    char * temp;                          //指针数组中每个指针变量(元素)指向一个字符串
    int i,j,k;
    for(i=0;i<4;i++)                      //选择排序法对字符指针数组排序
    {   k=i;
        for(j=i+1;j<5;j++)
            if(strcmp(cname[k],cname[j])>0)k=j;
        if(k!=i)                          //交换指针,即交换字符串
        {   temp=cname[i];
            cname[i]=cname[k];
            cname[k]=temp;
        }
    }
    for(i=0;i<5;i++)                      //输出指针数组,即输出字符串
        cout<<cname[i]<<endl;
}
```

本例如果使用二级指针和指针数组共同完成,则程序为：

```
#include<iostream.h>
#include<string.h>

void main(void)
{   char * cname[]={"Fortran","Basic","Java","C++","Pascal"};
    char * temp, * * p1, * * p2;           //二级指针 p1 用作前指针,p2 用作后指针
    for(p1=&cname[0];p1<&cname[4];p1++)
    {                                      //前指针 p1 指向指针数组守擂元素
        for(p2=p1+1;p2<&cname[5];p2++)     //后指针 p2 指向指针数组攻擂元素
            if(strcmp(*p1,*p2)>0)          //如果前指针所指字符串大于后指针
```

```
            {   temp=*p1;           //交换前后指针所指的字符串
                *p1=*p2;
                *p2=temp;
            }
        }
        for(int i=0;i<5;i++)
            cout<<cname[i]<<endl;
}
```

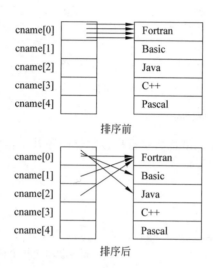

图 7.15 字符串排序

## 7.8 引 用

### 7.8.1 引用的定义

第 2 章已经初步介绍了引用,本节将进一步讨论引用的一些特性和应用。

使用引用时,除了第 2 章介绍的几点外,还须注意以下几点:

(1) 引用同变量一样的地址,可以对其地址进行操作,即将其地址赋给一指针。

例如:

```
int *p,r,&ra=a;     //定义变量、指针和引用
p=&ra;              //指针指向引用(指向变量 a)
```

(2) 可以用动态分配的内存空间来初始化一个引用变量。

例如:

```
int &ra=*new int;   //定义引用,引用在堆上申请的空间
```

这里的"*"是必需的,因为初始化引用需要的是变量名,而 new 返回的是指针。关于 new 运算符,7.9 节将详细讨论。

(3) 有些引用要给予关注,设有:

```
int i,j,a[10],&refi1=i;
```

则有:

```
int &ref2=refi1;           //正确,定义引用的引用
int &refi2=&refi1;         //错误,不能引用地址,&refi1 为取地址
int &&re=&refi1;           //错误,不能定义二级引用 &&re
int &refi3=i;              //正确,一个变量可以定义多个引用
int &refa=a;               //错误,不能定义数组的引用
int &refa1[10]=a;          //错误,不能定义引用数组 refa1[10]
int &refa2=a[2];           //正确,可以定义数组元素的引用
```

引用有两个主要用途:作为函数参数以及从函数中返回左值。

### 7.8.2 引用和函数

引用的用途一般是和函数联系在一起的。引用作为函数参数在第 4 章已经介绍过,例如下例。

**【例 7.31】** 定义函数交换两变量,引用作函数参数。

```
int max(int &x,int &y){       //形参 x,y 为引用,是实参 a,b 的别名
    int t;
    t=x;x=y;y=z;              //这里交换形参就是交换实参 a 和 b
}
void main(void){
    int  a=10,b=5;
    change(a,b);              //实参为变量
    cout<<a<<'\t'<<b<<endl;   //输出结果:5   10
}
```

**【例 7.32】** 返回值是引用的函数。

```
#include<iostream.h>
int a[10];

int &ref(int n){              //返回值为引用,函数名可作左值
    return a[n];
}

void main(){
    ref(5)=10;                //A,函数值作左值,对 a[5]赋值
    cout<<ref(5);             //B,输出 a[5],输出结果为 10
}
```

在 A 行,调用函数时实参为 5,函数名出现在"="左边(左值),就是对函数返回的结果赋值。函数返回结果是数组元素 a[n](n=5)的别名,所以 A 行就是对 a[5]赋值。

在 B 行,函数名没有作左值,属于普通调用,输出的是函数的返回值。

## 7.9 内存的动态分配和撤销

堆是 C++中动态数据区(栈区)、全局和静态数据区和程序代码区外的另一个内存区域。堆区采取链表式管理(链表稍后详细介绍),其容量取决于虚拟内存。

栈区由编译器自动分配和释放,用于存放函数参数和局部变量。

C++的堆区与栈区的区别还有:

(1) 堆是由低地址向高地址扩展,先申请的在低地址处分配。栈是由高地址向低地址扩展,先申请的在高地址处分配。

(2) 堆空间容量较大,在 VC 中理论上可达 4GB。栈空间较小。

(3) 堆是不连续的空间(开始时连续,不断地分配和释放后变成不连续的),栈是连续的空间。

(4) 在申请空间后,栈的分配要比堆的快。对于堆,先遍历存放空闲存储地址的链表,修改链表,再进行分配;对于栈,只要剩下的可用空间足够,就可分配,如果不够,则报告栈溢出。频繁的分配和释放不同大小的堆空间,会产生很多堆内碎片。

(5) 栈的生命期最短,到函数调用结束时;静态存储区的生命期最长,到程序结束时;堆的生命期是到被用户在程序中释放时(如果整个过程中都未释放,则程序结束时,这部分内存将从系统中丢失,直到计算机重新启动)。

### 7.9.1 new 运算符

new 运算符用于为指针变量动态分配堆内存。

new 运算符使用格式有 3 种:

(1) point=new <类型说明符>

(2) point=new <类型说明符>(<初值>)

(3) point=new <类型说明符>[<表达式>]

其中 point 为指针变量,其类型要与后面的类型说明符一致。

第 1 种格式分配由类型说明符确定大小的一片连续堆内存空间,并把所分配空间的首地址赋值给指针变量 point。类型说明符可以是基本数据类型和构造数据类型。

第 2 种格式除完成第 1 种格式的功能外,还能用初值初始化所分配的空间。这种格式类型说明符只能是基本类型。

第 3 种格式用于分配数组空间,表达式为数组大小。如果表达式不为整型,系统将自动转换为整型。

**提示**:在申请堆数组空间时不能初始化,因为数组元素的值是随机的。

**提示**:与普通数组不同,在程序运行期间如果对堆数组元素赋值,系统将作越界检查。

**【例 7.33】** 在堆上申请空间。

```
int * p1=new int;              //用 p1 指向在堆上申请的整型空间
float * p2=new float(3.14);
    //用 p2 指向在堆上申请的实型空间,初始化为 3.14
char * p3=new char[20];        //用 p3 指向在堆上申请的字符数组
int * p4=new int[3 * 5];       //用 p4 指向在堆上申请的 3 行 5 列的二维数组
int &ref= * new int;           //申请堆空间来初始化引用
```

**【例 7.34】** 在堆上申请一个结构体类型的空间。

```
struct student{
    int num;
```

```
        char name[20];
};
student * p4=new student;        //A
student * p5=new student[20];    //B
```

例中 A 行在堆上申请一个结构体类型空间,B 行在堆上申请一个结构体类型数组,用 student 类型指针保存其地址。

**【例 7.35】** 设计一段程序,实现动态内存分配。

```
#include<iostream.h>

void main(){
    int n, * p1, * p2;
    float ( * p3)[10],( * p4)[10][20];
    p1=new int[10];              //A
    cout<<"请输入 n 的值:";
    cin>>n;
    p2=new int[n];               //B
    p3=new float[5][10];         //C
    p4=new float[5][10][20];     //D
}
```

程序中,A 行申请了一个静态的整型数组;B 行则申请了一个动态数组(不用 new 运算符,实现动态数组是不可能的);C 行申请了一个有 5 个元素的一维数组,每个元素都是有 10 个元素一维数组;D 行申请了一个有 5 个元素的一维数组,每个元素都是有 10 行 20 列的二维数组。

**提示**:用 new 运算符申请的堆空间没有名字,只能用指针指向其首地址。在申请的空间释放以前,该指针不能再指向其他地址,以防内存泄露。

**提示**:当没有足够的堆空间用于分配时,new 运算符返回空指针。

## 7.9.2 delete 运算符

delete 运算符的功能是释放(删除)使用 new 在堆上申请的空间,将申请的空间归还给系统。

使用 delete 有 3 种格式:

(1) delete <指针名>

(2) delete []<指针名>

(3) delete [<表达式>]<指针名>

第一种格式释放指针指向的 new 申请的非数组堆空间,后两种格式释放 new 申请的指针指向的数组空间。

**【例 7.36】** 释放 new 申请的堆空间。

```
int * ptr1;
ptr =new int(5);              //申请堆空间,用指针 ptr 指向
delete ptr;                   //释放指针 ptr 指向的堆空间
int &ref= * new int;
delete &ref;                  //释放引用堆空间时,要加"&"号
```

**【例 7.37】** 申请一维数组堆空间并释放之。

```
int * p;
p = new int[10];                         //申请数组堆空间,指针 p 指向
delete[] p;                              //释放指针 p 指向的数组堆空间
```

**【例 7.38】** 申请多维数组堆空间并释放之。

```
int (* p1)[10], (* p2)[5][10];           //A
p1=new int[15][10];                      //B
p2=new int[5][5][10];                    //C
delete []p1;                             //释放 p1 指向的二维数组堆空间
delete []p2;                             //释放 p2 指向的三维数组堆空间
```

例中,A 行定义的指针 p1 为指向具有 10 列任意行的二维数组,p2 指向具有第 2 维为 5、第 3 维为 10、第 1 维任意的三维数组;B 行 p1 指向一个 15 行 10 列的二维堆数组;C 行 p2 指向三维分别是 5、5、10 的三维数组。

关于 delete 运算符,须注意:

(1) 它必须使用由运算符 new 返回的指针;

(2) 该运算符也适用于空指针(即其值为 0 的指针);

(3) 指针名前只用一对方括号,并且不管所释放数组的维数。如果释放的是多维数组,方括号内的数字表示该数组第 1 维的大小。

**【例 7.39】** 申请堆空间后,应检查是否申请成功。

```
int * p=new int[10];
if(!p){                                  //或 p==0
    cout<<"动态申请内存不成功,终止程序的执行!";
    exit(1);
}
```

**【例 7.40】** 不恰当使用 new 和 delete 的示例。

```
int a, * p=new int[10]; p=&a;            //A
float * p1=new float; delete p1;delete p1;  //B
char na, * p3=&na; delete p3;            //C
```

例中,A 行指针 p 指向申请的堆空间后,又指向变量 a,造成内存泄露;B 行指向堆空间的指针 p1 释放了 1 次以上,第 2 次释放失败,导致程序异常终止;C 行释放的指针不是指向堆空间,而是指向栈空间,不能释放栈空间。

## 7.10 指针应用

### 7.10.1 链表

问题:编程建立一个无序链表系统。每个结点包含:姓名、学号、数学、英语和 C++ 成绩。链表系统的功能应比较完整,并能完成平均分计算与最高和最低成绩的输出。

分析:链表系统的功能应当包括建立链表、输出链表、删除链表、添加结点、修改结点、删除结点和查找结点等,还可以包括链表排序等其他功能。

**1. 有关链表的概念**

1) 结点

结点是一种结构数据,包含若干数据域和若干指针域。图 7.16 所示结点(结构体)包含两个指针域 p1、p2 和一个数据域 Data。

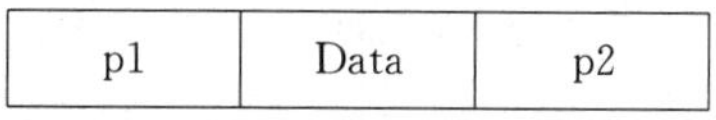

2) 链表

通过结点的指针域将若干结点连接起来形成一条

图 7.16  结点

"链"。链表的第一个结点称为链首,最后一个结点称为
链尾。用一个叫做"head"的指针指向链首,对链表的处理总是通过 head 来进行的。结点中只有一个指针域的链表称为单向链表,有两个指针域的称为双向链表,有三个指针域的称为三向链表。常用的是单向链表。

3) 单向链表

单向链表是一个具有若干个数据域和一个指针域的链表,访问该链表只能从链首开始访问第一个结点,并根据结点的指针域依次向后、逐个地访问其他结点。单向链表不能反向访问,即只能访问后一个结点,而刚访问过的前一个结点,已经"不记得"其位置了。单向链表如图 7.17 所示。

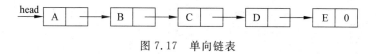

图 7.17  单向链表

4) 结构体链表和类链表

根据定义结点和结点操作函数的方式,链表可以分为结构体链表和类链表两种。结构体链表的结点定义成结构体类型,类链表的结点定义成类。由于类的强大特性以及面向对象程序设计的优势,类链表的表达能力和特性强于结构体链表。后面相关章节将讨论类链表,本章只讨论结构体链表。

**2. 结点算法**

关于结点的算法,有添加结点、修改结点、删除结点和查找结点等。为了说明方便,下面的叙述均假设结点只有一个数据域。对于多数据域的结点,这些算法描述也均适用。

设有结点定义为两个域:一个数据域和一个指针域如下面代码所示。由此类结点组成的单向链表如图 7.19 所示。

```
struct st{
    int data;
    st * link;
}
```

为了叙述方便,将数据域数据为 D 的结点称为 D 结点,依此类推。

(1) 在 C 和 D 结点之间添加一个新结点 B 的函数。

① 用 new 动态生成一个新结点 p,将数据 B 放入新结点 p 的数据域中。
代码表示为:

p=new node; p->data='B';

② 从 head 开始搜索到 C 结点(此操作需要一段代码)。
③ 从 C 结点(地址为 p1)的 link 域里取出 D 结点的地址,赋值给 p2。
代码表示为:

p2=p1->link;

④ 将新结点 p(B 结点)接在 C 后面,即在 C 结点的 link 域填入指针 p。
代码表示为:

p1->link=p;

⑤ 再将 D 接在新结点 B 后面,即将 p2 填入 p 的 link 域。
代码表示为:

p->link=p2;

⑥ 在链表中插入一个结点,如果是插在第一个结点之前,就会改变 head 的值,因此此函数必须返回一个新的 head。也就是说此函数的返回值必须是结点类型的指针。插入过程如图 7.18 所示。

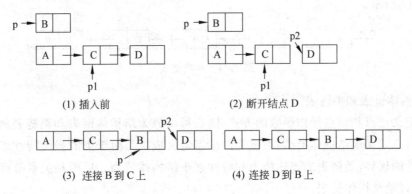

图 7.18 插入一个结点

(2) 删除一个指定结点 C 的函数,如图 7.19 所示。
① 从 head 搜索到 C 的前一个结点 B(地址设为 p1)。
② 从 C 结点(地址设为 p)的 link 域找到 D 结点(用指针 p2 指向)。
③ 将 D 结点的地址直接放入 B 结点的 link 域中。
代码表示为:

p1->link=p->link;

或

p1->link=p2;

④ 用 delete 回收 C 结点。
代码表示为:

delete p;

⑤ 由于删除的结点有可能是第一个结点,也会改变 head 的值,此函数的返回值必须是结点类型的指针。

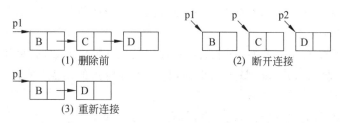

图 7.19 删除一个指定的结点

(3) 修改结点数据的函数。

此操作比较简单,只要从 head 开始找到要修改的结点(也有可能找不到),直接修改其数据域就可以了。

此操作的函数不会改变结点的地址,因此返回值类型可以是 void。

(4) 查找一给定的结点 x 的函数。

从 head 起找到第一个结点(当前结点),查看其数据域数据是否为要找的,如果是,查找成功;如果不是,就依据当前结点的 link 域指针找到下一个结点,再核对其数据域数据,依次类推,直到找到(或找遍整个链表也没找到)为止。

查找到结点后,应该返回其地址,找不到则返回 NULL 地址。因此函数的返回值应该是结点类型的指针。

**3. 链表算法**

1) 创建链表的函数

本函数没有调用前面介绍的插入结点的函数,为的是体现另一种算法。

创建一个链表,就是逐个向链表中添加结点。链表的第一个结点称为链首结点,简称链首,正在添加的结点称为当前结点,链表的最后一个结点称为链尾结点。链首结点需要单独处理,其他的结点可以使用循环处理。这是因为对第一个结点的处理和对其他结点的处理有所不同。

创建链表需要 3 个指针:一个指向链首,一般用 head 表示;一个指向链尾,本例中用 p2 表示;一个指向当前结点,本例中用 p1 表示。

在链尾加入一个结点的步骤很简单:申请一个结点 p1;在 p1 结点的数据域中输入数据;将 p1 链接到链尾 p2 中。用代码表示即为:

```
p1=new node;        //申请结点
cin>>p1->data;      //输入数据
p2->link=p1;        //接入链尾
```

控制循环结束可以使用"标记法",即输入一个特殊的数据来表示创建结束。由于是先申请结点后输入数据,因此创建结束时的那个结点的数据是无效的,需要将这个结点释放回收。

这个函数的返回值必须是结点类型的指针,指向该链首。

2) 删除链表的函数

删除链表是从链首结点开始，逐个删除每一个结点，直至链尾。在删除一个结点前，需要把该结点 link 域中的指针，也就是下一个结点的地址保存起来。这个函数比较简单。

因为链表删除后就什么都不存在了，所以该函数的返回值类型为 void。

3）输出链表的函数

输出链表是从链首结点开始，逐个结点地输出其数据域中的数据，直到链尾。每输出一个结点的数据后，便取出其 link 域中的指针，将该指针所指的结点（即下一结点）作为当前结点，循环直至链尾。

输出链表不改动链表的任何内容，返回值类型为 void。

**4. 参考程序代码**

本代码段中关于结点的设置和前面算法描述中结点的不同之处是，每个结点有多个数据域。程序中加了大量的注释，有助于读者阅读。

```cpp
#include<iostream.h>
struct student                                    //学生结构
{   int num;                                      //学号
    char name[9];                                 //姓名
    int english;                                  //英语成绩
    int math;                                     //数学成绩
    int C;                                        //C++成绩
    student * next;                               //指针域，就是前面使用的 link
};
student * creat();                                //建立链表
void delechain(student * head);                   //删除链表
void print(student * head);                       //输出链表
void average(student * head);                     //求平均值
student * delenode(student * head,int x);         //删除一个学号为 x 的结点
student * search(student * head,int x);           //查找一个学号为 x 的结点

void main()
{   int x;
    student * head;                               //链首指针
    head=creat();                                 //调用创建链表函数 creat 创建一链表，head 指向链首
    print(head);                                  //输出链表
    average(head);                                //计算学生的平均成绩
    cout<<"请输入要删除的学号:";
    cin>>x;                                       //输入要删除学生的学号
    if(search(head,x))delenode(head,x);           //如果找到学号为 x 的学生，就删除
}

void delechain(student * head)                    //删除链表函数
{   student * p1;
    while(head){                                  //当链表中还有结点时就循环
        p1=head;                                  //p1 指向当前要删除的结点
        head=head->next;                          //用 p1 的下一个结点作为链首
        delete p1;                                //删除 p1
    }
}
student * creat()                                 //创建链表函数
```

```cpp
{   int n=1;
    student * head, * p2, * p1;
        //下面几行单独处理链表的第一个结点
    head=new(student);
    p1=p2=head;
    cout<<"请输入第一个学生的学号、姓名和英语、数学、C++的成绩:\n";
    cout<<"0 学号结束输入\n";
    cin>>p1->num>>p1->name>>p1->english>>p1->math>>p1->C;
        //以下循环处理后续的结点
    while(p1->num!=0)
    {   n++;
        if(n==1)head=p1;                    //如果是第一个结点就设定为 head
        else p2->next=p1;                   //不是第一个结点就链入链尾
        p2=p1;                              //当前结点成为新链尾
        p1=new(student);                    //申请一个结点,准备下一个学生数据的输入
    cout<<"请输入第"<<n<<"个学生的学号、姓名和英语、数学、C++的成绩:\n";
        cout<<"0 学号结束输入\n";
        cin>>p1->num>>p1->name>>p1->english>>p1->math>>p1->C;
    }
    p2->next=NULL;                          //将链尾结点的指针域置为空指针
    delete p1;                              //释放最后一次申请的结点
    return head;                            //返回新创建的链表
}
void print(student * head)
{   student * p1;
    cout<<"链表中的学生资料如下:\n";
    p1=head;
    if(head!=NULL)
    {   cout<<"学号\t 姓名\t 英语\t 数学\tC++\n";
        do{
            cout<<p1->num<<'\t'<<p1->name<<'\t';
            cout<<p1->english<<'\t'<<p1->math<<'\t'<<p1->C<<'\n';
            p1=p1->next;
        }while(p1!=NULL);
    }
}
//下面的函数先求出总分最大和最小的学生,并记录其所在结点的指针
//在输出时换算成平均成绩
void average(student * head)
{   int sum,maxsum,minsum;
    student * p1, * p2, * p3;
    p1=head;
    if(head!=NULL)
    {   maxsum=p1->english+p1->math+p1->C;
        minsum=maxsum;
        p2=p3=p1;
        p1=p1->next;
        while(p1!=NULL)
        {   sum=p1->english+p1->math+p1->C;
            if(sum>maxsum){                 //p2 指向总分最大的结点
                p2=p1;
```

```cpp
                maxsum=sum;                      //maxsum 为最大总分
            }
            if(sum<minsum)                       //p3 指向总分最小的结点
            {   p3=p1;
                minsum=sum;                      //minsum 为最小总分
            }
            p1=p1->next;
        }
        cout<<"最大平均值的学生是:";
        cout<<p2->num<<'\t'<<p2->name<<'\t'<<maxsum/3.0<<endl;
        cout<<"最小平均值的学生是:";
        cout<<p3->num<<'\t'<<p3->name<<'\t'<<minsum/3.0<<endl;
    }
    else cout<<"学生链表为空!"<<endl;
}
student * delenode(student * head,int x)         //删除一个学号为 x 的结点
{   student * p1=head, * p2;
    if(!head)
    {   cout<<"链表为空,不能删除!";
        return head;                             //链表为空时,返回空指针
    }
    if(p1->num==x)                               //如果第一个结点就是要删除的
    {   head=head->next;                         //就用第二个结点来取代第一个结点
        delete p1;                               //释放原来的第一个结点
        return head;                             //返回新的链首结点
    }
    p2=p1->next;                                 //p2 指向待处理结点
    while(p2)
    {   if(p2->num==x)                           //如果当前 p2 就是要删除的结点
        {   p1->next=p2->next;
            //将删除结点的下一个结点并连接到删除结点的前一个结点
            delete p2;
            return head;
        }
        p1=p2;                  //当前结点 p2 不是要删除的结点,就取下一个结点作为当前结点
        p2=p1->next;
    }
    cout<<"链表中没有要删除的结点"<<x<<'\n';
    return head;
}

student * search(student * head,int x)           //查找一个学号为 x 的结点
{   student * p1=head;
    if(!head)                                    //链表为空,立即返回空指针
    {   cout<<"链表为空,不能查找!";
        p1=NULL;
        return p1;
    }
    while(p1)                                    //当前结点 p1 存在时
    {   if(p1->num==x)return p1;                 //当前结点就是要查找的结点,返回此结点
        p1=p1->next;              //当前结点不是要找的结点,就换下一个结点作为当前结点
```

```
    }
    p1=NULL;              //到达这里,就是在链表中没有找到 x 结点,返回空指针
    return p1;
}
```

### 7.10.2 约瑟夫环(Josephus)问题

假设 $n$ 个竞赛者排成一个环形,依次顺序编号为 $1,2,\cdots,n$。从某个指定的第 1 号开始,沿环计数,每数到第 $m$ 个人就让其出局,且从下一个人开始重新计数,继续该过程直到所有的人都出局为止。最后出局者为优胜者。

这个问题称为第一类 Josephus 数问题。Josephus 数共有 3 类,本章只讨论第一类 Josephus 数问题,有兴趣的读者可以参考 Graham,Knuth 和 Patashnik 合著的大作《Concrete Mathematics》。

分析:本问题有多种解决办法,采用链表最简单。

$n$ 个人围成一圈可以用一个环型链表表示,报数相当于沿着环链"游历"结点,无需判断最后一个和第一个,只要对游历的结点计数就可以了。出局的操作对应着表中结点的删除操作,设头指针为 p,并根据具体情况在环链中移动。设 $n=6,m=3$,则游历的过程如图 7.20 所示。

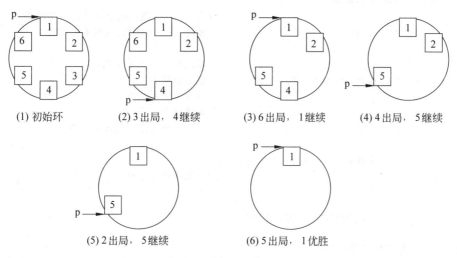

图 7.20 约瑟夫环及删除结点

程序代码如下:

```
#include <iostream.h>

struct node                              //结构体类型声明
{   int num;
    struct node * next;
};

node * creat(int n)                      //创建链表函数
{   int m=1;
```

```cpp
    node * head, * p2, * p1;
    head=new(node);                    //处理链表的第一个结点
    p1=p2=head;
    p1->num=1;
    for(m=2;m<=n;m++)                  //以下循环处理后续的结点
    {   p1=new(node);                  //申请一个结点
        p1->num=m;                     //将学生编号放入新结点
        p2->next=p1;                   //不是第一个结点就链入链尾
        p2=p1;                         //当前结点成为新链尾
    }
    p2->next=head;                     //链尾结点的指针域指向首结点,构成环链
    return head;                       //返回新创建的链表
}
void main()
{   int n,m,i;                         //n 为学生数,m 为出局数
    node * p, * p1;
    cout<<"请输入学生数和出局数:";
    cin>>n>>m;
    p=creat(n);                        //创建初始环链
    cout<<"初始环链为:\n";
    for(i=1;i<=n;i++)cout<<i<<"   ";   //输出初始环链
    cout<<"\n 出局者为:\n";
    while(n>1)                         //当 n=1 时,就只剩下优胜者一个结点了
    {   for(i=1;i<m;i++)               //循环 m-1 次计数,就到了出局者了
        {   p1=p;    p=p->next;  }
        p1->next=p->next;              //现在的 p 结点是出局者
        cout<<p->num<<"   ";           //输出出局者
        delete p;                      //释放出局者结点
        n--;                           //人数减少 1 个
        p=p1->next;                    //从下一个人起重新开始计数
    };
    cout<<"\n 优胜者:"<<p->num<<endl;
    delete p;                          //释放优胜者结点
}
```

当 $n=10, m=4$ 时,程序运行结果如下:

请输入学生数和出局数:10 4
初始环链为:
　　1   2   3   4   5   6   7   8   9   10
出局者为:
　　4   8   2   7   3   10   9   1   6
优胜者:5

# 习　　题

**一、选择题**

1. 有关指针的说法中,_____是错误的。

　　A. 赋予一个指针变量的值只能是一个在有效范围内的地址

B. 只有先定义一个基本类型的变量,然后才能定义指向该变量的指针

C. 一个指针变量的值可以是 NULL

D. 对指针变量可以进行关系运算和逻辑运算

2. 对于函数 void count(int w, int &x, int &y){…},以下叙述正确的是_____。

   A. 定义函数时,参数表中出现 & 符是非法的

   B. 带有 & 符的形参在函数中被分配静态内存单元

   C. 对于带有 & 符的形参,其变量值在函数中不能被修改

   D. 使用多个带有 & 符的形参,通过对应的实参可以将多个变量值传回上层调用函数

3. 下列关于指针的操作中,错误的是_____。

   A. 两个同类型的指针可以进行比较运算

   B. 可以用一个空指针值赋给某个指针变量

   C. 一个指针可以加上两个整数之差

   D. 两个同类型的指针可以相加

4. 设有如下定义:

   ```
   int data=32767;
   int * pd;
   float * fp;
   ```

   则以下_____是正确的。

   A. pd=& data;            B. * pd=& data;

   C. fp=(fload) &data;     D. fp=( * fload) &data;

5. 在用 new 运算符建立一个三维数组 15 * 30 * 10 时,使用了 3 个下标运算符"[]",与之对应,用 delete 运算符注销这个三维数组时使用了_____个下标运算符。

   A. 1        B. 2        C. 3        D. 0

6. 设有说明 int b[4][4],以下不能等价元素 b[3][3]的是_____。

   A. * &b[3][3]                B. ( * ( * (b+3))+3)

   C. * (B[3]+3)               D. * ( * (b+3)+3)

7. 设有以下说明语句:

   ```
   int a[4][3]={1,2,3,4,5,6,7,8,9,10,11,12};
   int (*prt)[3]=a, *p=a[0];
   ```

   能够正确表示数组元素 a[1][2]的表达式是_____。

   A. * (( * prt+1)[2])         B. * ( * (p+5))

   C. ( * prt+1)+2             D. * ( * (a+1)+2)

8. 有关内存分配的说法中,_____是错误的。

   A. 指针变量可以保存动态分配的存储空间

   B. 用 new 为指针变量分配的存储空间在堆区

   C. 数据元素存储在堆区的数组在建立时就被初始化(清零)

   D. 指向静态变量的指针不必用 delete 释放

9. 设有如下的函数定义：

   ```
   int f(char * s)
   {   if(!(*s))
           return 0;
       else return 1+f(s+1);
   }
   ```

   若在主程序中用下面的语句调用上述函数，则输出为_____。

   ```
   cout<<f("goodbye!")<<endl;
   ```

   A. 1  B. 6  C. 8  D. 0

10. 若有以下的说明和语句：

    ```
    int t[3][2],*pt[3],k;
    for(k=0;k<3;k++)pt[k]=t[k];
    ```

    则数组元素 pt[2]表示：_____。

    A. t数组第 2 行的行指针，指向第 2 行
    B. t数组第 2 行的行地址，指向第 2 行
    C. t数组的第 2 个元素
    D. t数组第 2 行第 0 个元素

## 二、问答题

1. 设有定义：int a[3][4],(*p)[4];p＝a;，请列出 3 种用指针 p 表示 a[2][3]的方法。

2. 若有函数声明 int fun(*int(*f)(float a ,char b),int n);，则函数调用时实参和形参之间的传递方式是什么？第一个参数的属性是什么？按什么方式传递？第二个参数按什么方式传递？

3. 使用 new 运算符为变量或对象分配存储空间和为数组分配存储空间，方法上有何不同？而在使用 delete 运算符释放内存时，方法又有何不同？

4. 阅读以下程序，回答问题：

   ```
   #include <iostream.h>
   void main()
   {   char *p[]={"BOOL","OPK","H","SP"};
       int i;
       for (i=3;i>=0;i-,i-)
           cout<< *p[i];            //A
       cout<<endl;
   }
   ```

   问题一：变量 p 是什么数据类型？
   问题二：表达式 *p[i]等效于 A、B 中的哪一个？
   　　　　A. *(p[i])    B. (*p)[i]
   问题三：当 i 值为 3 时，如果执行语句 cout<< *p+i;，输出的结果是什么？
   问题四：程序输出是什么？

问题五:当将 A 行语句改为:cout<<(*p)[i];后,输出的结果是什么?

5. 设有以下说明,请根据说明语句的顺序回答以下问题:

(1) const float a=1;

(2) float &x=a;

(3) float b[3],&t=b[2];

(4) int &top=*new int[3];

(5) const int *p=&sum;

(6) char *const s1;

(7) const float *const s2=b;

问题一:以上正确的说明语句是:_____

问题二:含有正确表示引用类型说明的语句是:_____

问题三:正确的常量说明语句是:_____

### 三、阅读程序,回答问题

1. 写出以下程序的输出。

```
#include <iostream.h>
void main()
{   int a[6]={10,20,30,40,50,60};
    int i=5,*p=&a[i];
    cout<<"*p:"<<*p<<endl;
    while(*p>a[0])
    {   i--;
        cout<<*p--<<',';
    }
    cout<<endl;
    while(i<5)
    {   i++;
        cout<<*(++p)<<',';
    }
    cout<<endl;
    cout<<"*p:"<<*(p-3)<<endl;
}
```

2. 写出执行下面程序的输出结果。

```
#include <iostream.h>
int take(int *a, int *b, int n, void (*g)(int *,int) ){
    int i=0, j=n-1;
    int s=0;
    while(i<n)
    {   s+=a[i];
        i++;
    }
    *b=s;
    g(b, 4);
    return i==j;
}
```

```
void pt1(int * w,int n)
{   cout<<"sum="<< * w<<endl;}
void pt2(int * w,int n)
{   for(int j=0;j<n-1;j++) cout<<w[j]<<',';
    cout<<w[n-1]<<endl;
}

void main()
{   int aa[3][4]={3,9,6,12,8,4,7,15,4,5,2,10};
    int tt[6], int i, * p;
    void ( * f)(int * w,int n)=pt1;
    p=tt;
    for(i=0;i<9;i++) tt[i]=0;
    for(i=0;i<3;i++) take( * (aa+i),p+2 * i,4,f);
    f=pt2; p=tt; f(p,3);
    p=tt+4; f(p,3);
}
```

### 四、完善程序

1. 主函数调用 sort 函数，将一组无序数排列成降序，然后输出这组数。

**提示**：排序过程需要两层循环，函数利用递归算法来实现外层循环。

```
#include<iostream.h>
void sort(int * x,__(1)__ )
    {   int j,t;
        if(__(2)__ ) return;
        for(j=1;j<n;j++)
            if(x[0]<x[j])
        { t=x[0];x[0]=x[j];x[j]=t;}
        sort(__(3)__ ,n-1);
}
void main()
{   int a[12]={5,3,7,4,2,9,8,32,54,21,6,43},k;
    sort(__(4)__ ,12);
    for(k=0;k<12;k++) cout<<a[k]<<'\t';
    cout<<endl;
}
```

2. 下面程序的功能是：主函数定义了一个整型数组 data，从键盘上输入一个数 x，调用函数 fsum 判断该数 x 是否在数组 data 中。如果 x 在数组中，则得到 x 在 data 中第一次出现时的下标值 p，同时求出下标从 0～p 之间所有元素之和，函数返回 x 的下标值 p；否则，x 不在数组中，函数 fsum 返回－1，主函数提示相应信息。主函数输出计算结果。请完善之。

```
#include<iostream.h>
int fs(int * a,int n,int x,int &sum)
{   sum=0;
    for(int i=0;i<n;i++)
    {   sum=__(1)__
        if(x==a[i]) __(2)__
    }
```

```
        return-1;
}
void main()
{   int data[]={12,31,16,28,7,29,35,18,40};
    int x,s,index;
    cout<<"请输入要找的数:":
    cin>>x;
    index=fs(   (3)   );
    if(  (4)  )   cout<<x<<"不在数组中"<<endl;
    else
    {   cout<<   (5)   <<"是数组中下标为"<<index<<"的元素。";
        cout<<"数组中前"<<   (6)   <<"项之和为:"<<s<<endl;
    }
    return;
}
```

**五、程序设计题**

1. 编写程序,输入两个字符串分别存入两个一维字符数组,将其连接后存入第3个一维字符数组后输出,要求用指向一维数组的指针变量来处理其中的字符,不能使用字符串函数strcat。

2. 设计一个通用的插入排序函数,参数为指向实型的指针(指向一个已经排序的数组)和一个实数,将该实数插入到已经排好序的数组中,使得插入后数组仍然有序。主函数输入一个数组和一个实数,调用插入排序函数插入实数,并输出插入后的数组。

3. 编写程序,输入一个由纯字母组成的字符串,统计其中26个字母出现的次数。统计时,假定不区分大小写,即A和a被认为是同一个字母。若一个字母出现的次数大于0次,则输出其统计次数。例如,输入字符串Banana,则输出:

a=3
b=1
n=2

4. 本章7.11.1节所创建的是无序链表,现要求在其基础上添加一个函数,对无序链表按学号升序排序,排序后的链表仍然用head指向。

# 第 8 章 类和对象

## 8.1 本章导读

第 6 章简单介绍了类的概念。类的出现是划时代的，远不止是一种新的构造数据类型那样简单，它引起了程序设计理念的革命性的变化。传统的面向过程的结构程序设计是围绕功能进行的，依靠函数来实现某一功能。面向对象程序设计的思想是用类和对象来模拟现实世界的客观存在。程序设计者的任务是设计能表现现实世界的各种类和对象，并考虑如何向对象发送信息以驱动它们完成任务。

用类可以创建对象，构造函数提供了一种机制，通过它可以完成必要的初始化工作。

因为新创建的对象是复杂多样的，类的构造函数也相应是多样化的。如果类"忘记了"定义构造函数，系统会给程序默认一个构造函数，默认构造函数可以使程序"以不变应万变"。复制（拷贝）构造函数使得基于对象复制的对象创建成为可能。浅拷贝和深拷贝的引入解决了类的字符指针在堆上申请空间时的复制难题。

类的对象，有创建就有释放，创建时要初始化，释放时也要妥善处理，特别是对象中使用了堆内存。定义类的析构函数可以完成这个任务。相对于构造函数，析构函数比较简单。但是由于对象的多样性，例如全局对象、局部静态对象、局部对象、动态对象等，其释放的"时机"各不相同，使得析构函数在自动执行时呈多样化。

类的成员也具有多样性，对象成员就是其中之一。含有对象成员的类，在初始化时有特殊的规定，对象成员的初始化要"给予优先"，形式也与普通成员不同。静态成员也是类成员多样性的一种表现，对象的一般数据成员是"私有的"，不能与其他对象分享；静态数据成员则正好相反，它不属于某个对象，而为所有对象所公有。静态数据成员成为同类对象之间联系的一个纽带。

友元函数是类的"好朋友"，它不是类的成员函数，却又可以访问类的一切成员。友元的引入使对象的使用增加了灵活性，但也增加了不安全性。

虽然类的封装性保证了数据的安全,但各种形式的数据共享却又不同程度地破坏了数据的安全性。关键字 const 的引入可以填补这些安全漏洞。将 const 作用于类的成员,产生了常成员;作用于对象,产生了常对象。const 还可以作用于指向对象的指针、对象的引用。各种"常"的引入,使类对象的引用变得丰富多彩。

概括起来,学习本章须掌握:
- 面向对象的程序设计的基本概念;
- 构造函数和析构函数;
- 复制(拷贝)构造函数;
- 对象成员和静态成员;
- 共享数据的保护(常成员、常对象等);
- this 指针。

## 8.2  面向对象的程序设计方法

传统的面向过程(procedure oriented)的结构程序设计是围绕功能进行的,依靠函数来实现某一功能。数据都是公用的,一个函数可以使用任何一组数据,一组数据也可能被多个函数所公用。随着程序规模的日益庞大和复杂,采用结构化程序设计,其开发和维护变得越来越难以控制。因此,面向对象的程序设计(object oriented programming,OOP)替代结构化程序设计逐渐成为主流的程序设计方法。

对象(object)是客观世界某一类事物的实例(instance),或者说,客观世界是由千万个对象组成的。而面向对象的技术就是将现实世界中的某个具体物理实体在计算机世界中进行映射和体现,如图 8.1 所示。比如,台式电脑是一个实体,它由主板、CPU、内存、显卡、声卡、网卡、外设等部件和外壳等组成,这些部件构成了台式电脑的静态特征,又称为属性(attribute)。同时,电脑又可以进行运行软件、编辑信息等操作,这些动态特征称为行为(behavior)。对象之间相互作用时所传递的信息也就是消息(message)。人和电脑是两个不同的对象,当人们用手来控制电脑进行上述操作时,实际上就是向电脑传递消息。再如汽车和人是两个不同的对象,人驾驶汽车就是向汽车发送消息,这些消息可能是加速,也可能是转弯,加速度的大小和转弯的角度就是消息的参数。在面向对象的程序设计中,用对象的属性(数据)和操作(函数或方法)来进行模拟,而调用对象中的函数就是向该对象传递一个消息,从而实现某一行为。

类是一个抽象的概念,用来描述某类对象所共有的属性和行为。任何一个对象都是这个类的一个具体实例,同类对象之间具有相同的属性和行为。类是对象的抽象,而对象是类的特例,或者说是类的具体表现。类还可以派生。类的派生如图 8.1 所示,同类对象的属性和行为如图 8.2 所示。

在图 8.2 中,客车类是运输工具的一个派生类,该类对象(每一辆客车)的共同属性是:都是运输人的道路运输工具,都是由发动机、底盘、车身和电气设备等基本部分组成;每辆车都有厂牌、颜色、排量等属性;每辆车也都有加速、转弯、停车等行为。

面向对象程序设计的思想是模拟现实世界的客观存在,让计算机世界向现实世界靠拢。程序设计者的任务一是要设计所需的各种类和对象,即决定把哪些数据和操作组合在一起,

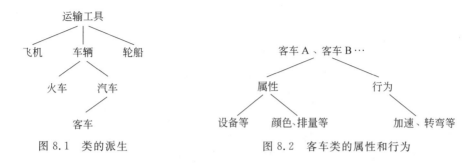

图 8.1 类的派生　　　　图 8.2 客车类的属性和行为

二是要考虑怎样向有关对象发送消息以完成所需的任务。这一思路使程序设计者可以用更接近人的自然思维模式和方法来完成程序的设计工作。

事实上,面向对象的程序设计包括 5 个部分的内容:

(1) 面向对象分析(object oriented analysis,OOA),即从宏观的角度来概括出系统应该做些什么,归纳出有关对象(属性和行为)以及对象之间的联系,并用类来表示,形成粗略的模型。

(2) 面向对象设计(object oriented design,OOD),完成类的设计,并用伪代码来描述程序设计的思路和方法,包括算法等。

(3) 面向对象编程(object oriented programming,OOP),用面向对象的计算机语言(如C++)来完成程序代码的设计。

(4) 面向对象的测试(object oriented test,OOT),发现程序中的错误并进行改正。

(5) 面向对象维护(object oriented soft maintenance,OOSM),如同任何产品需要进行售后服务和维护一样,OOSM 将解决软件在使用中出现的问题。由此可见,面向对象的编程(OOP),只是面向对象程序设计过程中的一个很小的部分。

面向对象的程序设计具有以下 3 个特点:

(1) 封装性(ecapsulation)

面向对象程序设计方法的一个重要特点就是封装性(ecapsulation),它有两方面的含义:一是将有关的数据(属性)和操作(函数)封装在一个整体(对象)中,形成一个基本单位,各个对象之间相对独立、互不干扰;二是将对象中某些部分对外隐蔽,只留下必要的对外接口(公有成员函数)与外界联系,即把对象的内部实现与外部行为分隔开来。例如,手表的主要功能就是计时,而实现这一功能所需的大量零件和功能是被封装在表壳中的,对外的接口只是表盘和必要的旋钮。人们甚至不需要知道它是由机械零件组装而成,还是由电子器件组装而成,更不需要知道各零件或器件之间的相互关系,只需要知道如何使用即可。这样做的好处是大大降低了人们操作对象的复杂程度。

(2) 继承(iniheritance)与派生性(derivation)

顾名思义继承就是下一代承接了上一代的特性,同时下一代也可以具有自己的特点。面向对象的程序设计提供了继承机制,利用继承可以简化程序设计的步骤。以汽车为例,如果已经定义了汽车类,在此基础上再定义轿车类时就不必重复描述属于汽车类的那些共有特征,比如,发动机、车轮、方向盘等,而是在继承汽车类特性的基础上,增加描述属于轿车的新特征即可。此时,称轿车继承了汽车,也可以称轿车是由汽车派生出来的。由此可见,用继承的方法可以方便地利用一个已有的类建立一个新类,也就可以重用已有的代码,有效地节省程序设计人员的编程工作量。这就是"软件重用"(software reusability)的思想。继承与派生将在第 9 章详细介绍。

(3) 多态性(polymorphism)

多态性是面向对象程序设计的另一个重要特征。多态性是指由继承而产生的相关的不同的类,其对象对同一消息会作出不同的响应,并产生不同的结果。例如,不同的植物,在阳光、水、空气等同样的自然条件下,有着不同的生长方式,开出不同的花,或结出不同的果实。在 Windows 环境下,同样是单击鼠标,如果是 Word 文档,就会自动打开 Office 程序,如果是腾讯 QQ 这样的可执行文件,就会自动运行。这样的例子还有很多。多态性主要是用在具有继承关系的类体系中,有关内容将在第 10 章介绍。

## 8.3 构造函数与析构函数

在类的众多成员函数中,有两类特殊的函数需要单独讨论,这就是类的构造函数和析构函数。构造函数用于对象的初始化(分配内存空间),当某个对象使用结束时,通过析构函数来回收其存储空间。在 C++ 中,变量、数组、结构体和指针等在定义时,都可以用直接列表对其初始化,即在赋值号右边放置值的列表。形式如:

```
int sum=0,a[10]={1,2,3,4},*p=a;
char str[]="I am a Boy";
```

但是类的成员相当复杂,比如有常成员、静态成员、对象成员等。在定义类对象时,一般不能用上述方式对对象初始化。下面的代码虽然简单,编译时也会报错:

```
class student
{   int num;
    char * name;
};
student stu[]={{101,"zhang"},{102,"li"}};   //A
```

其错误的原因是类成员数据 num 和 name 是私有的,如果它们是公有的,编译时就不会报告错误。

引入了构造函数,类对象的初始化问题就迎刃而解了。构造函数可以保护类的私有成员和保护成员。

对象的初始化有 3 种方法:

(1) 初始化列表,类似于上述例子中的 A 行。

(2) 构造函数,下面详细讨论。

(3) 拷贝构造函数,也称复制构造函数。下面详细讨论。

正因为类的构成可能相当复杂,当一个对象生命期结束时,收回其空间的工作也是复杂的。引入析构函数可以很好地处理此类工作。析构函数主要被用来归还在类对象的构造函数或生命期中获得的资源。

析构函数的默认作用是在撤销对象占用的内存之前完成一些清理工作。它还可以完成一些特殊具体的功能,这些具体的功能由类的定义和类的设计者来决定,并要在析构函数中用代码明确表达出来。一般说来,析构函数可以完成希望在最后一次使用对象之后执行的任何操作。

### 8.3.1 构造函数的定义与使用

在类中定义构造函数的一般格式为：

**ClassName(<形参表>)**
**{…}**

在类外定义构造函数的一般格式为：

**ClassName::ClassName(<形参表>)**
**{…}**

构造函数有以下几个特点：

(1) 构造函数是一个特殊的函数，该函数的名字与类名相同；该函数不指定类型说明，不能有返回值，也不能说明为 void 类型；它有隐含的返回值，该值由系统内部使用；该函数可以没有参数，也可以有多个参数。

(2) 构造函数是成员函数，函数体可写在类体内，也可写在类体外。

(3) 构造函数可以重载，即可以定义多个任意类型、参数不同的函数。

(4) 构造函数一般声明为公有函数，如果说明为私有或保护，就不能在定义对象时使用。程序中不能显式调用构造函数，在创建对象时系统自动调用构造函数。

【**例 8.1**】 定义日期类的构造函数并对所产生的对象初始化。

```
class TDate
{
public:
    TDate(int y, int m, int d);      //声明构造函数
    void Print()                     //在类中定义
    {   cout<<year<<"."<<month<<"."<<day<<endl; }
private:
    int year, month, day;
};
TDate::TDate(int y, int m, int d)    //在类外定义类的构造函数
{   year =y;
    month =m;
    day=d;
    cout<<"构造函数已被调用。\n";
}
void main()
{   TDate d1(2008,10,1);
    d1.Print();
}
```

执行程序后，输出：

```
"构造函数已被调用"
2008.10.1
```

在此例中，构造函数没有显式调用，是系统自动调用的。

构造函数在以下两种情况时被调用：
（1）定义类的对象时。
（2）调用 new 或者 new[] 运算符动态创建对象时。

构造函数的作用是对对象本身做初始化工作，也就是给用户提供初始化类中成员变量的一种方式。构造函数的作用不是用来创建对象，对象内存的分配是由编译器来完成的，与构造函数没有关系。

**【例 8.2】** Rect 是一个矩形类，main 函数中定义了 3 个对象，分别用到了两个构造函数，其中参数含有默认值，构造函数将数据成员全部初始化为 0。

```cpp
#include<iostream.h>

class Rect
{   float x;          //左下角 X 坐标
    float y;          //左下角 Y 坐标
    float w;          //宽
    float h;          //高
public:
    Rect(){x=0;y=0;w=0;h=0;}
    Rect(float a,float b,float c,float d)
    {   x=a;y=b;w=c;h=d; };
    void Display();
};
void Rect::Display()
{   cout<<"x="<<x<<'\t'<<"y="<<y<<'\t';
    cout<<"w="<<w<<'\t'<<"h="<<h<<endl;
}
void main()
{   Rect   A(1.4,2,3,20),B;
    A.Display();
    B.Display();
}
```

程序的执行结果为：

```
x=1.4      y=2         w=3         h=20
x=0        y=0         w=0         h=0
```

本例中有两个构造函数，之所以提供两个构造函数，是为了定义不同参数的对象。不同的构造函数参数个数不同。

可以把构造函数分为两类，一类是普通的构造函数，一类是不带参数或全部参数均有默认值的默认构造函数。

### 8.3.2 默认构造函数

在 C++ 中把没有参数或者参数都有默认值的构造函数称为默认构造函数。如果在程序中不提供构造函数，编译器会自动产生一个公共的默认构造函数。如果在程序中至少提供了一个构造函数，编译器就不会产生默认构造函数。

默认的构造函数仅仅是为了满足编译器的需求而生成的，而不是用来满足程序的需求的,因此不能指望它去对成员设定默认值(任何默认值的设定都是程序员的需求)。

公共的默认的构造函数的形式为:

**ClassName()**
**{ }**

其参数表和函数体都是空的。这个构造函数其实什么都不做,只是满足语法的需要而已。使用这个构造函数的局部对象,其数据成员的值都是随机的。

【例 8.3】 在复数类中定义多个构造函数,并定义调用这些构造函数的对象。

```
#include<iostream.h>
class complex
{   float real,image;
public:
    complex()                    //A
    {   real=0;image=0;
        cout<<"调用了不带参数的构造函数\n";
    }
    complex(float r)             //B
    {   real=r;image=0;
        cout<<"调用了有一个参数的构造函数\n";
    }
    complex(float r,float i)    //C
    {   real=r;image=i;
        cout<<"调用了有两个参数的构造函数\n";
    }
    void display()
    {   cout<<"real="<<real<<",image="<<image<<endl;}
};

void main()
{   complex A,B(3.25),C(4.0,2.0);
    A.display();
    B.display();
    C.display();
}
```

程序执行结果为:

```
调用了不带参数的构造函数
调用了有一个参数的构造函数
调用了有两个参数的构造函数
real=0, image=0
real=3.25, image=0
real=4, image=2
```

从程序运行的结果可以看出,在定义对象 A 时,自动调用了在 A 行定义的构造函数;在定义对象 B(3.25)时,自动调用了 B 行定义的构造函数;定义对象 C(4.0,2.0)时,自动调用了 C 行定义的构造函数。

**提示：**

(1) 定义每一个对象，在类中都要有一个与这个对象参数相对应的构造函数，如果没有这个函数，程序编译时将出错。

(2) 使用无参构造函数定义对象时，不能在对象后面加括号。

**【例 8.4】** 没有合适构造函数调用的例子。

```
class point
{   float x,y;
public:
    point(float a,float b)
    {   x=a;y=b;}
};

void main()
{   point P;                    //A
```

此例中由于在 point 类中没有定义默认的构造函数，在 A 行定义对象 P 时无法调用合适的构造函数，编译将出错。

**【例 8.5】** 调用默认构造函数错误的例子。

```
#include<iostream.h>
class M
{   int x;
public:
    M(){x=0;}
    void display(){cout<<"x="<<x<<endl;}
};

void main()
{   M a();                      //A
    a.display();                //B
}
```

这里的 A 行实际上不是定义 M 类的对象 a，而是声明了一个返回值为 M 类型的函数 a，该函数没有形参。这样在编译 B 行时就会出错，因为 B 行是 a 对象在调用成员函数 display，可是此时对象 a 并不存在。

全部参数都有默认值的构造函数是很有用的，往往可以起到数个构造函数的作用。

**【例 8.6】** 使用一个全部参数都有默认值的构造函数定义所有对象。

```
#include<iostream.h>
class  Sample
{   int x,y,z;
public:
    Sample(int a=0,int b=1,int c=2)
    {   x=a;y=b;z=c;}
        void disp();
};
void Sample::disp()
{   cout<<"x="<<x<<",y="<<y<<",z="<<z<<endl;}
```

```
void main()
{   Sample a;
    Sample b(1),c(10,20),d(5,6,7);
    a.disp();
    b.disp();
    c.disp();
    d.disp();
}
```

程序输出结果为：

```
x=0,y=1,z=2
x=1,y=1,z=2
x=10,y=20,z=2
x=5,y=6,z=7
```

本例中定义了 4 个对象 a,b,c,d,使用了不同的参数个数。虽然只有一个构造函数,但是因为全部参数均使用了默认值,相当于定义了 4 个构造函数。

对象也有局部、全局和静态之分。它们的使用、生命期和普通的变量一样。在调用构造函数方面没有特殊之处,也是按照参数匹配的原则进行的。

【例 8.7】 分析以下程序的输出结果。

```
#include<iostream.h>
class Sample
{   int x;
public:
    Sample(int a=0)
    {   x=a;
        cout<<"constructing object:x="<<x<<endl;
    }
};

void func(int n)
{   static Sample obj(n);}

void main()
{   func(1);
    func(10);
}
```

本例说明了静态对象构造函数的调用情况,由于在 func 函数中定义的对象 obj 是静态对象,虽然调用 func 函数两次,对象 obj 只定义了一次,构造函数也只调用了 1 次,所以输出为：

```
counstructing object:x=1
```

**注意**：静态对象和静态变量一样,只被构造一次。块作用域的静态变量在首次进入到定义该静态对象的函数时构造该静态对象,以后进入该函数时不再构造静态对象。

### 8.3.3 构造函数和 new 运算符

和普通变量、数组一样,也可以使用 new 运算符来动态地建立对象。此时也要调用构造函数,以初始化动态对象。

【例 8.8】 用 new 运算符建立对象时自动调用构造函数。

```
#include<iostream.h>
class point
{   int x1,x2;
public:
    point(int x,int y)              //带参数的构造函数
    {   x1=x;x2=y;}
    point()                          //默认的构造函数
    {   x1=0;x2=0;   }
    void print()
    {   cout<<"x1="<<x1<<",x2="<<x2<<endl;}
};
void main()
{   point * p1=new point(5,5);      //A,定义指针指向动态对象
    p1->print();
    point * p2=new point;            //B,调用默认构造函数定义动态对象
    p2->print();
    delete p1;
    delete p2;
}
```

程序执行结果为:

x1=5,x2=5
x1=0,x2=0

程序中可以根据给定的参数,自动调用相应的构造函数。此例中 A 行调用带参数的构造函数,B 行调用默认的构造函数。

【例 8.9】 构造函数的另一种使用方式。

```
#include<iostream.h>
class Sample
{   int x,y;
public:
    Sample(){   x=y=0;cout<<"Constructor1"<<endl;}
    Sample(int i){x=i;y=0;cout<<"Constructor2"<<endl;   }
    Sample(int i,int j){   x=i;y=j;cout<<"Constructor3"<<endl;}
    void print(){   cout<<"x="<<x<<",y="<<y<<endl;}
};
void main()
{   Sample * ptr;
    ptr=new Sample[3];              //A,在堆上申请对象数组
    ptr[0]=Sample();                 //B
    ptr[1]=Sample(5);                //C
    ptr[2]=Sample(2,3);              //D
```

```
        for(int i=0; i<3; i++)
            ptr[i].print();
        delete[]ptr;
}
```

程序执行结果为：

```
Constructor1
Constructor1
Constructor1
Constructor1
Constructor2
Constructor3
x=0,y=0
x=5,y=0
x=2,y=3
```

本例 A 行在堆上申请了一个有 3 个元素的对象数组，调用了 3 次默认构造函数。

B 行"ptr[0]＝Sample()"执行情况为：①定义临时无名对象并调用默认构造函数初始化无名对象，相当于"Sample Temp;"；②将无名临时对象赋值给数组元素对象 ptr[0]，相当于"ptr[0]＝Temp;"；③释放无名临时对象。

C、D 两行执行的情况与 B 行类似。

### 8.3.4 析构函数的定义与使用

当一个类的对象离开作用域时，需要做一些清理工作，如释放从堆中分配的内存。析构函数将被调用（系统自动调用）来完成这些清理工作。析构函数的名字和类名一样，不过要在前面加上"～"。

析构函数的一般形式为：

```
~ClassName()
{…}
```

【例 8.10】 为类定义析构函数。

```
#include<iostream.h>
class  C
{   int i;
public:
    C();                        //声明构造函数
    void disp();
    ~C();                       //声明析构函数
};
C::C()                          //定义构造函数
{   cout<<"Constructor"<<",";
    i=0;
}
void C::disp()
{   cout<<"i="<<i<<",";}
C::~C()                         //定义析构函数
```

```
{   cout<<"Destructor"<<endl; }
void main()
{   C a;                        //A
    a.disp();                   //B
}                               //C
```

程序运行结果为:

```
Constructor,i=0,Destructor
```

程序运行到 A 行时,定义对象 a 并自动调用构造函数初始化 a,并输出"Constructor,";运行到 B 行时调用成员函数 disp 输出对象 a 的数据成员 i 的值;运行到 C 行时,对象 a 的生命期结束,自动调用析构函数(在本例中不需要析构函数做清理工作),输出"Destructor"。

提示:

(1) 析构函数是一个特殊的函数,它的名字同类名,并在前面加"~"字符,用来与构造函数加以区别。析构函数不指定数据类型,并且也没有参数。

(2) 一个类中只能定义一个析构函数。

(3) 析构函数是成员函数,函数体可写在类体内,也可写在类体外。

(4) 同构造函数一样,如果没有为类定义析构函数,系统会自动为类添加一个默认的析构函数,函数体为空。

(5) 析构函数可以被显式调用,也可以系统调用。在下面两种情况下,析构函数会被自动调用。

- 如果一个对象是局部的,它具有块作用域,当对象所在的块结束时,该对象的析构函数被自动调用。
- 当一个对象是使用 new 运算符被动态创建的,在使用 delete 运算符释放它时,delete 将会自动调用析构函数。如果不使用 delete 运算符释放,即使到了程序结束,也不会自动调用析构函数释放它。

【例 8.11】 显式调用析构函数。将例 8.10 中的主函数增加一行 D,成为:

```
void main()
{   C a;            //A
    a.disp();       //B
    a.~a();         //D,显式调用析构函数
}                   //C,声明期结束,自动调用析构函数
```

则程序运行结果为:

```
Constructor,i=0,Destructor
Destructor
```

在 D 行显式调用析构函数,输出了 i=0 后面的"Destructor"。但是 D 行并没有释放对象 a,到了 C 行,对象 a 的生命期结束,再次调用(自动)析构函数,又输出了一行"Destructor"。

程序中的对象有全局对象(在函数外定义)、局部对象(在函数内定义)、静态对象(用 static 定义)、动态对象(用 new 运算符申请)等多种,析构函数的自动调用也具有多样化的特征。

**【例 8.12】** 复杂对象的构造函数和析构函数的调用。

```
#include<iostream.h>
class Sample
{   int x;
public:
    Sample(int a=0)                         //构造函数
    {   x=a;
        cout<<"Constructor, x="<<x<<endl;
    }
    ~Sample()                               //析构函数
    {   cout<<"Destructor, x="<<x<<endl;}
    void disp()                             //输出函数
    {   cout<<"x="<<x<<endl;}
};
void fun(int i)
{   static Sample s2(i);                    //A,定义静态对象 s2,只定义一次
    s2.disp();
}
Sample s1;                                  //B,定义全局对象 s1, x=0
void main()
{   Sample s3(50), * ptr=new Sample(100);   //C
    fun(10);                                //D
    fun(20);                                //E
    delete ptr;                             //F,释放动态对象
}                                           //G,所有对象生命期结束
```

程序执行结果为：

```
Constructor, x=0          //B 行定义全局对象 s1,调用构造函数输出
Constructor, x=50         //C 行定义局部对象 s3,调用构造函数输出
Constructor, x=100        //C 行定义动态对象,调用构造函数输出
Constructor, x=10         //A 行定义静态对象 s2,调用构造函数输出
x=10                      //第一次调用函数 fun 时输出对象 s2 的 x
x=10                      //第二次调用函数 fun 时输出对象 s2 的 x
Destructor, x=100         //F 行释放动态对象,调用析构函数输出
Destructor, x=50          //G 行释放局部对象 s3,调用析构函数输出
Destructor, x=10          //G 行释放静态对象 s2,调用析构函数输出
Destructor, x=0           //G 行释放全局对象 s1,调用析构函数输出
```

此例说明,关于析构函数的调用,有以下几种情况：

(1) 对于全局对象,在对象定义处调用构造函数,在退出对象的作用域时(程序结束时)调用析构函数。

(2) 对于局部对象,在对象定义处调用构造函数,在退出对象的作用域时(对象定义语句所在的块)调用析构函数。

(3) 对于静态局部对象(函数中定义的静态对象),在第一次调用此函数,到达对象定义处调用构造函数,在程序结束时调用析构函数。

(4) 对于动态对象,在生成对象时调用构造函数,只有在调用 delete 运算符释放对象时才调用析构函数。

### 8.3.5 构造函数与类型转化

使用构造函数可以实现类型转换。

**【例 8.13】** 使用构造函数实现强制类型转换。

```
#include<iostream.h>

class Point
{   int x,y;
public:
    Point(int a,int b)
    {   x=a;y=b;
        cout<<"x="<<x<<",y="<<y<<"\t 调用了构造函数!\n";
    }
    ~Point()
    {   cout<<"调用了析构函数!\n";}
};

void main()
{   Point p1(5,10);                     //A
    p1=Point(50,100);                   //B
}                                       //C
```

程序的运行结果为：

```
x=5,y=10      调用了构造函数!          //A 行调用构造函数输出
x=50,y=100    调用了构造函数!          //B 行调用构造函数输出
调用了析构函数!                         //B 行调用析构函数输出
调用了析构函数!                         //C 行调用析构函数输出
```

例中 B 行调用构造函数创建一个无名临时对象，用(50,100)初始化该对象，并将这个无名临时对象赋值给对象 p1，然后释放无名临时对象。这个过程是借助构造函数将数据(50,100)转换为一个对象，实现了强制类型转换。

如果上例类中只有一个数据成员，则可以将 B 行改写为"p1＝50;"，但不是简单赋值，是隐含的调用构造函数将数据 50 转换为对象，其过程与显式的强制类型转换一样。

## 8.4 复制构造函数

复制构造函数(也称拷贝初始化构造函数)是一种特殊的成员函数，它的功能是用一个已知的对象来初始化一个被创建的同类对象。复制构造函数实际上也是构造函数。

复制构造函数的一般格式如下：

**<ClassName>::<ClassName>([const]<ClassName>&<引用名>)**

const 是一个类型修饰符，被它修饰的对象是一个不能被更新的常量。关于 const 的详细内容，将在 8.9 节介绍。

复制构造函数的特点如下：

(1) 该函数名同类名,因为它也是一种构造函数,并且该函数也不被指定返回类型。
(2) 该函数只有一个参数,并且是对某个对象的引用。
(3) 每个类都必须有一个复制构造函数。如果类中没有说明复制构造函数,则编译系统自动生成一个默认的复制构造函数。

【例 8.14】 使用复制构造函数复制对象。

```
#include<iostream.h>
class TPoint
{    int x, y, z;
public:
    TPoint(int x1, int x2, int x3)
    {    x=x1; y=x2; z=x3;
        cout<<"构造函数被调用。\n";
    }
    TPoint(TPoint &p);
    ~TPoint(){cout<<"析构函数被调用。\n";}
    void disp(){cout<<"x="<<x<<",y="<<y<<",z="<<z<<endl;}
};

TPoint::TPoint(TPoint &p)
{    x =p.x;
    y =p.y;
    z =p.z;
    cout<<"复制构造函数被调用。\n";
}

void main()
{    TPoint t1(1, 3, 5);
    TPoint t2(t1);
    t1.disp();
    t2.disp();
}
```

程序运行结果为:

构造函数被调用
复制构造函数被调用
x=1,y=3,z=5
x=1,y=3,z=5
析构函数被调用
析构函数被调用

本例定义的复制构造函数所实现的功能比较简单,即使不定义该复制构造函数,也能够实现对象 t2 的初始化。此时使用系统默认的复制构造函数。

可以把上述这种简单的赋值复制称为"浅拷贝"或"浅复制"。还有一种必须定义复制构造函数的情况,这种复制需要新申请空间,被称为"深拷贝"或"深复制"。

【例 8.15】 以下程序实现一个简化的字符串类。在类 String 中,定义了可以深拷贝的复制构造函数。

```cpp
#include<iostream.h>
#include<string.h>
class String{
    char * s;                              //指向字符串的指针
public:
    String(char * p=0)                     //构造函数
    {   if(p==0) s=0;                      //D0
        else{
            s=new char[strlen(p)+1];       //B0
            strcpy(s,p);                   //C0
        }
        cout<<"调用了构造函数\n";
    }
    String(const String &);                //复制构造函数
    ~String()
    {   if(s)delete[]s;
        cout<<"调用了析构函数\n";
    }
    void Show()                            //输出字符串
    {   cout<<s<<'\n';}
};
String::String(const String &s1)           //复制构造函数
{   if(s1.s){                              //A
        s=new char[strlen(s1.s)+1];        //B
        strcpy(s,s1.s);                    //C
    }
    else s=0;                              //D
    cout<<"调用了复制构造函数\n";
}

void main(void)
{   String s1("C++programming"),s2(s1);
    s1.Show();
    s2.Show();
}
```

程序运行结果为：

调用了构造函数
调用了复制构造函数
C++programming
C++programming
调用了析构函数
调用了析构函数

本例的类中有一个字符型的指针,该指针决定了本类的构造函数和复制构造函数的特别写法,构造函数中的 B0、C0、D0 行和复制构造函数中的 B、C、D 行所完成的工作是一致的。B 行为指针 s 申请一个适度大小的堆内存,C 行将参数对象 s1 中指针 s 所指向的字符串复制到 s 所指向的新的堆内存中去。这就是深拷贝。

## 8.5 对象成员和类的嵌套定义

### 8.5.1 对象成员

在定义一个新类时,可把一个已定义类的对象作为该类的成员。产生新定义类的对象时,须对它的对象成员进行初始化,且只能通过新类的构造函数来对它的所有成员数据初始化。对对象成员进行初始化,必须通过调用其对象成员的构造函数来实现。

在一个类的定义中,说明对象成员的一般格式为:

```
class ClassName{
    ClassName1 c1;
    ClassName2 c2;
       ⋮
    ClassNamen cn;
public:
    ClassName(args);
};
```

其中 ClassName1,ClassName2,…,ClassNamen 为已定义的类名。

为了初始化对象成员 $c1,c2,\cdots,cn$,类 ClassName 的构造函数要调用这些对象成员所对应类的构造函数,则类 ClassName 的构造函数的形式为:

```
ClassName::ClassName(args):c1(args1),c2(args2),…,cn(argsn)
{...}          //对其他成员的初始化
```

无论在 ClassName 构造函数中按何种顺序排列初始化列表,系统都只按在定义 ClassName 时对象成员的顺序调用对象成员的构造函数。在对象释放前,按照相反的顺序调用析构函数。

【例 8.16】 对类的对象成员初始化。

```
#include<iostream.h>
class Point                             //定义点类
{   float x,y;
public:
    Point(float a,float b)
    {   x=a;y=b;
        cout<<"调用了 Point 类构造函数\n";
    }
    ~Point(){ cout<<"调用了 Point 类析构函数\n";}
    void Show(){ cout<<"x="<<x<<'\t'<<"y="<<y<<'\n';  }
};

class Circle                            //定义圆类
{   float r;
public:
    Circle(float a)
        {   r=a;
            cout<<"调用了 Circle 类构造函数\n";
```

```
    }
    ~Circle(){ cout<<"调用了 Circle 类析构函数\n";}
    void Show(){ cout<<"r="<<r<<'\n';}
};
class Column                                    //定义圆柱类
{   float h;
    Point p1;                                   //点类 Point 的对象为圆柱类的数据成员
    Circle c1;                                  //圆类 Circle 的对象为圆柱类的数据成员
public:
    Column(float a,float b,float c,float d):c1(c),p1(a,b)
    {   h=d;                                    //类 Column 的数据成员初始化
        cout<<"调用了 Column 类构造函数\n";
    }
    ~Column(){ cout<<"调用了 Column 类析构函数\n";}
    void Show()
    {   p1.Show();
        c1.Show();
        cout<<"h="<<h<<'\n';
    }
};
void main(void)
{   Column ccp(1, 2, 3, 4);                     //定义圆柱类对象并初始化数据成员
    ccp.Show();
}
```

程序的运行结果为：

调用了 Point 类构造函数
调用了 Circle 类构造函数
调用了 Column 类构造函数
x=1        y=2
r=3
h=4
调用了 Column 类析构函数
调用了 Circle 类析构函数
调用了 Point 类析构函数

例中 Column 类有一个普通数据成员、两个对象成员。Column 类的构造函数中，在初始化数据成员之前，先要使用初始化列表的方式初始化对象成员。":c1(c),p1(a,b)"就是初始化列表。":"后使用对象成员的名字和给定的参数表，调用对象成员所属类的构造函数。实际对对象成员的调用顺序不取决于初始化列表中对象成员的顺序，而是取决于定义这些对象成员时的顺序。在对象生命期结束时，对象成员析构函数调用的顺序正好与构造函数的调用顺序相反。

### 8.5.2 类的嵌套定义

在例 8.16 中，类 Point、Circle、Column 是分别定义的。类也可以嵌套定义，一样存在着对象成员。

【例 8.17】 定义嵌套类并初始化嵌套类的对象。

```cpp
#include<iostream.h>
class A
{   int x,y;
public:
    class B
    {   int z;
    public:
        B(int z1=0)
        {   z=z1;
            cout<<"调用了 B 类构造函数\n";
        }
        ~B(){ cout<<"调用 B 类的析构函数\n";}
        void disp();
    };
    B b;
    A(int x1=0,int x2=0,int x3=0):b(x1)
    {   x=x2;y=x3;
        cout<<"调用了 A 类构造函数\n";
    }
    ~A(){ cout<<"调用了 A 类析构函数\n";}
    void disp()
    {   cout<<"x="<<x<<",y="<<y<<'\n';
        b.disp();
    }
};

void A::B::disp()
{   cout<<"z="<<z<<'\n';}
void main()
{   A a(5,10,20);
    a.disp();
}
```

程序运行结果为：

调用了 B 类构造函数
调用了 A 类构造函数
x=10,y=20
z=5
调用了 A 类析构函数
调用 B 类的析构函数

上例中，在类 A 的内部定义了一个类 B，然后定义类 B 的对象作为类 A 的对象成员，在创建类 A 的对象时，按照对象成员的顺序调用类 B、类 A 的构造函数，在类 A 对象生命期结束时，再按相反的顺序调用类 A、类 B 的析构函数。

## 8.6 友元函数和友元类

采用类的机制后实现了数据的隐藏与封装，类的数据成员一般定义为私有成员，利于保护数据成员不被外部破坏。成员函数一般定义为公有的，以此提供类与外界间的通信接口。

但是，有时类的外部通过类的接口访问类的私有成员非常不方便，需要定义一些函数，这些函数不是类的一部分，但又需要频繁地访问类的数据成员，这时可以将这些函数定义为该类的友元函数。除了友元函数外，还有友元类，两者统称为友元。友元的作用是提高了程序的运行效率（即减少了类型检查和安全性检查等需要的时间开销），但它破坏了类的封装性和隐藏性，使得非成员函数可以访问类的私有成员。

### 8.6.1 友元函数

友元函数的一般格式为：

friend <type><FunctionName>(<args>)

这里的 friend 为友元关键字，其他部分同普通函数一样。

【例 8.18】 利用友元函数计算矩形的面积。

```
#include<iostream.h>
class Rectangle
{   float x,y;
public:
    float Getx(){return x;}
    float Gety(){return y;}
    Rectangle(float x1,float x2)
    {   x=x1;y=x2;}
    friend float area(Rectangle &c);    //友元函数声明
};

float area(Rectangle &c)                //友元函数定义
{   return (c.x * c.y);}

void main()
{   Rectangle c1(2,4);                  //定义矩形对象
    cout<<area(c1)<<'\n';               //使用友元函数计算矩形面积
    cout<<c1.Getx() * c1.Gety()<<'\n';  //调用成员函数计算矩形面积
}
```

程序执行结果为：

8
8

本例中分别使用了友元函数和调用成员函数计算矩形面积。显然，使用友元函数更简洁。

【例 8.19】 类 A 中有数据成员 x，类 B 中有数据成员 y，定义一个友元函数 cj 计算 x 和 y 的乘积。

```
#include<iostream.h>
class B;                                //L,声明类 B,为 M 行声明友元函数做准备
class A
{   int x;
    friend void cj(A&,B&);              //M,声明友元函数,其参数为两个类的对象引用
```

```
public:
    A(int x1){x=x1;}
};
class B
{   int y;
public:
    B(int x1){y=x1;}
    friend void cj(A&,B&);            //N,声明友元函数,其参数为两个类的对象引用
};

void cj(A &a, B &b)                   //O,定义友元函数
{   cout<<"A.x*B.y="<<a.x*b.y<<endl;}

void main()
{   A a(2);
    B b(4);
    cj(a,b);
}
```

程序的运行结果为：

A.x*B.y=8

在本例中,函数 cj 计算类 A 中私有数据 x 和类 B 中私有数据 y 的乘积,但是 cj 不能同时是两个类的成员函数。把它定义成两个类共同的友元函数可以解决此矛盾,例中在 M 和 N 行分别声明了友元函数,在类外定义该友元函数。虽然在类 A 中把此友元函数声明在私有部分,在类 B 中定义在公有部分,但是使用时并无区别。

关于友元函数,有以下几点说明:

(1) 友元函数的声明可以放在类的私有部分,也可以放在公有部分,它们是没有区别的,在类中指定一个友元函数的访问权限是没有意义的。

(2) 一个函数可以是多个类的友元函数,只需要在各个类中分别声明,在类外定义就可以了。在类外定义时,不能再使用关键字 friend。

(3) 友元函数的形参表中应含有相关类的对象(或引用)。

(4) 友元函数的作用域与一般函数的作用域相同,调用也与一般函数的调用方式和原理一致。

(5) 友元函数可以提高程序运行效率,但是因为它破坏了类的封装性,使用时有一定危险,应该谨慎使用。友元函数一般用于读取对象中的成员数据而不是修改对象中的成员数据,这样比较安全。

## 8.6.2 友元类

一个类中的成员函数也可以作为另一个类的友元函数。

**【例 8.20】** 定义一个类的成员函数作为另一个类的友元函数。

```
#include<iostream.h>
class Rectangle;                      //A,类声明,为 B 行准备
```

```cpp
class Line
{   float z;
public:
    float Getz(){return z;}
    Line(float z1){z=z1;}
    float area(Rectangle &);          //B,成员函数,参数为另一类的对象引用
};

class Rectangle
{   float x,y;
public:
    float Getx(){return x;}
    float Gety(){return y;}
    Rectangle(float x1,float x2)
    {   x=x1;y=x2;}
    friend float Line::area(Rectangle &c);
                                      //C,声明另一个类的成员函数为友元函数
};

float Line::area(Rectangle &c)        //D,定义成员(友元)函数
{   return (c.x * c.y);}
void main()
{   Rectangle c1(2,4);
    Line l1(5);
    cout<<l1.Getz() * l1.area(c1)<<'\n';//引用友元函数
}
```

例中 B 行 Line 类成员函数 area 的形参为 Rectangle 类的对象引用,为了在函数中能引用 Rectangle 类的私有数据成员,需要在 C 行将 Line 类的成员函数 area 声明为 Rectangle 类的友元函数。

也可以将 A 类的所有成员函数都作为另一个 B 类的友元函数,这时称 A 为 B 的友元类,这时类 A 的所有函数都可以存取类 B 的隐藏信息(包括私有成员和保护成员)。

声明友元类有两种格式。一种是有预引用,告诉编译器类 B 将会在后面定义。使用了预引用后,就可以声明未定义的类的友元、指针和引用。但是不可以使用那些需要知道预引用的类的定义细节的语句,如声明该类的一个实例或者任何对该类成员的引用。

另外一种格式是不用预引用,这时在后面声明友元类时要在友元关键字 friend 后面使用关键字 class。第一种格式无需加 class。例如:

```cpp
class B;        //预引用
class A
{
public:
    firend B; //友元类声明
};
class B
{ };
```
　　　　有预引用

```cpp
class A
{
public:
    friend class B;
                //友元类声明要加 class
};
class B
{ };
```
　　　　无预引用

【例 8.21】 定义 Rectangle 类和 Figure 类，Figure 类作 Rectangle 类的友元类，并且主函数 main 作 Rectangle 类的友元函数。

```
#include<iostream.h>

class Rectangle                              //定义矩形类
{   float x,y;                               //x、y 为矩形的两个边长
    friend class Figure;                     //无预引用的声明友元类 Figure
    friend void main(void);                  //主函数是友元函数
    Rectangle(float a,float b){  x=a;y=b;}   //私有的构造函数
};

class Figure                                 //定义图形类
{   float area,perimeter;
public:
    Figure(float a=0,float p=0)
    {  area=a;perimeter=p;}
    void GetArea(Rectangle &t)
    {  area=t.x * t.y;                       //在友元函数中访问其他类的私有成员
       cout<<"area="<<area<<'\n';
    }
    void GetPerimeter(Rectangle &t)
    {  perimeter=(t.x+t.y) * 2;              //在友元函数中访问其他类的私有成员
       cout<<"perimeter="<<perimeter<<'\n';
    }
};

void main()
{   Rectangle r(3.0,4.0);                    //定义 Rectangle 对象,调用其私有构造函数
    //主函数是 Rectangle 类的友元,可以访问其私有构造函数
    Figure f;
    f.GetArea(r);
    f.GetPerimeter(r);
}
```

程序运行结果为：

area=12
perimeter=14

使用友元类时须注意：

(1) 友元关系不能被继承。

(2) 友元关系是单向的,不具有交换性。若类 B 是类 A 的友元,但类 A 不一定是类 B 的友元,要看在类中是否有相应的声明。

(3) 友元关系不具有传递性。若类 B 是类 A 的友元,类 C 是类 B 的友元,但类 C 不一定是类 A 的友元,同样要看类中是否有相应的声明。

## 8.7 静态成员

通常,类的每个对象都独立拥有一份类的成员数据。不同对象的数据使用不同内存区域,彼此不能共享。静态成员的提出是为了解决数据共享的问题。静态成员分为静态数据成员和静态函数成员。虽然都是静态,其机理和用法却大不一样。下面分别介绍。

### 8.7.1 静态数据成员

类的静态数据成员不是每个对象一份,它不属于对象,而是属于类。类的所有对象只拥有一份静态数据成员,使用它可以实现多个对象之间的数据共享,并且使用静态数据成员还不会破坏隐藏的原则,即保证了安全性。

使用静态数据成员可以节省内存,因为它是所有对象所公有的。静态数据成员的值对每个对象都是一样的,任何一个对象将其更新,所有对象存取更新后的静态数据成员都得到相同的值,这样可以提高时间效率。

关于静态数据成员,有下列几点说明:

(1) 静态数据成员在定义或说明时前面加关键字 static。

(2) 静态成员初始化与一般数据成员初始化不同。静态数据成员初始化的格式如下。

<数据类型><类名>::<静态数据成员名>=<值>

(3) 引用静态数据成员时,采用如下格式。

<类名>::<静态成员名>

**【例 8.22】** 静态数据成员用于累计数量。

```cpp
#include<iostream.h>
class Myclass
{   int x, y;
    static int Sum;        //A,定义静态数据成员
public:
    Myclass(int a, int b);
    ~Myclass()
    {   Sum-=x+y;          //B,析构时静态数据成员对象数据
        cout<<"Sum="<<Sum<<'\n';
    }
};

int Myclass::Sum =0;       //C,在类外初始化静态数据成员

Myclass::Myclass(int a, int b)
{   x =a; y =b;
    Sum+=x+y;              //D,创建对象时,静态数据成员求和
    cout<<"Sum="<<Sum<<'\n';
}

void main()
```

```
{
    Myclass M(3, 7),N(14, 9);
}
```

程序运行结果为:

```
Sum=10
Sum=33
Sum=10
Sum=0
```

关于静态数据成员的初始化,要注意:
(1) 初始化在类体外进行,而前面不加 static,以免与一般静态变量或对象混淆。
(2) 初始化时不加该成员的访问权限控制符 private,public 等。
(3) 初始化时使用作用域运算符来标明它所属类,因此,静态数据成员是类的成员,而不是对象的成员。
(4) 不可使用成员函数初始化静态数据成员。

### 8.7.2 静态函数成员

将某个函数成员声明为 static,该函数成员就成为静态函数成员。静态函数成员独立于本类的任何具体对象。静态函数成员和静态数据成员一样,它们都属于类而不属于某个对象。因此,对静态成员的引用不需要对象名。从静态函数内引用类成员,必须使用加以限定的名称进行(就像使用普通全局函数访问公有数据成员那样)。

【例 8.23】 静态函数成员的使用。

```
#include<iostream.h>

class C{
public:
    static int id;                  //静态数据成员
    static void show()              //静态函数成员
    {   cout<<"id="<<id<<endl;   }
};

int C::id=3;

void main()
{    C::show();}
```

程序运行结果为:

id=3

在静态成员函数的实现中不能直接引用类中说明的非静态成员,可以引用类中说明的静态成员。如果静态成员函数中要引用非静态成员,可通过对象来引用。

【例 8.24】 静态成员函数引用非静态成员。

```
#include<iostream.h>
```

```cpp
#include<string.h>

class Student
{   int Num;                                //学号
    char * Name;                            //姓名
    float Score;                            //成绩
    static int Count;                       //静态数据成员,记录对象个数
    static float Sum;                       //静态数据成员,记录总分
public:
    Student(int n,char * m,float s):Num(n),Score(s)   //构造函数
    {   if(m)
          { Name=new char[strlen(m)+1];
            strcpy(Name,m);
          }
        else Name=0;
    } //Num、Score 用初始化列表初始化,Name 使用深拷贝初始化
    ~Student()                              //析构函数
    {   if(Name)delete[]Name;}

    static void total(Student &s)           //静态函数成员,以对象引用作参数
    {   Student::Sum+=s.Score;Count++;}
    static float average()                  //静态函数成员,以对象引用作参数
    {   return (Sum/Count);}
    static void disp(Student &s)            //静态函数成员,以对象引用作参数
    {    cout<<"Num="<<s.Num<<",Name=\""<<s.Name<<
             "\",Score="<<s.Score<<'\n';
    }
};

int Student::Count=0;
float Student::Sum=0;

void main()
{   Student stu[3]={
        Student(101,"Zhang san",80),
        Student(102,"Li si",85),
        Student(103,"Wang wu",75)
    };
    for(int i=0;i<3;i++)
    {   Student::total(stu[i]);
        Student::disp(stu[i]);
    }
    cout<<"average="<<Student::average()<<'\n';
}
```

程序运行结果为：

```
Num=101,Name="Zhang san",Score=80
Num=102,Name="Li si",Score=85
Num=103,Name="Wang wu",Score=75
average=80
```

本例注释详细,不再进行分析。通常,在静态函数成员中,不提倡引用非静态成员。这

样思路清晰,不易出错。

## 8.8 共用数据的保护

虽然类的封装性保证了数据的安全,但各种形式的数据共享却又不同程度地破坏了数据的安全性。因此,对于既需要共享,又需要防止改变的数据应该定义为常量进行保护,以保证它在整个程序运行期间是不可改变的。这些常量需要使用 const 修饰符进行定义。const 关键字不仅可以修饰类对象本身,也可以修饰类对象的成员、对象的指针和对象的引用。

### 8.8.1 常对象

用 const 修饰的对象称为对象常量(或常对象),其格式如下:

<类名> const <对象名>

或者

const <类名> <对象名>

常对象在声明时必须初始化,并从此不能改写对象的数据成员。常对象只能调用类的常成员函数以及类的静态成员函数。常对象常被用在对象的引用上。

【例 8.25】 常对象及其使用。

```
#include <iostream.h>
class Point
{   float x,y;
public:
    Point(float x1=0.0, float y1=0.0):x(x1),y(y1)
    {   }                          //用初始化列表方式初始化数据成员
    void disp()
    {   cout<<"point=("<<x<<","<<y<<")"<<endl; }
};
void main()
{   Point const p1(1.1, 1.8);      //第 1 种形式定义常对象并初始化
    const Point p2(2.2, 2.9);      //第 2 种形式定义常对象并初始化
    Point p3(p2);
    p1.disp();                     //A,本行调用函数错误
    p3.disp();                     //B,本行调用正确
}
```

本例 A 行是错误的,常对象不能调用普通的函数成员,但是可以调用常函数成员。这是因为常对象不含有 this 指针。关于 this 指针,本章 8.9 节将介绍。一般对象既可以调用一般函数成员,也可以调用常函数成员。

### 8.8.2 常成员

常成员分为常数据成员和常函数成员。

常数据成员定义在类中，前置 const 限定，它必须初始化，且只能在构造函数中通过初始化列表的方式完成初始化。常函数成员是在类中定义成员函数行后加 const 关键字，格式是：

<返回类型><成员函数名>(<参数列表>) const;

对象与成员函数之间的操作原则是：常对象只能访问常成员函数，一般对象既可访问常成员函数，又可访问一般成员函数。const 相当于一个重载识别符号。

【例 8.26】 定义并引用常成员。

```
#include <iostream.h>
#include <stdlib.h>
class Tpoint                          //三维空间的点类
{   const int x, y;                   //x,y 为常数据成员
    int z;
public:
    Tpoint(int a, int b):x(a), y(b)   //用初始化列表初始化常数据成员
    {   z=x+y;  }                     //因 z 不是常数据成员，所以能用"="直接赋值
    void display() const              //常成员函数
    {   cout<<"point=("<<x<<","<<y<<", "<<z<<")\n"; }
};
void main()
{   Tpoint P(10.0, -10.0);
        P.display();
}
```

程序运行结果为：

point=(10,-10, 0)

例中的常数据成员 x,y 不能使用"="在构造函数中初始化，因为它们是"常"的，不能被赋值。

### 8.8.3 指向对象的常指针和对象的常引用

指向对象的常指针和指向其他数据的常指针一样，指针变量要声明为 const 型，并使之初始化。

定义指向对象的常指针的一般格式为：

<ClassName> * const <指针名>=<对象地址>

或

const <ClassName> * <指针名>=<对象地址>

前一种格式使得常指针不能再指向其他对象，但是常指针所指向的对象可以通过指针修改。后一种格式使得常指针所指向的对象不能通过常指针来修改，但是常指针可以指向其他对象。

例如：

```
point p1(1,2,3),p2(4,5,6);    //point 为类名,定义对象
point * const cp=&p1;          //定义指向对象 p1 的常指针 cp
cp=&p2;                        //错误,常指针不能被赋值,即不能再指向其他对象

const point * pc=&p2;          //定义指向对象 p2 的常指针 pc
pc=&p1;                        //正确,可以改指向
```

指向对象的常指针常用作函数的形参,目的是在函数运行的过程中不修改形参指针的值,或是不修改形参指针所指向的对象。

与普通数据一样,可以定义对象的引用。对象的引用不会再开辟内存空间,而是对象和引用都指向同一段内存空间(对象的空间)。对象的常引用不允许通过引用修改所引用的对象。对象的常引用通常是用于函数的形参表中,当不希望通过引用修改对象时,就将形参对象声明为常引用。

**【例 8.27】** 对象的引用和常引用。

```
#include<iostream.h>
class Time
{
public:
    int hour,min,sec;
    Time(int h=0,int m=0,int s=0)
    {   hour=h;min=m;sec=s;}
};

void disp(const Time &T)       //对象的常引用
{   cout<<"the time is:  "<<T.hour<<":"<<T.min<<":"<<T.sec<<endl;}

void fun(Time &T)              //对象的一般引用,此处不能为常引用
{   T.hour=12;
    T.min=12;
    T.sec=12;
}
void main()
{   Time T1(23,25,15), T2(10);
    fun(T1);
    disp(T1);   disp(T2);
}
```

程序的运行结果为:

```
the time is:  12:12:12
the time is:  10:0:0
```

## 8.9  this 指针

this 指针是一个隐含的指针,它指向对象本身,代表了对象的地址。一个类所有的对象调用的函数成员都是同一个代码段,但是每个对象所拥有的数据成员却不同,函数成员就是通过这个 this 指针来识别属于不同对象的数据成员的。

**【例 8.28】** 在类函数成员中使用 this 指针。

```cpp
#include<iostream.h>
class A
{   int i;
public:
    A(int a=0){ i=a;}
    void input(int a);
    void output();
};

void A::input(int a)
{   this->i=a;}              //A,显式使用this指针

void A::output()
{   cout<<"i="<<i<<endl;}    //B,隐式使用this指针

void main()
{   A a(5);
    a.input(10);
    a.output();
}
```

本例的 A 行，可以将"this—>i＝a;"改写成"i＝a;"。也可以将 B 行中的 i 改写成"this—>i"。此例中 this 指针的隐式使用、显式使用都一样。但有些情况下，必须要显式地使用 this 指针，在第 10 章的运算符重载中，就会遇到这种情况。

其实友元函数和成员函数的区别之一就是友元函数中不含有 this 指针，而成员函数中含有 this 指针。

# 习　　题

## 一、选择题

1. 有关构造函数的说法不正确的是_____。
   A. 构造函数名字和类的名字一样　　B. 构造函数在说明类变量时自动执行
   C. 构造函数无任何函数类型　　　　D. 构造函数有且只有一个

2. _____是析构函数的特征。
   A. 一个类中只能定义一个析构函数　B. 析构函数名与类名不同
   C. 析构函数的定义只能在类体内　　D. 析构函数可以有一个或多个参数

3. 下列的各类函数中，_____不是类的成员函数。
   A. 构造函数　　　B. 析构函数　　　C. 友元函数　　　D. 复制构造函数

4. 下面说法中正确的是_____。
   A. 一个类只能定义一个构造函数，但可以定义多个析构函数
   B. 一个类只能定义一个析构函数，但可以定义多个构造函数
   C. 构造函数与析构函数同名，只是名字前加了一个求反符号~
   D. 构造函数可以指定返回类型，而析构函数不能指定任何返回类型，即使是 void

类型也不可以

5. 一个类的友元函数能够访问该类的_____。
   A. 私有成员    B. 保护成员    C. 公有成员    D. 所有成员
6. 假定 x 为一个类,则该类的复制构造函数的声明语句为_____。
   A. MyClass(MyClass x)         B. MyClass&(MyClass x)
   C. MyClass(MyClass & x)       D. MyClass(MyClass * x)
7. 对于复制构造函数有深拷贝和浅拷贝之分,二者的区别在于_____。
   A. 深拷贝能用"="运算符进行对象的复制,而浅拷贝不能
   B. 深拷贝能对数据成员进行初始化,而浅拷贝不能
   C. 浅拷贝不能复制指针型的数据成员,而深拷贝可以
   D. 浅拷贝使对象共享动态分配的资源,而深拷贝为对象分配独自拥有的资源
8. 下列表示引用的方法中,_____是正确的。
   已知:int m=10;
   A. int &x=m;    B. int &y=10;    C. int &z;    D. float &t=&m;
9. 由于数据隐藏的需要,静态数据成员通常被说明为_____。
   A. 私有的    B. 公有的    C. 保护的    D. 不可访问的
10. 定义一个类的友元函数的主要作用是_____。
    A. 允许在类外访问类中的私有成员    B. 允许在类外访问类中的所有成员
    C. 能够被类的成员函数调用          D. 能够被类的派生类的成员函数调用

**二、填空题**

1. 将关键字 const 写在成员函数的_____和_____之间时,所修饰的是 this 指针。
2. _____是一种特殊的成员函数,它主要用来为对象分配内存空间,对类的数据成员进行初始化并执行对象的其他内部管理操作。
3. 如果要把类 Friendclass 定义为类 MyClass 的友元类,则应在类 MyClass 的定义中加入语句_____。若要把 void fun() 定义为类 A 的友元函数,则应在类 A 的定义中加入语句_____。
4. 定义类的动态对象数组时,系统只能自动调用该类的_____构造函数对其进行初始化。
5. 非成员函数应声明为类的_____才能访问这个类的 private 成员。

**三、阅读程序,回答问题**

1. 下面的程序演示了静态局部变量的应用。请写出程序运行的输出结果。

```
void tripe_it(int);
void main()
{   int i;
    for (i=1;i<=4;i++)
        tripe_it(i);
    return;
}
void tripe_it(int i)
{   static int total =0;    //局部静态变量
    int ans;
```

```
        ans=i*3;
        total+=ans;
        cout<<"Sum of 1*3 to "<<i<<"*3 is "<<total<<'\n';
        return;
    }
```

2. 以下程序的执行结果是_____。

```
#include<iostream.h>
class Sample
{   int n;
public:
    Sample(){}
    Sample(int i){n=i;}
    void add(Sample &s1,Sample s2)
    {   this->n=s1.n+=s2.n;}
    void disp(){cout<<"n="<<n<<endl;}
};
void main()
{   Sample s1(2),s2(5),S3;
    S3.add(S1,S2);
    S1.disp();
    s2.disp();
    s3.disp();
}
```

3. 以下程序的执行结果是_____。

```
#include<iostream.h>
class Sample
{   int x;
public:
    Sample(){};
    void setx(int i){x=i;}
    friend int fun(Sample B[],int n)
    {   int m=0;
        for(int i=0; i<n; i++)
            if(B[i].x>m)m=B[i].x;
        return m;
    }
};
void main()
{   Sample A[10];
    int Arr[]={90,87,42,78,97,84,60,55,78,65};
    for(int i=0;i<10; i++)
        A[i].setx(Arr[i]);
    cout<<fun(A,10)<<endl;
}
```

4. 阅读下面类的定义,找出程序中的错误,并说明错误原因。

```
#include<iostream.h>
class Sample
{   char ch1,ch2;
```

```
public:
    friend void set(Sample &s,char);
};
void set(Sample &s,char c){
    s.ch1=c;
}
void set(Sample &s,char c1,char c2)
{   s.ch1=c1;
    s.ch2=c2;
}
void main()
{   Sample obj;
    set(obj,5);
}
```

**四、完善程序**

1. 在下面的横线处填上适当的语句,将一个类的成员函数说明为另一个类的友元。

```
   (1)   ;
class one
{   int x;
public:
    void f(two&);
};
class two
{   int y;
    friend void one::f(two &);
};
void one::f(two &   (2)   )
{   (3)   ;}      //将 r 的私有成员 y 的值赋给 x
```

2. Rect 是一个矩形类,main 函数中定义了 3 个对象,分别用到了两个构造函数,其中的默认构造函数将数据成员全部初始化为 0。main()中又执行了两矩形相加操作和输出操作。请完善程序。

```
class Rect{
private:
    float x;      //左下角 x 坐标
    float y;      //左下角 y 坐标
    float w;      //宽
    float h;      //高
public:
    Rect(){   (1)   };
    Rect(   (2)   )
    {   x=a;y=b;w=c;h=d;
    };
    Rect operator+(Rect b);
    void Display();
};
Rect     (3)   (Rect b)
{   Rect s;
```

```
        s.x=x+b.x;      s.y=y+b.y;
        s.w=w+b.w;      s.h=h+b.h;
        return    (4)   ;
}
void Rect::Display()
{   cout<<"x="<<x<<'\t'<<"y="<<y<<'\L';
    cout<<"w="<<w<<'\t'<<"h="<<h<<endl;
}
void main()
{   Rect A, B(1.4, 2, 3, 20), C(2.5, 5, 3, 4.8);
    A=B+C;
    A.Display();
}
```

**五、程序设计题**

1. 设计一个立方体类 Box，它能计算并输出立方体的体积、表面积以及所有边的边长和。

2. 设计一个日期类 Date，包括日期的年、月和日，编写一个友元函数，求两个日期之间相差的天数。

3. 编写一个程序，已有若干个学生数据，这些数据包括学号、姓名、数学成绩和C++成绩，求各门功课的平均分。要求设计不同的成员函数求各门课程的平均分，并使用成员函数指针调用它们。

4. 设计一个词典类，每个单词包括英文单词及对应的中文含义，并有一个英汉翻译成员函数，通过查词典的方式将一段英语翻译成对应的汉语。

# 第 9 章 继承与派生

## 9.1 本章导读

在现实世界中不同事物之间有着复杂的联系,为了理解事物之间的相互作用,人类通过不同方法揭示事物之间的复杂联系。C++通过继承分级方式解释事物间众多联系中的层次关系。

继承(Inherit)是一种联结类的层次模型,允许和鼓励类的重用以扩展已存在的功能,提供了一种明确表述共性的方法,实现代码重用。继承是面向对象程序设计的重要特征。

派生(derive)是继承的产物,派生是通过继承基类中原有的特性,并在此基础上修改原有功能或添加一些新的功能来产生新的类。现实世界中利用分类、分层次进行分析和描述事物特征的事例很多,如交通工具、动物类等。

在面向对象程序设计中,学习本章需要掌握以下内容:
- 继承与派生的概念;
- 派生类的构造函数与析构函数;
- 冲突、支配规则与赋值兼容规则;
- 虚基类。

## 9.2 继承与派生的概念

现实世界中继承的事例很多,如交通工具、动物类等。

图 9.1 所示为动物分类层次图,通过树型结构反映了继承与派生关系。其最上层表现的是最普遍、抽象程度最高的概念,每一个下层继承了上层的特性,并在此基础上增加了自己特有的一些新特性。

### 9.2.1 类的继承与派生概念

在定义一个新类时,使用了已存在类中的部分或全部特性,称继承。定义的新类称派生类(或子类),已存在的类称基类(或父类)。从一个类出发产

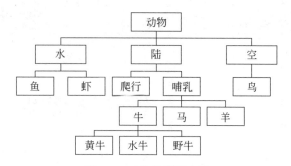

图 9.1 动物分类层次图

生新类的过程称派生。派生类也可以作为基类再派生其子类,形成类的层次结构,构成一个类族。通过类的继承与派生关系,建立具有共同特征的类族,从而实现了代码重用。

在继承与派生过程中,如果一个派生类是由一个基类派生,称单一继承;由两个或以上基类共同派生称多重继承。

在继承与派生时,必须同时满足两个条件:需要从基类中继承部分或全部属性和行为特性,并在此基础上有约束或扩展。即:

(1) 继承基类中的部分或全部数据成员和函数成员。
(2) 改变基类中的部分成员数据成员和函数成员。
(3) 增加新的数据成员和函数成员。

### 9.2.2 派生类的定义

通过基类派生子类的一般格式为:

```
class<派生类名>:<继承方式><基类名1>,…
{
    派生类成员说明
};
```

在派生类的定义中,":"后面是对基类的说明,包含两部分:继承方式和基类名。单一继承时,":"后面只有一个基类说明,多重继承时,基类与基类说明之间用逗号分隔。继承方式有 3 种,分别通过关键字 public(公有继承)、private(私有继承)和 protected(保护继承)说明。不同继承方式,将决定派生类如何访问从基类中继承来的不同访问权限的成员。在没有说明继承方式时,默认为 private。

派生类成员是指派生类自己新增加的数据成员或函数成员,不包括从基类中继承的数据成员和函数成员。

【例 9.1】 定义描述二维平面中一个点的类,并以此为基类派生出平面上圆的类。

```
class Point                              //描述二维平面中一个点的类
{   double x, y;
public:
    Point(float i=0, float j=0) { x=i; y=j;}
    double area( ) { return 0.0;}
};
class Circle:public Point                //在基类 Point 的基础上增加半径成员,派生了圆类
```

```
{   double radius;
public:
    Circle(double r=0) {radius=r; }
    double area( ) { return 3.14 * radius * radius; }
};
```

分析上述继承与派生过程,说明派生类经过了以下几步:

(1) 全部继承了基类的成员数据或成员函数,因此通过继承,派生类实际已包含了基类中除构造函数和析构函数外的所有成员。

(2) 重新定义基类的成员数据或成员函数,如基类中的成员函数 area 在派生类中进行重新定义。

(3) 增加新的成员数据或成员函数,如派生类的成员数据 radius。

**提示**:在实现继承与派生时,派生类继承了基类的成员,体现了代码重用,但在派生类中增加新的成员,扩充新的功能才是最主要的,只有这样类的派生才有实际意义。值得注意的是,继承与派生时,基类中的构造函数和析构函数不被继承。

### 9.2.3 基类成员的访问控制

继承与派生时,派生类继承了基类中除构造、析构函数外的所有成员,这些成员在派生类内或派生类外的访问权限由继承方式决定。

**1. 公有继承**

公有继承时,基类中具有公有和保护访问权限的成员在派生类中保持不变,即作为派生类的公有和保护访问权限的成员,基类中私有访问权限的成员在派生类中不可直接访问,但可以通过基类中公有函数成员访问基类中的私有成员。

【**例 9.2**】 说明一个矩形类,通过公有继承方式派生一个长方体类,通过派生类成员函数和派生类的对象访问基类中不同访问权限的成员。

```
#include<iostream.h>

class Rectangle
{   float Length;
protected:
    float Width;
public:
    Rectangle(){Length=0;Width=0;}
    Rectangle(float l,float w)
    {Length=l;Width=w;}
    float Area(){return Length * Width;}
    float GetL(){return Length;}
    float GetW(){return Width;}
    void RPrint()
    {   cout<<"矩形的长为:"<<Length<<"\t 宽为:"<<Width;}
};

class Cuboid:public Rectangle
{   float High;
public:
    Cuboid(){High=0;}
```

```cpp
    Cuboid(float l,float w,float h):Rectangle(l,w)
    { High=h;}
    void CPrint()
    { cout<<"长方体的长为:"<<GetL()                    //A
       <<"\t 宽为:"<<Width;                            //B
      cout<<"\t 高为:"<<High
       <<"\t 体积为:"<<High*Area()<<'\n';              //C
    }
};

void main()
{   Rectangle r(10,5);
    r.RPrint();
    cout<<"\t 面积为:"<<r.Area()<<'\n';               //D
    Cuboid c(6,3,10);
    cout<<"矩形的长为:"<<c.GetL()                     //E
       <<"\t 宽为:"<<c.GetW();                         //F
    cout<<"\t 面积为:"<<c.Area()<<'\n';               //G
    c.CPrint();
}
```

程序运行结果为：

矩形的长为：10    宽为：5    面积为：50。
矩形的长为：6     宽为：3    面积为：18。
长方体的长为：6   宽为：3    高为：10    体积为：180。

本例中，先声明了一个矩形类 Rectangle，有私有访问权限的数据成员 Length（长）和 Width（宽），有公有访问权限的构造函数、求矩形面积的成员函数、获取长和宽的成员函数、输出的成员函数。定义派生类长方体类 Cuboid 时，也需要有长和宽数据成员，以及求矩形面积等函数成员，因此把矩形类作为基类，把基类中的所有成员继承下来（构造函数除外），并在此基础上新增加高的数据成员。在派生时，其继承方式是公有继承，因此基类 Rectangle 中的公有函数成员将作为派生类的公有函数成员，而基类中的私有数据成员在派生类中不可以直接访问，需要通过基类中的公有访问权限的函数成员访问（公共接口）。派生类 Cuboid 实际拥有的成员及访问权限如图 9.2 所示。

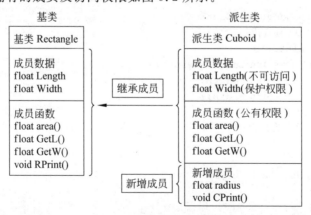

图 9.2 基类 Rectangle 通过公有继承派生出 Cuboid 类

通过上例分析可以看到,公有继承时,基类中的私有数据成员在派生类中是不可以访问的,但可以通过基类中的公有成员函数访问基类中的私有成员数据(A 行和 E 行),基类中的公有成员在派生类内和派生类外都可以访问(A,C 和 G 行等),基类中的保护成员在派生类内可以直接访问(B 行),但在派生类外不可以访问,需通过公有成员函数访问(F 行)。

**2. 私有继承**

私有继承时,基类中具有公有和保护访问权限的成员成为派生类的私有成员,基类中私有访问权限的成员在派生类中不可直接访问,在派生类内可以通过基类中公有函数成员访问问基类中的私有成员。

**【例 9.3】** 说明一个矩形类,通过私有继承方式派生一个长方体类,通过派生类成员函数和派生类的对象访问基类中不同访问权限的成员。

```
#include<iostream.h>

class Rectangle
{   float Length;
protected:
    float Width;
public:
    Rectangle(){Length=0;Width=0;}
    Rectangle(float l,float w)
    {Length=l;Width=w;}
    float Area(){return Length * Width;}
    float GetL(){return Length;}
    void RPrint()
    {   cout<<"矩形的长为:"<<Length<<"\t 宽为:"<<Width;}
};

class Cuboid:private Rectangle
{   float High;
public:
    Cuboid(){High=0;}
    Cuboid(float l,float w,float h):Rectangle(l,w)
    {   High=h;}
    void CPrint()
    {   cout<<"长方体的长为:"<<GetL()                    //A
            <<"\t 宽为:"<<Width;                         //B
        cout<<"\t 高为:"<<High
            <<" \t 体积为:"<<High * Area()<<'\n';        //C
    }
};

void main()
{   Rectangle r(10,5);
    r.RPrint();
    cout<<"\t 面积为:"<<r.Area()<<'\n';                  //D
    Cuboid c(6,3,10);
    c.CPrint();
}
```

程序运行结果为：

矩形的长为：10　　宽为：5　　面积为：50。
长方体的长为：6　　宽为：3　　高为：10　　体积为：180。

本例与例 9.2 类似，先声明一个矩形类，将其作为基类派生长方体类。

但在派生时，其继承方式是私有继承，因此基类 Rectangle 中公有和保护访问权限的成员将作为派生类的私有成员，而基类中的私有数据成员在派生类中不可以直接访问，在派生类内可通过基类中的公有访问权限的函数成员访问。派生类 Cuboid 实际拥有的成员及访问权限如图 9.3 所示。

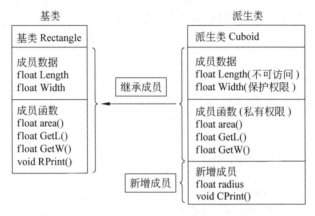

图 9.3　基类 Rectangle 通过私有继承派生出 Cuboid 类

通过上例分析可以看到，私有继承时，基类中的私有数据成员在派生类中是不可以访问的，在派生类内可以通过基类的公有成员函数访问基类私有成员数据（A 行），在派生类外不可以访问。基类中的公有成员和保护成员在派生类内可以访问（A 和 B 行），但在派生类外不可以访问。

**3. 保护继承**

保护继承时，基类中具有公有和保护访问权限的成员成为派生类的保护成员，基类中私有访问权限的成员在派生类中不可直接访问。由于保护继承很少使用，因此不作详细讨论。

**4. 各种继承方式对不同访问权限基类成员的访问控制**

各种继承方式对不同访问权限基类成员的访问控制见表 9.1。

表 9.1　各种继承方式对不同访问权限基类成员的访问控制

| 基类中的成员 | 公有继承时在派生类中的访问属性 | 私有继承时在派生类中的访问属性 | 在保护派生类中的访问属性 |
| --- | --- | --- | --- |
| 私有成员 | 不可访问 | 不可访问 | 不可访问 |
| 公有成员 | 公有 | 私有 | 保护 |
| 保护成员 | 保护 | 私有 | 保护 |

## 9.3 派生类的构造与析构函数

继承与派生是在继承基类成员的基础上,添加了新的成员。但在继承与派生过程中,基类的构造函数和析构函数是不能被继承的。因此在派生类中,一方面要负责为新增的成员进行初始化工作,另一方面还需要为从基类中继承来的成员进行初始化工作。

派生类为新增的成员进行初始化工作,需要在派生类中定义构造函数实现,而对从基类中继承来的成员进行初始化工作,还是由基类中的构造函数完成。

与构造函数一样,派生类中也需要定义新的析构函数。

**1. 构造函数**

继承与派生时,派生类中数据成员包含了基类的所有成员数据和派生类自己新增的数据成员,因此当定义派生类对象时,为了初始化基类成员,派生类的构造函数定义需要考虑对基类构造函数的调用,同时完成对新增成员数据的初始化。其定义的一般格式为:

```
派生类名::派生类名(<形参表>):基类名1(<实参表>),…
{
    派生类新增成员数据的初始化.
}
```

其中,<形参表>既要满足对派生类新增成员数据的需要,同时也要包含对基类中成员数据初始化的需要。":"后是对基类构造函数的调用说明,多重继承时,对每一个需要通过带参数的构造函数完成成员初始化的基类,都必须对基类构造函数的调用加以说明,即给出具体的基类名和参数(是实参),它们之间用逗号分隔。

如果基类没有说明构造函数,则派生类中也可以不定义构造函数,定义派生类对象时,将全部调用默认的构造函数。

当说明派生类对象时,系统首先调用各基类的构造函数,对基类成员进行初始化,之后执行派生类的构造函数。具体调用执行顺序是:

(1) 调用基类的构造函数。多重继承时,其调用顺序按照定义派生类时,对基类的说明顺序确定。

(2) 执行派生类的构造函数的函数体。

分析例 9.3 中派生类 Cuboid 构造函数的定义:

```
Cuboid(float l,float w,float h):Rectangle(l,w)
{   High=h;}
```

构造函数中形参 float l 和 float w 是为基类 Rectangle 准备的,float h 是为新增成员准备的。:Rectangle(l,w)是对基类构造函数的调用说明,这里的参数(l,w)是实参。当 main 函数中定义派生类对象:

```
Cuboid c(6,3,10);
```

通过值传递,派生类中构造函数中的形参 l,w,h 的值分别为 6,3,10,首先调用基类的构造函数,把 l,w 作为实参,完成对基类成员的初始化,然后执行派生类自己构造函数的函数体。

### 2. 复制构造函数

如果在派生类中定义复制构造函数,则要求为基类相应的复制构造函数传递参数,派生类中定义复制构造函数时,需要说明对基类复制构造函数的调用说明。其定义的一般格式为:

派生类名::派生类名(派生类名 &obj):基类名1(obj),…
{
    完成派生类新增成员数据的复制
}

其中,派生类中定义复制构造函数的参数是派生类对象的引用。

### 3. 析构函数

继承与派生时,析构函数也不能继承,如果需要,则应在派生类中重新定义析构函数。派生类的析构函数与没有继承与派生的析构函数定义方法相同。

【例9.4】 在继承与派生过程中,构造函数和析构函数的定义及调用关系。

```cpp
#include<iostream.h>

class BASE1
{   int x;
public:
    BASE1(int a=0)
    {   x=a;
        cout<<"调用基类BASE1的构造函数!\n";
    }
    ~BASE1(){cout<<"调用基类BASE1的析构函数!\n";}
};

class BASE2
{   int y;
public:
    BASE2(int a=0)
    {   y=a;
        cout<<"调用基类BASE2的构造函数!\n";
    }
    ~BASE2(){cout<<"调用基类BASE2的析构函数!\n";}
};

class DERIVE:public BASE1,public BASE2
{   int z;
public:
    DERIVE(int a,int b,int c):BASE1(a),BASE2(b)
    {   z=c;
        cout<<"调用派生类DERIVE的构造函数!\n";
    }
    ~DERIVE(){cout<<"调用派生类DERIVE的析构函数!\n";}
};

void main()
```

```
    { DERIVE d(10,20,30);}
```

程序运行结果为:

调用基类 BASE1 的构造函数!
调用基类 BASE2 的构造函数!
调用派生类 DERIVE 的构造函数!
调用派生类 DERIVE 的析构函数!
调用基类 BASE2 的析构函数!
调用基类 BASE1 的析构函数!

上例中,定义派生类 DERIVE 对象 d 时,首先调用基类 BASE1 的构造函数,而后调用基类 BASE2 的构造函数,最后执行派生类 DERIVE 自身构造函数的实现部分。当派生类对象 d 消亡时,析构函数的调用顺序与构造函数的调用顺序刚好相反。

当派生类中还包含对象成员时,派生类构造函数定义的一般格式为:

派生类名::派生类名(<形参表>):基类名 1(<实参表>),…,对象成员(<实参表>),…
{
    派生类新增成员数据的初始化
}

其中,<形参表>既要满足对派生类新增成员数据的需要,又要包含对基类中成员数据和对象成员初始化的需要。

此时调用构造函数的顺序是:首先是调用基类的构造函数,有多个基类时,其顺序由定义派生类时对基类的说明顺序确定;其次是调用对象成员的构造函数,有多个对象成员时,其顺序由声明对象成员的顺序确定;最后是执行派生类构造函数的实现部分。析构函数的调用顺序与构造函数的调用顺序刚好相反。

【例 9.5】 派生类中还包含对象成员时,构造函数和析构函数的定义及调用关系。

```
#include<iostream.h>

class BASE1
{   int x;
public:
    BASE1(int a=0)
    {   x=a;
        cout<<"x="<<x<<" 调用基类 BASE1 的构造函数!\n";
    }
    ~BASE1(){cout<<"x="<<x<<" 调用基类 BASE1 的析构函数!\n";}
};

class BASE2
{
    int y;
public:
    BASE2(int a=0)
    {   y=a;
        cout<<"y="<<y<<" 调用基类 BASE2 的构造函数!\n";
    }
```

```
        ~BASE2(){cout<<"y="<<y<<" 调用基类 BASE2 的析构函数!\n";}
    };

    class DERIVE:public BASE1,public BASE2
    {   int z;
        BASE1 b1,b2;
    public:
        DERIVE(int a,int b,int c):BASE2(b),BASE1(a),b2(a-b),b1(a+b)
        {   z=c;
            cout<<"z="<<z<<" 调用派生类 DERIVE 的构造函数!\n";
        }
        ~DERIVE(){cout<<"z="<<z<<" 调用派生类 DERIVE 析构函数!\n";}
    };

    void main()
    {   DERIVE d(10,20,50);}
```

程序运行结果为：

```
x=10 调用基类 BASE1 的构造函数!         //调用基类 BASE1 构造函数
y=20 调用基类 BASE2 的构造函数!         //调用基类 BASE2 构造函数
x=30 调用基类 BASE1 的构造函数!         //调用对象成员 b1 构造函数
x=-10 调用基类 BASE1 的构造函数!        //调用对象成员 b2 构造函数
z=50 调用派生类 DERIVE 构造函数!        //执行派生类构造函数
z=50 调用派生类 DERIVE 析构函数!
X=-10 调用基类 BASE1 的析构函数!
X=30 调用基类 BASE1 的析构函数!
y=20 调用基类 BASE2 的析构函数!
x=10 调用基类 BASE1 的析构函数!
```

**注意**：在派生类构造函数中，对基类的初始化说明用基类名，对对象成员的初始化说明用对象成员名。

## 9.4 冲突、支配与赋值兼容规则

**1. 冲突**

在多重继承时，如果多个基类中具有相同名字的成员，且在基类中的访问权限为公有（public）或保护（protected），当派生类使用到该基类中的成员时，将会出现不唯一性，称为冲突。

【例 9.6】 多重继承时引起冲突的例子。

```
#include<iostream.h>

class BASE1{
public:
    int x;
    BASE1(int a=0){x=a;}
    void Print(){cout<<"x="<<x<<'\n';}
```

};

```
class BASE2{
protected:
    int x;
public:
    BASE2(int a=0){x=a;}
    void Print(){cout<<"x="<<x<<'\n';}
};

class DERIVE:public BASE1,public BASE2
{   int z;
public:
    DERIVE(int a,int b,int c):BASE1(a),BASE2(b)
    {   z=c;}
    int Area()
    {return x * x;}                                     //A
    void PrintC(){cout<<"z="<<z<<'\n';}
};

void main()
{   DERIVE d(10,20,50);
    d.Print();                                          //B
}
```

上例中,A 行中的 x 是通过基类继承而来。但在两个基类中,都包含有 x 成员数据,并且一个是公有访问权限,另一个是保护访问权限。通过继承与派生,成为派生类中公有访问权限和保护访问权限的成员,在派生类中都可以访问。因此 C++ 编译器无法区分成员函数是从基类 BASE1 继承的,还是从基类 BASE2 继承的,引起冲突。成员函数 Print 也是如此。

解决冲突问题有如下两种方法:
- 限定基类中的访问权限为私有成员。
- 使用作用域运算符区分基类成员。

使用作用域运算符区分基类成员,是在使用基类成员时成员名前加类名和作用域运算符,以说明属哪个基类。其格式为:

<类名>::<成员名>

【例 9.7】 上例解决冲突后的程序。

```
#include<iostream.h>

class BASE1{
public:
```

```cpp
        int x;
        BASE1(int a=0){x=a;}
        void Print(){cout<<"x="<<x<<'\n';}
    };

    class BASE2{
    protected:
        int x;
    public:
        BASE2(int a=0){x=a;}
        void Print(){cout<<"x="<<x<<'\n';}
    };

    class DERIVE:public BASE1,public BASE2
    {   int z;
    public:
        DERIVE(int a,int b,int c):BASE1(a),BASE2(b)
        {   z=c;}
        int Area()
        {return BASE1::x * BASE2::x;}                        //A
        void PrintC(){cout<<"z="<<z<<'\n';}
    };

    void main()
    {   DERIVE d(10,20,50);
        d.BASE1::Print();                                    //B
        d.PrintC();
    }
```

当使用基类 x 成员和 Print()成员时,只要在成员前加上类名和作用域运算符,如该例中的 A 行和 B 行,程序就不会再引起冲突。

**提示**:使用作用域运算符限定成员时,直接限定其成员,只能使用一次,不能重复使用。
如基类 A,有公有成员 X,派生了派生类 B,B 类又派生了类 C,则在派生类 C 中使用 X,其下面形式是不允许的。

```
A::B::X  或  B::A::X
```

### 2. 支配规则

在继承与派生时,如果基类中访问权限为 public 或 protected 成员和派生类添加的新成员同名时,则不会引起冲突,派生类的成员将覆盖基类中的同名成员。这种优先关系称为支配规则。支配规则强调了派生类中成员优先的原则,如果需要使用基类中的成员,须使用作用域运算符,强调说明属于基类的成员。

**提示**:不同的成员函数,只有在函数名和参数个数相同、类型相匹配的情况下才发生同名覆盖。如果函数名相同,而参数个数或类型不同,则属于函数重载。

**【例 9.8】** 继承与派生时,支配规则的使用。

```cpp
#include<iostream.h>
```

```
class BASE
{
public:
    int x;
    BASE(int a=0){x=a;}
    void Print(){cout<<"BASE x="<<x<<'\n';}
};

class DERIVE:public BASE
{   int x;
public:
    DERIVE(int a,int b):BASE(a)
    {    x=b;}
    int Area()
    {return x * BASE::x;}                              //A
    void Print(){cout<<"DERIVE x="<<x<<'\n';}
};

void main()
{    DERIVE d(10,20);
     d.BASE::Print();                                  //B
     d.Print();                                        //C
}
```

程序运行结果为：

```
BASE x=10
DERIVE x=20
```

上例中 A 行，根据支配规则，则表达式中的 x 是派生新增的成员，当使用基类 x 成员时，需要使用作用域运算符来限定。同样，程序中 B 行，限定调用基类中 Print 成员函数。而 C 行没有限定，则使用派生类新增的 Print 成员函数。

**3. 赋值兼容规则**

在面向对象程序设计中，相同类型对象间可以相互赋值，但在基类与派生类对象间实现赋值存在赋值兼容关系。由于派生类中包含从基类继承的成员，因此可以将派生类对象的值赋给基类对象，称为赋值兼容规则。

具体规则包括以下几点：

(1) 派生类的对象可以赋给基类的对象，实际是将派生类对象中从基类继承来的成员赋给基类的对象，反之不行。

(2) 可以将派生类对象的地址赋给指向基类对象的指针，即指向基类对象的指针变量也可以指向派生类对象。

(3) 派生类对象可以初始化基类的引用。

例如，有基类 A 和基类 B 共同派生了派生类 C，有如下形式语句：

```
A a,*p1;
B b,*p2;
C c,*p3;
```

则："a＝c;"是允许的，赋值时，派生类对象 c 把从基类 A 中继承来的那部分成员赋给基类的对象 a。

反之:"c=a;"是不允许的。基类对象不可以赋给派生类对象。

又如:"p2=&c;"是允许的,赋值时,把派生类对象 c 的地址赋给基类的指针。反之,"p3=&b;"是不允许的。基类对象的地址不可以赋给派生类的指针。

再如:"A &a1=c;"是允许的,派生类对象 c 可以初始化基类的引用。反之,"C &c1=b;"是不允许的。基类对象不可以初始化派生类的引用。

## 9.5 虚 基 类

如果一个派生类由多个基类共同派生,并且这些基类又具有共同的基类,则在最终产生的派生类中,会保留该共同基类数据成员的多份同名成员,在引用这些同名成员时可能会产生二义性(冲突)。如基类 A 分别派生了类 B 和类 C,类 B 和类 C 共同派生类 D(如图 9.4 所示)。

【例 9.9】 共同基类在最终的派生类中出现多份同名成员。

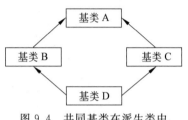

图 9.4 共同基类在派生类中出现同名成员

```
#include<iostream.h>
class BASE
{
public:
    int x;
    BASE(int a){x=a;}
    void Print(){cout<<"BASE x="<<x<<'\n';}
};

class BASE1:public BASE
{
public:
    int y;
    BASE1(int a,int b):BASE(a)
    {y=b;}
    void Print1()
    {   cout<<"BASE1 x="<<x<<'\n';
        cout<<"BASE1 y="<<y<<'\n';
    }
};

class BASE2:public BASE{
public:
    int z;
    BASE2(int a,int b):BASE(a)
    {z=b;}
    void Print2()
    {   cout<<"BASE2 x="<<x<<'\n';
        cout<<"BASE2 z="<<z<<'\n';
```

```
        }
};

class DERIVE:public BASE1,public BASE2
{    int sum;
public:
     DERIVE(int a,int b,int c,int d):BASE1(a,b),BASE2(c,d)
     {sum=a+b+c+d;}
     void PrintD()
     {//    Print();           //A
            Print1();          //B
            Print2();          //C
            cout<<"DERIVE sum="<<sum<<'\n';
     }
};

void main()
{    DERIVE d(10,20,100,200);
     d.PrintD();
}
```

程序运行结果为:

```
BASE1 x=10
BASE1 y=20
BASE2 x=100
BASE2 z=200
DERIVE sum=330
```

上例中,如果有 A 行,会引起冲突。因为基类 BASE 中的 Print 成员函数分别通过派生类 BASE1 和派生类 BASE2 各继承一份,当 BASE1 和 BASE2 共同派生 DERIVE 时,在派生类 DERIVE 中,会继承两份 Print 函数而引起冲突。

从上述结果中可以看到,派生类 DERIVE 中,分别从派生类 BASE1 和派生类 BASE2 各继承一份共同基类 BASE 中的 x 成员,并且它们自己各自有独立数据。为使在间接继承共同基类时,派生类中只保留一份共同基类的成员,C++ 提供虚基类的方法。

声明虚基类的一般格式为:

**class <派生类名>: virtual <继承方式><基类名>**
**{……};**

其中,关键字 virtual 可以放在<继承方式>的前面,也可以放在后面,其作用一样。与一般基类的初始化过程相似,虚基类的初始化同样由构造函数实现。所不同的是,由虚基类经过一次或多次派生出来的派生类,在其每一个派生类的构造函数的成员初始化列表中,必须给出对虚基类的构造函数的调用,如果未列出,则调用虚基类的默认构造函数。C++ 编译器约定,在执行直接派生类的构造函数时不调用虚基类的构造函数,而是在最终派生类的构造函数中直接调用虚基类的构造函数。

【**例 9.10**】 使用虚基类,使共同基类的成员在派生类中只有唯一一个成员。

```
#include<iostream.h>
```

```cpp
class BASE{
public:
    int x;
    BASE(int a){x=a;}
    void Print(){cout<<"BASE x="<<x<<'\n';}
};

class BASE1:virtual public BASE
{
public:
    int y;
    BASE1(int a,int b):BASE(a)                              //A1
    {y=b;}
    void Print1()
    {   cout<<"BASE1 x="<<x<<'\n';
        cout<<"BASE1 y="<<y<<'\n';
    }
};

class BASE2:public virtual BASE
{
public:
    int z;
    BASE2(int a,int b):BASE(a)                              //A2
    {z=b;}
    void Print2()
    {   cout<<"BASE2 x="<<x<<'\n';
        cout<<"BASE2 z="<<z<<'\n';
    }
};

class DERIVE:public BASE1,public BASE2
{
    int sum;
public:
    DERIVE(int a,int b,int c,int d)
          :BASE1(a,b),BASE2(c,d),BASE(a+c)                  //A3
    {sum=a+b+c+d;}
    void PrintD()
    {   Print();            //A
        Print1();           //B
        Print2();           //C
        cout<<"DERIVE sum="<<sum<<'\n';
    }
};
```

```
void main()
{   DERIVE d(10,20,100,200);
    d.PrintD();
}
```

程序运行结果为：

```
BASE x=110
BASE1 x=110
BASE1 y=20
BASE2 x=110
BASE2 z=200
DERIVE sum=330
```

上例中，基类 BASE 说明为虚基类，所以 A 行不会引起冲突。因为基类 BASE 中的 Print 成员函数在派生类只继承一份。同样原来 x 有两个不同的内容，现在只有唯一的 x 值。

# 习　　题

## 一、选择题

1. 在类的继承与派生过程中，对派生类不正确的说法是_____。
   A. 派生类可以继承基类的所有特性　　B. 派生类只能继承基类的部分特性
   C. 派生类可以重新定义已有的成员　　D. 派生类可以改变现有成员的属性

2. 设类 B 是基类 A 的派生类，并有语句"A a1,*pa=&a1; B b1,*pb=&b1;"，则正确的赋值语句是_____。
   A. pb=pa;　　　　B. b1=a1;　　　　C. a1=b1;　　　　D. *pb=*pa;

3. 当定义派生类的对象时，调用构造函数的正确顺序是_____。
   A. 先调用基类的构造函数，再调用派生类的构造函数
   B. 先调用派生类的构造函数，再调用基类的构造函数
   C. 调用基类的构造函数和调用派生类的构造函数之间的顺序无法确定
   D. 调用基类的构造函数和调用派生类的构造函数是同时进行的

4. 关于多重继承二义性的描述中，_____是错误的。
   A. 一个派生类的两个基类中都有某个同名成员，在派生类中对这个成员的访问可能出现二义性
   B. 解决二义性最常用的方法是对成员名的限定
   C. 基类和派生类中出现同名函数，也存在二义性问题
   D. 一个派生类是从两个基类派生来的，而这两个基类又有一个共同的基类，对该基类成员进行访问时，也可能出现二义性

## 二、阅读程序，回答问题

1. 写出以下程序的执行结果。

```
#include<iostream.h>
```

```cpp
class Base{
public:
    Base() {cout<<"class Base"<<endl; }
};
class D1:virtual public Base{
public:
    D1() {cout<<"class D1"<<endl; }
};
class D2:virtual public Base{
public:
    D2(){cout<<"class D2"<<endl;}
};
class D3:public Base{
public:
    D3() {cout<<"class D3"<<endl;}
};
class D4:public D1,public D2,public D3{
public:
    D4(){cout<<"class D4"<<endl;}
};
void main(void)
{    D4 d;}
```

2．说明一个日期类，有数据成员年、月、日。把日期类作为基类派生日期时间类，新增数据成员时、分、秒。要求有构造函数，输出成员的成员函数，并测试程序的正确性。

3．说明三维坐标类，把三维坐标作为基类派生圆的类，新增数据成员半径，把圆作为基类派生圆柱体的类，新增数据成员高，要求有构造函数，输出成员的成员函数，在相关类中有求圆面积的成员函数，求体积的成员函数，并测试程序的正确性。

# 第10章 多态

## 10.1 本章导读

多态是面向对象程序设计的重要特征之一,多态(polymorphism)一词从词面理解,其含义是具有多种形式或形态,如日常生活中最常见的物质水就具有多态性,在一定条件下呈现固态、液态和气态。在面向对象程序设计中,多态是指发出同样的消息在被不同类型的对象接收时,将导致完全不同的行为。

多态可以分为两类:编译时的多态和运行时的多态。编译时的多态是指编译器在编译时确定同名操作的具体操作对象,而运行时的多态是指程序运行时确定具体操作对象。把确定具体操作对象的过程称绑定(或称联编)。绑定也可以分为两种:编译时的多态其绑定过程称静态绑定,运行时的多态其绑定过程称动态绑定。

静态绑定是编译器在编译时,就可以确定同名操作的具体操作对象,所以也称早期绑定。这种多态主要通过函数重载和运算符重载实现。

动态绑定是编译器在编译时无法确定具体操作对象,而需要在程序运行过程中,才可以确定具体操作对象,所以也称晚期绑定。这种多态主要通过类的继承关系和虚函数实现。

在面向对象程序设计中,封装用以隐藏细节,实现代码模块化;继承用以扩展已存在的功能,实现代码重用;多态则是为了实现接口重用。

在面向对象程序设计中,学习多态性主要须掌握:

- 虚函数的概念;
- 虚函数的定义及实现过程;
- 纯虚函数和抽象类;
- 运算符重载的概念;
- 成员函数实现运算符重载及方法;
- 友元函数实现运算符重载及方法;
- 类型转换函数;
- 一些特殊运算符的重载;
- 实现字符串类的运算符重载。

## 10.2 虚 函 数

虚函数存在于继承与派生过程中,是允许被其派生类重新定义的成员函数,离开了继承与派生,就没有虚函数。虚函数必须是类的成员函数。

### 10.2.1 虚函数的定义及实现过程

在继承与派生过程中,定义一个虚函数应在基类中说明,其一般格式为:

**virtual** <类型说明符><成员函数名>(参数表)
{<函数体>}

其中:关键字 virtual 说明该成员函数是虚函数,<类型说明符>是该成员函数的返回值类型。

**提示**:虚函数在类外定义时,关键字 virtual 只能加在函数原型说明的前面,不可以加在函数定义的前面。

虚函数是通过类的继承与派生关系来实现的。当基类中把一个成员函数说明为虚函数,则由该基类所派生的所有派生类中,该函数一直保持虚函数的特性。在派生类中如果重新定义一个与虚函数同名的成员函数,且参数的个数、类型以及返回值类型全部相同,则不管有无关键字 virtual 说明,该成员函数都将成为一个虚函数。也就是说,在派生类中重新定义基类中的虚函数时,在函数名前可以不加关键字 virtual 修饰。

**【例 10.1】** 在继承与派生关系中定义虚函数。

```
class A{
public:
    virtual void fun1(){cout<<"Class A\n";}
};

class B:public A{
public:
    virtual void fun1(){cout<<"Class B\n";}
};
class C:public A{
public:
    void fun1(){cout<<"Class C\n";}
};
```

上例基类 A 中,说明成员函数 fun1 为虚函数,则派生类 B 和派生类 C 中的 fun1 同名函数,其参数的个数、类型以及返回值类型,和基类 A 中说明的虚函数 fun1 全部相同,所以有还是没有关键字 virtual 说明,都是虚函数。

**【例 10.2】** 在继承与派生关系中虚函数的判断。

```
class A{
public:
    virtual void fun1(){cout<<"Class A\n";}
};
```

```
class B:public A{
public:
    void fun1(int i){cout<<"Class B\n";}
};
class C:public B{
public:
    void fun1(){cout<<"Class C\n";}
};
```

上例基类 A 中,说明成员函数 fun1 为虚函数,而派生类 B 中的 fun1 同名函数,其参数的个数和基类 A 中说明的虚函数 fun1 不相同,所以派生类 B 中的 fun1 函数不是虚函数。把派生类 B 作为基类,派生了类 C,派生类 C 中的 fun1 函数,和基类 A 虚函数同名,其参数的个数、类型以及返回值类型也相同,所以在基类 A 和派生类 C 的继承和派生过程中,派生类 C 中的 fun1 函数是虚函数。但在基类 B 和派生类 C 的继承和派生过程中,派生类 C 中的 fun1 函数不是虚函数。

**注意**:覆盖(Override)和重载(Overload)的概念。在派生类中重新定义基类中的虚函数,不仅函数名相同,并且要求参数的个数、类型以及返回值类型全部相同,这称为"覆盖"(或称为"重写")。重载是指允许存在多个同名函数,但这些函数的参数表不同(可以是参数个数不同,或参数类型不同,或参数个数、类型都不同)。

## 10.2.2 虚函数实现过程

在继承和派生过程中,定义了虚函数,以实现动态多态。

实现动态多态,需要通过基类的指针对象(或引用),使该指针指向(或引用)不同派生类的对象,并通过指针对象(或引用)调用虚函数,这样才能体现虚函数的特性。提醒特别注意如下的区别:

(1) 调用一般成员函数时,不管是通过对象、指针对象或引用调用成员函数,都是根据对象、指针对象或引用归属于哪个类,来调用该类的成员函数。当派生类对象调用成员函数时,如派生类中没有定义该函数,将调用从基类继承来的成员函数。

(2) 当通过基类的指针对象(或引用)调用虚函数时,不是由指针对象(或引用)归属于哪个类来确定,而是由指针对象所指向的对象(或所引用的对象)归属于哪个类来确定,如果指针对象所指向的(或所引用的)是基类的对象,则调用基类的虚函数。如果指针对象所指向的(或所引用的)是派生类的对象,则调用派生类的虚函数。但如果派生类没有重新定义该虚函数,则调用基类的虚函数。

(3) 由于通过基类的指针对象(或引用)调用虚函数时,该指针对象(或引用)在编译时是无法确定其指向(或引用)的具体对象是基类的对象还是派生类的对象,只有在程序运行过程中才能确定,所以称动态绑定或晚期绑定。

**【例 10.3】** 在继承与派生关系中通过虚函数实现多态。

```
#include<iostream.h>

class A{
public:
```

```cpp
    virtual void fun1(){cout<<"Class A\n";}
};

class B:public A{
public:
    virtual void fun1(){cout<<"Class B\n";}
};
class C:public A{
public:
    void fun1(){cout<<"Class C\n";}
};

void main()
{   B b;
    C c;
    A * pa=&b;
    pa->fun1();
    pa=&c;
    pa->fun1();
}
```

程序运行结果为：

Class B
Class C

上例中，fun1 函数在所有的继承与派生关系中，都是虚函数，当通过基类指针调用虚函数时，是由基类指针所指向的对象确定。程序中派生类 B 的对象 b 赋给基类指针 pa，则当指针 pa 调用虚函数 fun1 时，是由 pa 指针所指向的对象 b 决定调用派生类 B 中的 fun1 函数。派生类 C 的对象 c 赋给基类指针 pa，则当指针调用虚函数 fun1 时，是由 pa 指针所指向的对象 c 决定调用派生类 C 中的 fun1 函数。

【例 10.4】 在继承与派生关系中，是否为虚函数对结果的影响。

```cpp
#include<iostream.h>

class A{
public:
    virtual void fun1(){cout<<"Class A\n";}
};

class B:public A{
public:
    void fun1(int i){cout<<"Class B\n";}
};
class C:public B{
public:
    void fun1(){cout<<"Class C\n";}
};
void main()
{   B b;
```

```
    C c;
    A * pa=&b;
    pa->fun1();
    pa=&c;
    pa->fun1();
}
```

程序运行结果为：

Class A
Class C

通过例 10.2 分析可知，基类 A 和派生类 B、基类 B 和派生类 C 的继承和派生过程中，fun1 函数不是虚函数。而在基类 A 和派生类 C 的继承和派生过程中，fun1 函数是虚函数。因此当派生类 B 的对象 b 赋给基类指针 pa，指针 pa 调用函数 fun1()时，是由 pa 指针决定，调用基类 A 中的 fun1()函数。当派生类 C 的对象 c 赋给基类指针 pa，指针 pa 调用函数 fun1 时，则是由 pa 指针所指向的对象 c 决定，调用派生类 C 中的 fun1 函数。

当构造函数调用类中的虚函数时，只调用该类中定义的虚函数，而如果是一般成员函数调用类中的虚函数时，则遵循虚函数的特性。

【例 10.5】 分别在构造函数和成员函数中调用虚函数。

```
#include<iostream.h>

class A
{   int i;
public:
    A(int a)
    {   i=a;fun1();}
    virtual void fun1(){cout<<i<<" Class A\n";}
    void fun2()
    {   fun1();}
};

class B:public A
{   int j;
public:
    B(int a,int b):A(a)
    {   j=b;fun1();}
    void fun1(){cout<<j<<" Class B\n";}
};
void main()
{   B b(10,20);
    b.fun2();
}
```

程序运行结果为：

10 Class A
20 Class B
20 Class B

上例中，fun1 函数在继承与派生关系中是虚函数。当定义派生类的对象 b 时，首先调用的是基类 A 的构造函数，该构造函数中调用了虚函数 fun1，应该调用基类 A 的 fun1 函数；其次调用的是派生类 B 的构造函数，该构造函数中也调用了虚函数 fun1，此时调用的是派生类 B 的 fun1 函数。当通过派生类对象 b 调用 fun2 函数，由于派生类本身没有定义 fun2 函数，应该调用从基类 A 中继承来的 fun2 函数，fun2 函数中也调用了虚函数 fun1，此时调用的是派生类 B 的 fun1 函数，而不是基类 A 的 fun1 函数。

提示：

(1) 虚函数是在程序运行过程中，确定调用哪一个函数，与一般成员函数比较，会降低程序运行效率，但提高了程序的通用性。

(2) C++ 中不可以定义构造函数为虚函数，但是可以定义析构函数为虚函数。定义析构函数为虚函数，是为了实现撤销对象的多态性。

(3) 虚函数只能是类的成员函数，但静态成员函数不能声明为虚函数。

有关虚函数的进一步知识：

当建立对象创建一个虚函数时，对象需要记录该虚函数。编译器通常建立一个所谓的 V 表的虚函数表，其中表中的每一个元素代表一种类型，对应该类型的每一个对象均有一个指向该表的虚表指针。由于虚函数必须维护 V 表，因此在使用虚函数时需要多花费一些时间，使得程序效率有所降低。

### 10.2.3 纯虚函数和抽象类

使用虚函数是为了实现接口的重用，在基类中规定了统一的接口形式，在派生类中重新定义具体实现部分，相同的方法对于类族中不同类型的对象，有着不同的操作，实现了动态多态性。但在某些情况下，基类中有些虚函数无法定义具体的实现部分，要求各派生类根据各自需要分别定义，此时可以在基类中定义纯虚函数。定义纯虚函数的一般格式为：

**virtual** <类型说明符><成员函数名>(参数表)=0;

定义纯虚函数和虚函数的不同之处是在参数表后直接加了"=0"。定义为纯虚函数，基类中该函数就不再给出具体实现部分（即没有函数体），其函数体由派生类定义。

提示：注意函数体为空和没有函数体的区别。函数体为空是有函数体，但函数体中没有相关执行语句。

【例 10.6】 说明图形类和其派生圆、矩形和三角形的简单实现。

```
#include<iostream.h>
#include<math.h>

#define PI 3.1415926

class Shape{
public:
    virtual void Print()=0;
    virtual float Area()=0;
};

class Circle:public Shape
```

```
{    float R;
public:
    Circle(float r=0)
    {    R=r;}
    void Print()
    {    cout<<"圆半径:"<<R<<'\t';}
    float Area()
    {    return PI * R * R;}
};

class Rectangle:public Shape
{    float L,W;
public:
    Rectangle(float l,float w)
    {    L=l;W=w;}
    void Print()
    {    cout<<"长:"<<L<<"\t 宽:"<<W<<'\t';}
    float Area()
    {    return L * W;}
};

class Triangle:public Shape
{    float A,B,C;
public:
    Triangle(float a,float b,float c)
    {    A=a;B=b;C=c;}
    void Print()
    {    cout<<"三角形边:"<<A<<','<<B<<','<<C<<'\t';}
    float Area()
    {    float s=(A+B+C)/2;
        return sqrt(s * (s-A) * (s-B) * (s-C));}
};

void main()
{    Shape * S;
    S=new Circle(10);
    S->Print();
    cout<<"圆面积为:"<<S->Area()<<endl;
    S=new Rectangle(4,5);
    S->Print();
    cout<<"矩形面积为:"<<S->Area()<<endl;
    S=new Triangle(3,4,5);
    S->Print();
    cout<<"三角形面积为:"<<S->Area()<<endl;
}
```

**程序运行结果为:**

圆半径:10          圆面积为:314.159
长:4      宽:5      矩形面积为:20
三角形边:3,4,5     三角形面积为:6

上例基类 Shape 中，分别把输出的成员函数 Print()和计算面积的成员函数 Area()说明为纯虚函数，在所有的派生类中定义了具体实现部分。通过基类指针动态产生不同派生类的对象，可正确输出相关成员和计算其面积。

由于纯虚函数没有具体实现部分，因此含有纯虚函数的基类不能定义对象，只能作为基类派生子类，因此含有纯虚函数的类是一个抽象数据类型(抽象类)。在 C++ 中，有多种情况可以成为抽象类，但通常情况抽象类是为了实现动态的多态，通过纯虚函数产生的。其目的是为类族建立一个类的框架。

提示：可以这样来理解抽象类型。图形类是一个抽象类，因为不能确定图形的形状，而其派生的圆、矩形、三角形等，可以确定其形状，所以是非抽象类。同样动物类也是抽象类，但猫、兔等是非抽象类。

## 10.3　运算符重载

基本数据类型是 C++ 中预定义的数据类型，如 char、int、float、double 等，大多数基本数据类型都预定义了相关的运算符，实现相关数据的操作和运算。例如"＋"运算符可以将任意两个十进制数相加，得到它们的和。但 C++ 中预定义运算符的操作对象只能是基本数据类型，使用时必须遵循它的规则。在面向对象程序设计中，增加了许多用户自定义数据类型，在这些数据类型上也经常需要作相关运算。如说明了一个复数类 Complex，定义了三个对象 c1、c2 和 c3，假定没有定义相关的运算符重载函数，则语句 c3＝c1＋c2；是错误的。

在面向对象程序设计中，运算符重载可以实现两个对象或对象与其他数据类型中的复杂运算。运算符重载的原理是：对于 C++ 给定的运算符，通过运算符重载函数，完成一个特定的操作。所以运算符重载的关键是通过特定的函数重新定义运算符的功能，使它能够完成作用于类的对象的相关运算。由此可见运算符重载实际上是函数的重载。

关于运算符重载，强调以下几个方面：

（1）必须是 C++ 预定义的运算符，不能是自己臆造的运算符。

（2）重新定义运算符新的功能是通过函数实现的。

（3）运算符重载必须作用于类的对象，在实现运算符重载时，至少有一个操作数是类的对象。

（4）C++ 中允许重载的运算符如表 10.1 所示。

表 10.1　C++ 中允许重载的操作符

| + | − | * | / | % |
|---|---|---|---|---|
| ^ | & | \| | ~ | ! |
| = | > | >= | < | <= |
| == | != | ++ | −− | , |
| >> | << | && | \|\| | += |
| −= | *= | /= | %= | ^= |
| &= | \|= | >>= | <<= | () |
| [] | new | delete | -> | ->* |

(5) 尽管大部分 C++ 的运算符都可以实现重载,但下列运算符不可以重载:

·(成员运算符),*(成员指针运算符),::(作用域运算符),?:(三元运算符),sizeof()(求字节运算符)。

提示:

(1) 运算符重载不能改变运算符的优先级和结合性。也不可以改变运算符的语法结构,如加法运算是双目运算符,只能重载为双目运算,即不能改变操作数的个数。

(2) 实现运算符重载可以有两种实现形式:类的成员函数和友元函数。用类的友元函数实现时,称友元运算符。

(3) 除 new 和 delete 之外,任何运算符作为成员函数重载时,不得重载为 static 成员函数。

(4) C++ 编译器对运算符重载的选择,遵循函数重载的选择原则。实现运算符重载时,C++ 编译器将去寻找与参数相匹配的运算符重载函数。

### 10.3.1 成员函数实现运算符重载及方法

为一个运算符赋予特定的操作,需要定义一个运算符重载函数,当遇到该运算符时,C++ 编译器将调用该运算符重载函数来实现。

(1) 定义二元运算符重载函数的格式为:

<返回值类型>operator<运算符>(<参数>){…}

格式中,operator 是关键字,与后面的<运算符>一起构成运算符重载函数的函数名。使用特殊的函数名是方便 C++ 编译器区别其他成员函数。

若在程序中出现如下表达式:c1<运算符>c2。

则 C++ 编译器将该表达式解释为:c1.operator<运算符>(c2)。

提示:从 C++ 编译器对该表达式的解释可知,左操作数 c1 必须是该类的对象,否则无法实现成员函数的调用,而右操作数 c2 是与格式中<参数>一致的数据类型。

【例 10.7】 说明一个复数类,通过运算符重载函数,直接完成两个复数间的运算。

```
#include<iostream.h>
class Complex
{    float Real,Image;
public:
    Complex(float r=0.0,float i=0.0){Real=r;Image=i;}
    //带默认的构造函数
    void Print()
    {    cout<<Real;
        if(Image> 0) cout<<'+'<<Image<<"i\n";
        else if(Image<0) cout<<Image<<"i\n";
    }
    Complex operator + (Complex &c)
    {    Complex temp;
        temp.Real=Real+c.Real;
        temp.Image=Image+c.Image;
        return temp;
    }
```

```cpp
        Complex operator + (float x)
        {    return Complex(Real+x,Image);}
        Complex & operator += (Complex &c)
        {    Real+=c.Real;
             Image+=c.Image;
             return * this;
        }
        Complex & operator = (Complex &c)
        {    Real=c.Real;
             Image=c.Image;
             return * this;
        }
        bool operator == (Complex);
};

bool Complex::operator == (Complex c)
{    return (Real==c.Real&&Image==c.Image);}

void main(void)
{    Complex c1(10,20),c2(100,200),c3,c4;
     c3=c1+c2;
     c1.Print();
     c2.Print();
     c3.Print();
     c4=c1+5;
     c4.Print();
     c4+=c2;
     c4.Print();
     if(c3==c4) cout<<"c3,c4 两对象相等!\n";
     else cout<<"c3,c4 两对象不相等!\n";
}
```

程序运行结果为：

10+20i
100+200i
110+220i
15+20i
115+220i
c3,c4 两对象不相等!

上例中分别重载了运算符"＋"实现两个复数的相加和复数与单精度数相加，重载了运算符"＝"实现对象间的赋值，重载了运算符"＋＝"实现两个对象的加复合赋值，重载了运算符"＝＝"用来判定两个对象是否相等。有了这些运算符重载函数，该类对象的相关运算就可以实现。相反，如果没有定义有关运算符重载函数（如减法"－"），该类对象就不可以实现相关的运算（如上例中 c1－c2 是不允许的）。

当类中定义了一个运算符重载函数后，该运算符面向对象的使用方法与面向基本数据类型的使用方法形式完全一样，在实现运算符重载时，将由系统自动调用该运算符相应的成员函数去完成。

上例中当执行表达式"c3＝c1＋c2"时，C++编译器首先将c1+c2解释为"c1.operator＋(c2)"，调用operator＋成员函数。再将该表达式解释为"c3.operator＝(c1.operator＋(c2))"。实现时，首先由 c1.operator＋(c2) 求出两复数的和"temp"并作为返回值，然后再由 c3.operator＝(temp)将"temp"赋给 c3。

**提示**：由于使用引用类型作为运算符重载函数的形参，调用时不再重新为形参分配空间、也不再通过复制构造函数复制对象，所以可以提高程序运行效率。但也须注意，使用引用类型作为运算符重载函数的形参，如果形参被改变了，函数调用完成后，则对应的操作数也将被改变。

（2）定义一元运算符重载函数的格式为：

<返回值类型>operator<运算符>(){…}

**提示**：二元运算符重载函数有一个参数，是运算符的右操作数，而一元运算符重载函数没有参数。所以通过成员函数实现运算符重载，其函数的形参的个数比该运算符的操作数个数少一个。

若在程序中出现如下表达式：<运算符>c1。

则 C++编译器将该表达式解释为：c1.operator<运算符>()。

其中 c1 必须是该类的对象。

对于自增"＋＋"和自减"－－"运算符，存在前置和后置情况，为使 C++编译器能区分前置和后置情况，定义这两个运算符重载函数时，也必须有所区别。以自增"＋＋"为例：

前置"＋＋"运算符重载函数的格式为：

<返回值类型>operator++(){…}

后置"＋＋"运算符重载函数的格式为：

<返回值类型>operator++(int){…}

**提示**：后置运算符重载函数中的 int 没有实际意义，只作为区分后置运算符的标识。

**【例10.8】** 说明一个时间类，通过运算符重载函数，实现"＋＋"（加1秒）前置和后置运算。

```
#include<iostream.h>

class Time
{   int HH,MM,SS;
public:
    Time(int h=0,int m=0,int s=0)
    {   HH=h;MM=m;SS=s;}
    void Print()
    {   cout<<HH<<':'<<MM<<':'<<SS<<endl;}
    Time operator++();
    Time operator++(int);
};
Time Time::operator++()
```

```
    {   SS++;
        if(SS==60){MM++;SS=0;}
        if(MM==60){HH++;MM=0;}
        return *this;
    }
    Time Time::operator++(int)
    {   Time t=*this;
        ++(*this);
        return t;
    }

    void main()
    {   Time t1(8,20,36),t2,t3;
        t2=++t1;
        t1.Print();
        t2.Print();
        t3=t1++;
        t1.Print();
        t3.Print();
    }
```

程序运行结果为：

8:20:37
8:20:37
8:20:38
8:20:37

上例中分别重载了"++"运算符的前置和后置。定义后置运算符重载是由参数 int 来区分的。实现前置的"++"运算符重载函数时，需要对象先完成加 1，然后参加其他运算，要求函数的返回值是加 1 后的当前对象（即隐含的指针 this 所指向的对象），所以返回"*this"。实现后置的"++"运算符重载函数时，需要对象先参加其他运算，然后完成加 1，因此应把没有加 1 的对象先保存起来（赋给临时对象），该对象再加 1（由于前面已经定义对象的前置"++"运算符，所以直接调用该函数实现自增运算），要求函数的返回值是没有加 1 的临时对象。为便于理解，在实现后置的"++"运算符重载函数中，假设函数的返回值是 t，其功能就是后置；如果函数的返回值是"*this"，其功能就相当于前置。

当执行表达式"t2=++t1"时，C++编译器将++t1 解释为"t1.operator++()"，当执行表达式 t3=t1++时，C++编译器将 t1++解释为"t1.operator++(int)"。

**提示：** 赋值运算符（=）、函数调用运算符（()）、下标运算符（[]）、指针成员运算符（—>）、new 运算符和 delete 运算符等，其运算符重载函数必须是类的成员函数。

### 10.3.2 友元函数实现运算符重载及方法

实现运算符重载时，很多运算符既可以通过成员函数实现，也可以通过友元函数实现。通过友元函数实现时，称友元运算符。

(1) 定义二元运算符重载函数的格式为：

**friend <返回值类型>operator<运算符>(<参数 1>,<参数 2>){…}**

通过友元函数实现二元运算符重载时，参数个数比成员函数实现时多一个，其中"<参数 1>"是运算符的左操作数，"<参数 2>"是运算符的右操作数。

通过友元函数实现二元运算符重载时，若在程序中出现如下表达式：c1<运算符>c2。则 C++编译器将该表达式解释为"operator<运算符>(c1,c2)"。

提示：从 C++编译器对该表达式的解释可知，c1 和 c2 之中须有一个是类的对象，且该运算符重载函数必须是该类的友元函数。

【例 10.9】 把例 10.7 说明的复数类，通过友元函数实现运算符重载，直接完成两个复数间的运算。

```cpp
#include<iostream.h>

class Complex
{   float Real,Image;
public:
    Complex(float r=0.0,float i=0.0){Real=r;Image=i;}
    void Print()
    {   cout<<Real;
        if(Image>0) cout<<'+'<<Image<<"i\n";
        else if(Image<0) cout<<Image<<"i\n";
    }
    friend Complex operator+(Complex,Complex);
    friend Complex operator+(Complex,float);
    friend Complex & operator+=(Complex &,Complex);
    friend bool operator ==(Complex,Complex);
};
Complex operator + (Complex c1,Complex c2)
{   Complex temp;
    temp.Real=c1.Real+c2.Real;
    temp.Image=c1.Image+c2.Image;
    return temp;
}
Complex operator + (Complex c1,float x)
{   return Complex(c1.Real+x,c1.Image);}
Complex & operator += (Complex &c1,Complex c2)
{   c1.Real+=c2.Real;
    c1.Image+=c2.Image;
    return c1;
}
bool operator == (Complex c1,Complex c2)
{   return (c1.Real==c2.Real&&c1.Image==c2.Image);}

void main(void)
{   Complex c1(10,20),c2(100,200),c3,c4;
    c3=c1+c2;
    c1.Print(); c2.Print();    c3.Print();
```

```
        c4=c1+5; c4.Print();
        c4+=c2; c4.Print();
        if(c3==c4) cout<<"c3,c4两对象相等!\n";
        else cout<<"c3,c4两对象不相等!\n";
}
```

程序运行结果为：

10+20i
100+200i
110+220i
15+20i
115+220i
c3,c4两对象不相等!

上例中，通过友元函数分别重载了运算符"＋"实现两个复数的相加和复数与单精度数相加、重载了运算符"＋＝"实现两个对象的加复合赋值、重载了运算符"＝＝"用来判定两个对象是否相等。

上例中当执行表达式"c1＋c2"时，C++编译器将其解释为"operator＋(c1,c2)"对operator＋友元函数的调用过程。执行"c4＋＝c2"时，C++编译器将其解释为"operator＋＝(c4,c2)"对 operator＋友元函数的调用过程。该运算符实现时，由友元函数operator＋＝把第二操作数加到第一操作数上，第一操作数保存的是两操作数的和，函数的返回值是第一操作数。在用友元函数实现运算符"＋＝"、"＋＋"和"－－"等的重载时，要特别注意该函数的第一参数必须是引用，否则该参数在函数中被改变后，其值无法传回对应的操作数。定义友元函数 operator＋＝时，其函数返回值是引用，其目的是使＋＝运算可以作为赋值运算符的右表达式，实现连续赋值，如表达式"c1＝c4＋＝c2;"，如函数返回值不是引用，该表达式是错误的。

**提示**：由于使用引用类型作为运算符重载函数的形参，若运算符重载函数中改变了该形参的值，则函数调用结束返回后，对应的操作数将被改变。通过友元函数实现时，更要注意引用作为参数对操作数的影响。

(2) 定义一元运算符重载函数的格式为：

**<返回值类型>operator<运算符>(<参数>){…}**

当通过友元函数实现一元运算符重载时，需要有一个参数，该参数用来表示唯一的操作数。

通过友元函数实现一元运算符重载时，若在程序中出现如下表达式：＜运算符＞c1。

则 C++ 编译器将该表达式解释为：operator＜运算符＞(c1)，此时 c1 必须是类的对象。

与成员函数实现一元运算符重载时相同，友元函数在定义自增"＋＋"和自减"－－"运算符重载函数时，也必须在后置运算符重载函数中增加一个 int 标识，以区分前置和后置。以自增"＋＋"为例：

前置"＋＋"运算符重载函数的格式为：

**friend <返回值类型>operator++(<参数>){…}**

后置"＋＋"运算符重载函数的格式为：

**friend <返回值类型>operator++(<参数>,int){…}**

与成员函数一样,后置运算符重载函数中的 int 没有实际意义,只作为区分后置运算符的标识。

【例 10.10】 把例 10.8 说明的时间类,通过友元函数实现运算符重载,实现"＋＋"(加 1 秒)前置和后置运算。

```
#include<iostream.h>

class Time
{    int HH,MM,SS;
public:
    Time(int h=0,int m=0,int s=0)
    {    HH=h;MM=m;SS=s;}
    void Print()
    {    cout<<HH<<':'<<MM<<':'<<SS<<endl;}
    friend Time operator++(Time &);
    friend Time operator++(Time &,int);
};
Time operator++(Time &t)
{    t.SS++;
     if(t.SS==60){t.MM++;t.SS=0;}
     if(t.MM==60){t.HH++;t.MM=0;}
     return t;
}
Time operator++(Time &t,int)
{    Time temp=t;
     ++t;
return temp;
}

void main()
{    Time t1(8,20,36),t2,t3;
     t2=++t1;
     t1.Print();
     t2.Print();
     t3=t1++;
     t1.Print();
     t3.Print();
}
```

程序运行结果为:

8:20:37
8:20:37
8:20:38
8:20:37

上例中,通过友元函数分别重载了"＋＋"运算符的前置和后置。要特别注意该函数的参数必须是引用,否则该参数在函数中被改变后,其值无法传回对应的操作数。另外友元函数没有 this 指针。

当执行表达式"t2＝＋＋t1"时，C＋＋编译器将"＋＋t1"解释为"operator＋＋(t1)"，当执行表达式"t3＝t1＋＋"时，C＋＋编译器将"t1＋＋"解释为"operator＋＋(t1,int)"。

提示：友元函数没有 this 指针，访问对象成员需要通过对象名和成员运算符实现。

（3）用成员函数实现和友元函数实现运算符重载比较。

① 成员函数和友元函数实现运算符重载时，其函数名都必须以关键字 operator 开始，后面跟合适的运算符，但参数个数友元函数实现比成员函数实现时多一个。

② 成员函数实现时，第一操作数必须是类的对象，但友元函数实现时，只要其中一个操作数是类的对象，所以通过友元函数实现时，两个操作数可以交换，满足交换率。

③ 有些运算符只允许成员函数实现（如赋值运算符），有些只允许友元函数实现（如提取、插入运算符）等。

④ 成员函数隐含 this 指针，而友元函数没有 this 指针。

使用运算符重载特别说明：

尽管实现运算符重载时，把加法（＋）运算重载为相减，把乘法（＊）运算重载为相加是非常有趣的。但事实上程序设计更重要的是要求程序易于理解和保证程序运行安全，因此实现运算符重载应当以使程序结构和功能清晰、便于理解和使用为目的。

### 10.3.3 类型转换函数

类型转换函数是类的成员函数，其功能是将类对象中的数据成员转换成另一种已定义的数据类型，可以是基本数据类型，也可以是其他已定义的构造数据类型。类型转换函数的格式为：

**operator<数据类型>(){…}**

其中，数据类型是需要转换后的数据类型。该数据类型可以是 C＋＋ 的基本数据类型，也可以是已定义的导出数据类型。关键字 operator 和"<数据类型>"一起组合成一个特殊的函数名。类型转换函数不允许带参数，也不可以指定返回值类型，其函数的返回值类型就是函数名中的"<数据类型>"。该函数的作用是将所在类对象相关的数据成员转换为指定的数据类型。

【例 10.11】 说明一个矩形类，分别通过类型转换函数和类的成员函数计算其体积。

```
#include<iostream.h>

class Rect
{    float L,W,H;
public:
    Rect(float l,float w,float h)
    {    L=l;W=w;H=h;}
    void Print()
    {    cout<<"长:"<<L<<"\t 宽:"<<W<<"\t 高:"<<H<<endl;}
    operator float()
    {    return L*W*H;}
    float Volume()
    {    return L*W*H;}
```

```
};

void main()
{   Rect r1(10,5,20),r2(5,4,6);
    float v1,v2,v3,v4;
    r1.Print();
    r2.Print();
    v1=r1;
    v2=r2.Volume();
    cout<<"r1 的面积为:"<<v1<<endl;
    cout<<"r2 的面积为:"<<v2<<endl;
    v3=float(r1);
    v4=(float)r2;
    cout<<"r1 的面积为:"<<v1<<endl;
    cout<<"r2 的面积为:"<<v2<<endl;
}
```

程序运行结果为：

```
r1 的面积为:1000
r2 的面积为:120
r1 的面积为:1000
r2 的面积为:120
```

上例中，分别通过类型转换函数 operator float()和成员函数 Volume()，实现了求矩形对象的体积。程序中，当执行语句"v1＝r1;"时，由于有类型转换函数 operator float()，编译器将解释为：

```
v1=r1.operator float();
```

实现自动类型转换，把类型转换函数的返回值赋值给变量 v1。因为 r1 是类 Rect 的对象，而 v1 是 float 类型的变量，程序中如果没有提供类型转换函数 operator float()，该语句是不能执行的。量 v3 和 v4 是通过强制类型转换的形式实现的。编译器对这两语句的解释方法和 v1 得到的方法一样。

通过例中的成员函数 Volume()可知，实现类型转换也可以通过其他途径实现。

**提示**：类型转换函数必须是类的成员函数，在一个类中可以定义多个类型转换函数，但只能分别转换不同的数据类型。

### 10.3.4 一些特殊运算符的重载

**1．赋值运算符重载**

如果用户没有定义赋值运算符重载函数，C++编译器会自动生成一个赋值运算符重载函数，其函数功能是将"＝"左边对象的每个数据成员分别复制给右边对象的每个数据成员。大多数情况下相同类型的对象之间可以直接赋值，并且得到一个正确的结果。但当类的数据成员包含指针成员，其构造函数将为指针成员动态分配所需要的空间，此时相同类型对象间就不能直接赋值，直接赋值将导致两个对象的指针成员同时指向同一个动态分配的空间而出现运行错误。所以当类的数据成员包含指针成员时，为确保每个对象的指针成员都有自己独立的存储空间,需要自定义赋值运算符重载函数。

赋值运算符重载函数的常用格式为:

```
<类名>& operator=(<类名>&<对象名>)
{      ⋮
    return * this;
}
```

格式中,函数返回值是对象的引用,其目的是使赋值运算符可实现连续赋值。

提示:赋值运算符重载函数必须是类的成员函数。

【例10.12】 当类的数据成员包含指针成员时,对象间直接赋值所带来的问题。

```
#include<iostream.h>
#include<string.h>

class Person{
protected:
    char * Name;
    char * Sex;
    int Age;
public:
    Person(char * n,char * s,int a)
    {   Name=new char[strlen(n)+1];
        strcpy(Name,n);
        Sex=new char[strlen(s)+1];
        strcpy(Sex,s);
        Age=a;
    }
    ~Person()
    {   if(Name)delete []Name;
        if(Sex)delete []Sex;
    }
    void Show()
    {   cout<<"姓名:"<<Name<<"\t 性别:"<<Sex<<"\t 年龄:"<<Age<<'\n';}
};

void main()
{   Person s1("小明","男",20),s2("小丽","女",22);
    s1.Show();
    s2.Show();
    s2=s1;
    s2.Show();
}
```

该例中因为没有自定义"="运算符重载函数,C++编译器将自动产生一个"="运算符重载函数,其格式为:

```
Person & operator=(Person &s)
{ Name=s.Name;Sex=s.Sex;Age=s.Age;}
```

当程序刚开始执行时,对象 s1 和 s2 都有自己独立的内容,如图 10.1 所示。

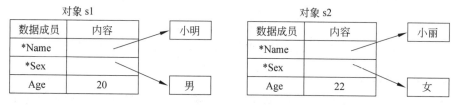

图 10.1　对象 s1 和 s2 初始情况

当执行语句 s2=s1 后,s1 和 s2 的 Name 指针成员会同时指向"小明",Sex 也一样同时指向"男"(如图 10.2 所示)。当 s1 和 s2 对象作用域结束,撤销对象 s2 时,析构函数将释放 Name 和 Sex 所动态分配的空间,再撤销对象 s1 时,由于 Name 和 Sex 所动态分配的空间已经被 s2 的析构函数释放,s1 的析构函数将无法完成释放而出现错误。

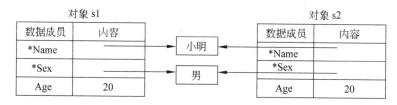

图 10.2　对象 s1 直接赋给对象 s2 后的情况

解决此问题的方法是自定义如下形式的赋值运算符重载函数。

```
Person & Person::operator =(Person &s)          //赋值运算符重载函数
{
    if(Name)delete []Name;
    if(Sex)delete []Sex;
    if(s.Name){
        Name=new char[strlen(s.Name)+1];
        strcpy(Name,s.Name);
    }
    else Name=0;
    if(s.Sex){
        Sex=new char[strlen(s.Sex)+1];
        strcpy(Sex,s.Sex);
    }
    else Sex=0;
    Age=s.Age;
    return *this;
}
```

当程序中含有自定义赋值运算符重载函数后,执行语句 s2=s1 时,首先把 s2 的 Name 和 Sex 指针成员原分配的空间释放,再重新分配和对象 s1 对应成员一样大小的空间,如此一来,对象 s1 和 s2 的每个成员都有自己独立的空间,这样当撤销对象 s1 和 s2 时,就不会出现错误(如图 10.3 所示)。

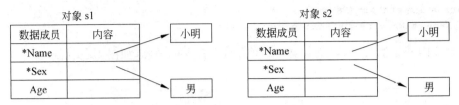

图 10.3  对象 s1 通过自定义赋值运算符重载赋给对象 s2 后的情况

**2. 逗号运算符重载**

逗号运算符是一个二元运算符,可以通过成员函数实现重载,也可以通过友元函数实现重载。

**【例 10.13】** 实现逗号运算符重载示例。

```
#include<iostream.h>

class Complex
{   float Real,Image;
public:
    Complex(float r=0,float i=0)
    {   Real=r;Image=i;}
    Complex operator=(Complex c)
    {   Real=c.Real;
        Image=c.Image;
        return *this;
    }
    Complex operator,(Complex c)              //逗号运算符重载函数
    {   return c;}
    void Print()
    {   cout<<Real;
        if(Image>0)cout<<'+'<<Image<<"!\n";
        else if(Image<0)cout<<Image<<"!\n";
    }
};

void main()
{   Complex c1(3.4,5.6),c2(10.5,-12.3),c3;
    c1.Print();
    c2.Print();
    c3=(c1,c2);
    c3.Print();
}
```

程序运行结果为:

```
3.4+5.6i
10.5-12.3i
10.5-12.3i
```

本例中,语句"c3=(c1,c2);"是通过成员运算符实现的,根据逗号运算符的计算方法,把表达式中最后一项作为整个表达式的结果,所以返回的是第二操作数。

## 3. 下标运算符重载

在 C++ 中,使用数组时,系统并不作下标是否越界的检查,可以通过下标运算符重载实现下标越界检测等操作。

下标运算符重载只能针对对象数组,其一般格式为:

`<返回值类型>operator [] (<参数>)`
`{…}`

格式中,<参数>是用来表示数组的下标,所以应该是整型类型。

**提示**:下标运算符重载有且仅有一个参数,所以只能对一维数组下标进行处理,对于多维数组可以将其看作一维数组来处理。下标运算符重载函数也必须是类的成员函数,其数组也必须是对象数组。

【**例 10.14**】 使用下标运算符重载实现对数组下标的越界检查。

```cpp
#include<iostream.h>
#include<stdlib.h>

class Array
{   int Len;
    int * Arr;
public:
    Array(int * a=0,int n=0)
    {   if(n>0){
            Len=n;
            Arr=new int[n];
            for(int i=0;i<n;i++)Arr[i]=a[i];
        }
        else {
            Len=0;
            Arr=0;
        }
    }
    ~Array(){if(Arr)delete []Arr;}
    int &operator[](int i)                        //下标运算符重载函数
    {   if(i>=Len||i<0){
            cout<<"出错!!!下标["<<i<<"]越界!程序执行终止!\n";
            abort();
        }
        return Arr[i];
    }
};

void main()
{   int a[10]={0,1,2,3,4,5,6,7,8,9};
    Array a1(a,10);
    int i;
    for(i=0;i<10;i++)cout<<a1[i]<<" ";
    cout<<endl;
    for(i=0;i<10;i++)a1[i]=i*3;
```

```
        for(i=0;i<10;i++)cout<<a1[i]<<" ";
        cout<<endl;
}
```

程序运行结果为:

```
0  1  2  3  4  5  6  7  8  9
0  3  6  9  12  15  18  21  24  27
```

本例中,下标运算符重载函数"int &operator[](int i)"是用来检测使用的数组下标是否在数组规定的范围。如果不在规定范围,则显示出错信息,否则返回指定下标的数组元素的值。

### 10.3.5 实现字符串类的运算符重载

在 C++ 中,对字符串的处理可以通过标准库提供的字符串类和相关的字符串处理函数实现;在面向对象程序设计中,还可以通过运算符重载实现字符串的操作,如字符串的加法、减法、赋值等。

相同的运算符对于字符串的操作与数值运算有很大差异,可以通过重载运算符"+"实现字符串的拼接,重载运算符"-"实现字符串中删除子字符串的操作,重载运算符"=",实现字符串的直接赋值等。

【例 10.15】 下面定义一个字符串的类,通过构造函数实现对象的初始化,重载运算符"+"实现两个对象的字符串的拼接运算;重载运算符"-"实现一个对象的字符串中删除包含的另一个对象的字符串(子字符串)的运算;重载运算符"-"还实现一个对象的字符串中删除指定字符的运算;重载运算符">"实现两个字符串的比较运算。

```
#include<iostream.h>
#include<string.h>

class String{
protected:
    char * Sp;
public:
    String(){Sp=0;}                                    //默认构造函数
    String(String &);                                  //拷贝构造函数
    String(char * s)                                   //带参数的构造函数
    {   Sp=new char[strlen(s)+1];
        strcpy(Sp,s);
    }
    ~String(){    if(Sp)delete []Sp;}                  //析构函数
    void Show(){    cout<<Sp<<'\n';}                   //输出成员函数
    String&operator= (String &);                       //赋值运算符重载函数
    friend String operator+ (String &,String &);
        //友元运算符"+"实现两个对象相加
    String operator- (String &);
```

```cpp
        //成员运算符"-"实现两个对象相减
    String operator-(char);
        //成员运算符"-"实现对象中减去所有指定字符
    int operator >(String &);
        //成员运算符">"比较两个对象大于关系
};

String::String(String &s)              //深复制的构造函数,保证参数和返回值正确传递
{   if(s.Sp){
        Sp=new char [strlen(s.Sp)+1];
        strcpy(Sp,s.Sp);
    }
    else Sp=0;
}

String operator +(String &s1,String &s2)
{   String t;
    t.Sp=new char[strlen(s1.Sp)+strlen(s2.Sp)+1];
    strcpy(t.Sp,s1.Sp);
    strcat(t.Sp,s2.Sp);                //两个对象相加,实现字符串拼接
    return t;
}

String String::operator - (String &s)
{   String t1= * this;
    char * p;
    while(1)                           //通过循环,可实现删除字符串中重复的多个子串
    {   if(p==strstr(t1.Sp,s.Sp))
        {   if(strlen(t1.Sp)==strlen(s.Sp))   //字符串和子串完全相同
            {   delete[]t1.Sp;
                t1.Sp=0;
                break;
            }
            String t2;
            t2.Sp=new char[strlen(t1.Sp)-strlen(s.Sp)+1];
            char * p1=t1.Sp, * p2=t2.Sp;
            int i=strlen(s.Sp);
            while(p1<p) * p2++= * p1++;        //把找到的子串前部分先复制
            while(i){p1++;i--;}                //跳过子串
            while( * p2++= * p1++);            //复制子串后面部分
            t1=t2;                             //为删除后面子串做准备
        }
        else break;
    }
```

```cpp
        return t1;                              //返回删除子串后的对象
}

String String::operator - (char s)
{   String t1;
    int i=0,flag=0;
    t1.Sp=new char[strlen(Sp)+1];
    char * p1=Sp, * p2=t1.Sp;
    while(* p1)
        if(* p1!=s){* p2++=* p1++;i++;flag=1;}
        //复制除删除字符外的字符
        else p1++;                              //跳过需删除的字符
    * p2='\0';                                  //为复制的新字符串增加结束符号\0
    if(flag){                                   //如果字符串中包含有需删除的字符
        String t2;
        if(t1.Sp){
            t2.Sp=new char[strlen(t1.Sp)+1];
            strcpy(t2.Sp,t1.Sp);}
        else t2.Sp=0;
        return t2;
    }else return * this;                        //如果字符串中没有需删除的字符,直接返回左操作数
}

int String::operator > (String &s)
{   if(strcmp(Sp,s.Sp)>0)return 1;
    else return 0;
}

String & String::operator = (String &s)         //深拷贝
{   if(Sp)delete []Sp;                          //删除已分配的空间
    if(s.Sp){                                   //根据右操作数重新分配空间
        Sp=new char[strlen(s.Sp)+1];
        strcpy(Sp,s.Sp);
    }
    else Sp=0;
    return * this;
}

void main()
{   String s1("SouthEast "),s2("University"),s3,s4,s5;
    s1.Show();
    s2.Show();
    s3=s1+s2;
    s3.Show();
```

```
        if(s1>s2) cout<<"s1>s2 成立!\n";
        else cout<<"s1>s2 不成立!\n";
        s4=s3-s2;
        s4.Show();
        s5=s3-'t';
        s5.Show();
}
```

程序运行结果为：

```
SouthEast
University
SouthEast University
s1>s2 不成立!
SouthEast
SouhEas Universiy
```

本例中，String operator－(String &)(实现两个对象相减)和 String operator－(char)(实现对象中减去所有指定字符)比较难理解。String operator－(String &)实现两个对象相减时，要求删除所有的子串，因此需要通过循环重复删除，直到把所有包含的子串删除后返回。如 s1 中的字符串为"ABCD BBCEBCH"，s2 中的字符串为"BC"，则 s1－s2 后的结果为"AD BEH"。同样，String operator－(char)实现对象中减去所有指定字符，也需要通过循环重复删除指定的字符，直到把所有包含的字符删除后返回。如 s3 中的字符串为"SouthEast University"，减去指定的"t"字符后，结果为"SouhEas Universiy"。

当类中包含有指针数据成员时，为保证参数值传递和使用函数的返回值，类中应定义复制的构造函数。为保证对象赋值的正确，需定义赋值运算符重载函数。

**提示：**

① 多态性是面向对象程序设计的核心概念，静态多态也为 C++ 带来了泛型编程和泛型模式概念，有兴趣者可参考其他资料。

② 其他观点：把多态只限于动态多态，重载和多态无关。

# 习　　题

## 一、单选题

1. C++ 中多态性包括两种：编译时和运行时。运行时的多态性是通过_____实现的。

　　A. 函数重载和运算符重载　　　　B. 虚函数和运算符重载

　　C. 类继承关系和虚函数　　　　　D. 类继承关系和函数重载

2. 关于运行时的多态性，叙述不正确的是_____。

　　A. 运行时的多态需要通过指向基类的指针来实现

　　B. 运行时的多态是在编译时就可以确定其要执行的函数

　　C. 运行时的多态要通过继承关系和虚函数来实现

D. 运行时的多态性是在执行过程中根据具体被操作的对象来确定要运行的函数
3. 关于纯虚函数,下面描述中不正确的是_____。
   A. 纯虚函数是一种特殊的虚函数,它没有具体的定义
   B. 具有纯虚函数的类是一个抽象类
   C. 有纯虚函数的基类,该基类的派生类一定不会是抽象类
   D. 有纯虚函数的基类,其纯虚函数的定义需要派生类给出
4. 在下列函数中,可以说明为虚函数的是_____。
   A. 构造函数           B. 析构函数
   C. 静态成员函数       D. 友元函数
5. 下列关于运算符重载的描述中,正确的是_____。
   A. 运算符重载可以重新定义运算符的功能
   B. 运算符重载可以改变优先级
   C. 运算符重载可以重新定义新的运算符
   D. 所有C++中的运算都可以被重载
6. 类A中,关于"="赋值运算符重载的函数原型,不正确的是_____
   A. A & operator=(A a);        B. A operator=(A &);
   C. friend A operator=(A a,A b); D. A & operator=(A &);

## 二、阅读程序,回答问题

1. 分析下面程序,写出程序的运行结果。

```cpp
#include<iostream.h>

class A{
public:
    virtual void fun1(){cout<<"Class A1\t";}
    virtual void fun2(float x=0){cout<<"Class A2\n";}
};

class B:public A{
public:
    virtual void fun1(){cout<<"Class B1\t";}
    virtual void fun2(int x=0){cout<<"Class B2\n";}
};

class C:public B{
public:
    virtual void fun1(){cout<<"Class B1\t";}
    virtual void fun2(int x=0){cout<<"Class B2\n";}
};

void main()
{   A * pa;
    B * pb;
```

```
    C c;
    pa=&c;
    pa->fun1();    pa->fun2();
    pb=&c;
    pb->fun1();    pb->fun2();
}
```

2. 分析下面程序,写出程序的运行结果。

```
#include<iostream.h>

class Point
{   int x,y;
public:
    Point(int a=0,int b=0){x=a;y=b;}
    friend Point operator++(Point &a)
    {   a.x+=2;
        a.y+=4;
        return a;
    }
    friend Point operator--(Point a)
    {   a.x-=2;
        a.y-=4;
        return a;
    }
    void Print()
    {cout<<x<<','<<y<<endl;}
};

void main()
{   Point a(10,20),b(30,40),c,d;
    c=++a;
    d=--b;
    a.Print();    b.Print();
    c.Print();    d.Print();
}
```

### 三、编程题

1. 定义一个基类圆,分别派生圆柱体和圆锥体,通过虚函数输出圆面积、圆柱体和圆锥体的体积。(提示:圆锥体体积是圆柱体体积的1/3)

2. 定义一个复数类,通过成员函数重载运算符:-、-=、!=,通过友元函数重载运算符:+、+=、==,直接实现复数对象之间的运算。main()函数测试对象的相关运算,构成一个完整程序。

3. 定义一个三维坐标类,分别通过成员函数重载运算符:++(前置)、++(后置),通过友元函数重载运算符:--(前置)、--(后置),实现坐标值的加1或减1。main()函数测试对象的自增或自减运算,构成一个完整程序。

4. 定义一个学生类,有数据:成员学号、姓名、计算机基础、C++程序设计和C++课程设计的成绩,通过转换函数求平均成绩。main()函数测试对象的运算并输出,构成一个完整程序。

5. 定义一个字符串的类,数据成员是字符类型的指针,通过运算符重载:+=、=和==,实现字符串类对象的直接运算。main()函数测试对象的运算,构成一个完整程序。

# 第11章 输入输出流类库

## 11.1 本章导读

在 C++ 语言中并没有输入输出语句，其目的是为了最大限度地保证语言与平台的无关性。为了实现输入输出操作，C++ 提供了两种方法：一是通过 C++ 提供的与 C 语言兼容的输入输出库函数；二是提供了功能强大的输入输出流类库。在 C++ 中应提倡使用输入输出流类库来实现输入输出操作。

数据从一个对象到另一个对象的传送被抽象为"流"。C++ 中，外部向内存提供数据的过程称输入流，数据提供者可以是输入设备，也可以是提供数据的文件。同样从内存向外发送数据的过程称输出流，数据接收者可以是输出设备，也可以是保存所接收数据的文件。

"流"提供了输入输出接口，该接口使得程序设计尽可能与所访问的具体设备无关。如用户使用"输出"操作可以实现对一个磁盘文件的写操作，可以实现将输出信息送显示器显示，还可以实现将输出信息送打印机打印。

计算机的输入输出主要操作对象是外部设备和数据文件。计算机的外部设备很多，其中键盘和显示器是最重要的输入输出设备，C++ 中将键盘作为标准输入设备，显示器作为标准输出设备。

在 C++ 中，输入输出是通过类来描述的，称作流类，提供流类实现的系统称输入输出流类库。

有关输入输出流主要须掌握：

- 流概述；
- C++ 的基本流类体系；
- 标准输入输出；
- 文件输入输出；
- 文本文件的使用；
- 二进制文件的使用。

## 11.2 流 概 述

流是一个抽象的概念,数据从一个对象(设备或存储位置)到另一个对象(设备或存储位置)的传送通道抽象为"流"。

如何具体理解"流"？以自动洗衣机为例,洗衣机的进水是由自来水的水龙头提供,而从水龙头到洗衣机需要有进水管,该管道就是抽象的"流",为洗衣机提供水的进水管又称"输入流"。而洗衣机和下水道间用来排放洗衣机污水的管道,就是"输出流"。

**1. 流和标准流**

流是通过流类所定义的对象,而流类是用于完成输入输出操作的类,该类由 C++ 标准库函数 iostream.h 提供。流类为程序设计提供了统一的输入输出接口,实现了程序设计与所访问的具体设备的无关性。例如,通过建立输出流可以实现数据的输出操作,包括实现对磁盘文件的写操作、将数据送显示器显示或将数据送打印机打印。

计算机硬件的五大部件中,输入输出设备种类繁多,但键盘和显示器是最常用的输入输出设备,C++ 把键盘和显示器定义为标准设备。在 C++ 中,针对标准设备实现的输入输出操作,称为标准流。标准流有四个：cin、cout、cerr 和 clog。其中 cin 是标准输入流,实现从键盘输入数据；其他三个是标准输出流,实现从显示器输出数据(cerr 和 clog 为标准错误信息输出流)。

**2. 流和缓冲**

在实现输入输出时,计算机系统专门为输入输出设备开辟一个临时存放信息的区域,称为缓冲区。引入缓冲的主要目的是为了提高系统的处理效率,因为输入输出设备的速度要远比内存储器和 CPU 的处理速度慢,频繁地与输入输出设备交换信息,必将占用大量的 CPU 处理时间,从而降低程序的运行速度。使用缓冲后,CPU 只要从缓冲区中取数据或者将数据送入缓冲区,而不必直接响应输入输出设备的操作请求。

在四个标准流中,除 cerr 为非缓冲流外,其他三个均为缓冲流。

对于非缓冲流,一旦数据送入流中,立即进行处理。而对于缓冲流,只有当缓冲区满时,或当前送入换行符时,系统才对流中的数据进行处理。通常情况下使用缓冲流,对于某些特殊场合,才使用非缓冲流。

如果需要立即处理缓冲区中的信息,应强制刷新输出流,此时可在 cout 的输出项中使用预定义的刷新流操作符 flush(详见 11.4.3)。

**3. 流和文件**

详细内容介绍见 11.5.1 节。

## 11.3 C++ 的基本流类体系

C++ 的输入输出流类库包含在 iostream.h 头文件中。程序中需要完成基本输入输出操作时,应包含 iostream.h 头文件,其流类体系如图 11.1 所示。

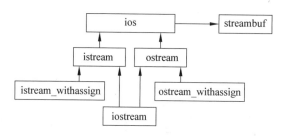

图 11.1 基本输入输出流类体系

流实际上是输入输出流类的对象。不同的流是流类体系中不同流类的对象。

**1. 基类 ios**

由图 11.1 可以看出,基类 ios 派生出了输入类 istream 与输出类 ostream,类 ios 是所有基本流类的基类,其他基本流类均由该类派生而来。

**2. 输入流类 istream**

输入流类 istream 派生出 istream_withassign 类,输入流 cin 就是由 istream_withassign 定义的对象。istream 负责为输入流对象通过其成员函数完成数据输入的操作任务。

**3. 输出流类 ostream**

输出流类 ostream 派生出 ostream_withassign 类,输出流 cout 就是由 ostream_withassign 定义的对象。ostream 负责为输出流对象通过其成员函数完成数据输出的操作任务。

**4. 输入输出流类 iostream**

iostream 流类是类 istream 和类 ostream 共同派生的,该类没有增加新的成员函数,只是将类 istream 和 ostream 组合在一起,使流对象既可完成输入操作,又可完成输出操作。

## 11.4　标准输入输出流

基本流类库定义了四个标准流:cin、cout、cerr、clog,以实现数据流的输入与输出操作。

### 11.4.1　标准输入流

在 C++ 流类体系中定义的标准输入流是 cin,cin 是由输入类 istream 的派生类 istream_withassign 定义的对象,cin 所对应的是标准输入设备——键盘。标准输入流 cin 通过重载">>"运算符实现数据的输入操作,当执行输入操作时,cin 可看作从标准输入流中提取与操作数相匹配的字符序列。因为提取操作的数据要通过缓冲区才能传送给对象的数据成员,因此 cin 为缓冲流。

标准输入流实现提取操作时,系统将自动完成数据类型的转换。

【例 11.1】 使用流 cin 实现数据的输入。

```
#include<iostream.h>
```

```
void main(void)
{   int a;
    cout<<"输入变量 i 的值:";
    cin>>i;
    cout<<"i="<<i<<endl;
}
```

运行该程序并执行到 cin 时,程序等待从键盘为变量 i 提供数据,假如从键盘输入 5.67,则提取运算符将提取数据并取整后提供给变量 i。

说明:标准输入流 cin 是输入流类的对象,cin 建立了键盘设备和内存的连接通道,提取运算符"$>>$"从 cin 所建立的连接通道中提取数据,意为从键盘输入缓冲区中提取数据。cin 是缓冲流,只有当输入行结束符(Enter 回车换行键),才开始从输入缓冲区中提取数据。在默认方式下,空格或换行符作为数据间的分隔符。

注意:在输入数据时,输入的数据类型必须与要提取的数据类型一致或可自动转换成一致,否则会出现错误。在输入数据时,回车换行键(Enter 键)不仅作为数据间的分隔符,更重要的是表示输入流处理程序可以对输入到缓冲区中的数据进行提取操作。

### 11.4.2 标准输出流

在 C++流类体系中定义的标准输出流是 cout、cerr、clog,它们是由输出类 ostream 的派生类 ostream_withassign 定义的对象,在默认的情况下,cout、cerr、clog 所联系的设备文件为显示器,即将数据流输出到显示器上。标准输出流 cout、cerr、clog 通过重载"$<<$"运算符执行数据的输出操作,执行输出操作看作向流中插入一个字符序列,因此将"$<<$"称为插入运算符。在三个标准输出流中,cout、clog 为缓冲流,而 cerr 为非缓冲流。

【例 11.2】 使用流 cerr 和 clog 实现数据的输出。

```
#include<iostream.h>
void main(void)
{   int r;
    cerr<<"输入圆半径 r 的值:";
    cin>>r;
    clog<<"r="<<3.14159*r*r<<endl;
}
```

在上例中,可用 cout 代替 cerr 和 clog,其功能完全相同。作为输出提示信息或显示输出结果来说,这三个输出流的用法相同。不同之处在于:流 cout 允许输出重定向,而 cerr 和 clog 不允许输出重定向。在执行程序时,采用重定向技术可以实现将输出的结果送到其他设备或一个磁盘文件中;而用不能重定向的 cerr 和 clog 输出信息,可保证当结果输出重定向到非屏幕时,仍然能在屏幕上显示 cerr 和 clog 的输出信息。

有关重定向技术在本章后面介绍。

用输出流实现输出时,当把输出项插入到输出流中,如果输出项是表达式将首先计算表达式的值,然后将其值插入到输出流。

## 11.4.3 流的格式控制

在实际进行输入输出时,通常要求按照一定的格式输入或输出数据。如要求按照一定的宽度、上下行之间数据对齐等方式输出数据,以使输出信息更直观明了。为此,C++标准输入输出流提供了许多格式控制操作符和格式控制的成员函数。由于格式控制操作符和函数比较多,本章节只介绍常用的预定义格式控制操作。使用格式控制需要在程序中包含头文件"iomanip.h"。

**1. 常用的预定义格式控制**

常用的预定义格式控制如表 11.1 所示。

表 11.1 常用的预定义格式控制

| 格式控制 | 适用于 | 作用 |
| --- | --- | --- |
| endl | 输出 | 输出换行符 |
| ends | 输出 | 输出空字符 |
| flush | 输出 | 刷新流 |
| dec | 输入、输出 | 按十进制输出整数 |
| hex | 输入、输出 | 按十六进制输出整数 |
| oct | 输入、输出 | 按八进制输出整数 |
| resetiosflags(long n) | 输入、输出 | 清除由 n 指定的格式标识 |
| setiosflags(long n) | 输入、输出 | 设置由 n 指定的格式标识 |
| setfill(char c) | 输出 | 设置填充字符 c |
| setprecision(int n) | 输出 | 设置浮点数输出精度 |
| setw(int n) | 输出 | 设置数据输出宽度 |
| ws | 输入 | 跳过空白字符 |

**2. 输入流格式控制**

输入流可以实现多种数据类型的输入,如字符型、数值的整型、单精度型或双精度型等。当输入流实现不同类型数据的输入时,是通过重载">>"运算符来实现的。

在 C++ 中,允许用户根据需要自定义 istream 的对象,以实现通过其他设备输入数据。当程序中包含头文件 iostream.h,系统将自动产生输入流 cin。

【例 11.3】 通过输入流 cin 分别输入十进制、八进制和十六进制数。

```
#include<iostream.h>

void main()
{   int a,b,c;
    cout<<"输入十进制整数:";
    cin>>dec>>a;
//cin>>setiosflags(ios::dec)>>a>>resetiosflags(ios::dec);
    cout<<"输入八进制整数:";
    cin>>oct>>b;
//cin>>setiosflags(ios::oct)>>b>>resetiosflags(ios::oct);
    cout<<"输入十六进制整数:";
```

```
       cin>>hex>>c;
//cin>>setiosflags(ios::hex)>>c>>resetiosflags(ios::hex);
       cout<<"a="<<a<<endl;
       cout<<"b="<<b<<endl;
       cout<<"c="<<c<<endl;
}
```

程序执行后输入：

输入十进制整数：100
输入八进制整数：100
输入十六进制整数：100

则程序运行结果为：

a=100
b=64
c=256

需要注意的是，八进制和十六进制数只适用于整数，并且一旦限定输入的进制数，对其后的语句将一直有效，直到进制数被改变为止。另外使用预定义格式控制函数 setiosflags 也可以实现上述功能。（见程序中的注解部分）

**3. 输出流格式控制**

用输出流 cout 与插入运算符"<<"输出数据时，可对输出数据的格式进行控制，包括输出宽度、输出位置（实现对齐）、精度、填充方式、进制格式等。

（1）不同进制数的输出。

C++中也有两种设置方式实现不同进制数的输出：使用 setiosflags 函数和使用 C++预定义的格式控制符 dec、oct、hex。

**【例 11.4】** 用 setiosflags 函数与格式控制符 dec、oct、hex，分别实现十进制、八进制和十六进制数的输出。

```
#include<iostream.h>
#include<iomanip.h>

void main()
{   int i=100;
    cout<<dec<<i<<'\t'<<oct<<i<<'\t'<<hex<<i<<endl;
    cout<<dec;
    cout<<setiosflags(ios::dec)<<i<<'\t';
    cout<<setiosflags(ios::oct)<<i<<'\t';
    cout<<resetiosflags(ios::oct);
    cout<<setiosflags(ios::hex)<<i<<'\t';
    cout<<resetiosflags(ios::hex)<<i<<endl;
}
```

程序运行结果为：

100     144     64
100     144     64      100

预定义格式控制函数 setiosflags 具有很多功能,不但可用于指定输出数据的进制,也可用于对齐方式等。其格式控制的一般格式为:

```
setiosflags(<参数>)
```

其中:"<参数>"是在基本流类的基类 ios 中定义的枚举量,整型数表示枚举量序号,也可以是枚举常量。"<参数>"所表示的主要枚举量值如下:

```
ios::dec              指定输入输出格式为十进制数(默认方式)
ios::oct              指定输入输出格式为八进制数
ios::hex              指定输入输出格式为十六进制数
ios::skipws           在输入中跳过空白符
ios::left             左对齐,右边用指定填充字符填充
ios::right            右对齐,左边用指定填充字符填充(默认方式)
ios::internal         在符号或数制字符后进行填充
ios::showpoint        对浮点数显示小数点及尾部的 0
ios::showpos          正数时显示正号符号(+)
ios::scientific       用科学记数法输出浮点数
ios::fixed            用小数点固定格式输出浮点数
```

(2) 设置输出宽度及填充字符。

设置输出宽度有两种方法:通过由 ios 类中定义的输出格式控制成员函数 width(int n) 和预定义格式控制函数 setw(int n) 实现。这两个函数的 int 类型参数 n 是表示需输出数据的宽度。

设置输出宽度时,还可以结合填充成员函数 fill(char c) 填充字符,其中字符 c 是需要填充的字符。

width 成员函数与 fill 成员函数均在头文件 iostream.h 中说明,因此要使用这两个函数,必须在程序中包含 iostream.h 头文件。而预定义格式控制函数 setw 在头文件 iomanip.h 中说明,欲使用 setw 必须在程序中包含 iomanip.h 头文件。

【例 11.5】 分别使用 width 成员函数和预定义格式控制函数 setw 控制输出宽度,同时通过函数 fill 填充字符。

```
#include<iostream.h>
#include<iomanip.h>

void main()
{   float pi=3.14159;
    cout.width(10);
    cout<<pi<<endl;
    cout.width(10);
    cout.fill('#');
    cout<<pi<<endl;
    cout.fill(' ');
    cout<<setw(10)<<pi<<endl;
    cout<<setw(10);
    cout.fill('*');
    cout<<pi<<endl;
}
```

程序运行结果为：

```
     3.14125
###3.14125
     3.14125
***3.14125
```

从上例中可以看到，分别使用 width 成员函数和预定义格式控制函数 setw 控制输出宽度，但由于 width 是基类 ios 的成员函数，所以必须通过流类对象 cout 调用流类的成员函数。因此，其调用格式为 cout.width(10)。当设置了输出项的输出宽度为 10，输出结果中少于 10 个字符宽度的数值前加入了引导空格。空格是默认方式的填充符。若通过填充成员函数 fill 设置了填充字符，输出结果少于 10 个字符宽度的数值前将加入填充字符。

使用预定义格式控制函数 setw 控制输出宽度时，由于 setw 不是成员函数，所以直接通过输出项实现格式控制。如：cout<<setw(10)。

**提示：**

① 通过 width 与 setw 控制输出宽度时，都不会截断数值。即若数值输出位数超过了指定宽度，将不受输出宽度控制的限制而输出全部数据。

② 通过 width 与 setw 控制输出宽度时，仅对紧随其后的输出项有效，当一个输出项输出结束后，控制输出宽度将恢复其原来的默认方式。

(3) 控制数值输出精度。

浮点数输出时，其默认输出的精度为 6 位。当需要改变输出精度时，可通过预定义格式控制函数 setprecision(int n) 来设置，其中整型参数 n 在使用 setiosflags(ios::fixed) 设置定点输出方式时，是小数点后的有效位数。使用 setiosflags(ios::scientific) 设置科学记数输出方式时，n 是整个数值的位数（总长度）。

**【例 11.6】** 通过格式控制输出数值的有效位数。

```
#include<iostream.h>
#include<iomanip.h>

void main()
{   double pi=314.12596;
    cout<<pi<<endl;                                              //A
    cout<<setiosflags(ios::fixed)<<setprecision(6);
    cout<<pi<<endl<<resetiosflags(ios::fixed);                   //B
    cout<<setiosflags(ios::scientific)<<setprecision(10);
    cout<<pi<<endl<<resetiosflags(ios::scientific);              //C
}
```

程序运行后输出结果：

```
314.126
314.125960
3.1412596000e+002
```

上例中，A 行输出的是默认方式，输出数字（不含小数点）共 6 位，输出为 314.126。B 行设定定点输出，小数点后保留 6 位，输出为 314.125960。C 行设定科学表示法输出，使用函数 setprecision(10) 设置有效位数为 10，尾数部分小数点后保留 10 位，则浮点数 314.12596 显示为 3.1412596000e+002。

（4）缓冲区与刷新流。

通过缓冲流实现输出时，只有当缓冲区满时，才对输出流中的数据进行处理。如果需要立即处理缓冲区中的信息，可通过强制刷新输出流，实现即时输出。在 cout 的输出项中可使用刷新流 flush。

【例 11.7】 使用缓冲流 cout 和非缓冲流 cerr 实现输出情况的比较。

```
#include<iostream.h>

void main()
{   int a=10;
    cerr<<"通过 cerr 输出!\n";              //A
    cout<<"通过 cout 输出!\n";              //B
    cout<<a/0<<endl;                        //C
}
```

运行该程序，当执行 A 行语句时，该语句使用非缓冲流 cerr 输出，则直接在屏幕上显示输出项信息。当执行 B 行语句时，因其使用缓冲流 cout 输出，在输出缓冲区未满时，不会直接在屏幕上显示信息。执行 C 行语句时，计算表达式 a/0 将出现系统错误，程序无法继续执行，屏幕将提示出错信息，但屏幕并没有显示 B 行的输出信息。其原因是缓冲流首先把输出信息送到输出缓冲区，而不是直接送输出设备。但使用刷新流 flush 可以把输出缓冲区的信息直接送输出设备。如把上例 B 行语句改为：

```
cout<<"通过 cout 输出!\n"<<flush;
```

此时，在程序出错前，flush 将把 B 行的输出信息送到输出设备，所以此时可以在屏幕上看到 B 行的信息。

### 11.4.4 输入输出的其他成员函数

在使用 4 个标准流进行输入输出时，除分别通过提取运算符"＞＞"和插入运算符"＜＜"实现输入输出操作外，C++还提供一些相应的成员函数，实现数据的输入输出操作。

**1. 输入操作的成员函数**

（1）单个字符输入的成员函数。

输入单个字符的成员函数有两种格式：

**int istream::get();**
**istream &istream::get(char &c);**

其中第一种格式没有参数，使用时，该函数从输入流中提取一个字符作为函数的返回值，该返回值可以赋给字符类型变量。

第二种格式是带有一个字符类型参数，该函数是从输入流中提取一个字符赋给对应的参数 c。

【例 11.8】 分别使用两种格式输入字符。

```
#include<iostream.h>

void main()
{   char c1,c2;
    c1=cin.get();
    cin.get(c2);
    cout<<c1<<'\t'<<c2<<endl;
}
```

程序运行时,假设从键盘输入:

AB<Enter 键>

则输出结果:

A    B

当使用上述两种类型的 get()函数提取字符时,空格将不再作为字符间的分隔符,而是作为正式输入的字符。所以输入的字符 AB 间,不能有空格。如果有空格,c2 将提取该空格。

**提示**:在提取字符时,如欲跳过空格,需使用提取运算符">>"。而欲提取空格,需使用 get()函数。

(2) 字符串输入的成员函数。

字符串输入的成员函数也有两种格式:

```
istream &istream::get(char *,int,char='\n');
istream &istream::getline(char *,int,char='\n');
```

上述两个函数中,除函数名有区别外,其他格式部分是完全相同的。函数中第一个参数为字符数组的指针,用来存放提取的多个字符;第二个参数表示最多能提取的字符个数—1(包括尾部需增加的字符串结束标识符\0)。第三个参数是读取时指定的结束字符,默认为换行符('\n'),也可以自定义结束符号。调用函数时,若没有指定第三个参数,则默认为换行符。

使用上述两个函数输入字符串时,将依次从输入流中提取字符,直到遇到指定结束字符或达到规定的提取的字符个数。这里提取的字符可为任何字符,包括空格字符。上述两个函数都是流类的成员函数,需使用输入流类对象才能调用这两个成员函数。

【例 11.9】 分别使用两种格式输入字符串。

```
#include<iostream.h>

void main()
{   char c1[100],c2[100];
    cin.get(c1,100);                    //A
    cin.getline(c2,100,'u');            //B
    cout<<c1<<c2<<endl;
}
```

程序运行时,假设从键盘输入:

I am a student.<Enter 键>
I am a student.<Enter 键>

则输出结果:

I am a student.
I am a st

程序中 A 行,表示从输入缓冲区中,提取不超过 99 个字符或遇到'\n'提取结束,所以 c1 提取 I am a student.。程序中 B 行,表示从输入缓冲区中,提取不超过 99 个字符或遇到'u'字符为止,所以 c2 提取 I am a st。

**提示**:上述两个函数在细节上是有区别的,提取字符时,get()函数遇到指定的结束字符,停止提取操作,其结束字符还保留在输入缓冲区中。而 getline()函数遇到指定的结束字符,停止提取操作,但结束字符被提取并丢弃。

在上述例子中,如果 B 行语句改为:

```
cin.getline(c2,100);
```

则结果将发生变化。由于 get()函数遇到指定的结束字符,停止提取操作,而没有把结束字符提取,所以执行 getline()函数时,将会直接提取前一次 get 函数遇到的、还保留在输入缓冲区中的结束字符。

*(3) peek()和 putback()。

在输入流 cin 的使用过程中,还可应用 peek()和 putback()函数。其中 peek()函数只是查看但并不提取当前将要提取的字符;putback()函数是向流中插入一个字符。

**【例 11.10】** 使用 peek()和 putback()函数。

```
#include<iostream.h>

void main()
{   char ch;
    cin.get(ch);
    while(ch!='.')
    {   if(ch=='a')
            cin.putback('b');
            //如果是字符 a,则在 a 字符后插入字符 b
        cout<<ch;
        while(cin.peek()=='m')
            cin.get();                              //如果是字符 m,则跳过
        cin.get(ch);
    }
    cout<<endl;
}
```

程序运行时,假设从键盘输入:

I am a student.<Enter 键>

则输出结果：

I ab ab student

**2. 数据输出成员函数**

与 get 函数等相对应，数据输出也有三个函数：put()、write()和 flush()。

put()函数用于发送一个字符。其格式为：

```
ostream & ostream::put(char c);
```

put()函数返回的是 ostream 的引用，所以可以像插入运算符一样，连续使用。

write()函数用于发送连续多个字符。其格式为：

```
ostream & ostream::write(char * ,int);
```

write()函数有两个参数，第一个参数表示字符数组，第二个参数表示输出的最大字符数。

flush()成员函数用于刷新输出流。用法如：cout.flush()。

**【例 11.11】** 使用 put()函数实现字符输出。

```
#include<iostream.h>

void main()
{   char a[20]="I am a student.";
    cout.put(a[0]).put(a[1]).put(a[2]).put(a[3]).put('\n');
    cout.write(a,10);
    cout.put('\n');
}
```

程序运行时输出结果：

I am
I am a stu

### 11.4.5 提取和插入运算符重载

在 C++中允许用户重载运算符"<<"和">>"，以实现对象的直接输入输出。但必须通过友元函数实现"<<"和">>"运算符重载，不可以通过成员函数实现。其原因是这两个运算符的左操作数不可能是用户自定义类的对象，而是流类的对象 cin、cout 等。

（1）重载提取运算符">>"的一般格式为：

```
friend istream & operator>>(istream & ,类名 &);
```

重载提取运算符">>"时，函数返回值必须是类 istream 的引用。返回类型为非引用时，cin 后面只能有一个提取运算符，如果要满足 cin 中可以连续使用">>"运算符，则必须是引用。格式中，运算符重载函数的第一个参数也必须是类 istream 的引用，作为运算符的左操作数；第二个参数为自定义类的对象引用，作为运算符的右操作数。须注意，在重载提取运算符">>"时，第二个参数必须是引用，否则在运算符重载函数中对对象的输入，将无法返回到对应的实参对象。

(2) 重载插入运算符"<<"的一般格式为：

**friend ostream & operator<<(ostream & ,类名 &);**

和提取运算符">>"相同，重载插入运算符"<<"时，函数返回值必须是类 ostream 的引用，这也是为了在 cout 中可以连续使用"<<"运算符。函数的第一个参数是类 ostream 的引用，第二个参数为自定义类的对象或对象引用。

【例 11.12】 重载提取和插入运算符，实现时间类的输入和输出。

```
#include<iostream.h>

class Time
{   int Hour,Minute,Second;
public:
    Time(int h=0.0,int m=0.0,int s=0)
    {   Hour=h;Minute=m;Second=s;}
    friend ostream & operator<<(ostream &os,Time &t);
    friend istream & operator>>(istream &is,Time &t);
};
ostream & operator<<(ostream &os,Time &t)
{ return os<<t.Hour<<':'<<t.Minute<<':'<<t.Second<<'\n';}

istream & operator>>(istream &is,Time &t)
{   cout<<"请输入时间(时、分、秒)：";
    is>>t.Hour>>t.Minute>>t.Second;
    return is;
}

void main()
{   Time t1(10,20,30),t2;
    cin>>t2;                        //A
    cout<<t1<<t2;                   //D
}
```

程序运行时，要求从键盘分别输入时、分、秒。

假设从键盘输入：

8 16 24

则输出结果：

10:20:30
8:16:24

执行语句 A 行实现提取运算符">>"，将 cin 作为左操作数，对象 t2 作为右操作数，调用其运算符重载函数"operator>>(cin,t2)"，实现对象的直接输入。同样用插入运算符"<<"输出对象时，调用其运算符重载函数"operator<<(operator<<(cout,t1),t2)"。

### *11.4.6 重定向概念

在 C++ 中，键盘和显示器被定义为标准输入输出设备。每个标准输入输出设备都可以重定向到其他设备。标准输入输出设备重定向是使用操作系统命令,通过管道把数据输入输出到文件。

输入重定向是表示从原来默认设备(键盘)输入数据改为从其他设备获取数据,而输出重定向是表示将数据发送到默认设备(显示器)改为发送到其他设备。DOS 和 UNIX 操作系统的重定向操作符为"＜"(重定向输入)和"＞"(重定向输出)。下面以 DOS 操作系统为例说明。

在 DOS 工作方式下,当需要把当前文件夹的所有文件目录显示在屏幕上,可输入命令:

DIR

如果想把当前文件夹的所有文件目录信息保存在 ABC.TXT 文件中,则应该输入命令:

DIR>ABC.TXT

**注意**:重定向是操作系统中的功能。

## 11.5 文 件 流

### 11.5.1 文件概述

文件是由文件名标识的一组有序数据的集合,文件通常存放在磁盘上。

在 C++ 中,磁盘文件只是文件的一种;具体的外部设备,也可以抽象为文件,系统为每个外部设备都指定唯一的一个设备名(文件名)。这样对外部设备的操作也抽象为对文件的操作,对程序设计而言,只要掌握文件的操作,就可以实现对不同具体设备的操作,实现了语言与设备的无关。

在 C++ 中,文件分为两种:文本文件和二进制文件。

(1) 文本文件:由字符的 ASCII 码组成,以字符为单位存取。文本文件也称为 ASCII 码文件。

(2) 二进制文件:由二进制数据组成,以字节为单位存取。

使用文件时,必须先打开文件,然后才能对文件进行读或写操作,操作完成后应关闭文件。

对文件的打开、读写、关闭等操作,通过 C++ 中的文件流类体系实现。

### 11.5.2 文件流类体系

在 C++ 头文件 fstream.h 中,定义了文件流类体系,文件流类体系如图 11.2 所示。由图可知 C++ 的文件流类体系是从 C++ 的基本流类体系中派生出来的。当程序中使用文件时,需要包含头文件 fstream.h。

### 11.5.3 文件的使用方法

在 C++ 中,文件的使用主要有打开、读写、关闭文件等操作。使用文件首先需要通过文件输入流类 ifstream、文件输出流类 ofstream 或文件输入输出流类 fstream 定义文件流对象(也直接称文件流),然后通过文件流调用对应的成员函数完成对文件的相关操作。文件

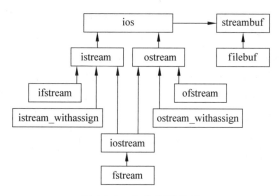

图 11.2 文件流类体系

打开可以通过文件流类的成员函数 open 来完成,也可以在定义文件流类时,通过流类的构造函数来打开文件。文件的读写操作可通过流类的提取插入操作或通过文件流类的成员函数 get 和 put 等实现,文件关闭通过文件流类的成员函数 close 来完成。

对文件的操作一般有 3 种情况:从文件读数据、向文件写数据、对文件既可读也可写操作。所有文件流都通过流类 ifstream、ofstream、fstream 定义。其中,ifstream 只能用来定义读文件流对象,如:ifstream infile;ofstream 只能用来定义写文件流对象,如:ofstream outfile;fstream 用来定义既可读也可写的文件流对象,如:fstream iofile。

**1. 打开文件**

使用一个文件时必须先将其打开,其目的是将一个文件流与一个具体的磁盘文件联系起来,然后通过相关的文件流提供的成员函数,实现数据的写入或读取。

打开文件有两种方式:文件流通过 open 成员函数打开或在定义文件流对象时通过构造函数打开。

(1) 使用成员函数 open 打开文件。

三种文件流对应的 open 函数打开格式如下:

**void ifstream::open(const char \* ,int=ios::in,int=filebuf::openprot);**
**void ofstream::open(const char \* ,int=ios::out,int=filebuf::openprot);**
**void fstream::open(const char \* ,int ,int=filebuf::openprot);**

其中,第一个参数为要打开的文件及路径名;第二个参数为文件的打开方式标识。文件打开方式有以下 8 种:

```
ios::in           //按读(输入)方式打开文件,若文件不存在,则自动建立新文件
ios::out          //按写(输出)方式打开文件,若文件不存在,则自动建立新文件
ios::ate          //打开文件,使文件读写指针移到文件末尾
ios::app          //打开文件,不删除文件数据,将新数据增加到文件尾部
ios::trunc        //打开文件,并清除原有文件数据(默认方式)
ios::nocreate     //只能打开已存在文件,如文件不存在则打开失败。通常 nocreate 方
                  //式不单独使用,总是与读写方式同时使用
ios::noreplace    //建立新文件,如文件已存在则建立失败
ios::binay        //必须明确指定 binary 方式打开文件,才是二进制文件,该标识总是与
                  //读或写同时使用,表示打开二进制文件
```

在使用上述打开方式时,可以把多种方式结合在一起使用,中间用"|"连接。如:ios::out|ios::app,表示按写(输出)方式打开文件,并把新写的数据添加到文件末尾。

提示:① 表示路径名的"\"要用连续两个表示,第一个表示转义序列开始。如有文件 e:\test\data.txt,其路径名和文件名应表示为:e:\\test\\data.txt。

② ifstream 定义的文件流只能按读方式打开,ofstream 定义的文件流只能按写方式打开,所以第二参数可以缺省,而 fstream 定义的文件流可读也可写,所以第二参数需要指明是读、写还是可读写方式。例如上述定义的文件流,通过 open 函数打开文件的语句为:

```
ifstream infile;
infile.open("e:\\test\\data.txt");
ofstream outfile;
outfile.open("e:\\test\\data.txt");
fstream iofile;
iofile.open("e:\\test\\data.txt",ios::in|ios::out);
```

(2) 定义文件流对象时,通过构造函数打开文件。

在文件流类中,都带有缺省参数的构造函数,可以在定义文件流对象时,通过构造函数打开文件,格式为:

**ifstream::ifstream(const char \* ,int=ios::in,int=filebuf::openprot);**
**ofstream::ofstream(const char \* ,int=ios::out,int=filebuf::openprot);**
**fstream::fstream(const char \* ,int ,int=filebuf::openprot);**

例如上述定义的文件流,在定义文件流同时通过构造函数打开文件的语句为:

```
ifstream infile("e:\\test\\data.txt");
ofstream outfile("e:\\test\\data.txt");
fstream iofile("e:\\test\\data.txt",ios::in|ios::out);
```

提示:打开文件时,一般要判断打开是否成功。若文件打开成功,则文件流对象值将为非零值,若打开不成功,则文件流对象值为 0。

测试文件流 infile 打开文件是否成功的程序段如下:

```
ifstream infile("e:\\test\\data.txt ");
if (!infile)
{   cout<<"不能打开的文件:e:\\test\\data.txt \n";
    exit(1);
}
```

**2. 文件的读写操作**

文件打开后,便可实现对文件的读写操作。对文件进行读写操作有两种方法:一种方法是使用提取、插入运算符。例如:

```
char ch;
infile>>ch;
```

从输入文件流 infile 所关联的文件 e:\test\data.txt 中提取一个字符赋予变量 ch。

```
outfile<<ch;
```

将变量 ch 中字符插入到输出文件流 outfile 所关联的文件 e:\test\data.txt 中去。
另一种方法是使用成员函数对文件进行读写操作。例如：

```
char ch;
infile.get(ch);
```

从输入文件流 infile 所关联的文件 e:\test\data.txt 中读取一个字符赋予变量 ch。

```
outfile.put(ch);
```

将变量 ch 中字符写入到输出文件流 outfile 所关联的文件 e:\test\data.txt 中去。

**3. 关闭文件**

当文件读写操作完成后，应该立即关闭所打开的文件。关闭文件由 close 成员函数完成。关闭文件的成员函数格式是：

**void ifstream::close();**
**void ofstream::close();**
**void fstream::close();**

关闭文件时，系统将该文件内存缓冲区中的数据写到文件中，断开文件流对象和该文件名之间所建立的关联。使用时，通过文件流对象对其调用，如 infile.close()。

提示：关闭文件只是断开文件流对象与实际文件之间所建立的关联，其文件流本身并没有撤销，文件流对象还可以通过 open 函数与其他文件建立关联。

【例 11.13】 把 1～100 之间的所有整数存放到文件 data1.dat 中。

```
#include<fstream.h>
void main(void)
{    fstream outfile("data1.dat",ios::out);          //A
     //ofstream outfile("data1.dat");                 //B
     //fstream outfile;                               //C
     //outfile.open("data1.dat",ios::out);            //D
     for(int i=1;i<=100;i++)
        outfile<<i<<" ";                              //E
     outfile.close();                                 //F
}
```

上例中，A 行是通过文件输入输出流类定义文件流对象 outfile，使用构造函数和文件 data1.dat 建立联系（打开），通过文件输入输出流类定义的文件流对象必须说明第二个参数，不可缺省。没有包含 ios::binary 项，则表示建立文本文件。

B 行是与 A 行等价的语句，是通过文件输入流类定义文件流对象 outfile，通过构造函数和 data1.dat 文件建立联系（打开），通过文件输入流类定义的文件流对象可以不必说明第二个参数，表示写操作（输出）。

C 和 D 行也是与 A 行等价的语句，但与 data1.dat 文件建立联系（打开）是通过 open 成员函数实现的。

E 行是通过插入运算符">>"把输出项写入到数据文件。值得注意的是应在数据项之间插入数据分隔符空格或换行符'\n'。

F 行是关闭文件,切断文件流 outfile 和文件 data1.dat 的联系,释放因打开文件所占用的空间。

**提示**:例中为说明问题列举了打开文件的各种方法,实际编程时只需选择其中之一即可。当没有指定数据文件存储位置时,其文件保存在当前 C++ 源程序(.cpp)所在的文件夹。

【例 11.14】 把上例中存放在文件 data1.dat 中的 1~100 之间的所有整数读出并显示在屏幕上。

```
#include<fstream.h>
#include<iostream.h>

void main(void)
{   fstream infile("data1.dat",ios::in);
    //ifstream infile("data1.dat");
    //fstream infile;
    //    infile.open("data1.dat",ios::in);
    int a,i;
    for(i=1;i<=100;i++)
    {   infile>>a;                  //A
        cout<<a<<"\t";              //B
    }
    infile.close();
}
```

上例中,A 行是从文件流对象 infile 相关联的文件 data1.dat 中通过提取运算符">>"提取数据。B 行是把提取的数据(存放在变量 a 中)通过插入运算符">>"输出到屏幕。

## 11.6 文本文件的使用

在文件流类中并没有重新定义对文件操作的成员函数,对文件的操作是通过调用基本流类 ios、istream 和 ostream 中说明的成员函数来实现的。所以对文件的基本操作与标准输入输出的使用方式相同,既可以通过提取运算符">>"和插入运算符"<<"来访问文件,也可以通过 get()、getline()和 put()等成员函数实现操作。

【例 11.15】 使用提取和插入运算符将例 11.13 中建立的 data1.dat 数据文件复制到 data2.dat。

```
#include<iostream.h>
#include<fstream.h>
#include<stdlib.h>

void main(void)
{   ifstream infile("data1.dat",ios::in|ios::nocreate);
    ofstream outfile("data2.dat");
    if(!infile){
        cout<<"不能打开 data1.dat 数据文件!\n";
        exit(1);
```

```
    }
    infile.unsetf(ios::skipws);
    //该语句表示提取时,不跳过文件中的空格
    char ch;
    while(infile>>ch)                              //A
        outfile<<ch;
    infile.close();
    outfile.close();
}
```

从上例可以看到,使用提取和插入运算符实现文件读写操作和标准输入输出流的用法一致。

A 行中的循环结束条件以提取运算符是否提取到文件结束标识为依据。在建立数据文件的过程中,当关闭文件时,将在文件的结束位置自动加上文件结束标识,一般用 EOF 表示。

【例 11.16】 使用 get()函数和 put()函数将例 11.13 中建立的 data1.dat 数据文件复制到 data3.dat。

```
#include<iostream.h>
#include<fstream.h>
#include<stdlib.h>

void main(void)
{   ifstream infile("data1.dat",ios::in|ios::nocreate);
    //通过输入流类定义输入流 infile,打开方式为输入并且文件已经
    //在指定位置存在,否则无法打开
    ofstream outfile("data3.dat");
    if(!infile)
    //打开文件时,如指定文件不存在,则表达式!infile 为真值
    {   cout<<"不能打开 data1.dat 数据文件!\n";
        exit(1);
    }
    infile.unsetf(ios::skipws);
    char ch;
    while(infile.get(ch))                          //A
        outfile.put(ch);                           //B
    infile.close();
    outfile.close();
}
```

程序实现时,通过 A 行的循环语句与 get()函数配合,从输入流对象 infile 所关联的文件中提取一个字符赋给变量 ch,直到文件中的数据提取操作结束(无数据可取,遇到文件结束标识),get()函数返回值为 0,循环结束。put()函数把变量 ch 的值写入到与 outfile 所关联的文件中。

【例 11.17】 说明一个结构体类型,建立一个学生档案。

```
#include<fstream.h>
```

```cpp
struct student
{   char name[10];
    char sex[4];
    int age;
    float cscore;
};

void main(void)
{   student s[3]={{"张敏","男",20,83},{"王平","男",21,78},
                  {"刘丽","女",20,90}};
    ofstream outfile("student.txt");
    //通过输出流类定义输出流 outfile
    //并通过构造函数与文件 student.txt 建立关联
    for(int i=0;i<3;i++)
      outfile<<s[i].name<<' '<<s[i].sex<<' '
             <<s[i].age<<' '<<s[i].cscore<<'\n';
    //通过插入运算符把数组元素的每个成员插入数据文件
    outfile.close();
}
```

程序运行后,其建立的 student.txt 文件的内容如下:

```
张敏    男   20   83
王平    男   21   78
刘丽    女   20   90
```

**【例 11.18】** 将上例建立的学生档案读出并输出到屏幕。

```cpp
#include<fstream.h>

struct student
{   char name[10];
    char sex[4];
    int age;
    float cscore;
};

void main(void)
{   student s[3];
    ifstream infile("student.txt");
    //通过输入流类定义输入流 infile,并通过构造函数与文件
    //student.txt 建立关联
    for(int i=0;i<3;i++)
       infile>>s[i].name>>s[i].sex
             >>s[i].age>>s[i].cscore;
    //通过提取运算符把数据文件中的数据读到数组各元素中
    for(i=0;i<3;i++)
    {   cout<<"姓名:"<<s[i].name<<'\t'<<"性别:"
            <<s[i].sex<<'\t';
```

```
          cout<<"年龄:"<<s[i].age<<'\t'<<"c++课程成绩:"
                  <<s[i].cscore<<'\n';
       //通过标准输出流把数组各元素输出到屏幕
       }
       infile.close();
}
```

程序运行结果为:

姓名:张敏    性别:男    年龄:20    c++课程成绩:83
姓名:王平    性别:男    年龄:21    c++课程成绩:78
姓名:刘丽    性别:女    年龄:20    c++课程成绩:90

**【例 11.19】** 分别通过插入运算符、get()函数、getline()函数和 put()函数实现对文字信息文本文件的输入输出。

```
#include<fstream.h>

void main(void)
{   char str1[100]="I am a student!";
    char str2[100]="You are a student!";
    char str3[100]="He is a student!";
    char ch;
    ofstream outfile("data4.txt");
    outfile<<str1<<'\n';
    outfile<<str2<<'\n';
    outfile<<str3<<'\n';
    //通过插入运算符把字符串写入到文本文件
    outfile.close();
    ifstream infile("data4.txt",ios::in|ios::nocreate);
    outfile.open("data4a.txt");
    while(infile.get(ch))
        //从 data4.txt 文件中读取一个字符
        outfile.put(ch);
        //把 ch 中的字符写入到 data4a.txt 数据文件中
    //上述循环把 data4.txt 数据文件复制到 data4a.txt 数据文件中
    infile.close();
    outfile.close();
    infile.open("data4a.txt",ios::in|ios::nocreate);
    while(infile.getline(str1,100))
        //从 data4a.dat 文件中读取一行字符(不超过 100 个)
        cout<<str1<<endl;
        //把文件中读取的字符串,输出到显示器
    infile.close();
}
```

程序运行后,除建立 data4.txt 和 data4a.txt 两个数据文件外,屏幕上输出:

```
I am a student!
You are a student!
He is a student!
```

## 11.7 二进制文件的使用

在 C++ 中,文件分为两种类型:文本文件和二进制文件。文件的类型不同,文件中数据的存放格式就不同,因此在对文件进行读写操作时,必须区分文本文件和二进制文件。在 C++ 流类的基类中,提供了 ios::binary 打开方式标识。打开文件时,如果没有 ios::binary 标识,则表示是文本文件,反之是二进制文件。

### 11.7.1 二进制文件的打开和关闭

打开二进制文件时,不论是通过 open 成员函数还是通过构造函数与文件建立联系,都必须包含 ios::binary 标识。如通过 open 函数打开二进制文件的语句:

```
ifstream infile;
infile.open("e:\\test\\data.txt",ios::in|ios::binary);
ofstream outfile;
outfile.open("e:\\test\\data.txt",ios::out|ios::binary);
fstream iof;
iof.open("e:\\test\\data.txt",ios::in|ios::out|ios::binary);
```

通过构造函数打开二进制文件的语句:

```
ifstream infile("e:\\test\\data.txt",ios::in|ios::binary);
ofstream outfile("e:\\test\\data.txt",ios::out|ios::binary);
fstream iof("e:\\test\\data.txt",ios::in|ios::binary);
```

再次强调:打开二进制文件,必须在第二个参数中包含 ios::binary 标识。
二进制文件的关闭方式与文本文件完全相同。

### 11.7.2 二进制文件的读写

文本文件打开后,可通过提取和插入运算符或 get() 和 put() 函数实现输入输出。对二进制文件进行读写操作,由于文件存取格式不一样,不能使用标准输入输出流中的提取与插入运算符,而需要通过二进制文件的读(read())与写(write())成员函数来实现。

**1. read() 函数**

对二进制文件的读操作通过 read() 成员函数实现。read() 函数的格式如下:

```
istream &istream::read(char *,int);
istream &istream::read(unsigned char *,int);
istream &istream::read(signed char *,int);
```

函数中第一个参数是字符型指针,表示要读入的数据所存放的存储单元;第二个整型参数表示要读出数据的大小(单位是字节)。

**2. write() 函数**

对二进制文件的写操作是通过 write() 成员函数实现。write() 函数的格式如下:

```
ostream &ostream::write(const char *,int);
ostream &ostream::write(const unsigned char *,int);
```

```
ostream &ostream::write(const signed char * ,int );
```

函数中第一个参数是字符型指针,表示要准备写入数据所存放的位置;第二个整型参数表示要写入数据的大小(单位是字节)。

**提示**:在 read()函数和 write()函数中,第一个参数必须是字符指针,如果是其他类型则必须强制转换成字符指针类型。

**3. eof()函数**

当读取二进制数据文件时,可通过 eof()成员函数判断是否到达文件结束位置。eof()成员函数的格式为:

```
int ios::eof();
```

当读取数据到达文件结束位置时,eof()函数返回非零值,否则返回零值。eof()函数常用于读取数据时,判定数据是否读取完毕。

**【例 11.20】** 把 1~100 的所有整数存放到二进制文件 data5.dat 中。

```
#include<fstream.h>

void main(void)
{   ofstream outfile("data5.dat",ios::out|ios::binary);     //A
    for(int i=1;i<=100;i++)
    outfile.write((char * )&i,sizeof(i));                   //B
    outfile.close();                                        //C
}
```

程序中 A 行打开文件时,指定打开方式为输出操作,格式为二进制。二进制文件标识 ios::binary 必须指明,不能省略。

B 行是通过 write()函数将数据写入到数据文件中,第一参数必须是字符指针,所以需要把变量 i 取地址并强制转换为字符类型指针,第二参数是写入数据所需要的字节数。C 行是关闭文件。

**【例 11.21】** 把上例建立的二进制文件 data5.dat 中所有数据读出并显示在屏幕上。

```
#include<fstream.h>
#include<iostream.h>

void main(void)
{   ifstream infile("data5.dat",ios::in|ios::binary);       //A
    int a;
    while(!infile.eof())                                    //B
    {
        infile.read((char * )&a,sizeof(int));               //C
        cout<<a<<"\t";                                      //D
    }
    infile.close();
}
```

程序中 A 行打开文件时,指定打开方式为输入操作,格式为二进制。B 行是通过 eof()函数测试数据文件中的数据是否已经全部读取,如果还有数据,则 eof()函数返回假值,继续读取,否则循环结束。C 行是通过 read()函数把数据读取到变量 a 中,同时指明每次读取整型数所占用的字节数。D 行是通过标准输出流将结果输出到屏幕。

**【例 11.22】** 把例 11.20 建立的二进制文件 data5.dat 中所有数据,一次读出并显示在屏幕上。

```
#include<fstream.h>
#include<iostream.h>

void main(void)
{   ifstream infile("data5.dat",ios::in|ios::binary);
    int a[100];
    infile.read((char*)a,sizeof(int)*100);//A
    for(int i=0;i<100;i++)
        cout<<a[i]<<"\t";
    cout<<'\n';
    infile.close();
}
```

程序中 A 行是通过 read()函数把所有数据一次读取到数组 a 中,该方法需要编程者预先知道文件中数据的组织方法。

### 11.7.3 文件的随机访问

上述介绍的文件读写操作,都是采用顺序读写方式。文件打开时,系统为打开的文件建立一个 point 指针变量,每当读写数据时,系统将自动修改 point 指针,使 point 指针自动指向下一个数据,直到文件中所有数据读写完毕。实际上,除按顺序方式完成文件读写操作外,C++ 文件流类的基类中,还定义了支持随机访问的函数来移动指针,实现对文件的随机访问。

**1. seekg()与 seekp()成员函数**

seekg()函数用于移动输入文件流中的文件指针,seekp()函数用于移动输出文件流中的文件指针,其函数的格式分别为:

```
istream &istream::seekg(streampos n);
ostream &ostream::seekp(streampos n);
istream &istream::seekg(streamoff n,ios::seek_dir);
ostream &ostream::seekp(streamoff n,ios::seek_dir);
```

其中,streampos 和 streamoff 相当于基本数据类型中的 long。前两个函数的功能都是将文件指针直接指向参数 n 指定的字节处(直接定位)。后两个函数的功能是由 seek_dir 确定位置(相对定位)。

seek_dir 是一个枚举类型,可取以下三个值:

```
ios::beg        //把文件起始位置作为参照点,移动文件指针到指定位置
ios::cur        //把文件当前位置作为参照点,移动文件指针到指定位置
ios::end        //把文件结束位置作为参照点,移动文件指针到指定位置
```

格式中,seekg 的 g 表示 get 的含义,用于移动输入流文件中的指针。seekp 的 p 表示 put 的含义,用于移动输出流文件中的指针。

**【例 11.23】** 通过 seekg()与 seekp()成员函数，实现数据的随机读写。

```cpp
#include<fstream.h>
#include<iostream.h>

void main(void)
{   ofstream outfile("data6.dat",ios::out|ios::binary);
    int i,a;
    for(i=1;i<=10;i++)
        outfile.write((char*)&i,sizeof(int));
            //把 1～10 数据写入数据文件中
    outfile.close();
    outfile.open("data6.dat",ios::out|ios::binary|ios::ate);
    a=100;
    outfile.seekp(1*sizeof(int));                       //直接定位在第 2 个数据
    outfile.write((char*)&a,sizeof(int));               //把原数据 2 改写为 100
    a=200;
    outfile.seekp(3*sizeof(int),ios::beg);
    //相对定位,相对开始数据后跨 3 个,即定位在第 4 个数据
    outfile.write((char*)&a,sizeof(int));               //A
    a=300;
    outfile.seekp(1*sizeof(int),ios::cur);              //B
    //相对定位,相对当前数据后跨 1 个,即定位在第 6 个数据
    outfile.write((char*)&a,sizeof(int));
    a=400;
    outfile.seekp(-3*sizeof(int),ios::end);             //C
    //相对定位,相对数据结束位置前跨 3 个,即定位在第 8 个数据
    //此时第一个参数应该为负数
    outfile.write((char*)&a,sizeof(int));
    outfile.close();
    ifstream infile("data6.dat",ios::out|ios::binary);
    for(i=1;i<=10;i++)
    {   infile.read((char*)&a,sizeof(int));
        cout<<a<<'\t';
    }
    infile.seekg(1*sizeof(int));
    infile.read((char*)&a,sizeof(int));
    cout<<a<<endl;
    infile.seekg(3*sizeof(int),ios::beg);
    infile.read((char*)&a,sizeof(int));
    cout<<a<<endl;
    infile.seekg(1*sizeof(int),ios::cur);
    infile.read((char*)&a,sizeof(int));
    cout<<a<<endl;
    infile.seekg(-3*sizeof(int),ios::end);
    infile.read((char*)&a,sizeof(int));
    cout<<a<<endl;
    infile.close();
}
```

程序运行结果为：

1　　100　　3　　200　　5　　300　　7　　400　　9　　10
100
200
300
400

程序中 A 行，当在第 4 个位置写入数据 200 后，文件指针 point 自动指向第 5 个位置，所以 B 行只需移动一个数据位置。C 行是从数据结束位置前移 3 个数，所以是第 8 个数据（前移 1 个数据是第 10 个数，即最后一个数据）。

提示：在移动 point 指针时，指针的移动范围，必须大于 0 且小于文件结束标识位置，否则将导致读写操作失败。

### 2. 返回文件指针值

在对文件的读写过程中，可以通过 tellg() 函数和 tellp() 函数返回当前文件指针的位置。

tellg()：返回输入文件流的当前文件指针值。

tellp()：返回输出文件流的当前文件指针值。

【例 11.24】 通过 tellg() 函数和 tellp() 函数返回当前文件指针的位置。

```
#include<fstream.h>
#include<iostream.h>

void main(void)
{   ofstream outfile("data7.dat",ios::out|ios::binary);
    int i,a;
    for(i=1;i<=10;i++)
    {   cout<<outfile.tellp()<<'\t';
        //在屏幕上显示当前写数据的文件指针值
        outfile.write((char*)&i,sizeof(int));
    }
    outfile.close();
    ifstream infile("data7.dat",ios::out|ios::binary);
    for(i=1;i<=10;i++)
    {   cout<<infile.tellg()<<'\t';
        //在屏幕上显示当前读数据的文件指针值
        infile.read((char*)&a,sizeof(int));
        cout<<a<<'\n';
    }
    infile.close();
}
```

## 习　　题

### 一、选择题

1. cin 是基本输入输出流类库中预定义的_____。

　　A. 类　　　　　　B. 对象　　　　　　C. 包含文件　　　　　　D. 函数

2. 关于提取和插入运算符,下述说法不正确的是_____。
   A. 可以重载为类的成员函数
   B. 应该重载为类的友元函数
   C. 提取运算符是从输入字符序列中提取数据
   D. 插入运算符是把输出数据插入到输出字符序列中
3. 下列函数只对文本文件进行读操作的是_____。
   A. get()、getline()        B. getline()、write()
   C. get()、put()            D. read()、write()
4. 在实现文件操作时,需首先打开文件,打开文件可通过_____实现。
   A. 析构函数                B. 输出成员数据的成员函数
   C. 构造函数                D. 友元函数
5. 有一个 C++ 源程序的磁盘文件,要求通过文件操作实现对该磁盘文件进行复制,希望以整行为单位读取,能正确实现的是_____。
   A. >>        B. <<        C. getline 函数        D. put 函数

二、阅读程序,回答问题

1. 分析下面程序,运行时从键盘输入 10 20,写出程序的运行结果。

```
#include<iostream.h>

class Complex
{   double Real,Image;
public:
    Complex(double r=0.0, double i=0.0)
    {Real=r;Image=i;}
    friend ostream&operator<<(ostream&s,Complex&z);
    friend istream&operator>>(istream&s,Complex&z);
};

ostream&operator<<(ostream&s,Complex &z)
{   return s<<'('<<z.Real<<','<<z.Image<<")\n";}

istream&operator>>(istream&s,Complex &z)
{   return s>>z.Real>>z.Image;}

void main()
{   Complex c1(1.25,3.4),c2;
    cin>>c2;                    //A
    cout<<c1<<c2;               //B
}
```

2. 下面程序是从键盘提供 10 个整数给数组,然后把数组数据写到数据文件"mydata.dat"中,同时输出到显示器。请完善程序。

```
#include<iostream.h>
#include<fstream.h>
#include<stdlib.h>
```

```
void main()
{    int i,a[10];
     for(i=0;i<10;i++)cin>>a[i];
     ofstream dout("mydata.dat");
     if(!dout)
     {    cout<<"文件打开出错!\n";
          exit(1);
     }
     for(i=0;i<10;i++)
     {_____<<a[i]<<'\t';
          _____<<a[i]<<'\t';
     }
     cout<<endl;
          _____.close();
}
```

### 三、编程题

1. 设计一个程序，求一个圆的面积，要求分别用科学计数法和小数点固定法输出。

2. 设计一个日期类，通过提取和插入运算符重载，实现日期类对象的直接输入和输出。

3. 设计一个程序，把保存在磁盘中的任一个 C++ 源程序（类型名为.cpp）复制到一个同文件名、类型名为.txt 的文本文件。

4. 把一个 5×5 的矩阵数据写入到二进制文件 my1.dat 中，然后从该数据文件中读出数据并输出到屏幕。

5. 把一个 5×5 的矩阵数据写入到二进制文件 my2.dat 中，通过文件的随机访问方式，把矩阵中的对角线数据读出并输出到屏幕。

# 第 12 章 模板

## 12.1 本章导读

代码重用是程序设计的重要特性。为实现代码重用,使代码具有更好的通用性,需要代码能不受数据类型的限制,自动适应不同的数据类型,实现参数化程序设计。模板是 C++ 中进行通用程序设计的工具之一。

模板是函数或类的通用样板,当函数或类需要处理多种不同类型数据时,可通过模板来创建一个具有通用功能的函数或类,以达到进行通用程序设计的目的。

模板分函数模板和类模板两种。学习本章须掌握:
- 函数模板和类模板的定义和使用;
- 标准模板库简介;
- 模板简单应用。

## 12.2 函数模板和类模板

模板是实现程序代码与数据类型无关的重要手段,是 C++ 程序设计中最重要的特性之一,也是实现代码重用的理想方法。

模板分函数模板和类模板两种。

通过模板可以为函数或类设计一个通用样板(通用数据类型)。当处理实际数据时,C++ 系统将根据给定的实际数据类型来确定函数或类的数据类型(称为实例化)。

### 12.2.1 函数模板的定义和使用

函数重载是指具有相同函数名,但根据不同参数确定不同入口,解决不同问题的多个函数。如一个程序中,通过函数重载可分别定义对两个整型、两个单精度型和两个双精度型的数据比较大小的同名函数。但如何把这些同名函数只通过一个通用函数,来适用多种数据类型呢?使用函数模板可以达到这一目的。

函数模板的定义格式为：

**template<模板参数表>**
<返回值类型><函数名>(<形参表>){<函数体>}

其中：template<模板参数表>后面不允许有分号。template 说明部分和函数模板定义部分是一个整体，不可分开。<模板参数表>两边的"<"和">"是语句的一部分，不能省略。模板参数必须写在"<"和">"之间，模板参数可以是 typename <类型说明符>或 class <类型说明符>，其中类型说明符可以是任何合法的标识符。当模板参数表有多个模板参数时，中间用逗号分割。如：

```
template <typename T>
template <class T>
template <class T1,class T2>
```

等都是合法的。

为了和其他数据类型或变量区分，声明一个模板参数时，通常约定用 T(template 的首字符)作为类型说明符。

函数模板中声明的类型说明符，用来表示泛指的通用数据类型，可以代表基本数据类型或已定义的自定义类型。在函数模板定义过程中，函数的返回值类型或(和)形参表中形参的数据类型，都可以使用类型说明符来指定。

例如，使用函数模板定义一个求绝对值的通用函数：

```
template <typename T>
T abs(T a){return (a>0?a:-a);}
```

再如，使用函数模板定义一个求两个数中的较大数的通用函数：

```
template <class T>
T max(T a,T b){return (a>b?a:b);}
```

函数模板是一个通用函数，使用时，需要根据具体的数据类型，为函数模板创建一个特定类型的函数——称之为实例化。通过函数模板实例化，创建一个模板函数，应用程序调用的是这个模板函数，所以模板函数是函数模板创建的一个实例。

【例 12.1】 使用函数模板实现求绝对值的通用程序。

```
#include<iostream.h>
template <typename T>
T abs(T a){return (a>0?a:-a);}
void main()
{    int n=-10;
     float m=-3.45;
     cout<<abs(n)<<endl;                    //A
     cout<<abs(m)<<endl;
}
```

则程序运行结果为：

```
10
3.45
```

在上述 main()函数中,计算 abs(n)时,根据实参 n 的类型推导出函数模板中的 abs 函数类型参数 T 为 int 类型,由此推导出模板中返回值类型也为 int。当类型参数 T 的含义确定后,C++ 编译器通过函数模板,生成如下形式的一个模板函数:

```
int abs(int a){return (a>0?a:-a);}
```

程序 A 行中调用的是模板函数。

同样,计算 abs(m)时,C++ 编译器通过函数模板,生成如下形式的一个模板函数:

```
float abs(float a){return (a>0?a:-a);}
```

通过以上分析,可知函数模板中的类型参数 T,是一种抽象的、通用的数据类型。

【例 12.2】 使用函数模板实现求一维数组中最大数的通用程序。

```
#include<iostream.h>

template <typename T1,typename T2>
T1 Max(T1 a[],T2 n)
{   T1 max=a[0];
    for(int i=0;i<n;i++)
        if(a[i]>max)max=a[i];
    return max;
}

void main()
{   float a[10];
    for(int i=0;i<10;i++)cin>>a[i];
    cout<<"数组中最大数为:"<<Max(a,10)<<endl;
}
```

在上述 main()函数中,调用 Max(a,10)时,将根据函数模板 T1 Max(T1 a[],T2 n)创建一个模板函数,根据第一实参 a 的类型推导出函数模板中的类型参数 T1 为 float 类型,根据第二实参 10 的类型推导出函数模板中的类型参数 T2 为 int 类型,由此推导出模板中返回值类型为 float。

当类型参数 T1 和 T2 的含义确定后,C++ 编译器通过函数模板,生成如下形式的一个模板函数:

```
float Max(float a[],int n){…}
```

## 12.2.2 类模板的定义和使用

类有数据成员和函数成员,如果希望类中的部分数据成员、函数成员的参数或返回值能够适用多种不同的数据类型,可以使用类模板。

类模板是类的进一步抽象。

类模板的定义格式为:

```
template <模板参数表>
class <类名>{类成员说明};
```

其中:<模板参数表>由用逗号分隔的类型标识符或常量表达式组成。其具体内容为:

(1) 可以是"class <类型说明符>"或"typename <类型说明符>",用来说明一个通用的数据类型参数。

(2) 也可以是"<已说明的类型说明符> 标识符",用来说明一个由<类型说明符>所规定的常量作为参数。

声明了模板参数后,在定义类模板过程中,就可以使用类型参数,来声明类模板中各成员的数据类型,其类模板的声明方法和普通类的方法基本相同。但当具有模板参数的成员函数在类外实现时,该成员函数必须定义为函数模板(假定使用 T 为类型说明符):

template<class T>
<类型名>类名<T>::<函数名>(形参表){<函数体>}

利用一个类模板声明的是一个类族,类模板是不可以直接使用的,必须先实例化为相应的模板类。因此使用类模板建立对象时,应按如下格式定义对象:

模板<模板参数表>对象1,对象2,…;

其中:<模板参数表>中的参数是已定义的数据类型,且要求与类模板定义时的<模板参数表>中的参数一一对应。系统将根据定义对象中的<模板参数表>的实际数据类型(参数或常量值)将类模板实例化成具体的模板类,再由模板类实例化成对象。

【例 12.3】 说明二维坐标的类模板,通过重载运算符"＋"、前置"＋＋",直接实现两个对象之间的相关运算。

```
#include<iostream.h>

template<class T>
class Point
{   T x,y;
public:
    Point(T a=0,T b=0){x=a;y=b;}
    Point<T>operator+(Point<T>);
    Point<T>&operator++()                            //A
    {   x++;
        y++;
        return *this;
    }
    void Print(){cout<<x<<','<<y<<endl;}
};

template<class T>                                    //B
Point<T>Point<T>::operator+(Point<T>a)
{   Point<T>t;                                       //C
    t.x=x+a.x;
    t.y=y+a.y;
    return t;
}
void main()
```

```
{   Point<int>t1(1,2),t2(10,20),t5;                //D
    Point<double>t3(3.45,7.68),t4(10.3,12.2),t6;   //E
    t5=t1+t2;                                      //F
    t6=t3+t4;
    t5.Print();
    t6.Print();
    t5++;                                          //G
    t5.Print();
}
```

则程序运行结果为：

```
11,22
13.75,19.88
12,23
```

上例中，D 行定义 t1、t2、t5 对象时，根据<int>模板参数将类模板实例化成具体的模板类，类中所有 T 类型实例化为 int 类型，得到如下形式的模板类：

```
class Point
{   int x,y;
public:
    Point(int a=0,int b=0){x=a;y=b;}
    Point operator+(Point);
    Point &operator++()
    {   x++;
        y++;
        return *this;
    }
    void Print(){cout<<x<<','<<y<<endl;}
};

Point Point::operator+(Point a)
{   Point t;
    t.x=x+a.x;
    t.y=y+a.y;
    return t;
}
```

main 函数通过该模板类定义具体的对象 t1、t2、t5。因此，t1、t2、t5 对象中的 x 和 y 数据成员其数据类型为 int 类型，构造函数中的参数 a 和 b 的数据类型也为 int。E 行定义 t3、t4、t6 对象时，根据<double>模板参数将类模板实例化成具体的模板类，类中所有 T 类型实例化为 double 类型。因此，t3、t4、t6 中的 x 和 y 数据成员其数据类型为 double 类型，构造函数中的参数 a 和 b 的数据类型也为 double 类型。

程序中 A 行是实现前置"++"运算符重载函数。程序中从 B 行开始是实现"+"运算符重载函数。当类模板中的成员函数在类外实现时，每个成员函数都必须分别定义为函数模板。

程序中 C 行说明，当成员函数中需要定义对象或对象指针时，要求通过类型说明符作为模板参数。

程序中 F 行和 G 行在对运算符"＋"、前置"＋＋"实现重载时,将根据对象所具有的模板参数确定具体数据类型。

**【例 12.4】** 利用类模板实现通用线性表类的简单功能,通过重载运算符"＝",实现对线性表对象的赋值,成员函数 add 实现将一个元素加入线性表中。

```
#include<iostream.h>

template<class T>
class ARRAY
{    int Num;                              //线性表中的元素个数
     T * Arr;                              //指向一个通用数据类型的线性表,元素个数可变
public:
     ARRAY(int,T * );                      //构造函数
     ARRAY(){Num=0;Arr=0;}                 //默认的构造函数
     ~ARRAY(){if(Arr) delete []Arr;}       //析构函数
     ARRAY & operator = (ARRAY &);         //赋值运算符重载函数
     void add(T);                          //增加数据的成员函数
     void show(void);                      //输出成员函数
};

template<class T>                          //类外定义的成员函数都要求是函数模板
ARRAY<T>::ARRAY(int n,T * a)
//类外定义的成员函数名前,类名要求包含<模板参数>
{    Num=n;
     if(Num==0)Arr=0;
     else {
          Arr=new T[Num];
          for(int i=0;i<n;i++)Arr[i]=a[i];
     }
}

template<class T>
ARRAY<T> & ARRAY<T>::operator= (ARRAY<T> &A)
//类外定义的成员函数,其参数和返回值中的类要求包含<模板参数>
{    if(Num==A.Num)
     {    for(int i=0;i<Num;i++)Arr[i]=A.Arr[i];}
     else {
          if(Arr)delete[]Arr;
          Arr=new T[A.Num];
          Num=A.Num;
          for(int i=0;i<Num;i++)Arr[i]=A.Arr[i];
     }
     return * this;
}

template<class T>
void ARRAY<T>::show(void)
{    for(int i=0;i<Num;i++)cout<<Arr[i]<<'\t';
     cout<<endl;
}
```

```
template<class T>
void ARRAY<T>::add(T x)
{   Num++;
    T * Arrt=new T[Num];
    for(int i=0;i<Num-1;i++)Arrt[i]=Arr[i];
    Arrt[Num-1]=x;
    if(Arr) delete []Arr;
    Arr=Arrt;
}

void main(void)
{   float x[4]={12,20,30,40};
    ARRAY<float>a1(3,x),a2;
    a2=a1;
    a1.show();
    a2.show();
    a2.add(245);
    a2.show();
}
```

## 12.3 标准模板库简介

标准模板库(STL)由 C++编译器提供,标准模板库的一个重要特点是算法和数据结构相分离。标准模板库主要包括 3 类组件:algorithm(算法)、container(容器)和 iterator(迭代器),其代码绝大多数采用模板类或模板函数实现。

标准模板库具有很多常用的算法,如排序、查找等,其容器类库包括常用的集合、链表、队列和栈等数据结构。

**1. 算法**

STL 提供了很多实现常用算法的模板函数,算法部分主要由头文件＜algorithm＞、＜numeric＞和＜functional＞组成。

算法主要有:不变序列算法、改变序列算法等。

**2. 容器**

容器是一种数据结构,在程序设计过程中,数据结构和算法一样重要。经典的数据结构类型并不多,如集合、链表、队列和栈等。容器类库通过设置一些模板类,允许利用已有的代码构造自己的特定类型下的数据结构,使许多重复的工作简化。

标准模板库中的容器主要有两种类型:顺序和关联。顺序容器主要有三种:vector(向量容器)、list(列表容器)和 deque(类似双向链表的容器)。关联容器主要有:映射、多重映射、集合和多重集合。

容器部分主要由头文件＜vector＞、＜list＞、＜deque＞、＜set＞、＜map＞、＜stack＞和＜queue＞组成。

**3. 迭代器**

迭代器在标准模板库中用于将算法和容器相联系,提供访问容器类中对象的方法。

迭代器部分主要由头文件<utility>、<iterator>和<memory>组成。

## 12.4 模板简单应用实例

排序和查找是程序设计过程中最基础、最重要、研究得最多的算法之一。数据处理离不开排序和查找。下面介绍利用类模板实现排序和查找的方法。

**1. 选择排序**

排序是数据处理中经常遇到的一种重要运算,其功能是按指定的顺序将集合中的数据元素从无序序列调整成为一个有序序列。

排序方法很多,如交换排序、冒泡排序、插入排序等,下面程序中用的是最基本的选择排序。

按升序选择排序的实现方法:首先确定目前需要排定第几个数。然后从该数开始,在后面未排序的数据中选择一个当前最小的数,与目前需要排定的数进行交换;按此方法再排定下一个位置的数据,直到所有数据排序完毕。

【例 12.5】 利用函数模板实现选择排序算法,通过说明学生类测试程序的正确性。

```
#include<iostream.h>
#include<string.h>
#include<stdlib.h>

template<typename SET,int Size>
class Sort
{    int num;
     SET set[Size];
public:
     Sort(){num=0;}
     void InsertElm(SET elm)                //给集合 set 增加一个数据
     {    set[num++]=elm;}
     void InsertSort();                     //选择排序算法的成员函数——升序排列
     void Print()
     {
         int i;
         for(i=0;i<num;i++)cout<<'\t'<<set[i];
         cout<<endl;
     }
};

template<typename SET,int Size>
void Sort<SET,Size>::InsertSort()
{    SET temp;
     int i,j,k;
     for(i=0;i<num-1;i++)
     {    k=i;
          for(j=i+1;j<num;j++)
              if(set[j]<set[k])k=j;
```

```cpp
            if(k!=i)
            {   temp=set[i];
                set[i]=set[k];
                set[k]=temp;
            }
        }
    }
}

class Student
{   int ID;                                 //学号
    char Name[20];                          //姓名
    int   Prog;                             //程序设计课程成绩
    int   Eng;                              //英语课程成绩
    int   Phy;                              //物理课程成绩
    int   Math;                             //数学课程成绩
    int Total;                              //总成绩
public:
    Student()                               //默认的构造函数
    {   ID=0;
        Name[0]='\0';
        Prog=Eng=Phy=Math=Total=0;
    }
    Student(int id,char * name,int pr,int e,int ph,int m)
    {                                       //构造函数
        ID=id;
        strcpy(Name,name);
        Prog=pr;
        Eng=e;
        Phy=ph;
        Math=m;
        Total=Prog+Eng+Phy+Math;
    }
    Student(Student &s)
    {                                       //复制的构造函数
        ID=s.ID;
        strcpy(Name,s.Name);
        Prog=s.Prog;
        Eng=s.Eng;
        Phy=s.Phy;
        Math=s.Math;
        Total=s.Total;
    }
    bool operator< (Student &s)             //小于比较的运算符重载函数
    {   return (Total<s.Total);    }
    friend ostream& operator<< (ostream &,Student &);
    //通过友元运算符<<实现对象直接输出
};

ostream & operator<< (ostream &out,Student &s)
{   out<<"学号:"<<s.ID<<"\t 姓名:"<<s.Name;
    out<<"\t 成绩为:"<<s.Prog<<'+'<<s.Eng<<'+'<<s.Phy
```

```
            <<'+'<<s.Math<<'='<<s.Total<<endl;
        return out;
}

void main()
{    Sort<int,10>s1;
     int i;
     for(i=0;i<8;i++)
        s1.InsertElm(rand()%100);
        //产生8个伪随机数,作为数组的元素
     s1.Print();                              //输出未排序的数据
     s1.InsertSort();                         //进行排序
     s1.Print();                              //输出排序后的数据
     Sort<Student,10>s2;
     Student st1(101,"张剑",89,76,92,85);
     Student st2(102,"李浩",78,86,80,75);
     Student st3(103,"易宁",69,70,82,65);
     Student st4(104,"王盟",88,81,93,78);
     //定义4个对象为数组做准备
     s2.InsertElm(st1);                       //把对象作为数组的元素
     s2.InsertElm(st2);
     s2.InsertElm(st3);
     s2.InsertElm(st4);
     s2.Print();                              //输出未排序的数据
     s2.InsertSort();                         //进行排序
     s2.Print();                              //输出排序后的数据
}
```

上例中,为实现 Student 类对象之间直接比较总成绩的大小,Student 类中定义了"小于"比较运算符的重载函数。为实现对象的直接输出,通过友元函数定义了插入运算符的重载函数。

**2. 折半查找**

查找也是数据处理中经常遇到的一种重要运算,其功能是在指定的批量数据中寻找指定的数据。

查找方法也很多,如顺序查找、折半查找(二分查找)等,下面介绍折半查找的实现方法。

【例 12.6】 利用函数模板实现折半查找算法。

```
#include<iostream.h>
#include<string.h>
#include<stdlib.h>

template<typename SET,typename T,int Size>
class Find
{    int num;
     SET set[Size];
public:
     Find(){num=0;}
     Find(SET * s,int n)
     {    num=n;
```

```cpp
            for(int i=0;i<n;i++)
                set[i]=s[i];
        }
        int BinFind(T &);              //折半查找的成员函数——假设数组中数据按升序排列
        void Print()
        {   int i;
            for(i=0;i<num;i++)cout<<'\t'<<set[i];
            cout<<endl;
        }
};

template<typename SET,typename T,int Size>
int Find<SET,T,Size>::BinFind(T &s)
{   int n=0,m=num-1,i=(n+m)/2;
    //其中:n是折半查找起始元素的下标,m是最后元素的下标
    while(n<=m&&set[i]!=s)
    {   if(set[i]<s) n=i+1;
            //大于中间数据,应在后半部中查找
        if(!(set[i]<s)) m=i-1;
            //小于中间数据,应在前半部中查找
        i=(n+m)/2;
    }
    if(set[i]!=s)return -1;            //没有找到返回-1
    else return i;                     //否则返回下标值(要考虑下标为0的情况)
}

class Student
{   int ID;                            //学号
    char Name[20];                     //姓名
    float Prog;                        //程序设计课程成绩
    float Eng;                         //英语课程成绩
    float Phy;                         //物理课程成绩
    float Math;                        //数学课程成绩
    float Total;                       //总成绩
public:
    Student()                          //默认的构造函数
    {   ID=0;
        Name[0]='\0';
        Prog=Eng=Phy=Math=Total=0;
    }
    Student(int id,char * name,float pr,float e,float ph,float m)
    {                                  //构造函数
        ID=id;
        strcpy(Name,name);
        Prog=pr;
        Eng=e;
        Phy=ph;
        Math=m;
        Total=Prog+Eng+Phy+Math;
    }
    Student(Student &s)
```

```cpp
    {                                           //复制的构造函数
        ID=s.ID;
        strcpy(Name,s.Name);
        Prog=s.Prog;
        Eng=s.Eng;
        Phy=s.Phy;
        Math=s.Math;
        Total=s.Total;
    }
    bool operator<(float s)
    //小于比较运算符的重载函数
    {      return (Total<s);       }
    int operator!=(float s)
    //不相等比较运算符的重载函数
    {      return (Total!=s);      }

    friend ostream& operator<<(ostream &,Student &);
    //通过友元运算符"<<"实现对象直接输出
};

ostream& operator<<(ostream &out,Student &s)
{    out<<"学号:"<<s.ID<<"\t 姓名:"<<s.Name;
     out<<"\t 成绩为:"<<s.Prog<<'+'<<s.Eng<<'+'
        <<s.Phy<<'+'<<s.Math<<'='<<s.Total<<endl;
    return out;
}

void main()
{    int a1[10]={1,3,7,13,16,20,28,33,38,56},x,n;
     float y;
     Find<int,int,10>s1(a1,10);
     s1.Print();                                //输出数据
     cout<<"从键盘输入查找的整数:";
     cin>>x;
     n=s1.BinFind(x);                           //进行折半查找
     if(n<0) cout<<"数组中没有指定数据!"<<endl;
     else cout<<"指定数据在数组中的下标:"<<n<<endl;
     Student a2[4];
     a2[0]=Student(102,"李浩",78,86,80,75);
     a2[1]=Student(103,"易宁",69,70,82,65);
     a2[2]=Student(104,"王盟",88,81,93,78);
     a2[3]=Student(101,"张剑",89,76,92,85);
     Find<Student,float,10>s2(a2,4);
     s2.Print();                                //输出数据,提供的数据是有序的
     cout<<"从键盘输入查找的总成绩:";
     cin>>y;
     n=s2.BinFind(y);                           //进行折半查找
     if(n<0) cout<<"数组中没有指定数据!"<<endl;
     else cout<<"指定数据在数组中的下标:"<<n<<endl;
}
```

# 习 题

**一、阅读程序，回答问题**

1. 分析下面程序，写出程序的运行结果。

```
#include<iostream.h>

template<typename M>
M Add(M a,M b)
{   return a+b;}

void main()
{   cout<<Add(3.4,7.8)<<endl;}
```

2. 分析下面程序，写出程序的运行结果。

```
#include<iostream.h>

template<class T>
class Complex
{    T R,I;
public:
    Complex(T a=0,T b=0){R=a;I=b;}
    void Print(){cout<<R<<','<<I<<endl;}
    Complex operator+ (Complex c)
    {   Complex<T>t;
        t.R=R+c.R;
        t.I=I+c.I;
        return t;
    }
};

void main()
{   Complex <double>c1(10,20),c2(6.45,2.28),c3;
    c3=c1+c2;
    c3.Print();
}
```

**二、完善程序题**

下面是包含"＋"运算符重载程序，请完善程序。

```
#include<iostream.h>

template<class T>
class Complex
{   T R,I;
public:
    Complex(T a=0,T b=0){R=a;I=b;}
    void Print(){cout<<R<<','<<I<<endl;}
```

```
        Complex operator+(Complex c);
};

    ____(1)____
    ____(2)____  Complex<T>::operator+(Complex c)
{
        ____(3)____ ;
    t.R=R+c.R;
    t.I=I+c.I;
    return t;
}

void main()
{   Complex <double>c1(10,20),c2(6.45,2.28),c3;
    c3=c1+c2;
    c3.Print();
}
```

### 三、编程题

通过类模板,设计一个较通用的集合运算。主要数据成员有一个集合(如 T a[10]),运算实现判断集合中有无指定元素、两个集合是否相等(元素顺序可以不同)。

# 附录 A 标准 ASCII 码表

| ASCII 值 | 控制字符 | ASCII 值 | 字符 | ASCII 值 | 字符 | ASCII 值 | 字符 |
|---|---|---|---|---|---|---|---|
| 00 | NUL | 20 |   | 40 | @ | 60 | ` |
| 01 | SOH | 21 | ! | 41 | A | 61 | a |
| 02 | STX | 22 | " | 42 | B | 62 | b |
| 03 | ETX | 23 | # | 43 | C | 63 | c |
| 04 | EOT | 24 | $ | 44 | D | 64 | d |
| 05 | ENQ | 25 | % | 45 | E | 65 | e |
| 06 | ACK | 26 | & | 46 | F | 66 | f |
| 07 | BEL | 27 | ' | 47 | G | 67 | g |
| 08 | BS | 28 | ( | 48 | H | 68 | h |
| 09 | HT | 29 | ) | 49 | I | 69 | i |
| 0A | LF | 2A | * | 4A | J | 6A | j |
| 0B | VT | 2B | + | 4B | K | 6B | k |
| 0C | FF | 2C | , | 4C | L | 6C | l |
| 0D | CR | 2D | — | 4D | M | 6D | m |
| 0E | SO | 2E | . | 4E | N | 6E | n |
| 0F | SI | 2F | / | 4F | O | 6F | o |
| 10 | DLE | 30 | 0 | 50 | P | 70 | p |
| 11 | DC1 | 31 | 1 | 51 | Q | 71 | q |
| 12 | DC2 | 32 | 2 | 52 | R | 72 | r |
| 13 | DC3 | 33 | 3 | 53 | S | 73 | s |
| 14 | DC4 | 34 | 4 | 54 | T | 74 | t |
| 15 | NAK | 35 | 5 | 55 | U | 75 | u |
| 16 | SYN | 36 | 6 | 56 | V | 76 | v |
| 17 | ETB | 37 | 7 | 57 | W | 77 | w |
| 18 | CAN | 38 | 8 | 58 | X | 78 | x |
| 19 | EM | 39 | 9 | 59 | Y | 79 | y |
| 1A | SUB | 3A | : | 5A | Z | 7A | z |
| 1B | ESC | 3B | ; | 5B | [ | 7B | { |
| 1C | FS | 3C | < | 5C | \ | 7C | \| |
| 1D | GS | 3D | = | 5D | ] | 7D | } |
| 1E | RS | 3E | > | 5E | ^ | 7E | ~ |
| 1F | US | 3F | ? | 5F | _ | 7F | DEL |

# 附录 B  常用系统函数

在使用 C++ 语言进行编写程序时，许多很基本和很重要的功能都由系统的库函数和类库实现，下面列出常用的库函数。有关库函数的详细情况，可参阅有关系统手册。

**1. 常用数学函数**

在用到以下函数时，要包含头文件 math.h。

int abs(int x);

功能：返回 x 的绝对值。

double acos(double x);

功能：计算并返回范围在 $0\sim\pi$ 弧度之间的 x 的反余弦值（$-1\leqslant x\leqslant 1$）。

double asin(double x);

功能：计算并返回范围在 $-\pi/2\sim\pi/2$ 弧度之间的 x 的反正弦值（$-1\leqslant x\leqslant 1$）。

double atan(double x);

功能：计算并返回 x 的反正切值。

double atan2(double x,double y);

功能：计算并返回 y/x 的反正切值；如果 x 为 0，则返回 0。

double sin(double x);

功能：计算并返回 x 的正弦值，x 为弧度值。

double cos(double x);

功能：计算并返回 x 的余弦值，x 为弧度值。

double exp(double x);

功能：计算并返回 e 的 x 次幂；上溢时返回 INF（无穷大），下溢时返回 0。

double fabs(double x);

功能：计算并返回实数 x 的绝对值。

```
double log(double x);
```

功能：计算并返回 x 的自然对数。

```
double log10(double x);
```

功能：计算并返回 x 的以 10 为底的对数。

```
double pow(double x,double y);
```

功能：计算并返回 x 的 y 次幂。

```
double sqrt(double x);
```

功能：计算并返回 x 的平方根。

**2. 常用字符串函数**

下列函数使用时要包含 string.h 头文件。

```
char * strcat(char * str1,const char * str2);
```

功能：将字符串 str2 拼接到 str1 后面，返回目的字符串。

```
char * strchr(char * str,int c);
```

功能：查找 c 在 str 中的第一次出现，返回 str 中第一次出现的指针；如果没有找到 c，则返回 NULL。

```
char * strcmp(const char * str1,const char * str2);
```

功能：按字典顺序比较 str1 和 str2，当 str1 和 str2 相等时，返回值等于 0；当 str1 小于 str2 时，返回值小于 0；当 str1 大于 str2 时，返回值大于 0。

```
char * strcpy(char * str1,const char * str2);
```

功能：将字符串 str2 复制到 str1 中，返回目的字符串。

```
int * stricmp(const char * str1,const char * str2);
```

功能：按字典顺序忽略大小写比较 str1 和 str2，当 str1 和 str2 相等时，返回值等于 0；当 str1 小于 str2 时，返回值小于 0；当 str1 大于 str2 时，返回值大于 0。

```
int strlen(const char * str);
```

功能：返回 str 中的字符个数。

```
char * strlwr(char * str);
```

功能：将字符串 str 中的所有大写字母转换成小写字母，返回转换后字符串的指针。

```
char * strncat(char * str1,const char * str2,int n);
```

功能：将字符串 str2 中至多 n 个字符拼接到 str1 后面，返回目的字符串的指针。

```
char * strncmp(char * str1,const char * str2,int n);
```

功能：按字典顺序比较 str1 和 str2 中的 n 个字符，返回表示两个字符串关系的值。字符串关系见函数 strcmp()。

```
char * strncpy(char * str1,const char * str2,int n);
```

功能：将 str2 中的 n 个字符拷贝到 str1 中,返回目的字符串的指针。

```
char * strrchr(const char * str,int c);
```

功能：查找字符串中 c(转换成 char)的最后一次出现,返回字符串 str 中最后出现的 c 的指针。如果 c 没有找到,则返回 NULL。

```
char * strstr(const char * str1,const char * str2);
```

功能：返回 str2 在 str1 中第一次出现的位置,如果 str2 没有在 str1 中出现,则返回 NULL。

```
char * strupr(char * str);
```

功能：将字符串 str 中的小写字母转换成大写字母,返回改变后的字符串的指针。

### 3. 常用的文件操作函数

下面函数的成员要包含头文件 fstream.h。

```
void ifstream::open(const char * ,int=ios::in,int=filebuf::openprot);
```

功能：打开输入文件。

```
void ofstream::open(const char * ,int=ios::out,int=filebuf::openprot);
```

功能：打开输出文件。

```
void fstream::open(const char * ,int ,int=filebuf::openprot);
```

功能：打开输入输出文件。

```
ifstrem::ifstream(const char * ,int=ios::in,int=filebuf::openprot);
```

功能：构造函数打开输入文件。

```
ofstrem::ofstream(const char * ,int=ios::out,int=filebuf::openprot);
```

功能：构造函数打开输入文件和构造函数打开输出文件。

```
fstrem::fstream(const char * ,int,int=filebuf::openprot);
```

功能：构造函数打开输入文件和构造函数打开输入输出文件。

```
void ifstream::close();
```

功能：构造函数打开输入文件和关闭输入文件。

```
void ofstream::close();
```

功能：构造函数打开输入文件和关闭输出文件。

```
void fstream::close();
```

功能：构造函数打开输入文件和关闭输入输出文件。

```
istream &istream::read(char * ,int);
```

功能：构造函数打开输入文件和从文件中读取数据。

```
ostream &ostream::write(char * ,int);
```

功能：构造函数打开输入文件和将数据写入文件中。

```
istream &istream::seekg(streampos);
```

功能：构造函数打开输入文件和移动输入文件的指针。

```
istream &istream::seekg(streamoff,ios::seek_dir);
```

功能：构造函数打开输入文件和按指定位置移动输入文件的指针。

```
ostream &ostream::seekp(streampos);
```

功能：构造函数打开输入文件和移动输出文件的指针。

```
ostream &ostream::seekp(streamoff,Ios::seek_dir);
```

功能：构造函数打开输入文件和按指定位置移动输出文件的指针。

```
streampos istream::tellg();
```

功能：构造函数打开输入文件和取输入文件指针。

```
streampos ostream::tellp();
```

功能：构造函数打开输入文件和取输出文件指针。

```
int ios::eof();
```

功能：构造函数打开输入文件和判断文件是否结束，返回值为 1 表示到达文件尾，返回值为 0 表示没有到达文件尾。

### 4. 常用其他函数

用到下列函数时，要包含头文件 stdlib.h。

```
void abort(void);
```

功能：终止程序的执行(不做结束工作)。

```
double atof(const char * string);
```

功能：将字符串转换为 double 值并返回该值；如果不能转换为 double 类型的值，则返回 0。

```
int atoi(const char * string);
```

功能：将字符串转换为 int 值并返回该值。如果不能转换为 int 类型的值，则返回 0。

```
long atol(const char * string);
```

功能：将字符串转换为 long 值并返回该值；如果不能转换为 long 类型的值，则返回 0。

void exit(int n);

功能：终止程序的执行（做结束工作）。

void rand();

功能：产生并返回一个伪随机数。

void srand(unsigned int x);

功能：初始化随机数发生器。

int system(const char * string);

功能：将 string 所指的字符串作为一个可执行文件，并执行。

# 参考文献

[1] Brookshear J Glenn. 计算机科学概论. 第 8 版. 北京：清华大学出版社，2005
[2] 沈军等. 大学计算机基础——基本概念及应用思维解析. 北京：高等教育出版社，2007
[3] 李秀等. 计算机文化基础. 第 5 版. 北京：清华大学出版社，2005
[4] 闫菲等. 软件工程. 北京：中国水利水电出版社，2001
[5] 吴乃陵，况迎辉. C++ 程序设计. 北京：高等教育出版社，2007
[6] 张岳新. Visual C++ 程序设计. 苏州：苏州大学出版社，2007
[7] 谭浩强. C++ 程序设计. 北京：清华大学出版社，2007
[8] 钱能等. C++ 程序设计教程(第二版). 北京：清华大学出版社，2005

# 读者意见反馈

亲爱的读者：

  感谢您一直以来对清华版计算机教材的支持和爱护。为了今后为您提供更优秀的教材，请您抽出宝贵的时间来填写下面的意见反馈表，以便我们更好地对本教材做进一步改进。同时如果您在使用本教材的过程中遇到了什么问题，或者有什么好的建议，也请您来信告诉我们。

  地址：北京市海淀区双清路学研大厦 A 座 602　　计算机与信息分社营销室 收
  邮编：100084　　　　　　　　　　　　电子邮件：jsjjc@tup.tsinghua.edu.cn
  电话：010-62770175-4608/4409　　　　邮购电话：010-62786544

---

教材名称：C++程序设计
ISBN：978-7-302-19432-3
**个人资料**
姓名：_____　　年龄：_____　所在院校/专业：_____
文化程度：_____　通信地址：_____
联系电话：_____　电子信箱：_____
您使用本书是作为：□指定教材　□选用教材　□辅导教材　□自学教材
您对本书封面设计的满意度：
□很满意　□满意　□一般　□不满意　改进建议_____
您对本书印刷质量的满意度：
□很满意　□满意　□一般　□不满意　改进建议_____
您对本书的总体满意度：
从语言质量角度看　□很满意　□满意　□一般　□不满意
从科技含量角度看　□很满意　□满意　□一般　□不满意
本书最令您满意的是：
□指导明确　□内容充实　□讲解详尽　□实例丰富
您认为本书在哪些地方应进行修改？（可附页）
_____
_____
您希望本书在哪些方面进行改进？（可附页）
_____
_____

---

# 电子教案支持

敬爱的教师：

  为了配合本课程的教学需要，本教材配有配套的电子教案（素材），有需求的教师可以与我们联系，我们将向使用本教材进行教学的教师免费赠送电子教案（素材），希望有助于教学活动的开展。相关信息请拨打电话 010-62776969 或发送电子邮件至 jsjjc@tup.tsinghua.edu.cn 咨询，也可以到清华大学出版社主页（http://www.tup.com.cn 或 http://www.tup.tsinghua.edu.cn）上查询。

# 普通高校本科计算机专业特色教材精选

## 计算机硬件
|  |  |
|---|---|
| MCS 296 单片机及其应用系统设计　刘复华 | ISBN 978-7-302-08224-8 |
| 基于 S3C44B0X 嵌入式 μcLinux 系统原理及应用　李岩 | ISBN 978-7-302-09725-9 |
| 现代数字电路与逻辑设计　高广任 | ISBN 978-7-302-11317-1 |
| 现代数字电路与逻辑设计题解及教学参考　高广任 | ISBN 978-7-302-11708-7 |

## 计算机原理
|  |  |
|---|---|
| 汇编语言与接口技术(第 2 版)　王让定 | ISBN 978-7-302-15990-2 |
| 汇编语言与接口技术习题汇编及精解　朱莹 | ISBN 978-7-302-15991-9 |
| 基于 Quartus II 的计算机核心设计　姜咏江 | ISBN 978-7-302-14448-9 |
| 计算机操作系统(第 2 版)　彭民德 | ISBN 978-7-302-15834-9 |
| 计算机维护与诊断实用教程　谭祖烈 | ISBN 978-7-302-11163-4 |
| 计算机系统的体系结构　李学干 | ISBN 978-7-302-11362-1 |
| 计算机选配与维修技术　闵东 | ISBN 978-7-302-08107-4 |
| 计算机原理教程　姜咏江 | ISBN 978-7-302-12314-9 |
| 计算机原理教程实验指导　姜咏江 | ISBN 978-7-302-15937-7 |
| 计算机原理教程习题解答与教学参考　姜咏江 | ISBN 978-7-302-13478-7 |
| 计算机综合实践指导　宋雨 | ISBN 978-7-302-07859-3 |
| 实用 UNIX 教程　蒋砚军 | ISBN 978-7-302-09825-6 |
| 微型计算机系统与接口　李继灿 | ISBN 978-7-302-10282-3 |
| 微型计算机系统与接口教学指导书及习题详解　李继灿 | ISBN 978-7-302-10559-6 |
| 微型计算机组织与接口技术　李保江 | ISBN 978-7-302-10425-4 |
| 现代微型计算机与接口教程(第 2 版)　杨文显 | ISBN 978-7-302-15492-1 |
| 智能技术　曹承志 | ISBN 978-7-302-09412-8 |

## 软件工程
|  |  |
|---|---|
| 软件工程导论(第 4 版)　张海藩 | ISBN 978-7-302-07321-5 |
| 软件工程导论学习辅导　张海藩 | ISBN 978-7-302-09213-1 |
| 软件工程与软件开发工具　张虹 | ISBN 978-7-302-09290-2 |

## 数据库
|  |  |
|---|---|
| 数据库原理及设计(第 2 版)　陶宏才 | ISBN 978-7-302-15160-9 |

## 数理基础
|  |  |
|---|---|
| 离散数学　邓辉文 | ISBN 978-7-302-13712-5 |
| 离散数学习题解答　邓辉文 | ISBN 978-7-302-13711-2 |

## 算法与程序设计
|  |  |
|---|---|
| C/C++ 语言程序设计　孟军 | ISBN 978-7-302-09062-5 |
| C++ 程序设计　朱金付 | ISBN 978-7-302-19432-3 |
| C++ 程序设计解析　朱金付 | ISBN 978-7-302-16188-2 |
| C 语言程序设计　马靖善 | ISBN 978-7-302-11597-7 |
| C 语言程序设计(C99 版)　陈良银 | ISBN 978-7-302-13819-8 |
| Java 语言程序设计　吕凤翥 | ISBN 978-7-302-11145-0 |
| Java 语言程序设计题解与上机指导　吕凤翥 | ISBN 978-7-302-14122-8 |
| MFC Windows 应用程序设计(第 2 版)　任哲 | ISBN 978-7-302-15549-2 |
| MFC Windows 应用程序设计习题解答及上机实验(第 2 版)　任哲 | ISBN 978-7-302-15737-3 |
| Visual Basic.NET 程序设计　刘炳文 | ISBN 978-7-302-16372-5 |
| Visual Basic.NET 程序设计题解与上机实验　刘炳文 | |
| Windows 程序设计教程　杨祥金 | ISBN 978-7-302-14340-6 |
| 编译设计与开发技术　斯传根 | ISBN 978-7-302-07497-7 |
| 汇编语言程序设计　朱玉龙 | ISBN 978-7-302-06811-2 |
| 数据结构(C++ 版)　王红梅 | ISBN 978-7-302-11258-7 |
| 数据结构(C++ 版)教师用书　王红梅 | ISBN 978-7-302-15128-9 |
| 数据结构(C++ 版)学习辅导与实验指导　王红梅 | ISBN 978-7-302-11502-1 |
| 数据结构(C 语言版)　秦玉平 | ISBN 978-7-302-11598-4 |
| 算法设计与分析　王红梅 | ISBN 978-7-302-12942-4 |

## 图形图像与多媒体技术
|  |  |
|---|---|
| 多媒体技术实用教程(第 2 版)　贺雪晨 | |
| 多媒体技术实用教程(第 2 版)实验指导　贺雪晨 | |

## 网络与通信
|  |  |
|---|---|
| 计算机网络　胡金初 | ISBN 978-7-302-07906-4 |
| 计算机网络实用教程　王利 | ISBN 978-7-302-14712-1 |
| 数据通信与网络技术　周昕 | ISBN 978-7-302-07940-8 |
| 网络工程技术与实验教程　张新有 | ISBN 978-7-302-11086-6 |
| 计算机网络管理技术　杨云江 | ISBN 978-7-302-11567-0 |
| TCP/IP 网络与协议　兰少华 | ISBN 978-7-302-11840-4 |